"人类智能与人工智能"书系（第一辑）

游旭群　郭秀艳　苏彦捷　主编

航空心理学与人工智能

AVIATION PSYCHOLOGY
AND ARTIFICIAL INTELLIGENCE

游旭群◎著

陕西师范大学出版总社　西安

图书代号　ZZ24N2553

图书在版编目（CIP）数据

航空心理学与人工智能 / 游旭群著. -- 西安：陕西师范大学出版总社有限公司，2024. 12. -- ISBN 978-7-5695-4921-8

Ⅰ. V321.3

中国国家版本馆 CIP 数据核字第 2024415CW8 号

航空心理学与人工智能
HANGKONG XINLIXUE YU RENGONG ZHINENG

游旭群　著

出 版 人	刘东风
出版统筹	雷永利　古　洁
责任编辑	谢勇蝶　王红凯
责任校对	熊梓宇
出版发行	陕西师范大学出版总社
	（西安市长安南路 199 号　邮编 710062）
网　　址	http://www.snupg.com
印　　刷	中煤地西安地图制印有限公司
开　　本	720 mm × 1020 mm　1/16
印　　张	27.75
插　　页	2
字　　数	431 千
版　　次	2024 年 12 月第 1 版
印　　次	2024 年 12 月第 1 次印刷
书　　号	ISBN 978-7-5695-4921-8
定　　价	98.00 元

读者购书、书店添货或发现印刷装订问题，请与本社营销部联系。
电话：（029）85307864　85303629　　传真：（029）85303879

总序

General introduction

探索心智奥秘，助力类脑智能

自1961年从北京大学心理系毕业到华东师范大学工作以来，我已经专注于心理学教学和研究凡六十余载。心理学于我，早已超越个人的专业兴趣，而成为毕生求索的事业；我也有幸在这六十多年里，见证心理学发生翻天覆地的变化和中国心理学的蓬勃发展。

记得我刚参加工作时，国内设立心理学系或专业的院校较少，开展心理学研究工作的学者也较少，在研究方法上主要采用较为简单的行为学测量方法。此后，科学技术的发展一日千里，随着脑功能成像技术和认知模型等在心理学研究中的应用，越来越多的心理学研究者开始结合行为、认知模型、脑活动、神经计算模型等多元视角，对心理过程进行探析。世纪之交以来，我国的心理学研究主题渐呈百花齐放之态，研究涉及注意、情绪、思维、学习、记忆、社会认知等与现实生活密切相关的众多方面，高水平研究成果不断涌现。国家也出台了一系列文件，强调要完善社会心理服务体系建设。特别是在2016年，国家卫生计生委、中宣部、教育部等多个部委联合出台的《关于加强心理健康服务的指导意见》提出：2030

年我国心理健康服务的基本目标为"全民心理健康素养普遍提升""符合国情的心理健康服务体系基本健全"。这些文件和意见均反映了国家对于心理学学科发展和实际应用的重视。目前，心理学已成为一门热点学科，国内众多院校设立了心理学院、心理学系或心理学专业，学生数量和从事心理学行业的专业人员数量均与日俱增，心理学学者逐渐在社会服务和重大现实问题解决中崭露头角。

  心理学的蓬勃发展，还表现在心理学与经济、管理、工程、人工智能等诸多学科进行交叉互补，形成了一系列新的学科发展方向。目前，人类正在迎接第四次工业革命的到来，其核心内容就是人工智能。近几年的政府工作报告中均提到了人工智能，可以看出我国政府对人工智能发展的重视，可以说，发展人工智能是我国现阶段的一个战略性任务。心理学与人工智能之间的关系十分密切。在人工智能发展的各个阶段，心理学都起着至关重要的作用。人工智能的主要目的是模拟、延伸和扩展人的智能，并建造出像人类一样可以胜任多种任务的人工智能系统。心理学旨在研究人类的心理活动和行为规律，对人类智能进行挖掘和探索。心理学对人的认知、意志和情感所进行的研究和构建的理论模型，系统地揭示了人类智能的本质，为人工智能研究提供了模板。历数近年来人工智能领域新算法的提出和发展，其中有很多是直接借鉴和模拟了心理学研究中有关人类智能的成果。目前，人工智能已经应用到生产和生活的诸多方面，给人们带来了许多便利。然而，当前的人工智能仍属于弱人工智能，在很大程度上还只是高级的自动化而并非真正的智能；人工智能若想要更接近人类智能以达到强人工智能，就需在很多方面更加"拟人化"。人工智能在从弱人工智能向强人工智能发展的过程中，势必需要更紧密地与心理学结合，更多地借鉴人类智能的实现过程，这可能是一个解决人工智能面临发展瓶颈或者困境的有效途径。从另一个方面看，心理学的研究也可以借鉴人工智能的一些研究思路和研究模型，这对心理学来说也是一个很好的发展机会。一些心理学工作者正在开展关于人工智能的研究，并取得了傲人的成绩，但是整体看来这些研究相对分散，缺乏探索人类智能与人工智能之间关系以及如何用来解决实际问题的著作，这在一定程度上阻碍了心理学学科和人工智能学科的发展及相关人才的培养。在这样的背景下，中国心理学会出版工作委员会召集北京大学、浙江大学、复旦大学、中国科学院大学、中国科学技术大学、南开大学、陕西师范大学、华中师范大学、西南大学、南京师范大学、华南师范大学、宁波大学等单位二十余位心理学和人工智能领域的专家学者编写"人类智能与人工智能"书系，可以说是恰逢其时且具前瞻性的。本丛书展现出心理学工作者具体的思考和研究成果，借由人工智能将成果应用转化到实际生活中，有助于解决当前教育、医疗、军事、国防等领域的现实问题，对于推动心理学和人工智能领域的深度交叉、彼此借鉴具有重要意义。

我很荣幸受邀为"人类智能与人工智能"书系撰写总序。我浏览丛书后，首先发现丛书作者均是各自研究领域内的翘楚，在研究工作和理论视域方面均拔群出萃。其次发现丛书的内容丰富，体系完整：参与撰写的近二十位作者中，既有心理学领域的专家，又有人工智能领域的学者，这种具有不同学科领域背景作者的相互紧密配合，能够从心理学视角和人工智能视角梳理人类智能和人工智能的关系，较为全面地对心理学领域和人工智能领域的研究成果进行整合。总体看来，丛书体系可分为三个模块：第一个模块主要论述人类智能与人工智能的发展史，在该模块中领域内专家学者系统梳理了人类智能和人工智能的发展历史及二者的相互联系；第二个模块主要涉及人类智能与人工智能的理论模型及算法，包括心理学研究者在注意、感知觉、学习、记忆、决策、群体心理等领域的研究成果，创建的与人类智能相关的理论模型及这些理论模型与人工智能的关系；第三个模块主要探讨人类智能与人工智能的实际应用，包括人类智能与人工智能在航空航天、教育、医疗卫生、社会生活等方面的应用，这对于解答现实重大问题是至关重要的。

"人类智能与人工智能"书系首次系统梳理了人类智能和人工智能的相关知识体系，适合作为国内高等院校心理学、人工智能等专业本科生和研究生的教学用书，可以对心理学、人工智能等专业人才的培养提供帮助；也能够为心理学、人工智能等领域研究人员的科研工作提供借鉴和启发，引导科学研究工作的进一步提升；还可以成为所有对心理学、人工智能感兴趣者的宝贵读物，帮助心理学、人工智能领域科学知识的普及。"人类智能与人工智能"书系的出版将引领和拓展心理学与人工智能学科的交叉，进一步推动人类智能与人工智能的交叉融合，使心理学与人工智能学科更好地服务国家建设和社会治理。

杨治良

2023 年 7 月于上海

前言
Introduction

  中国式现代化始终坚持把高质量发展作为新时代的硬道理,不断解放和发展社会生产力。新质生产力正是基于现代化强国建设全局高度的重大理论创新。新质生产力是由技术革命性突破、生产要素创新性配置、产业深度转型升级而催生,以劳动者、劳动资料、劳动对象及其优化组合的跃升为基本内涵的先进生产力。其中,推动新质生产力高速发展的一个关键因素就是人工智能技术。人工智能是引领这一轮科技革命和产业变革的战略性技术,正加速着社会劳动力市场的重构,重塑着人们的生产方式和组织模式。从认知科学的角度来看,人工智能归根结底是人类智能的产物。在研究智能时,如果不理解人的智能,实际上就无法完全实现机器的智能。特别是对于航空心理学这种以高科技、高风险、复杂作业环境下的个体行为绩效为研究对象的学科来说,人工智能技术的应用更是意义重大。

  本书的结构和内容如下:绪论强调了心理学引领人工智能时代发展的必要性;第一章系统阐述了人类智能与人工智能在航空业发展中的关系,二者相辅相成、协作互助,共同推进航空业的长远发展;第二章主要讲述了在飞行员技能全生命周期管理体系中人工智能研究和技术成果可以助力胜任力的测量,从而有效预测和评价飞行员的工作绩效水平;第三章阐述人工智能在飞行员选拔上的应用与展望,为搭建基于人工智能的飞行员选拔体系提供建议;第四章重点介绍了人工智能辅助下的飞行员训练与评估系统,为构建智慧航空体系提供保障;第五章论述了人工智能在机组资源管理中的应用,即有效和迅速地对威胁和差错进行识别和管控,将安全余量提升到最大化;第六章探究了人工智能参与下的人机协同、自动化系统与航空决策,为未来的航空发展奠定坚实的理论基础;第七章聚焦新型智能人机交互技术的应用,人工智能的良好发展态势将不断推动航空器及航空系统设计的人因工效水平;第八章关注空中交通管制系统中的人工智能,为空管向更高效、更安全、更可靠的方向发展提供参考;第九章讲述大数据技术的应用促进了航空安全文化的建立和发展,增强了从业人员的安全意识,为航空业的可持续发展提供了坚实的安全保障;第十章提出了人工智能在航空出行服务全阶段的应用方案,同时探讨了其不足之处与未来展望;第十一章以人工智能带来的航空安全文化转变为主题,为建设高水平航空文化提供理论指导。

  本书的撰写得到了出版社编辑和课题组成员的大力支持。感谢陕西师范大学出版总社古洁编审为本书出版所做的大量工作。课题组成员李苑、潘盈朵、唐睿翼、陆莹、张昕祎、惠琪对大量人类智能与人工智能的理论结构进行了梳理;李姝、刘章、杜磊、吴姚量、徐泉分别对人工智能与飞行员技能全生命周期管理体系,基于人工智能的飞行员选拔体系设计,人工智能辅助下的飞行员训练与评估系统,人工智能提高机组资源管理效力,人工智能参与下的人机协同、自动化系统与航空决策等内容进行了大量研究和思考;王煊、汤梦晗、秦奎元、梁英、刘博分别收集和整理了大量关于人工智能与航空器及航空系统人因设计、空中交通管制系统中的人工智能、航空事故大数据分析与航空安全管理、人工智能在航空出行服务全阶段的应用方案、人工智能带来的航空安全文化转变等的文献资料;刘煜、王朔、杨钞操、任如月、柴华雨在本书研讨过程中提出了大量宝贵建议。在此，对他们一并表示感谢。

  总的来说，从弱人工智能时代走向强人工智能时代，不仅仅要依靠计算机科学的发展，还更要依靠多学科的合力，心理学在其中是不可缺位的。我们希望本书能为我国航空心理学和人工智能的深度融合提供桥梁，不足之处恳请各位专家学者批评指正！

游旭群

2024年12月于西安

目录
Catalogue

绪论 ……………………………………………………………… 001
第一章　航空活动中的人类智能与人工智能概述 …………… 007
 第一节　航空活动中的人类智能 ………………………… 009
  一、什么是人类智能 ……………………………………… 009
  二、飞行员的信息加工 …………………………………… 010
  三、飞行员的决策 ………………………………………… 014
  四、飞行人因失误 ………………………………………… 018
 第二节　航空活动中的人工智能 ………………………… 022
  一、什么是人工智能 ……………………………………… 023
  二、人工智能在航空活动中的应用 ……………………… 026
  三、可信航空人工智能 …………………………………… 031
 第三节　航空活动中人类智能与人工智能的交互与融合 … 034
  一、人工智能与人类智能的关系概述 …………………… 034
  二、航空活动中的人机交互 ……………………………… 039
  三、航空领域中人工智能与人类智能的发展 …………… 047
第二章　人工智能与飞行员技能全生命周期管理体系 ……… 049
 第一节　飞行员技能全生命周期管理体系建设的背景和意义 … 051
  一、飞行员技能全生命周期管理体系建设的背景 ……… 051

I

二、飞行员技能全生命周期管理体系建设的意义……………………054

第二节　飞行员技能全生命周期管理体系的相关概念………055
　　一、飞行员技能全生命周期管理体系……………………………055
　　二、胜任力…………………………………………………………057
　　三、CBTA 和 EBT…………………………………………………065
　　四、CRM 和 TEM…………………………………………………067

第三节　人工智能与岗位胜任力……………………………………069
　　一、人工智能与核心胜任力………………………………………069
　　二、人工智能与心理胜任力………………………………………073
　　三、人工智能与作风胜任力………………………………………074

第三章　基于人工智能的飞行员选拔体系设计……………077

第一节　国内外飞行员选拔概述……………………………………079
　　一、美国空军飞行员的选拔发展与变革…………………………079
　　二、美国的民航飞行员选拔体系及例举…………………………081
　　三、我国空军飞行员的选拔体系概述……………………………083
　　四、我国民航飞行员选拔概述……………………………………086

第二节　人工智能在政审与体格选拔中的现实应用………………089
　　一、人工智能在政审中的应用……………………………………090
　　二、人工智能在体格选拔中的应用………………………………092

第三节　人工智能与飞行员心理选拔设计…………………………094
　　一、飞行员心理选拔的方法概述…………………………………094
　　二、传统的飞行员心理选拔预测性分析…………………………102
　　三、飞行员心理选拔的检验分析…………………………………105
　　四、多层神经元网络深度学习在心理选拔方面应用的可能性分析……107
　　五、人工智能在飞行员心理选拔中的替代性及可能存在的问题………109

第四节　基于人工智能的飞行员选拔体系展望 ……… 109
 一、新的检测技术的应用和辅助 ……………………… 110
 二、虚拟仿真技术在测试场景中的应用 ………………… 110
 三、人工智能自身的演化与迭代 ………………………… 111
 四、人工智能参与下的飞行员退出机制 ………………… 112

第四章　人工智能辅助下的飞行员训练与评估系统 ……… 115

第一节　人工智能辅助下的飞行员训练与评估系统概述 …… 117
 一、人工智能与航空 ……………………………………… 117
 二、飞行员训练和评估的原则 …………………………… 119
 三、人工智能辅助下的飞行员训练 ……………………… 121
 四、人工智能辅助下的飞行员评估 ……………………… 123

第二节　人工智能辅助下的飞行员训练与评估的发展 ……… 126
 一、飞行员训练与评估的发展 …………………………… 126
 二、人工智能新技术的应用 ……………………………… 132
 三、人工智能在飞行员训练和评估中的发展前景 ……… 135

第三节　人工智能辅助下的飞行员训练与评估系统的内容 …… 136
 一、人工智能辅助下的飞行员训练与评估系统的分类 …… 138
 二、人工智能辅助下航校学员训练与评估 ……………… 139
 三、人工智能辅助下副驾驶训练与评估 ………………… 141
 四、人工智能辅助下机长训练与评估 …………………… 142
 五、人工智能辅助下教员训练与评估 …………………… 145
 六、人工智能辅助下高高原机场训练与评估 …………… 148
 七、人工智能辅助下军事领域训练与评估 ……………… 150
 八、人工智能辅助下飞行员训练与评估系统中的信任 …… 151

第四节　人工智能辅助下的飞行员训练与评估系统的意义 …… 154
 一、应用场景更加多样 …………………………………… 154

二、训练和评估更加实用⋯⋯⋯⋯⋯⋯⋯⋯⋯⋯⋯⋯⋯⋯⋯⋯⋯⋯ 155

　　三、构建民航软实力⋯⋯⋯⋯⋯⋯⋯⋯⋯⋯⋯⋯⋯⋯⋯⋯⋯⋯⋯⋯ 156

　　四、航空心理⋯⋯⋯⋯⋯⋯⋯⋯⋯⋯⋯⋯⋯⋯⋯⋯⋯⋯⋯⋯⋯⋯ 157

第五章　人工智能提高机组资源管理效力⋯⋯⋯⋯⋯⋯⋯⋯⋯⋯⋯ 159

第一节　机组资源管理⋯⋯⋯⋯⋯⋯⋯⋯⋯⋯⋯⋯⋯⋯⋯⋯⋯⋯ 161

　　一、机组资源管理的产生背景⋯⋯⋯⋯⋯⋯⋯⋯⋯⋯⋯⋯⋯⋯⋯ 161

　　二、机组资源管理的概念⋯⋯⋯⋯⋯⋯⋯⋯⋯⋯⋯⋯⋯⋯⋯⋯⋯ 162

　　三、机组资源管理的发展历史⋯⋯⋯⋯⋯⋯⋯⋯⋯⋯⋯⋯⋯⋯⋯ 164

　　四、威胁与差错管理⋯⋯⋯⋯⋯⋯⋯⋯⋯⋯⋯⋯⋯⋯⋯⋯⋯⋯⋯ 170

第二节　人工智能与机组资源管理⋯⋯⋯⋯⋯⋯⋯⋯⋯⋯⋯⋯⋯ 180

　　一、航空中的人–机–环系统⋯⋯⋯⋯⋯⋯⋯⋯⋯⋯⋯⋯⋯⋯⋯ 180

　　二、人工智能与机组资源管理⋯⋯⋯⋯⋯⋯⋯⋯⋯⋯⋯⋯⋯⋯⋯ 192

第六章　人工智能参与下的人机协同、自动化系统与航空决策⋯ 197

第一节　航空决策概述⋯⋯⋯⋯⋯⋯⋯⋯⋯⋯⋯⋯⋯⋯⋯⋯⋯⋯ 199

　　一、航空决策的内涵⋯⋯⋯⋯⋯⋯⋯⋯⋯⋯⋯⋯⋯⋯⋯⋯⋯⋯⋯ 199

　　二、航空决策的模型⋯⋯⋯⋯⋯⋯⋯⋯⋯⋯⋯⋯⋯⋯⋯⋯⋯⋯⋯ 200

　　三、航空决策的影响因素⋯⋯⋯⋯⋯⋯⋯⋯⋯⋯⋯⋯⋯⋯⋯⋯⋯ 204

第二节　人工智能参与下的人机协同与航空决策⋯⋯⋯⋯⋯⋯⋯ 209

　　一、人工智能参与下的人机协同⋯⋯⋯⋯⋯⋯⋯⋯⋯⋯⋯⋯⋯⋯ 209

　　二、人工智能参与下的人机协同在航空决策中应用的必要性⋯⋯ 213

　　三、人工智能参与下的人机协同在不同航空背景决策中的具体应用⋯⋯ 218

　　四、人工智能参与下的人机协同在航空决策应用中面临的问题与挑战⋯ 222

第三节　人工智能参与下的自动化系统与航空决策⋯⋯⋯⋯⋯⋯ 223

　　一、自动化系统⋯⋯⋯⋯⋯⋯⋯⋯⋯⋯⋯⋯⋯⋯⋯⋯⋯⋯⋯⋯⋯ 223

　　二、人工智能促进下的自动化系统发展特征⋯⋯⋯⋯⋯⋯⋯⋯⋯ 226

　　三、人工智能参与下的自动化系统在不同航空背景决策中的具体应用⋯ 227

四、人工智能参与下的自动化系统应用于航空决策中的潜在问题………231

第七章　人工智能与航空器及航空系统人因设计……………235

　第一节　航空器及航空系统人因设计概述……………237
　　一、人因设计的概念……………237
　　二、人因设计的研究历程……………238
　　三、航空器及航空系统人因设计的总体目标……………239
　　四、航空器及航空系统人因设计的原则……………240
　　五、航空器及航空系统人因设计的过程……………242
　　六、航空器及航空系统人因设计的要点……………244

　第二节　人工智能与驾驶舱人因设计……………248
　　一、飞机驾驶舱设计的演变历史……………248
　　二、飞机驾驶舱设计中人的因素……………249
　　三、飞机驾驶舱人因设计的原则……………251
　　四、飞机驾驶舱总体布局设计……………252
　　五、人工智能与显示器设计……………253
　　六、人工智能与控制器设计……………257
　　七、人工智能与驾驶舱环境设计……………257

　第三节　客舱人因设计……………259
　　一、飞机客舱概述……………259
　　二、飞机客舱设计的历程……………260
　　三、飞机客舱人因设计的原则……………261
　　四、飞机客舱人因设计的评估……………262
　　五、飞机客舱座椅的人因设计……………263
　　六、飞机客舱的应急救生系统……………264

　第四节　人工智能与航空系统中其他因素的人因设计………265
　　一、飞行员人因失误……………265

二、维修性人因设计 268
　　三、适航管理的人因设计 270
　　四、适航取证中的人因设计 272

第八章　空中交通管制系统中的人工智能 273

第一节　空中交通管制系统概述 275
　　一、空中交通管制与空中交通管理 275
　　二、空中交通管制系统 278

第二节　空中交通管制系统中人工智能的潜在应用路径 283
　　一、在空中交通管制系统中发展人工智能的必要性 283
　　二、空中交通管制系统中人工智能的潜在应用路径 284
　　三、在空中交通管制系统中应用人工智能 291

第三节　空中交通管制系统中的可解释人工智能 301
　　一、可解释人工智能概述 301
　　二、空中交通管制系统中的可解释人工智能现状 302
　　三、空中交通管制系统中的可解释性人工智能概念框架 304
　　四、空中交通管制系统中的可解释人工智能示例 306

第九章　航空事故大数据分析与航空安全管理 309

第一节　航空安全管理 311
　　一、安全管理系统的发展 312
　　二、航空安全管理相关理论 315
　　三、航空安全管理体系相关理论 317

第二节　大数据分析 324
　　一、大数据的基本概念 324
　　二、大数据的产生 325
　　三、大数据分析特征 326
　　四、大数据分析方法简介 327

第三节　航空事故大数据分析 ······ 331
一、航空事故的定义 ······ 332
二、航空事故致因理论与模型 ······ 332
三、航空事故的特征 ······ 336
四、航空事故大数据的分析方法 ······ 337

第四节　大数据分析与航空安全 ······ 343
一、航空安全管理体系中存在的问题 ······ 343
二、大数据分析能够促进航空工业的风险管理水平 ······ 345

第十章　人工智能在航空出行服务全阶段的应用方案 ······ 347

第一节　航空出行面临的问题和挑战 ······ 349
一、通信受限 ······ 350
二、机场候机流程复杂 ······ 352
三、安检与安保能力 ······ 352
四、行李托运复杂 ······ 353
五、机场数据资源不完善 ······ 354
六、航空体验感差 ······ 354

第二节　人工智能在航空平台建设中的应用 ······ 355
一、防跑道侵入技术 ······ 356
二、高级场面活动导引和控制系统 ······ 359
三、机场协同决策平台 ······ 359
四、空天地一体化的航空移动通信 ······ 361
五、智能化数字孪生系统 ······ 362

第三节　人工智能在智慧出行服务中的应用 ······ 364
一、机场服务提供 ······ 364
二、航空出行指数的预测 ······ 365
三、智能化客户端服务 ······ 366

- 四、可穿戴设备提升出行体验 …………………………………………… 366
- 五、飞行安全 …………………………………………………………… 368
- 六、行李跟踪 …………………………………………………………… 368

第四节　应用案例 ………………………………………………………… 369
- 一、大数据与人工智能的有机融合 …………………………………… 370
- 二、贯穿全场景的人脸识别 …………………………………………… 370
- 三、可靠的行李监管系统 ……………………………………………… 372
- 四、机场灯光智慧化精准引导 ………………………………………… 372
- 五、安全可靠的数字孪生机场 ………………………………………… 373

第五节　人工智能在航空出行服务中的安全风险 ……………………… 374
- 一、安全问题 …………………………………………………………… 374
- 二、技术问题 …………………………………………………………… 375
- 三、数据问题 …………………………………………………………… 376
- 四、法律问题 …………………………………………………………… 377

第十一章　人工智能带来的航空安全文化转变 ……………………………… 379

第一节　航空安全文化 …………………………………………………… 381
- 一、航空安全文化的概念 ……………………………………………… 381
- 二、航空安全文化的评估 ……………………………………………… 387
- 三、航空安全文化与飞行安全 ………………………………………… 393

第二节　人工智能背景下航空安全文化新变化 ………………………… 399
- 一、航空安全文化发展阶段的转变 …………………………………… 399
- 二、航空安全文化模式的转变 ………………………………………… 405
- 三、人工智能在企业发展中的应用 …………………………………… 407
- 四、航空安全文化建设的转变 ………………………………………… 414

参考文献 ………………………………………………………………………… 419

绪论

人工智能学科致力于深入研究和模拟人类的智能及其行为规律，其核心任务是构建智能信息处理的理论框架，并以此为基础，设计出能够模拟人类某些智能行为的先进计算系统。人工智能是一个典型的多学科交叉融合的领域，涉及计算机技术、控制论、信息论、语言学、神经生理学、心理学、数学及哲学等多个学科。随着相关学科的不断发展和应用场景的延伸，人工智能的定义和内涵也在持续变化。自1956年达特茅斯会议首次提出"人工智能"这一术语以来，人工智能已经历了60余载的发展，其理论和技术都取得了显著的进步，特别是在语音识别、文本识别、视频识别等感知技术方面，人工智能已经实现了重大突破，甚至在某些方面已经达到了人类同等甚至更高的水平。正因如此，人工智能已然成为推动新一轮科技革命和产业变革的关键技术。同时，人工智能的应用也正向多元化方向迅猛发展，逐渐渗透到人们日常生活的方方面面。

在移动互联网、大数据处理、超级计算技术、传感网络及脑科学研究等新理论与技术的联合推动下，加之经济社会的迫切需求，人工智能正迎来加速发展阶段。此阶段的人工智能以深度学习为显著特点，融合了跨界合作、人机协同、群体智能开放和自主操控等新型特性。重点发展方向包括大数据驱动知识学习、跨媒体协同处理、人机协同增强智能、群体集成智能以及自主智能系统的构建。同时，受脑科学研究启发的类脑智能技术正蓄势待发，而芯片化、硬件化和平台化的发展趋势也日益凸显。这些因素共同标志着人工智能已经进入了一个新的发展阶段。目前，新一代人工智能相关学科的演进、理论模型的构建、技术的不断创新，以及软硬件的持续升级，正在引发一系列连锁突破，推动经济社会各领域由数字化、网络化向全面智能化快速转变。

人工智能作为新一轮产业革命的核心力量，将深刻挖掘并释放出先前科技革命与产业变革所积累的庞大潜能。这一技术革新不仅将塑造一个强大的新引擎，推动生产、分配、交换和消费等经济活动的各个环节进行重构，还会从宏观至微观层面，在各行业领域催生智能化需求的崭新面貌。这一变革将促进新技术、新产品、新产业、新业态以及新模式的诞生，进而引发经济结构的深刻转变，对人类的生产方式、生活方式乃至思维模式产生深远影响，最终实现社会生产力的全面提升。

人工智能技术的崛起为社会构建开辟了新的契机。其在教育、医疗、养老服务、环保工作、城市管理以及司法服务等诸多领域均有着广泛应用，这些应用不仅大幅提升了公共服务的精确性和个性化程度，还从根本上改善了民众的生活品质。通过人工智能技术，我们能够精确感知并预测基础设施的运行状况，及时对社会运行的重大风险进行预警。此外，人工智能技术还能洞察群体情绪的波动与认知变化，从而主动地进行策略调整，这将显著提升社会治理的效能，成为维护社会稳定不可或缺的力量。

人工智能作为一种颠覆性技术，具有广泛而深远的影响。它不仅可能改变现有的就业结构，还可能对法律框架、社会伦理观念造成冲击，甚至触及个人隐私的边界，对国际关系准则提出新的挑战。这些潜在的影响将使政府的管理模式、经济安全、社会稳定以及全球治理体系产生深刻变革。在积极推动人工智能技术发展的同时，各国也深刻认识到其可能带来的安全风险与挑战。因此，各国都在加强前瞻性的预防策略，实施约束和引导措施，旨在将相关风险降至最低，从而确保人工智能技术的安全、可靠与可控发展。

经过数波发展浪潮，人工智能技术在近年来取得了显著的进步。然而，尽管其技术有所提升，但总体来看，人工智能技术的发展尚处于起步阶段。在过去的10年里，人工智能技术主要实现了感知层面的能力，但在推理、解释等认知层面仍有待突破。因此，研发具备推理、可解释性和认知能力的人工智能，无疑将成为未来科研的焦点。作为引领新纪元的战略科技，人工智能已被多个发达国家视为提升国力、巩固国防的关键。这些国家纷纷加速规划布局，从核心技术研发、顶尖人才培养到标准规范的制定，全方位强化相关措施，以在新一轮的国际科技角逐中抢占先机。鉴于当前复杂多变的国际形势和对国家安全的考量，我们必须从国家战略的高度来全面规划和主动推进人工智能的发展，以此打造新的竞争优势，为国家安全提供坚实的技术支撑。

当前，全球已有十余个国家和地区，包括美国、中国、欧盟、英国、日本、德国及加拿大等，出台了各自的人工智能国家战略或政策规划，旨在推动该领域的未来发展。这些国家普遍将人工智能视为引领未来发展、重塑产业结构的前沿性和战略性技术，并积极推动其发展和应用，同时重视相关人才的培养。这无疑为人工智能的未来发展提供了重要的历史机遇。美国已将人工智能的重要性提升至国家经济安全层面，计划调配更多联邦资金和资源以支持相关研究。德国则着重于人工智能与工业的融合。近年来，我国政府也颁布了一系列政策以支持人工智能的发展，诸如《国务院关于印发新一代人工智能发展规划的通知》《关于促进人工智能和实体经济深度融合的指导意见》《国家新一代人工智能标准体系建设指南》等文件，均体现了我国在这一领域的战略考量。

总的来说，人工智能在全球的发展正迎来巨大的机遇，也面临着较大的考验，特别是在更加广泛的行业应用领域。人工智能归根结底是人类智能的产物，在研究智能的时候，心理学是不能缺位的，没有人的智能就没有机器的智能。并且，涉及智能就离不开机制的探讨，机器解决问题的机制和人类解决问题的机制是截然不同的，弱人工智能时代是计算机引领的，而强人工智能时代必然是心理学引领的。鉴于此，本书所关注的正是人工智能赋能航空心理学发展的一些关键技术和问题。

第一章 航空活动中的人类智能与人工智能概述

星河浩瀚无比，探索永无止境。纵观波澜壮阔的人类航空发展史，从蒙哥尔费兄弟制造载人热气球到各类卫星划过苍穹，人类怀抱"鲲鹏图南，九万里而一息"的梦想，经历血泪交融的磨难，走过漫长求索的征途，终于谱写出一曲波澜壮阔的步天远歌。随着现代航空工业的迅速发展，传统交通运输业的结构形态发生了根本性改变，飞机已成为人们洲际往来的主要交通工具。

智能化是工业社会发展到一定阶段的必然趋势，航空技术作为高精尖技术的代表，更需要人工智能技术的辅助。同时，飞行员的工作方式也从传统的侧重于体力操作向更加注重认知、监控的方向不断转变，这对飞行员的记忆力、情景意识和逻辑思维能力等信息处理能力提出了更高要求。人类智能与人工智能正相辅相成、协同合作，共同推动着航空业的长远发展。

第一节　航空活动中的人类智能

在航空活动中，飞行员的职业特性对认知功能有较高的要求。在由飞行员、飞机和飞行任务构成的这个闭环信息交换系统中，飞行员起主导作用。他们不仅需要掌控空间飞行中的所有操作，还必须具备快速应对突发事件的能力，以确保飞行的最大安全效益。因此，在复杂多变的任务环境中，对信息进行智能化认知加工并做出恰当的飞行决策，是航空活动中人类智能的最大体现。

一、什么是人类智能

人既是一个生物实体，又是一个社会实体。人的心理活动既是主观能动性活动，又以客观存在为前提。只有具有智能的人才能胜任理解和分析对象的复杂认知活动，才能运用复杂的语言或符号将认知成果精准地记录和保存，并与他人进行交流，使自己内化的内容得以积累和扩展，进而推动文明形态的持续发展和进步。如同恩格斯所说："我们对自然界的整个支配作用，就在于我们比其他一切生物强，能够认识和正确运用自然规律。"这种"能够认识和正确运用自然规律"

的能力，实际上就是我们通常所说的智能，或是智能的核心功能。

二、飞行员的信息加工

航空活动是一种完成高科技、高风险工作任务的行为过程，飞行员在动态变化的任务环境中需要具备高度的认知灵活性。随着航空技术的不断进步及成套装备的日趋完善，飞行器的机械稳定性和可靠性得到了显著提升，与此同时，飞行员的工作方式也在发生深刻的变革，从传统的体力型劳动逐渐向以认知、监控为主导的工作模式转变。飞行员在极短时间内完成大量信息的综合加工、做出判断准确的决策已成为现代飞行活动的主要特征，这对飞行员的记忆能力、情景意识以及逻辑思维等信息加工能力提出了更高的要求。

信息加工是立足于心理机制层面揭示认知过程的内部心理机制。现代认知心理学把人的认知过程看成信息加工过程，一般包括信息接收、信息的中枢加工和信息输出等过程。认知过程中的感觉相当于接收信息，记忆与思维相当于对信息的中枢加工，而做出反应则相当于输出信息。

（一）信息接收

人的认知能力是做好一切工作的基础，人的各种行为，不管是简单活动还是复杂任务，都离不开信息加工过程。人的大脑通过感觉器官直接或间接接收外界发出的各种信息，从而识别事物的存在、发展和变化。

飞行员在飞行时，几乎所有的感觉器官都参与工作。外界的各种事物，如座舱、天地线、仪表指示、机场、地面、发动机声音、杆舵压力等传达的信息直接作用于飞行员的感觉器官，引起神经兴奋并传导到大脑，以感觉的形式得以反映。飞行员在接收信息、做出决策时，起重要作用的是视觉、听觉、前庭和运动感受器。在飞行中，飞行员的感觉器官负责判断飞机位置、航向、速度、高度以及航路秩序、空域环境和气象条件等信息。

视觉是由光作用于视觉器官而产生的对外部世界表面形象的直接反映，视觉可以感知人的空间位置、方位及运动速度,是飞行员了解飞行中有关系统的运行状态、判定故障的重要信息来源;听觉是人类与外界交流的重要渠道;在重力场中,前庭可以感知人的体位和运动加速度(包括线加速度和角加速度);关于人体在空间的位置和各肢体运动的信息还可以通过肌肉关节(本体)感受器进入中枢神经系统,依靠运动觉,人可以感知骨骼肌肉的运动、用力状态及身体各部位运动的协调情况,完成操作控制作业。

上述各种感觉器官的作用不是独立的,不同感觉器官获取到的信息相互影响,同时中枢神经系统进行调节和控制,确保人能通过多种通道快速获得尽可能多的信息。中枢系统对这些信息加以分析和整合,最后做出相应的决策。

(二)信息的中枢加工

感受器对接收的信息进行简单加工后,通过输入通道传送至大脑,在大脑中进行进一步的加工。大脑中的信息加工主要表现为知觉、记忆、思维、决策等认知过程。飞行员的信息加工模型如图 1-1 所示,该模型直观地反映出在飞行动态变化环境中,飞行员如何正确感知信息、分析信息,可以体现飞行员的认知行为过程及影响因素,在理解和预测飞行员与复杂系统的交互方面是非常有用的工具。

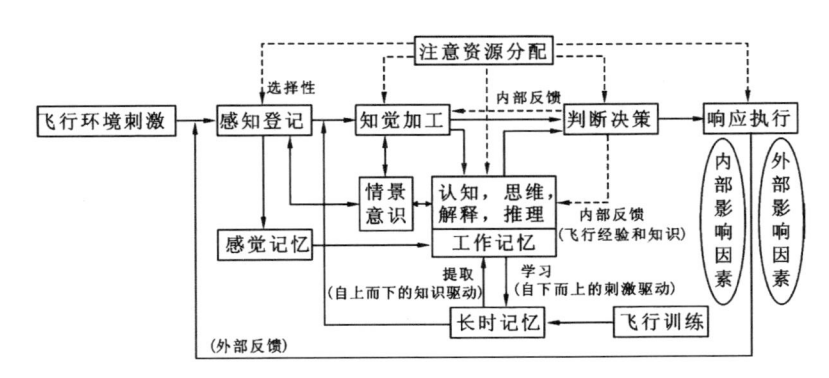

图 1-1 飞行员的信息加工模型

资料来源:杜红兵,刘明,靳慧斌.基于信息加工模型的飞行员差错分析与分类[J].工业安全与环保,2013(2):91.

1. 信息感知

为实现情景认知，飞行员必须时刻保持高度警觉，精确感知、获取、察觉和处理仪表显示的各种信息，包括飞机的位置、空速、航向、预定航路、当前高度以及光线条件等，同时密切关注气象变化，保持空中通信，随时准备接收紧急通告及其他重要信息。

2. 知觉加工

飞行员对感知的飞行信息进行识别加工，运用多种信息加工方式，从工作记忆中提取出储存的相关信息，并结合长时记忆中的知识经验进行合理分析，同时合理分配注意力资源，以便进行高效的思维推理。

3. 记忆

主要指感觉记忆、工作记忆和长时记忆。受认知资源的限制，人们的记忆能力存在局限性。在应激条件下，个体会迅速提升工作记忆的运转速度，使其高负荷运行，从而调用更多的认知资源以应对危机。在紧张状态下因记忆发生差错而导致事故发生的例子很多，例如由于注意力下降或分散，飞行员会出现"错忘漏"检查单项目等情况。

4. 注意资源分配

指人们在同一时间内把注意指向两种或两种以上的活动或对象的能力。作为飞行员，注意力时常会在气象条件与舱内仪表、空中管制、领航资料之间快速转换。当飞行员处于高认知负荷与脑力疲劳时，其认知能力会下降，唤醒水平降低，注意力易受生理状态干扰，无法进行有效的注意资源分配。

5. 情景意识

情景意识是指飞行员对当前飞行环境中信息的感知，通过感知到的信息来理解和判断飞行状况。情景意识是飞行员安全行为意识的重要组成部分。在航空事故中，71%的飞行事故涉及人因失误，其中81%的事故涉及情景意识错误。

情景意识指导感知，与知觉加工功能交互，指导注意力的分配，是信息加工过程的状态指示灯。

6. 判断决策

飞行员在动态飞行操作过程中，不断收集、处理各种信息，取舍、分析和判断，并做出正确决策。这是飞行员必备的素质和能力。

7. 行为操作

在收集信息、进行知觉加工、完成推理判断并做出决策之后，飞行员进入决策的执行阶段。这一阶段的核心在于飞行员具体实施各项操作与步骤，要求他们确保飞行行为操作的正确性、及时性以及规范性，从而保障飞行的安全与顺畅。

8. 影响因素

内部影响因素主要是影响飞行员个体层面的因素，包括但不限于生理、心理、自身技术水平、经验等因素，像注意分散、疲劳、记忆力减退、生物节律紊乱、认知过载等都会影响飞行安全驾驶行为；而诸如驾驶舱系统、飞行仪表、工作环境、组织氛围、通导资料的使用等因素，则属于外部影响因素，他们从外部影响着飞行员的操作和绩效。

（三）信息输出

信息经中枢加工后传向效应器的过程称为信息输出。人类接收到并经过中枢加工的信息之中，只有传向效应器并引起效应器的反应活动，才能对外部世界发生作用。根据信息输出通道可简单地将信息输出分为两大类：通过人的肢体动作直接作用于控制器或传感器并传递信息；通过语言、手势、表情等传递信息。

在人机系统中，飞行员主要通过手、足的不同输出形式与杆、舵以及油门进行信息交换，操作行为通常通过效应器官的肌肉运动表现为操纵动作或言语指令。随着计算机技术的发展，飞行员已经开始采用自然语言作为人机对话的方式。此外，随着人机交互技术的发展，新的控制与输出方式，如眼动式人机信息交互系统、语音控制、脑波控制、头动控制等技术将在航空人机系统等的设计中日益得到广泛应用。

三、飞行员的决策

飞行是一个要求驾驶员不断做出决策的综合过程，决策是飞行员认知能力的主要体现。飞行员要对自己、飞机、环境和操作因素之间的关系进行准确的觉知和判断，面对特定情境要做出准确评估，进而选择正确方案和反应方式，每次决策的有效性水平都将会对飞行安全产生重要影响。飞行员的决策差错会严重影响飞行操作，进而威胁航空安全。

（一）决策模型

自20世纪50年代起，决策问题引起了越来越多航空公司和心理学者的重视。在探究驾驶过程中飞行员的决策心理活动时，航空领域的专家们受到了不同理论流派的影响。飞行决策模型是一个集信息采集、信息处理、反应的产生及选择、行动于一体的系统过程，既包括飞行员与环境的互动，也阐释了飞行员内在的心理状态和过程。为了解释飞行员在决策过程中的心理活动，不同学者提出了不同决策理论的飞行决策模型。

1. 规范性决策模型

规范性决策模型的一个显著特征在于其结构化的决策过程，它把决策者即飞行员视为一个完全理性的个体。在决策过程中，飞行员需根据特定的概率、模型和理论来计算某个预期结果发生的可能性，从而做出主观判断以获得最佳决策。（王梓宇，游旭群，2017）规范性决策的过程被细化为几个阶段，每个阶段都有明确的决策任务，这种方式可以使个体有限的认知资源得到合理的分配，减少其局限性所带来的问题，从而确保做出合理且高效的决策。

常见的规范性决策模型有DECIDE模型、SOAR模型和FOR-DEC模型。从规范性决策模型的发展历程来看，每一个结构化的模型都反映了对实现决策安全的诉求，都试图从改变人的决策习惯和决策意识角度达到这一目的。不同的模型对决策过程的分解存在很大的不同之处，都反映出不同的决策方法，且决策者的关注焦点与认知资源的分配也有差异。

2. 描述性决策模型

规范性决策模型将决策过程结构化，培训飞行员按照给定的步骤做出决策，但随着认知心理学的发展，大量研究表明人类的决策过程受到非理性因素的影响。在航空领域中，沃尔（Wohl）、奥黑尔（O'Hare）（1992）等学者各自提出了以描述性决策理论为基础的飞行决策模型。在这种决策模型中，飞行员不是纯粹理性的决策者，而是有着真实心理活动与反应的人。

描述性决策模型从更实际的角度出发，展现的是飞行员做出决策和解决问题的潜在过程，而不是公式化的指导方案或规范过程，它试图描述飞行员做出决策的认知心理活动。它的重点在于飞行员综合自己的认知系统如感知觉、经验等来进行模式匹配决策，由此形成自上而下或自下而上的信息加工，这一信息处理过程有助于飞行员选择和评估目标，从而做出最佳决策，减少差错的产生。

综上，结构化的决策模型可以从认知资源分配环节上为飞行员提供合理决策，而描述性的决策模型则展现了做决策的内部认知过程。无论从适应性还是历史发展的角度来看，兼顾理论与实际的实用性决策模型都将有助于减少决策差错的产生。

（二）影响飞行员决策的因素

不合理的飞行决策会威胁航空安全，对国家的航空事业产生严重的不良影响。因此，深入剖析飞行决策的影响因素显得尤为重要，这有助于开发更科学的管理策略，在日常培训中，应当着重加强飞行员在高风险情景下的经验积累，提升他们做出最合理决策的能力，为航空运营监管提供宝贵的理论参考，也从心理层面为飞行安全提供有力支持。

1. 知识和经验

飞行员普遍接受过系统的气象知识培训和训练，但部分飞行员仍可能存在气象知识储备不足的情况，无法有效应对突发的或潜在的危险天气状况。（Winter et al., 2020）受技术水平限制，现代航空气象雷达还不能实时、无死角地追踪某一区域内气象条件的变化，因此提交飞行员天气报告（Pilot Weather Reports，PIREPs）有助于飞行员对某一局部空域做出及时合理的与气象条件有关的决策，以保障飞行的安全。但在实际飞行中，由于对气象知识掌握的有限性，飞行员很少提交飞行员天气报告，这增加了后续飞机进入本该可以避免的不良气象条件中的概率。为此，布利肯斯德弗（Blickensderfer）等人开发了一个有 95 个题目的航空气象测试，以期能够标准化地评估飞行员对气象知识的掌握情况。

经验水平是影响飞行员决策的重要原因之一。（Hunter et al., 2011）在航空决策心理过程中，不同阶段都起着举足轻重的作用，如快速准确的情景意识、更好的风险评估、高效的注意力分配和管理策略，以及精准的识别—启动模式等。威金斯（Wiggins）和奥黑尔（O'Hare）的研究表明，经验丰富和经验不足的飞行员会用不同的方式处理与气象相关的线索。相较于经验较少的飞行员，具备丰富飞行经验的飞行员能做出与气象相关的更优的决策。（Wiggins，O'Hare，1995）但另有研究指出，与新手飞行员相比，那些拥有更多经验和较长飞行时间的飞行员会感知到更少的风险；那些频繁经历恶劣天气的飞行员在云量和能见度方面通常会预设相对保守的个人最小值，并更愿意在较低能见度的情况下进行低空飞行。飞行员凭借飞行经验的积累而提升的气象决策能力所带来的飞行安全效益，很可能被与之相伴随的飞行员不良的风险寻求而抵消掉。

2. 压力

飞行员自身为完成飞行任务所产生的压力也是影响决策的因素。从事故报告中来看，一些飞行员努力完成飞行任务，并不都是为了及早下班回家或回驻地，也有很多飞行员是在为完成演习训练、救援/救护、追捕逃犯等任务中选择承担安全风险，在这个过程中他们为其不安全行为付出了代价，但他们也值得被人尊重。近年来，一些学者提议将社会压力纳入航空事故人为因素分析系统，认为社会压力使得飞行员低估环境中的潜在危险，进而导致其在面对复杂气象条件时做出错误的航空决策。

3. 态度

航空事故研究证明，以下几种态度会影响飞行员做出正确的判断与决策。

1）冲动

具有冲动态度的飞行员经常不分轻重缓急，追求立竿见影，不会选择最佳的备选方案。对飞行特殊情况的处置具有不可逆性，一旦处置错误，往往没有重来的机会。

2）自负

自负态度会促使飞行员做出激进甚至是危险的行为，来证明自己的强大和驾驶水平高。

3）对抗

对抗态度指的是飞行员对必须服从的规定和命令有抵触或反抗心理。有这种态度的飞行员可能压抑了很久，极有可能在某个时刻突然爆发，漠视甚至反抗指令，同时失去客观判断能力，对飞行安全极为不利。

4）顺从

当飞行员面对两难境地时不表态，或者盲从于别人的观点，这是不负责的态度。持有这种态度的飞行员不敢做出与别人相左的决策，可能接受不合理的建议，这一点在副驾驶对机长的过度服从上体现较多。

4. 风险管理

风险通常被定义为潜在危险事件发生的可能性及其后果的严重程度，风险管理是飞行员必备的一项重要技能。飞行员在飞行过程中面临具体危险时需要特别注意识别和缓解风险，并根据评估做出恰当的决定来管理风险。风险感知和风险容忍是风险管理的重要方面。

1）风险感知

风险感知是一种风险情景意识，指个体对外部环境潜在风险的主观认知与评价，以及相应的准备行为评估。已有许多调查发现，在通用航空中，风险感知与飞行决策有关。很多飞行员往往没有意识到，瞬息万变的天气条件可能使他们不能从目视飞行转为仪表飞行，这是因为他们缺少对关键线索的感知识别能力，这一点正是许多飞行决策模型构建的核心基础。这些情况就属于风险感知的范畴。同时，经验、态度和情感在风险感知中也发挥着重要作用。

2）风险容忍

风险容忍涉及个人在某种情况下愿意承受的风险量，通过个人对风险厌恶的一般倾向和特定情景目标对个体的重要价值来加以表征。风险容忍水平越高的飞行员，越可能在不适航的恶劣气象条件下继续飞行计划。

5. 情景评估

准确的情景评估离不开高水平的情景意识作为支撑，许多错误的判断正是因情景意识不足，导致信息整合分析失败，进而引起情景评估无法及时得到更新。据调查，与选择转向的飞行员相比，那些在恶劣的气象环境下仍选择继续飞行的飞行员，通常对能见度的评估更不准确。这一现象实际上也反映了飞行员的一种识别启动决策的失败。（王新野 等，2022）

四、飞行人因失误

人因工程致力于研究人—机—环之间的交互作用与关系，而人在这个环系统中始终承担着最积极和最活跃的角色任务，同时也是最不确定的元素。人因失误一直被看作"意识的窗口"，从心理上探究人因失误的原因是由可观察到的失误为指导，以获取支持人的信息处理理论和人的行为预测理论的基础。自有航空以来，飞行人因失误一直成为困扰飞行活动的重大问题。在航空安全领域，有60%—80%的事故与驾驶舱内的飞行人因失误有关。调查结果显示，多数事故是由于飞行员对飞机状态的识别错误、响应不当、判断失误以及混淆不清的字符显示等造成的。失误会直接影响飞行员的认知、情绪及意志等心理状态与反应水平，还将会导致恶性事故，对航空业的发展产生危害。

因此，如何提高人类智能的可靠性，对飞行人因失误进行预测、辨识和预防已成为当今航空安全管理中一个重要的方向性课题。在航空领域，国际民航组织将人的因素界定为：其研究范围涵盖了航空系统中人的所有表现，通过运用系统工程的方法和相关人的科学知识，力求探寻人的最佳表现，从而达到预期的安全水平和效率目标。可以看出，人的因素研究是以"工作绩效"为核心，同时注重安全和效率。从适航及应用的角度而言，则更多地关注人的因素对安全的影响，即研究人因失误。

（一）飞行员人因失误的分类

根据不安全行为的表现，可以将飞行员人因失误划分为六大类别。这些失误种类大都属于认知差错，每一种人因差错都可能对飞行事故及事故征候产生重要影响。

1. 觉察类（常见于飞行员的"错忘漏"）

1）忽视

忽视主要是指飞行员在操纵飞机的过程中忽视了对有效资料或工具（如提示、公告、气象情报）的使用，分为两种类型：一是没有及时监视和注意发动机参数的显示状态，在短时间（几秒钟）内失去对飞机的监控，使事态迅速恶化；二是当失去对发动机参数显示状态的有效监控之后，需要采取相应行动时，机组没有决策采取什么样的行动。

2）遗忘

顾名思义，遗忘属于记忆失误。除非有飞行机组的直接报告，否则识别和确认起来都非常困难。

3）理解错误

理解错误指飞行机组内部协调和交叉检查的障碍，飞行机组在尝试确认"在哪里，发生了什么"的过程中发生错读、错听有关资料/提示的事实。

2. 理解类

1）对资料整合不充分细致

这种失误影响飞行机组完成资料（如独立的提示）向信息（如回答"在哪里，发生了什么"，比如系统或部件的失效）的有效转换。

2）对资料之间的关系产生推理性错误

即错误地识别或推断了系统或征兆的关系。

3）对资料模式的错误理解

由于飞行员不全面或不精确，甚至错误地对系统或征兆进行识别，导致没有成功地对征兆资料进行集成。

4）没有意识到机身的不正常状态

这种失误主要表现为飞行机组没能意识到此时飞机已处于不安全或不正常状态。

3. 目标类

主要包括没有成功地设定一个合理的目标；没有选择执行优先目标，而是选择了另一目标进行第一行动，但同时也阻碍了重要目标的完成；等等。

4. 程序和策略类

程序失误指的是飞行机组对出现的征兆模式进行解读时，原本应依据的文字性程序或普遍采用的实践经验未能得到妥善应用。这类失误属于规则型失误，即由于遵循既定规则或程序不当所导致的错误。而策略失误则发生在机组面对突发事件时，没有现成的程序可供参考，只能凭借机组自身的判断来构想行动方案。在缺乏先例、无法执行文字程序或参考实践经验的情况下，做出了不恰当的决策，这种失误便属于知识型失误，即由于缺乏相关知识或经验而导致的错误决策。

5. 执行类

执行类失误是针对推力系统失效采取反应行动中的一些错误，此类失误与理解错误相匹配，主要有七种类型：采取非故意行动；没有完成计划的行动；贫乏的执行行动；初始行动失败；在履行一项行动时，缺乏或没有机组内部的协调；拙劣的驾驶技术（闭环控制技术）；初始行动没能及时执行。

6. 违反类

里森（Reason）先生曾于1990年提出了界定违反的两个标准，在此基础上我们结合实践重新进行了定义，即常规型违反和特殊型违反。常规型违反是比较轻微地违反公司政策或程序，但它是事件原因的主要成分；特殊型违反是指非常严重的违反行为，并直接导致事件的发生。

（二）发生人因失误的原因

尽管飞行员失误的类型不同，引发的后果也可能不同，但导致飞行员失误的因素除气象、机械故障和生物动力以及管制调控和机场等环境原因之外，绝大多数人因失误都是由飞行员自身因素造成的，如飞行准备不充分、信息接收失误、决策或判断失误、飞行技术不达标等。

1. 信息接收失误

在接收信息的过程中，飞行员可能未感知到所有信息，或没有及时感知飞行环境变化，或歪曲了感知到的信息。

2. 决断失误

飞行员在动态操作过程中，需要对各种信息不断进行深入的分析、筛选，并据此做出决策。然而由于飞行员个体的认知能力、知识水平和经验具有局限性，或是受到外界信息的干扰，可能会导致判断错误。

3. 飞行技能方面的问题

飞行技能方面的问题可能源于多种原因，如准备工作不足、飞行员技术水平欠缺、知识和经验匮乏，或是面对异常复杂情况时的应对能力不足。前者主要反映了训练上的问题，而后者则涉及一些不可抗拒的外部因素。为了解决这类问题，需要根据飞行员的技术水平来严格设定科目要求，确保他们具备足够的技能水平才能执行飞行任务。如果要根治这一问题，则必须加强训练，特别是针对特殊情况的模拟训练，同时加强经验的传承和知识的系统培训。

在航空安全领域，由飞机设备故障引起的飞行事故概率已从20世纪初的80%下降到今天的3%，相反，由飞行员人因失误导致的事故或事故征候已占到了当今整个事故成因的60%—80%。因此，如何提高人类智能的可靠性，最大限度地预防和避免飞行员人因失误，已成为当今航空安全管理中一个重要的方向性课题。

第二节 航空活动中的人工智能

航空一直走在创新的前沿，在其快速发展的历史中，创新在舒适度和安全效能方面显著改善了乘客的体验。20世纪有两个重大的进步，即50年代喷气发动机的引入和80年代的线控飞行。现在，在21世纪20年代的边缘，人们可以预见到另一场变革，而它的影响可能是前所未有的。

航空航天事业的发展水平是衡量一个国家综合科技实力的重要标志。近年来，我国在载人航天、北斗导航、月球与深空探测、先进战斗机以及大型运输机等领域取得了举世瞩目的辉煌成就。然而，与全球航空航天强国相比，我们在探测感知技术、动力能源以及材料科学等方面仍存在不小的差距。为了充分利用后发优势，实现跨越式发展，将航空航天与人工智能深度融合无疑是一条极具潜力和前景的可行路径。

当前，随着物联网、大数据、云计算等新一代信息技术的快速发展，机器对于人类智能的模拟水平和解决复杂问题的能力不断提高，与物理世界对应的数字孪生世界不断成熟。人工智能作为一类战略性的新兴技术，备受关注和赞誉。以人工智能为典型代表的新技术正推动和引领全新的科技革命和产业革命，并被逐步引入航空领域，使自主飞行、预防性维护、空中交通管理（Air Traffic Management，ATM）优化成为可能。

一、什么是人工智能

（一）人工智能的概念

人工智能（Artificial Intelligence，AI）的概念诞生于20世纪50年代，而公认的人工智能概念最早诞生于1956年的达特茅斯会议。经过两个多月的研究，众多科学家达成共识，他们为人工智能设定了预期目标——制造一台机器，该机器可以模拟人类学习或者智能的各个方面，前提是这些方面都能够被精确描述。自这一目标诞生伊始，学界便一直探索要将复制人的才能，包括创造能力、自我改进和语言应用等，纳入人工智能的研究领域。他们期望通过这一努力，使人工智能从根本上区别于控制论、运筹学等领域，从而确立为一门独立的研究学科。事实上，该预期目标在诞生之后，也曾被作为人工智能的定义使用，对人工智能领域的整体进步产生了巨大的推动作用与深远影响。

经过60多年的发展历程，人工智能的研究几经沉浮，几度因新技术的提出和发展而获得空前关注。因具有收集和存储大量数据、提高计算和强大的算法开发与架构能力等三个重要因素，人工智能在过去10年中快速发展并被广泛使用，现如今已形成几千种不同的技术路线。AI是一个广泛的术语，因"智能"一词之中包含太多内容，它的定义也随着技术的发展而变化，因此目前人工智能还未形成公认的定义。这也从一个侧面反映出如何实现60多年前达特茅斯会议上关于人工智能的预期目标依然是未知的。

按照两个维度将人工智能的定义进行分类，可以将具有代表性的人工智能的定义归纳为四类：（1）关注思维过程；（2）强调行为；（3）关注模拟人类表现的逼真度；（4）强调合理性。如图1-2所示，这种分类高度概括和直观展示了前人为实现人工智能而进行的四种不同途径的尝试。

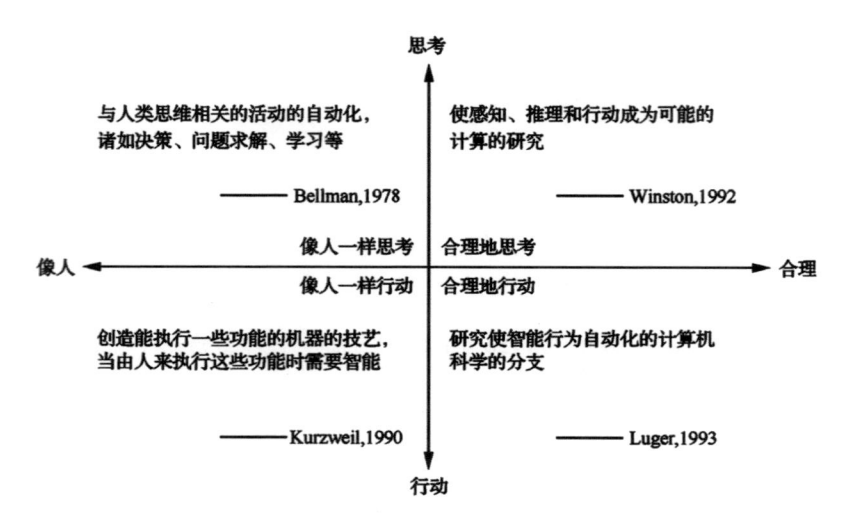

```
                         思考
                          │
与人类思维相关的活动的自动化,    │   使感知、推理和行动成为可能的
诸如决策、问题求解、学习等       │   计算的研究
                          │
       ── Bellman,1978      │      ── Winston,1992
                          │
            像人一样思考 │ 合理地思考
像人 ────────────────────┼──────────────────── 合理
            像人一样行动 │ 合理地行动
                          │
创造能执行一些功能的机器的技艺,  │   研究使智能行为自动化的计算机
当由人来执行这些功能时需要智能   │   科学的分支
                          │
       ── Kurzweil,1990     │      ── Luger,1993
                          │
                         行动
```

图 1-2 人工智能的四类定义

资料来源：卢新来，杜子亮，许赞.航空人工智能概念与应用发展综述[J].航空学报，2021（4）：525150-2.

不同国家、地区和部门对人工智能有着不一样的理解：美国国防部将其描述为"无论以数字还是自主物理系统内嵌智能软件的形式，机器具备执行通常需要人的智能才能执行的任务的能力，如识别模式、从经验中学习、下结论、做出预测、采取行动等"；欧洲航空安全局（European Union Aviation Safety Agency，EASA）则认为人工智能具有"任何模仿人类行为表现的技术"。

（二）人工智能的分类

人工智能的应用程序可以分为模型驱动（Model-Driven）和数据驱动（Data-Driven）。模型驱动的 AI 应用程序包括著名的"专家系统"，这种系统仍然以传统的方式编程，主要目的是使计算机像人类相关专家一样，解决专门领域中复杂以及非数值性的问题。

新一轮人工智能热潮体现在公众对技术的关注度上。从全球范围内看，"大数据"（Big Data）一词于 2010 年首次进入大众视野，其关注度在 2011 年至

2014年间获得快速增长,并在此后长期保持稳定,随着2016年AlphaGo(阿尔法围棋)战胜韩国围棋名手李世石后,与人工智能相关的词汇的曝光率开始骤然增加。其中,"机器学习"已经取代"大数据"成为网络上最受关注的技术名词,"人工智能"和"深度学习"等词语的受关注度均有一定程度的增长。

目前人工智能的主要突破几乎都与机器学习(Machine Learning,ML)有关。机器学习是人工智能浪潮的核心技术与根基,它利用算法对数据进行训练,提高模型识别能力,是推动人工智能领域不断突破的关键因素。深度学习(Deep Learning,DL)是机器学习中一种基于神经网络的方法,它模拟人类大脑的学习过程,运用多层神经网络和卷积神经网络,具备更高级的信息处理功能,能够帮助解决复杂的、非线性的问题,同时通过不断优化应用参数,提高其模型预测的精确度。深度学习代表了人工智能技术的发展前沿,它的出现促进了计算机视觉(CV)和自然语言处理(NLP)等平台的开发(见图1-3)。

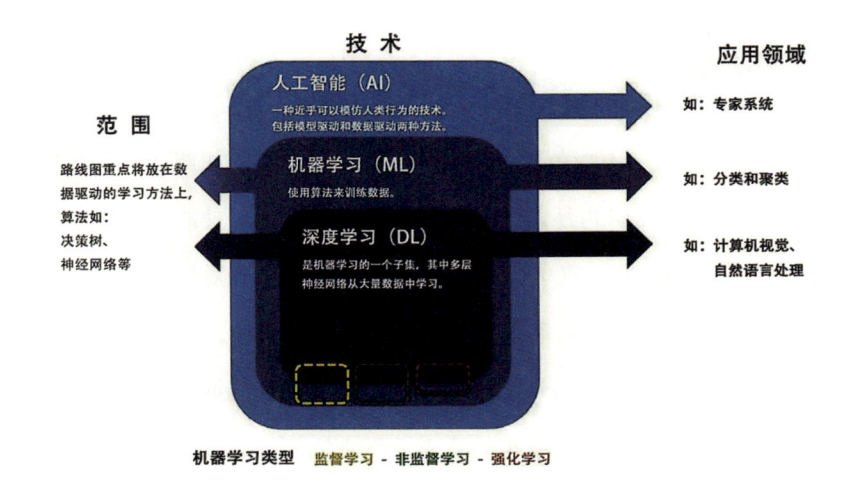

图1-3 欧洲航空安全局发布的人工智能路线图

资料来源:European Aviation Safety Agency. Artificial intelligence roadmap: a human-centric approach to AI in aviation(Version 1.0)[Z]. Cologne, Germany: European Aviation Safety Agency,2020.

数据驱动的学习技术具有颠覆性,它与传统的软件开发技术有本质的区别,不能用常规的方法进行评估。相关部门致力于采用决策树、神经网络等机器学习方法，并利用深度学习技术实现操作学习和进化，逐步替代人类解决复杂问题，实现智能化。

二、人工智能在航空活动中的应用

从人工智能、大数据、云计算、物联网等为代表的新一代信息技术迅速发展，与实体经济深度融合，广泛地应用于信息自动化等多个技术领域，其中，航空业也是人工智能的重要应用领域。在数字化转型的需求牵引下，分析整合航空业的各种信息和要素资源，最终实现行业安全、服务、保障等应用数字化，加强其智能化效应和智慧化支撑的建设过程，是民航领域与新兴前沿技术的深度融合，也是构建创新、系统、完整、智能的航空运营体系的迫切需要。

（一）人工智能与航空制造

目前，机器学习在数据分析方面进展迅速，但接下来的发展可能会带来更大的影响，如改变飞机的设计和制造流程以及飞行员的飞行方式。

1. 从飞行员驾驶到自主飞行

过去 50 多年里技术不断革新，大型商用飞机驾驶舱的机组人员人数也呈现逐步递减的趋势。由最初的五人机组到如今的机长、副驾驶的二人配置，这一递减趋势在未来仍将持续。在人工智能的加持下，未来愈发精细复杂的驾驶舱自动化系统会改变飞行员与自动化系统之间的关系。目前，国内外民航界正致力于探索和研发"单一飞行员驾驶"（Single Pilot Operations，SPO）模式。正如欧洲航空安全局在其 2020 年发布的《人工智能路线图 1.0》（见图 1-3）中所认为的，AI 将赋能商业运输驾驶舱自动化系统逐渐自主化，2030—2035 年很有可能开始支持 SPO 甚至是无人飞行模式。

1）单一飞行员驾驶

单一飞行员驾驶指在大型民用飞机驾驶舱中仅配置一名飞行员（机长），

借助先进的机载设备或者远程地面站操作员的支持（或两者的组合），在各种飞行场景中，安全高效地执行航线飞行任务，并且要达到不低于目前双乘员驾驶模式的飞行安全标准。实现 SPO 的必要条件是更新现有设备系统，一些研究者提出在 SPO 驾驶舱中引入"智能副驾驶"，使其与 SPO 飞行员协同工作，模拟双乘员驾驶舱的机组合作模式以应对 SPO 可能面临的挑战。智能自主化系统基于算法和训练，具备了一定的学习和自适应等能力，甚至可能在没有人工干预的情况下，在更广泛的操作范围内独立执行任务，为 SPO 的实现提供自动化功能支持。

尽管目前"智能副驾驶"的技术尚处于探索阶段，但在大型民用飞机机载设备领域，已有一些智能子系统正在积极研发中，例如智能化推荐检查表及状态传感系统、机载人机语音交互、智能化空中交通防撞系统、智能飞行系统、可穿戴智能设备等。这些研发工作为 SPO 机载智能自主系统的技术发展路径提供了有力的支持，预示未来智能技术在航空领域有着广阔的应用前景。

2）远程无人驾驶

远程无人驾驶的定义为：飞机在不同程度自动化的支持下，以单人或多人组合的形式，远程驾驶单架飞机或同时操作/监控多架飞机。无人机凭借体积小、操纵简单、功能强大等优点，获得了民间和军方的一致青睐。新的商业模式正在努力创建空中出租车系统，以响应城市空中交通的需求。自动驾驶将不可避免地依赖于系统来实现复杂的决策，如确保安全飞行和着陆、以更短的距离来管理飞行器之间的分离等。这就是 AI 将发挥作用的地方：为了实现完全自主，将需要非常强大的算法来处理由嵌入式传感器和机器对机器通信产生的大量数据。

在寻求自主飞行的过程中，大多数工业参与者都在设想通过使用虚拟副驾驶逐步扩大到单飞行员操作的初步援助方案，下一步是在人工监督下进行自主飞行，并最终实现完全自主飞行。

2. 其他飞行设计和操纵

在自主飞行之外，AI或机器学习将有望开辟新系统设计的道路，这些新系统将改变飞行员和系统之间的关系：减少机器可以完成的任务对人力资源的使用，从而使他们能够更好地专注于高负荷的附加任务，特别是飞行安全；在机器的辅助下，将人类置于复杂决策过程的中心；解决人类绩效限制的影响；等等。

人工智能与机器学习还可以用于航空领域中几乎所有涉及数学优化问题的应用程序，从而无须分析所有可能的关联参数值和逻辑条件的组合。目前已有一些典型应用，如飞控程序优化、传感器校准、剩余油量检测、结冰探测等。

此外，这些技术也可用于改进飞行器设计过程。例如，在飞行器设计的过程中，虚拟现实技术主要通过沉浸式交互和可视化技术，将大量数据信息以三维模型及虚拟场景形式呈现，进行机体设计、设备创新、性能演示、数据分析等操作。虚拟现实技术在数据处理方面，主要可实现三维可视化的智能数据采集、计算、修改、储存流程，打造完全可靠的设计制造数据库，同时方便使用者趁早发现设计缺陷，随时更新数据，大大缩短研发周期，完善设计成品质量。

机器学习也可以为物理现象建模提供解决方案，还可以用于优化一些需要依赖于物理现象演示（如EMI、EMC、HIRF等试验测试）的认证过程。

3. 飞机生产与维护

在商业航空模式领域，数字化会显著改善生产和维护（包括物流）的流程。随着数字化的发展，生产和维护部门处理的数据量正在稳步增长，依赖人工智能处理数据的需求也在不断增加。制造业中数字孪生体系的发展、生产链中物联网（IoT）的应用与生产，以及预见性维护的建设等，其大量的数据和低信号识别都需要运用人工智能,为制造工作节省更多成本、时间、精力并提高质量。

现如今,发动机制造商很少真正销售发动机和零部件,而是销售飞行时间。因为多数乘客根据收益 - 成本分析选择出行方式,选择乘飞机出行是为了节约时间,看重的是节省时间所能带来的收益。故而,航空公司销售时间这种模式的转变也意味着,为了避免对延迟的惩罚,发动机调度的可靠性和安全性是同一个概念的一部分。在大量数据的支持下,基于 AI 的预见性维护可以预测故障并提供预防性补救措施。很多行业的主要参与者已经认识到预见性维护的价值。例如,空客的飞机维修分析(Airman)被超过一百个客户选择,用来持续监测系统健康状况,并向地面控制传输故障或警告信息,提供快速访问维护文件和故障排除的步骤。

(二)人工智能与航空管理

1. 空中交通管理

空中交通管理根据气象条件、航路结构、航空区域容量等限制条件,有效进行航空资源的合理统筹规划,促使航空资源合理配置,保障飞行秩序与航班运营的畅通。人工智能技术可以完成空中的轨迹预测,国外有项目已经开发了基于机器学习的轨迹预测能力,运用之前的轨迹训练模型来预测结果,用以估计飞机在飞行前或飞行中的性能表现;人工智能还提高了空管的操作效率,因空管中心的指令多数是通过高频语音通信传给飞行员的(这意味着控制器需要进行大量的手动输入以保持系统数据的正确率),而自动语音识别可以提供一种可行的替代方法,即将语音转换为文本输入到系统中,欧航就在他们的路线图中提到,控制器辅助语音识别模型的机器学习(MALORCA)项目开发了一个多用途的低成本解决方案,使语音识别工具适用于控制器。

2. 安全监管

人工智能的引入能够显著增强对漏洞的觉察能力,高效处理飞行数据、安全报告、天气数据和交通数据等。通过数据融合技术,人工智能能够精准识别数据间的相关性，并结合数据的增量分析，检测异常演变，从而实现高效的异常检测，进一步提升安全效益。展望未来，人工智能将成为处理实时数据流和实现实时风险管理的关键解决方案，为航空领域的安全管理带来飞跃性变革。

人工智能也可应用于事故征候分析。航空飞行事故的发生是多种因素或其组合的结果。研究人员可以为飞行员配置相应的近红外设备，生成飞行员在执飞任务中的神经生理数据，这些数据流可以提供有关机组人员在关键事件（如起飞、降落）中与认知相关的信息，将这些数据流传输至飞行数据记录器中，进行事故分析。

3. 机场服务

机场服务体现了航空管理的品质与水平。在机场服务方面，机场设施的建设是基础，机场提供的服务是核心。例如，利用人工智能中的计算机视觉和人脸识别技术，系统可以完成人脸图像采集，进行精确定位、身份确认与搜索，让安检流程精简高效，让出行人排队等待成为过去时。当前，人脸识别技术正以前所未有的速度发展，其出色的有效检出率和正确识别率备受瞩目。该技术能及时发现并跟踪存在危险隐患的人群，通过建立重点人群检测数据库对其持续监管。这种自动化安检方式将极大提升安检效率，让机场服务更加个性化与精细化，把技术创新更好地应用到机场管理经营中来，整合共享数据信息，完善服务流程，为公共安全提供强有力的技术保障，促使机场行业管理水平与服务模式整体提升。

（三）人工智能与航空作战

在航空领域，智能航空武器装备将成为未来体系化斗争中的核心枢纽之一。雷宏杰和姚呈康（2020）在《面向军事应用的航空人工智能技术架构研究》一文中提出，在国家军民融合战略的宏观背景下，必须充分借鉴并采纳民用人工智能技术的优秀成果，系统地分析和梳理空中作战任务场景的技术需求和实现途径，完善包括航空军事应用在内的各领域人工智能技术架构，实现装备研发和制造过程的创新发展，以满足未来智能化对战条件下的军事需求和装备智能化升级需求。

三、可信航空人工智能

机器变得越智能和越强大，保证它们的目标与人类的相一致就越重要。尽管人工智能目前已经得到了广泛认可与应用，但仍有研究专家指出了"可信"（trustworthiness）的问题，这是人工智能赋能行业应用的必要先决条件，其关键性和特殊性也值得民众给予高度关注。特别是在航空这一对安全性要求极高的领域，可信的重要性尤为突出。欧洲航空安全局在其 2020 年发布的人工智能路线图中认为，航空领域人工智能应用应优先重点解决安全可信问题。

（一）航空活动中人工智能面临的可信性挑战

人工智能是航空工业缩短开发周期的一个重大推手，但随之而来的是出现了对机器学习／深度学习软件可信赖性的一系列挑战，如：传统的开发框架不适应以机器学习为代表的人工智能模式；很难对预期功能进行全面系统的描述；机器学习应用程序行为缺乏可预测性和解释性；目前缺乏评估应用程序运行性能的标准化方法；架构和算法很复杂；自适应学习过程带来了复杂性。

（二）人工智能的可信性架构

1. 人工智能可信度分析

以欧航为例，为确保人工智能应用程序符合欧盟道德原则，必须制定一份详尽的 AI 可信度综合分析的具体指南。这份指南在欧盟道德准则的责任、技术稳健性和安全性、监督、隐私和数据管理、透明度、非歧视与公平性、社会与环境福祉等七个方面提供具体的调查要点，指导申请人在使用其产品时，能够充分考虑并符合这些基本原则。

在 AI 的加持下，我们能够很容易地预见到未来新设计的驾驶舱自动化系统会改变飞行员与自动化系统之间的关系，如图 1-4 所示。

```
┌─────────────────┐  ┌─────────────────┐  ┌─────────────────┐
│   Level 1 AI:   │  │   Level 2 AI:   │  │   Level 3 AI:   │
│   辅助飞行员     │  │    人机协作      │  │ 更加自主化的机器 │
└─────────────────┘  └─────────────────┘  └─────────────────┘
```

● Level 1A —— 常规辅助

● Level 1B —— 增强辅助

● Level 2A —— 飞行员作为驾驶舱自动化的监控者

● Level 2B —— 驾驶舱自动化作为飞行员的监控者

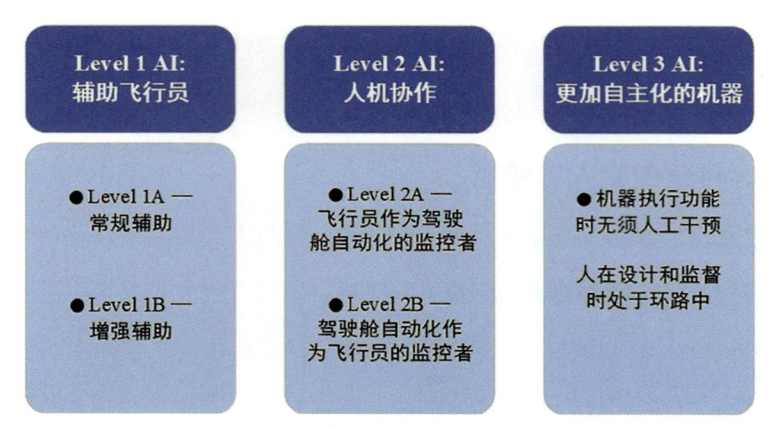

● 机器执行功能时无须人工干预

人在设计和监督时处于环路中

图 1-4 航空驾驶舱 AI 应用的可能分类

资料来源：European Aviation Safety Agency. Artificial intelligence roadmap: a human-centric approach to AI in aviation（Version 1.0）[Z]. Cologne，Germany: European Aviation Safety Agency，2020.

1）1 级 AI

辅助飞行员。1 级 AI 主要专注于协助功能，分为常规辅助（Level 1A）和加强辅助（Level 1B）飞行员，完成从飞行准备到飞行任务的执行。这个级别的 AI 会产生重要的安全效益，如应用程序会对航行通告进行优先级排序，以帮助飞行员选择关键的航行通告。

2）2 级 AI

人机协作。在人机协作过程中，执行功能由机器监督或机器的执行功能由人监督，但仍然基于基本的机组职责共享飞行/监控权，机组成员承担全部执行责任。在这个级别的 AI 中，飞行员可以是驾驶舱自动化的监控者（Level 2A），而驾驶舱自动化也可以成为飞行员的监控者（Level 2B）。

3）3 级 AI

自主化。3 级 AI 完全自主化，在自主化场景中，人将不在操作环路中，而是处于设计和监督过程的环路中。

这种分类可以推动人工智能的方法研究与指导。人工智能可信度分析构建应该进一步研究这种基于风险的人工智能/机器学习应用方法的工具。

2. 学习认证

在当前的监管框架中，基于风险的系统、设备和部件的开发，主要是由需求引导的"开发认证"方法驱动的。但是需要承认的是，依赖于学习过程的设计层级不能用现有的"开发认证"方法来处理。认证过程应该转移到验证数据集的正确性和完整性、识别和消除偏差、测量机器学习应用的准确性和性能、识别和使用新的认证方法等方面。

这是"学习认证"的一个新概念，目的是在适当的级别上获得应用程序支持预期功能的信心，从而尽可能地打开 AI 的盲区。

3. 人工智能的可解释性

可解释性是一个以人为中心的概念。它处理的是系统如何提供人类可以理解的解释，并说明 AI 应用程序是如何得到它的结果与输出的。当将 AI/ML 用于计算机视觉以外的应用程序，特别是涉及决策过程时，可解释性意味着什么？这其中必然涉及大量的人机界面和人为因素的考量。美国国防部高级研究计划局（DARPA）的可解释人工智能项目旨在创建一套机器学习技术，包括以下两项：（1）生产更多可解释的模型的同时，又要保持高水平的学习效能（预测准确性）；（2）使用户能够理解、适当信任和有效管理新一代人工智能伙伴。

4. 人工智能安全风险消减

在必要的范围内，应当对人工智能应用功能进行适当的监督，以减少安全风险。可以通过以下几种方法来实现：监测人工智能的输出和应用程序的钝化，并通过传统备份系统（例如安全网络）进行修复；通过另外独立的一套人工智能系统来代理监控人工智能；将人工智能的"授权"概念纳入考虑范围；等等。

当前人工智能的技术特点决定了其特殊性，我们建议未来将可信航空人工智能作为一个重要的方向提前开展研究和攻关。

在人工智能技术不断发展的背景下，众多应用领域已呈现出深度学习、跨界融合、人机协同、群智开放、自主操控等新特征。人工智能技术已成为新一轮产业变革的核心驱动力，它在多领域发挥作用，围绕这一颠覆性技术衍生出了各种新型应用产品。航空技术作为高精尖技术的代表，涉及大量的数据分析和运算，需要各个系统之间精密配合。随着航空事业的不断发展，对航空领域的技术水平要求以及航空器任务性能需求不断提升，航空领域更需要人工智能技术的辅助。未来，航空领域将着力提升面向大数据和人工智能技术的处理与应用能力，做到全方位数字化、智能化发展。

第三节 航空活动中人类智能与人工智能的交互与融合

进入20世纪80年代，高科技发展突飞猛进，新功能和新技术不断应用于航空器设计，飞机的安全性和可操控性日益提高，但飞行高度、速度、巡航时间的增加以及显示系统、操纵系统的高度自动化，使飞行员的生理心理负荷增大，人的因素逐渐成为制约飞行安全和驾驶舱设计的主要因素。

当前越来越多的设计专家提出，要突破原先以技术为中心的理念，更加关注飞行员心理认知和工作负荷能力等方面的局限性，强调通过系统化的设计，灵活运用各种显控方式来满足飞行员的需求，让飞行员和自动化设备各自完成自己最擅长的任务，有效地预防和控制飞行人因失误，尽可能在航空活动中使人工智能与人类智能以更安全的方式进行融合，提高航空安全水平。

一、人工智能与人类智能的关系概述

人之所以是唯一的认识主体，是因为人具备智能这一结构丰富、层次分明的复杂心理现象。而智能已然成为认识主体不可或缺的必要条件，甚至可以说，认识活动与智能行为在某种程度上是等价的，人类是唯一具备智能的自为体。（肖峰，2020）人工智能的崛起强烈地冲击甚至挑战了"人是唯一的认识主体"

这一传统信念。这一冲击的萌芽可以追溯到图灵提出的"机器能思考吗？"这一经典问题。实际上，图灵也是在探究"思考""认识"和"智能"等活动是仅限于人类之中，还是也有可能发生在人之外的计算设备之中。这一问题的提出，无疑引发了人们对人工智能和人类认知能力的深刻反思。

（一）人工智能与人类智能的共同点

虽然人们在使用"智能"这个词时，总是倾向于带有积极正面的色彩，但正如托马斯·霍布斯所言："一切思维不过是计算（加加减减）。" 智能就是完成复杂目标的能力，无论这个目标被认为是好还是坏。

从本质上看，人工智能是指由人工创造的智能，是人类意识物化的产物，就是人脑的意识通过符号载体物化。与其对应的是生物进化所形成的"自然智能"（Natural Intelligence，NI），特别是具有最高智慧的"人类智能"（Human Intelligence，HI）。只看相同之处，无论是人工智能还是人类智能，都需要具备感知环境的能力，将感知到的信息进行处理、分析、决策的能力，以及实现既定任务的能力。

在智能的发生过程中，人工智能与人类智能在不同环节上有一些相似之处。在感知环节，人类智能依靠皮肤、眼睛、耳朵等器官获取温度、视觉、听觉等信息，人工智能则依靠摄像头、扫描仪等传感器获取外部信息。在行为环节，人类智能依靠肌肉、腺体等完成既定任务，人工智能则依靠机械手、显示器等完成既定任务。

（二）人工智能与人类智能的差异

人工智能已经成为推动社会深层次变革的重要引擎，这象征着继生物与文化的演变之后，人类正式步入了技术进化的新阶段，这一变革在促进人与技术深度融合的同时，也在人体与机器、思维与电子计算、生命体与技术主体的交汇中，催生了民众关于"后人类"（Post-Human）的深入探索。"后人类"是指借助信息技术等现代科技将非生物成分介入生物成分，进而重新配置人类个体所形成的新族群。（高华，陈红兵，2021）人类智能与人工智能联合缔造了人机系统的崭新整体，有人因此将"后人类"视为新生主体，并声称机器已经取代了人，技术取代了生命，人工智能取代了人类智能。然而从本质上讲，"后人类"仍然是人的延伸，而非纯粹机器的延伸，人类身体机能的局限性可以凭借技术实现超越。

尽管机器在越来越多的地方代替人脑，但再精确的智能机器也不是人脑本身，人类只是借助机器来代替人脑进行部分简单的思维活动。意识和思维也不等同于信息，机器可以大量地模拟人的思维活动，可是这种模拟思维只是一部分，并不是全部。将人类智能和人工智能做个比较（见图1-5），机器在某些比较狭窄的任务上胜过了我们，这些任务虽然小，但数量却在与日俱增，而我们人类会在宽度上立马胜出。

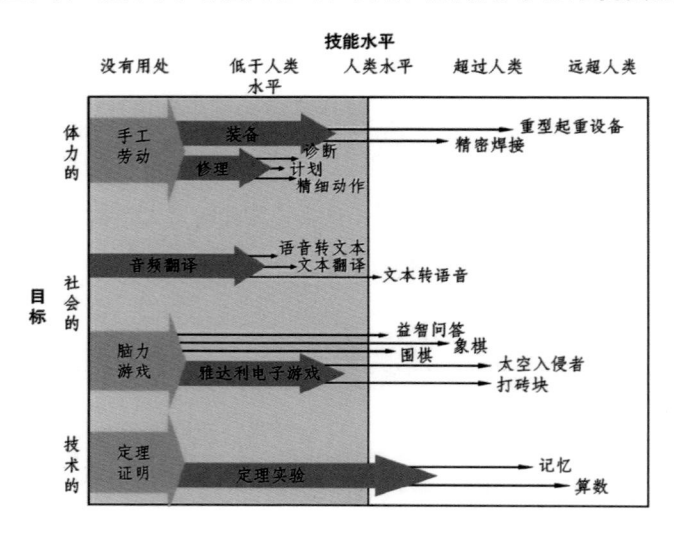

图1-5 人工智能和人类智能的比较

注：箭头指的是当今最好的人工智能系统在不同目标上的表现。通过这张图可以看出，当今人工智能的能力总是比较"狭窄"，每个系统只能完成非常特定的目标；与之相比，人类智能则非常宽广。

资料来源：迈克斯·泰格马克. 生命3.0 人工智能时代人类的进化与重生［M］. 汪婕舒，译. 杭州：浙江教育出版社，2008.

当前人工智能是狭义人工智能，尚处于弱人工智能的阶段。它有特定或专用的技能，但尚不能像人类思维那样灵活多变地处理和加工问题，即智能机器的信息加工处理缺乏随意性或自由性，只具备程序性和机械性。（肖峰，2020）

它没有自主选择的功能，不可能参与到大自然的选择过程中。从算法的角度来看，人们利用计算机进行数学计算是人工智能的初始阶段，只能通过计算机手段对自然和人类行为进行研究模仿，将解决问题的方法和程序设计出来。不可否认，人工智能在一定程度上增强了人类智能，但知、情、意的统一才是构成认识主体或具有智能的必要条件，基于"算法"的人工智能还不具有与主体性相关联的创造性、情感性、自我意识、自由意志、主观能动性等认识。

创造性是人之为人的本质特征之一。人类智能的创造活动受到各种因素影响，如兴趣、爱好、动机、直觉、情绪、好奇心、想象力等个性心理，这些心理因素在人类思想的新质和创造行为的生成过程中发挥着关键作用。同时，这些行为也离不开社会活动实践所积累的经验。随着人类不断认识和改变自然的社会实践，智力得以持续发展，其中就蕴含创造者独特的见解及其所处的特定社会文化。而人工智能的创造性思维计算模型主要通过算法来实现，人通过启发式算法搜索预先定义好的概念，使得认知活动中那些执行性的、反复循环（如递归过程）的部分由机器的符号操作去完成，把分解出来的片段一步一步尝试性地重新整合在一起。这种流于表面的机械模拟无法发现新问题进而提出新问题，在本质上尚不具备创造性。

情感是理性的补充，是主体认识事物的一种方式。人类的理性认知和感性认知并非各行其道，而是相互交融，共同构成了一个统一的整体。情感作为人类个体在适应环境过程中的产物，随着人类成长而逐渐发展，是人类满足社会性需求的重要进化成果。同时，在与社会交往的过程中，人类逐渐形成了与社会需求紧密相关的道德感和美感等复杂情感，这些情感也是融入社会、与他人和谐相处的重要支撑，而人工智能则没有基于情感的随意性和自由性。

意向性是贯穿在一切心理意识活动、过程、状态中的关联作用或指向性、超越性。人类智能活动以目标为导向，具有主动性。人类是智能活动的目标制定者、完善者和修改者，人类智能活动是有目的、有计划的，并能依据周围环境的变化随时调整和完善，人类智能是主动操控者，而人工智能只是被动地执行人类设计的目标,是对人的部分认知活动的取代,是工具性的处理系统。

此外,在算法层面,人工智能存在黑箱(Black Box)问题,效果无法预知,还存在个人经验主义和没有记忆能力等问题;在数据层面,数据的透明性、数据攻击问题和监督学习问题成为人工智能的新瓶颈;在认知层面,现有的人工智能模型缺乏常识,因此无法理解实体概念,无法识别关键影响因素,且缺乏伦理道德。

(三)人工智能与人类智能的联系与发展

目前,人工智能研究领域主要包括自然语言处理、语音识别、计算机视觉、规划与推理等。按图1-6进行粗略的划分,人工智能的各研究领域可以与人类智能中的各种能力一一对应起来。尽管人工智能的运算机制与人类大脑有本质不同,但其在任务目标上却与人类无限逼近。由此,我们可以引申出现阶段人工智能的重要特征:

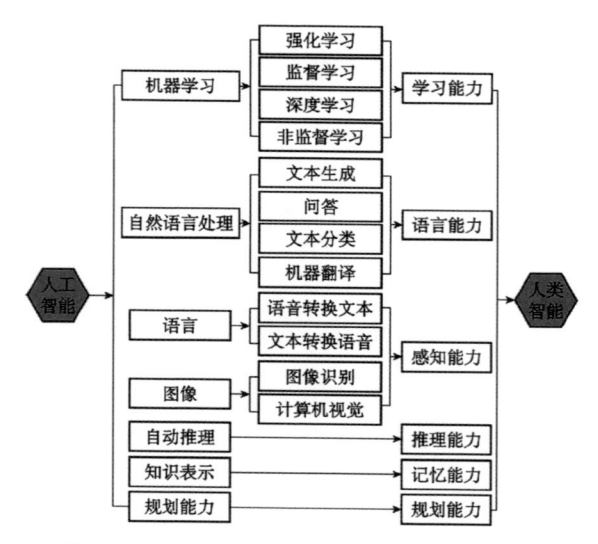

图1-6 人工智能研究领域与人类智能的关系

资料来源:国务院发展研究中心国际技术经济研究所,中国电子学会,智慧芽.人工智能全球格局:未来趋势与中国位势[M].北京:中国人民大学出版社,2019.

(1)人工智能以人类智能为基准,主要目的是实现自主学习、知识运用、处理新问题等人类具备的基本能力。

（2）人工智能是人类智能的延伸，同样具有一定的感知、记忆、分析、决策和行为能力。

（3）人工智能的实现需要借鉴人类智能，但模仿人类智能并非实现人工智能的唯一方式。

人工智能是人类通过脑力劳动的机械化和自动化，实现智能解放、增强与解密的重要工具，能够参与并辅助人类智能在认识和改造世界的实践活动中，有效替代并强化人类的某些智能功能。人类智能与人工智能在互补与互动中共同发展，我们应当从共生的整体视角来审视二者之间的关系。它们共同构建了一个全新的人机智能系统，这个系统的发展过程的实质是人类智能与人工智能的融合，二者在辩证统一中形成了既合作又竞争的共生关系。

从发展阶段角度看，现有的人工智能技术离实现通用人工智能、强人工智能还有很大差距。深度学习等人工智能技术存在一定的局限性，尚待进一步的发展和突破。如果人工智能技术不能与时俱进，它与各行业的深度融合就会受阻，进而影响其技术落地与商业化的潜力，导致其颠覆性价值不能得到体现。

二、航空活动中的人机交互

随着航空工业技术的进步和航空医学的发展，在飞行事故中，人与机器的差错存在交错现象。高度自动化的飞机在一定程度上提高了飞行安全，但同时也导致飞行员的生理心理负荷增大，人的因素再次成为制约飞行安全的主要因素，如飞行自动化与飞行员工作负荷、飞行自动化中的操作失误、飞行自动化与飞行员的心理情绪、飞行自动化中的错误安全感、飞行自动化中的虚警等。由于上述原因，在航空系统的设计过程中应更加重视人类智能和人工智能的融合及人因工程的研究，争取从航空器设计和制造的角度为驾驶员等提供更为适宜的工作平台，改善人、机、环境的交互界面与一致性，力求能从设计角度提高飞行的安全水平和操作效率。

（一）自动化系统中的人机交互

自动化广泛应用于航空领域，特别是在飞机驾驶舱中。应用飞机自动化系统可以提高燃油效率，减少机组工作负荷，添加额外的功能，提高安全性和可靠性。然而自动化所带来的好处并不像预期的那样容易获得。相反，自动化可能会触发新的失误模式，提高飞行员的认知负荷，带来新的认知负荷的增加。

人－自动化系统中的决策权是自动化驾驶舱设计思想的核心，决定了人与自动化系统间的关系、系统和人机界面的设计以及飞行操作程序等。（许为，2003）比林斯（Billings）提出的"以人为中心"的设计思想是较为普遍接受的观点，该思想要求驾驶舱的设计能保证飞行员在任何时候都拥有对飞行操纵的决策权，并且向飞行员提供尽可能多的决策反馈信息。

自动化驾驶舱操纵对飞行员的新的认知加工要求还包括自动化意识，即飞行员能够正确判断当前状况和预测未来飞行状态的能力。美国联邦航空总署启动了一项心理学研究以评价自动化驾驶舱的设计、培训和操作。研究小组报告了影响飞行员自动化意识的因素，其中包括飞行员对自动化系统的理解和正确选择飞行方式的能力等。

一些学者曾强调将人－自动化系统作为一个交互的联合体来进行分析，认为发生差错的原因是两者间交互关系"断链"，因为自动化的引入就如同引进了一个人机认知系统，系统总的认知资源也包括了人机间的交互性。为此，他们提出了自动化系统应具备的观察性和方向性，即对人机交互性信息的表征和决策，人具有选择自动化操纵的自主性。然而，该模型没有重视作为主体的飞行员的认知加工问题，从而未能揭示出导致这种人机交互"断链"的一些本质原因。许为（2003）提出一个针对机载人－自动化系统的人机认知系统框架。（见图1-7）该框架具有以下特征。

（1）强调了飞行员认知加工能力（知识－驱动式监控、自动化意识和心理模型）对人－自动化交互作用的影响。

（2）强调了飞行员和自动化系统间交互作用对飞行安全的贡献，而这种交互作用的有效性是建立在由有效的人－显示器界面（观察性）和人－控制器界面（方向性）设计所构成的人机反馈式环路中。

（3）强调飞行安全的长期目标和短期目标的结合。该框架的开发建立在认知工作分析的基础上，构建了一个具有目标导向性的领域知识的表征结构，可以帮助更多飞行员完善对系统的心理模型的认知，进而使自动化驾驶舱飞行更安全。

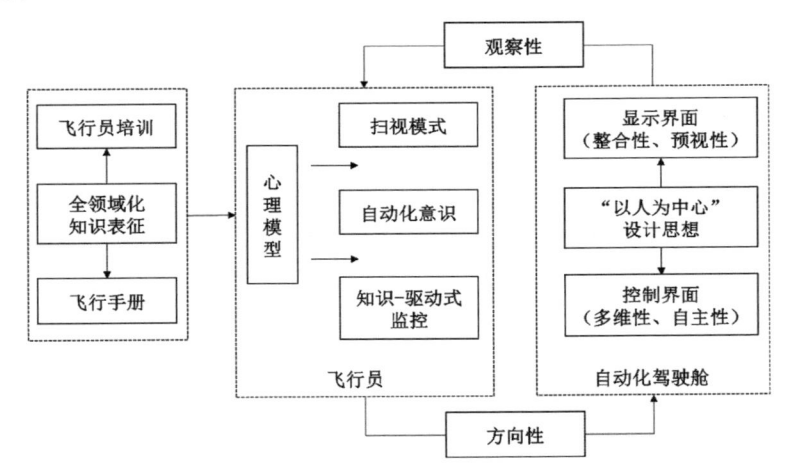

图1-7 机载人－自动化系统交互作用的人机认知系统框架

资料来源：许为. 自动化飞机驾驶舱中人——自动化系统交互作用的心理学研究［J］. 心理科学，2003（3）：524.

（二）人机功能分配

人类智能使人具有创新性与灵活性，拥有对各种复杂情况的决策和处理能力等，但人在生理或心理上的准确性、体力、速度和知觉能力等有限，也限制了在执行任务时的操作性，进而影响对飞机的操控；机的优点是作用力大、速度快、高阶运算能力和存储能力强、连续作业能力和耐久性能好，但机存在性能需维持、缺乏自主判断力、造价及运营费用高昂等缺陷。人与机的优缺点比较见表1-1，人与机的功能比较见表1-2。

041

表 1-1　人与机的优缺点比较

项目	机器	人
速度	明显占优势	相较机器有更长的反应时
逻辑	擅长于演绎而不容易改变其演绎程序	擅长于归纳，容易改变其推理程序
计算	快且精确，但不善于修正误差	慢且易产生误差，但善于修正误差
可靠性	按照恰当设计制造的机器，在完成规定的作业中可靠性很高，而且保持恒定，不能处理意外事件。在超负荷条件下可靠	人脑可靠性远超过机械，但在极度疲劳与紧急事态下可能变得极不可靠，人的技术水平、经验以及生理和心理状况对可靠性影响很大。可处理意外紧急情况
连续性	能长期连续工作，适应单调作业，需要适当维护	容易疲劳，不能长时间连续工作，且受性别、年龄和健康状态等影响，不适应单调作业
灵活性	如果是专用机械，不经调整则不能改作其他用途	通过教育训练，可具有多方面的适应能力
输入灵敏度	具有某些超人的感觉，如有感觉电离辐射的能力	在较宽的能量范围内承受刺激因素，支配感受器适应刺激因素的变化，如眼睛能感受各种位置，善于鉴别图像，能够从高噪声中分辨信号，易受（超过规定限度的）热、冷、噪声和振动的影响
智力	无（智能机例外）	能应付意外事件和不可能预测的事件，并能采取预防措施
操作处理能力	操纵力、速度精密度、操作量、操作范围等均优于人的能力。在处理液体、气体、粉体方面比人强，但对柔软物体的处理能力比人弱	可进行各种控制，手具有非常大的自由度，能极巧妙地进行各种操作。从视觉、听觉、变位和重量感觉上得到的信息可以完全反馈给控制器
记忆能力	可以长期存储	可存储大量信息，并进行多种途径的存取，擅长于对原则和策略的记忆，但会遗忘

表 1-2　人与机的功能比较

项目	机的特性	人的特性
检测	检测范围广，可以精准抓取人眼难以察觉的物理量	具有复杂高级的检测能力，但缺乏标准化，具有味觉、嗅觉、触觉等感官体验，但主观体验易出现偏差
操作	在速度、精度、力度、操作范围、耐久性等方面比人优越	手空间自由度高，协调性好，可在三维空间进行多种运动
信息处理能力	在事先编程的情况下可进行高级、准确的数据处理，记忆准确、持久，调出速度快	具有特征抽取、综合、归纳、模式识别、联想、发明创造等高级思维能力及丰富的经验
耐久性、持续性、可维护性	可进行机械的反复作业，不会疲劳，需维护保养	易疲劳，难以长时间保持紧张状态，不适应从事刺激小、枯燥单调的机械性作业
通信	只能用预设的方式进行通信	很容易进行人际交流和沟通

续表

项目	机的特性	人的特性
效率	需外加功率；简单作业速度快、准确率高，新机械从设计、制造到运转需要时间；即使坏了也不要紧	耗费能源少，但要吃饭，需要教育和训练，必须采取绝对的安全措施
成本	需要购置费、运转、保养费；如果机械不使用，只会失去机械本身的价值	需要人工费用、工资等；如果发生意外，会危及生命

资料来源：游旭群.航空心理学：理论、实践与应用[M].杭州：浙江教育出版社，2017.

　　人机功能分配是飞机总体设计的最基本决策之一。明确哪些任务应交由飞行员执行，哪些任务适宜由自动驾驶系统承担，以及哪些任务需要飞行员与系统协作完成，这些都是人机功能分配需要关注的问题。在高度复杂的人机智能系统中，人机之间的信息交互体现在感知、决策和执行这三个关键层面。为确保系统的高效运行，我们必须全面考虑人与机器各自的能力特性，并在系统运行过程中实现人机功能的动态调整，这样人机之间才能紧密配合，特别是在面对复杂信息环境和紧急状况时，发挥出最佳的智能水平。随着自动化技术日新月异的进步，人类智能与人工智能的融合程度持续深化，新的人机系统形式给人机匹配不断提出新的研究课题。

　　在人机功能分配时，应首先明确驾驶的任务环境，充分考虑飞机人机功能分配工作的影响因素；其次要分析人和机器的能力特征，充分考虑人机的协同工作；还应当分析飞机的任务运行流程，根据实际操作背景与人机能力特征进行权衡并优化功能分配，充分发挥人机的特征优势，将人机系统的综合效能发挥到最优，增强航空安全效益。

（三）人机交互过程中的心理机制与效应

　　自动化系统按照既定的逻辑规则和算法执行任务，然而，当面对未曾预料的飞行状况时，飞行员的手动操控变得不可或缺。在应对突发意外事件时，自动化系统可能引发飞行员的模式混淆、自动化情景意识下降等问题，对飞行事故及事故征候产生重要影响。

1. 自动化信任和依赖

　　信任通常被定义为关于结果的期待，或者是个体对特定未来事件发生的主观概率评估。在探讨人与自动化交互的过程中，信任无疑是一个核心的心理现象和关键概念。具体到自动化信任，它反映了用户的一种认知或情感状态，这种状态可以通过主观评分的方式来进行量化评估。而自动化依赖则表现为一种行为层面上的反应，能够通过观察个体与自动化系统的互动来测量，这些互动包括个体利用自动化的频率是否遵从或采纳自动化建议，以及对原始数据和自动化建议进行交叉检查的细致程度。

当自动化系统被赋予良好的声誉甚至是"专家"系统时，人们对其的信任度往往更高。霍夫（Hoff）和巴希尔（Bashir）（2015）将习得信任划分为两种主要情形：一种是在人与自动化系统进行交互之前就已经形成的最初习得，这种信任主要基于先前的经验；另一种则是在人与自动化系统的实际交互过程中动态形成的信任与依赖状态，我们称之为动态习得。这两种信任的形成方式，共同构成了人们对自动化系统信任的多维度认知，形成了如图1-8所示的影响自动化信任和依赖因素的全模型。

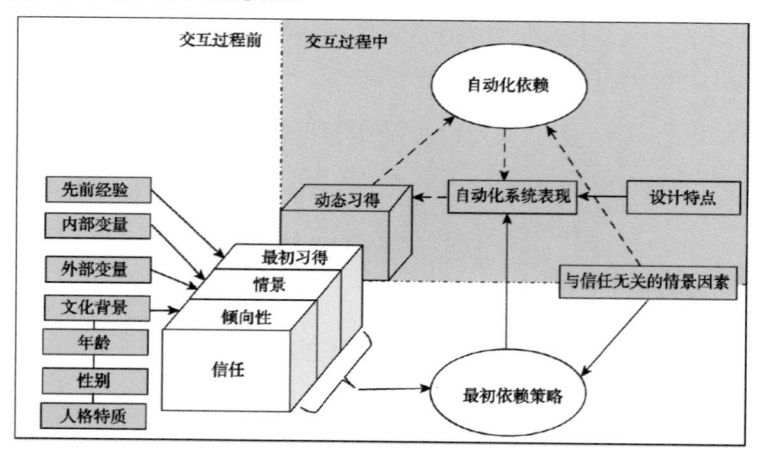

图1-8 影响自动化信任和依赖因素的全模型

注：实线箭头表示某一因素对另一因素的影响，虚线箭头表示在某一交互过程中的影响因素可能发生改变。

资料来源：王新野，李苑，常明，等.自动化信任和依赖对航空安全的危害及其改进[J].心理科学进展，2017（9）：1615.

在影响信任的众多变量中，自动化可靠性（Automation Reliability）无疑是其中的核心要素。除那些极其简单的系统外，对于绝大多数自动化系统而言，想要实现完全的可靠性几乎是一项不可能完成的任务。这也就导致了操作者有可能对自动化系统产生不信任心理，因为任何潜在的故障或错误都可能对他们的决策和行动产生不利影响。

2. 非适度自动化信任和依赖的类型及其危害

1）自满

维纳（Wiener）将自满定义为"以低指数的怀疑为特征的心理状态"。那些对自动化系统感到满意的操作员，往往会减少对自动化工作过程的监控，从而削弱对自动化系统本身及其周围环境的情景意识。以2009年土耳其航空公司TK1951航班坠毁事件为例，事故的主要原因就在于飞行员对自动化系统过于信任，当飞机的高度测量仪出现故障后，飞行员迟迟未能察觉，并仍然依赖自动驾驶模式进行操作，最终导致悲剧发生。

2）自动化偏见

自动化偏见是指人们倾向于依赖自动化系统的建议，以启发式的方式替代对警觉信息的深入搜索和加工。这种偏见与自满心态紧密相关，特别是在复杂环境中，自动化辅助决策系统为人类提供决策支持时尤为明显。由于对自动化存在偏见，个体可能不会对所有可用信息进行全面的分析，即使自动化系统的建议存在错误，用户也可能选择遵从或执行，从而增加了犯错的风险。

3）过度依赖

随着时间的推移，操作者手动执行任务的能力可能会下滑，这一现象通常被称为"去技能化"。随着飞行管理系统（FMS）的广泛运用，在相同的航路上，自动驾驶仪所规划和采纳的路径比飞行员手动计算的更精确和高效，飞行员也愈发倾向于依赖此类自动化技术来执行飞行任务，有时因过度信赖自动化操作，一旦需要他们切换至手动控制或监督时就会手忙脚乱。美国联邦航空局的一项调查报告中指出:"飞行员已经习惯于目睹故障的发生,失去了主动解决问题的积极性。"

4)自动化惊奇

当飞行员对自动化系统采取(或不采取)的行为感到吃惊时,就会发生自动化惊奇事件。自动化惊奇是操作者的预期与系统实际行为之间产生偏差的结果,是飞行员的心理模型(例如期望或意图)与自动化行为的不匹配。飞行员只有在注意到系统出现了出乎意料的奇怪行为后才能发现,但在这之前可能已经造成了严重的后果。一项针对飞行员的调查表明,在航空领域中自动化惊奇是一种普遍现象。尽管自动化惊奇很少会导致严重的后果,然而从航空安全的角度来看,自动化惊奇至少是飞行安全的潜在威胁因素,并且确实有部分航空事故是由自动化惊奇引起的。图1-9展示了飞行员惊奇和惊吓时的心理机制模型。

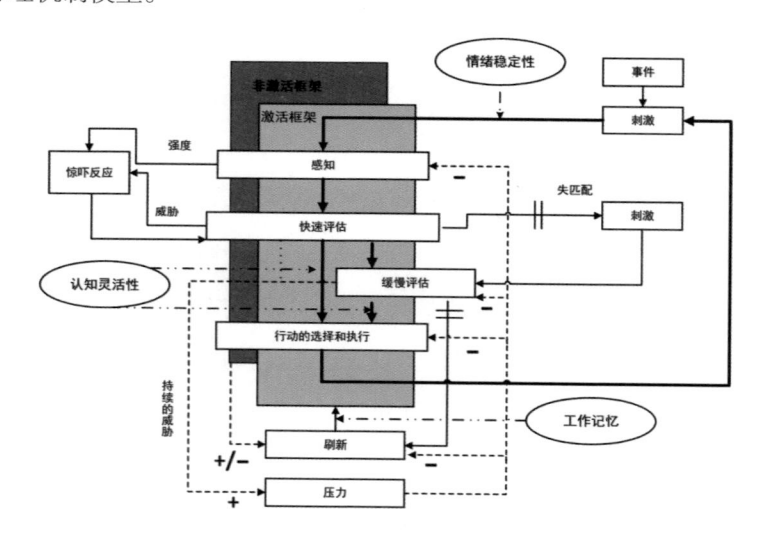

图1-9 拓展的Landman模型(惊吓和惊奇的概念模型)

注:实线表示顺序事件。虚线表示潜在影响,加号表示影响增加,减号表示影响减弱。双线表示阈值。方框内容为原来的Landman模型内容,椭圆部分为新增的心理能力。

资料来源:王新野,李妹,蔡文皓,等.飞行中惊吓和惊奇的管理:拓展的Landman模型[J].心理科学,2021(6):1434.

三、航空领域中人工智能与人类智能的发展

（一）优化基于模拟器的训练

多样化且不可预测的模拟训练，可以协助飞行员建立起应对特殊情况的认知模型，提高他们的思维灵活性和自我效能感，进而有效降低惊吓和惊奇反应的出现。尽管飞行员在其职业生涯的多个阶段，包括初始培训、机型转换、技能复检以及定期训练中，都会接受应对特殊情况的培训，然而，模拟器中的特殊情况与真实情况下的体验在触发惊吓和惊奇反应上仍然存在差别。因此，我们需要与教练员紧密合作，力求提升特殊情况训练的仿真度，从而为飞行员在实际飞行中可能遭遇的特殊情况做更充分的准备。

（二）"以人为中心"的自动化设计

自动化系统的设计应遵循"以人为中心"的设计理念，确保其行为与操作者的心理模型相契合。一旦自动化系统发生错误，飞行员需要迅速获得关于错误发生的时间、地点和原因的准确信息。随着自动化系统层级的提升和复杂性的增加，人的参与度和理解性可能会降低，这种现象称为"环外生疏"。它可能导致飞行员对自动化系统的情景意识减弱。为了改善这一状况，自动化系统可以考虑通过语音解释器向飞行员反馈每一步操作及其目的，或者利用生态界面（Ecological Interfaces）等可视化流程图展示"黑箱"的内容。这样的设计可以增强信息的可理解性，从而降低人为失误的风险。驾驶舱系统未来将更加智能化，类似于智能机器人。我们期待新一代机器人不仅能执行任务，还能解释事情发生的原因和背后的逻辑，从而增进人与机器之间的互信和协作。

（三）完善飞行员心理选拔

2018年9月30日，习近平总书记在会见四川航空"中国民航英雄机组"全体人员时强调，学习英雄事迹，弘扬英雄精神，就是要把非凡英雄精神体现在平凡工作岗位上，体现在对人民生命安全负责的责任意识上。经验丰富的飞行

员已经建构起一个丰富的认知框架来处理非预期事件的发生，并且可以灵活地转换思维以解决问题。因此，我们不但要关注自动化，更不能忽视飞行员的关键作用。为了选拔出情绪稳定、认知灵活且工作记忆能力出色的飞行员，我们应当从飞行员心理选拔的角度入手，结合一系列心理模型进行严格的筛选，确保选拔出的飞行员具备应对复杂飞行任务所需的心理素质和能力，从而提高飞行安全性和任务完成质量。飞行人员应被视为航空安全领域中"安全链的最后一道防线"。

在宇宙大爆炸后的138亿年中，最不可思议的事情之一就是，在一片荒芜、了无生机的物质之中竟然产生了智能。而迄今为止最鼓舞人心的科学发现莫过于：我们极大地低估了生命的未来潜力。我们的梦想和抱负不应当局限于被疾病、贫穷和猜疑所困扰的短短百年寿命。相反，在科技的帮助下，生命有潜力兴盛长达几十亿年，不仅存在于我们的太阳系里，而且会遍布整个庞大的宇宙，散播到我们的祖先无法想象的遥远边界。天高任鸟飞，海阔凭鱼跃。如果人工智能方面的进步持续下去，那么，它会给我们带来迷人的机遇和严峻的挑战。在不断突破创新的航空领域，人工智能的发展并不会一帆风顺。技术进展缓慢、伦理道德冲击、根技术储备不足、应用不满足实际需求等问题，都将给航空活动中人工智能的发展带来挑战。很多人将注意力放在智能的未来上，但实际上，意识的未来更为重要，因为意识才是意义之所在。因此，一方面，我们应该肯定当前人工智能技术带来的颠覆性变革；另一方面，我们也应该对人工智能的发展阶段有清晰的认识。唯有如此，我们才能更合理地引导人工智能的发展，让人工智能与飞行员相互依存、相辅相成，从而提升飞行员的安全意识，确保航空的安全效益。

第二章 人工智能与飞行员技能全生命周期管理体系

传统的飞行员训练是对分解后的各科目单独开展教学和评估，这可能导致飞行员难以应对真实复杂的飞行环境。胜任力是衡量飞行员在特定条件下执行任务的综合能力，可以用来有效预测和评价飞行员的工作绩效水平。中国民航推出的飞行员技能全生命周期管理体系（Professionalism Lifecycle Management System，PLM），是基于包括运行、训练、心理测评、作风评价等在内的多方面可靠数据构建的飞行训练的数据驱动和闭环管理体系。PLM 是以岗位胜任力为核心，以实证训练为驱动，以作风建设为牵引，以核心胜任力和职业适应性心理评估的证据输入为基础，以覆盖飞行员训练全要素和全周期为特征，以持续提升飞行员对"灰犀牛"和"黑天鹅"的风险管控能力为目的，涵盖理论、人员、设备、规程和支撑系统等相关要素的一种资质管理体系。PLM 建设是飞行员训练领域基础性建设的一次深刻变革，是一项需要深入继承和发展中国民航在训练领域取得的全部成功经验、持续动员中国民航训练领域的全部资源、充分激发中国民航各相关方改革内生动力的长期战略。

第一节　飞行员技能全生命周期管理体系建设的背景和意义

一、飞行员技能全生命周期管理体系建设的背景

习近平总书记在会见四川航空"中国民航英雄机组"全体成员时强调，安全是民航业的生命线，任何时候任何环节都不能麻痹大意。民航主管部门和有关地方、企业要牢固树立以人民为中心的思想，正确处理安全与发展、安全与效益的关系，始终把安全作为头等大事来抓。要加大隐患排查和整治力度，完善风险防控体系，健全监管工作机制，加强队伍作风和能力建设，切实把安全责任落实到岗位、落实到人头，确保民航安全运行平稳可控。

飞行员队伍职业作风和能力建设，是确保民航安全运行平稳可控的关键一

环，是保证飞行安全的核心环节。中国民用航空局始终秉持安全第一的管理理念，坚持关口前移、源头管控、预防为主、综合治理的方针，持续推进以"三个敬畏"为内核的作风建设，聚焦行业发展的主要矛盾，抓基层、打基础、苦练基本功，不断把"三基"建设引向深入，夯实安全运行根基。在飞行员队伍建设中，把作风建设贯穿于职业生涯的全过程、全链条，建立健全训练机制，做好实现民航高质量发展的基础性工作。通过创新安全监管模式，建立完善飞行员运行隐患排查治理常态化机制，推进"数据驱动安全"，实现飞行员资质管理的智能化、系统化和精细化。

飞行训练工作是保证飞行安全、实现民航高质量发展的基础性工作。实践表明，通过有效飞行训练可以大幅降低不安全事件和事故的发生率。在民航运输总量保持快速增长态势、飞行人力资源结构性不平衡状况长期突出、民航安全管理进入基于绩效的系统安全管理阶段的背景下，航空公司基于行为的反应式飞行训练机制与运行环境的深刻变化之间的不协调现象日益凸显。为了坚守飞行安全底线，显著减小机组原因导致的事故率量级，大幅降低人为原因不安全事件比例，持续推动运输航空高质量发展，2019年6月，中国民用航空局发布了《关于全面深化运输航空公司飞行训练改革的指导意见》（民航发〔2019〕39号），遵循"调整、巩固、充实、提高"方针，提出按照"以风促训、依规施训、从严治训、统筹运训"的基本原则，深化飞行训练供给侧的结构性改革，以建立飞行员技能全生命周期管理体系为核心，实现飞行训练理念的"六个转化"，即"基本功"内涵从强调手动操纵能力向兼容核心胜任能力转化，确保飞行员同时具备防范"灰犀牛"和"黑天鹅"的能力；实践考试由基于早期飞机典型科目清单的"勾选框"式判定，向对应核心胜任能力分值范围评估转化；复训中由基于累加典型事件设置科目且以检查为主，向基于实证数据的"量体裁衣"式场景设置且以培训为主转化；重视结果由标准化向关注过程标准化转化；由主要吸取典型不安全事件教训向兼顾学习成功处置"黑天鹅"事件经验转化；由频繁采取突击性、运动式管理方法向注重长效机制建设转化。同时，巩固和扩大作风建设成果，充实人员资质保证体系，提高训练秩序管控能力，着力推进飞行训练的质量和效率变革，提出到2030年全面建成支撑有力、协同高效、开放创新的新时代中国特色飞行训练体系，为全面建成民航强国提供重要战略支点。

2017年，国际民航组织（International Civil Aviation Organization，ICAO）开始为几类航空专业人员修订基于胜任力的训练和评估规定，这些专业人员包括飞行员、客舱机组人员、空中交通管制员、航空器维修人员和飞行签派员等，并根据ICAO 9868号文件《空中航行服务程序—培训》（PANS-TRG）的第五次修订，协助修订与基于胜任力的训练和评估有关的国际民航组织相关配套规范性文件。其中，ICAO 9995号文件《循证训练手册》针对制定、执行周期性训练和评估方案设计了一种新的方法，即循证训练（Evidence-Based Training，EBT）。该手册充分介绍了EBT方法论，并强调该方法的目的在于确定、训练和评估在商业航空运输环境中安全和高效运行所需的能力，这些能力可根据对事故、征候、飞行运行以及训练中收集的证据进行评估，从而提供更高效的训练，以便提升运行安全裕度。ICAO已经与各缔约国和有关国际组织达成共识，将以基于胜任力的培训和评估（Competency-Based Training and Assessment，CBTA）和EBT作为未来全球飞行员训练的主要发展方向。

为发展完善适合于中国国情和飞行员现状的训练体系，奠定各相关方训练发展规划和政策制定的基础，适应民航强国建设转段进阶的新要求，探索国际训练标准的融合创新，中国民用航空局在借鉴国际成熟经验的基础上，将ICAO的一般要求与中国民航飞行员训练的具体实践相结合，于2020年12月发布了《中国民航运输航空飞行员技能全生命周期管理体系建设实施路线图》1.0版。

二、飞行员技能全生命周期管理体系建设的意义

PLM 以习近平总书记关于确保民航安全运行平稳可控的一系列指示批示精神为根本遵循，按照民航局"抓基层、打基础、苦练基本功"的要求，紧密围绕以作风建设为核心的"敬畏生命、敬畏规章、敬畏职责"，立足我国民航的发展阶段和发展实践，深入研究世界训练体系和我国训练体系面临的新情况新问题，揭示新特点新规律，聚焦运输航空飞行员训练管理，构建作风胜任力、核心胜任力和心理胜任力三大维度的综合指标体系，统一多数据源输入转化为技能指标的基本方法，逐步完成飞行员岗位胜任力的动态画像，实现飞行训练模式提质增效。

中国民用航空局决定按照 ICAO 的有关要求和中国民航全面深化运输航空飞行训练改革的战略部署，组织全面实施 PLM 建设。PLM 路线图结合我国实际情况，明确了中国民航从当前到 2030 年期间实施 PLM 建设的政策和总体工作计划，是民航飞行训练体系发展转段进阶的"点火器"，为各利益相关方找准定位、明确任务和协同发力提供指南，进一步促进全球训练标准融合和国际合作。PLM 建设是中国民航飞行训练领域的一次深刻变革，是全面建成民航强国的重要战略支点，可进一步夯实作风建设常态化、系统化和科学化的基础，充分发挥体制优势，整合全行业飞行训练相关资源，提高训练投入与高效提升安全绩效之间的强关联性，输出飞行训练基础理论研究成果和训练解决方案，建立与运行规模相匹配的训练资源可持续供给机制，完善适应高度标准化训练需求的监管模式和组织架构，锻造具有国际竞争力的高素质教员和检查员人才队伍，强化支撑飞行训练体系迭代演进的大数据交互和运用能力，提升我国制定国际民航飞行训练规则和标准的话语权，推动我国民航飞行训练研究能力、实施能力、创新能力、可持续发展能力和国际影响力跻身世界前列。同时，也为民航系统内其他专业人员的训练体系建设提供可借鉴和复制的成熟经验。

第二节　飞行员技能全生命周期管理体系的相关概念

一、飞行员技能全生命周期管理体系

飞行员技能全生命周期管理体系（PLM）以 CBTA 和 EBT 的概念和应用为基础，结合国际经验与我国实际情况，创新性地提出了中国民航的"岗位胜任力"框架。岗位胜任力不仅包括国际上已有成功实践的核心胜任力，也涵盖国际上尚未形成成熟体系的作风胜任力和心理胜任力。该体系整合了飞行员的核心胜任力、心理胜任力和作风胜任力三个维度，基于相同的构建指标体系的底层方法论，建立了以多维度、全周期、大数据为特点的"三位一体"式评估模型，根据中国民航的管理实践丰富了岗位胜任力的内涵。其结构图如图 2-1 所示。结构图融合显示了 PLM 的重点要素，称为"天空之眼"——洞悉飞行员运行风险。该图将飞行员需应对的两种风险、三个评估维度、五个实施阶段和全生命周期的五个阶段进行了融合和规划。

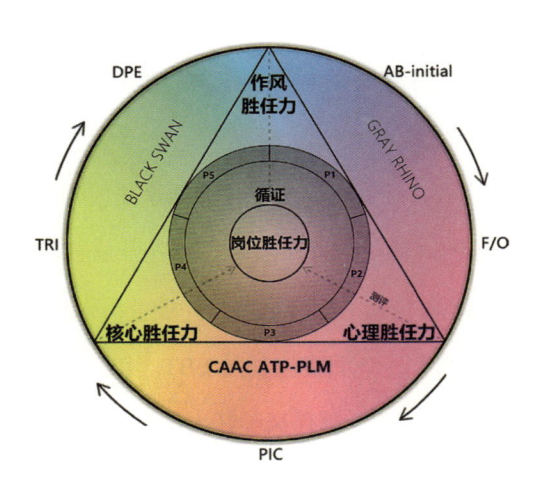

图 2-1　PLM 结构图

资料来源：中国民用航空局. 中国民航运输航空飞行员技能全生命周期管理体系建设实施路线图 .2020.

典型的全生命周期包括飞行员发展的五个阶段，从飞行学员（AB-initial）、副驾驶（First Officer，F/O）、运输航空机长（Pilot in Command，PIC）、型别教员（Type Rating Instructor，TRI）到检查员（Designated Pilot Examiner），是一个从零基础迈向职业化飞行员的一般阶段。

飞行员的岗位胜任力有三个支点——核心胜任力、心理胜任力、作风胜任力。通过训练不断加强各阶段飞行员应对"灰犀牛"和"黑天鹅"风险所需的核心胜任力、心理胜任力和作风胜任力。训练和评估应当基于可靠的数据，形成数据驱动。数据既包括运行数据和训练数据，也包括作风评价和心理测评等多源数据。CBTA 构建了飞行员的九大核心胜任力和行为指标，令飞行员明确职业化应有的基本行为特征；心理胜任力测评是入门控制增量以及筛选训练存量的有效工具，首要目的是确定飞行员的个体心理特征符合心理胜任力的要求；作风胜任力从飞行员的个人行为规范、个人对安全的保障和自我提升方面提出了相关要求。2021 年 9 月，中国民用航空局发布的咨询通告《循证训练（EBT）试点实施方法》（2023 年 4 月 15 日中国民用航空局发布《循证训练（EBT）实施方法》，本咨询通告同时废止）中公布了核心胜任力及行为指标框架、检查员和教员胜任力及行为指标框架，心理胜任力、作风胜任力及行为指标框架仍有待于研究和验证。

PLM 的三个支点需要持续完善，主要按照四个阶段稳步推进 EBT 融合，在图 2-1 中显示为 P1 至 P4。第一阶段（P1），首先开展初阶 EBT 试点工作，即保留熟练检查，将先训练再检查的顺序调整为先检查再训练，避免训练中的"生存模式"。第二阶段（P2），全面实施初阶 EBT。第三阶段（P3），全面实施中阶 EBT（基于扩展证据库），完善作风胜任力指标体系建设。第四阶段（P4），全面实施高阶 EBT，进入以训练和教学评估代替检查的完全阶段，完善心理胜任力指标体系建设，基本完成基于 CBTA 的执照和等级颁发政策改革。在 PLM 中，三个维度的胜任力均指向岗位胜任力这一核心，循证训练处于训练方法论的基础地位，从训练运行数据中获取飞行员的核心胜任力水平，从心理胜任力测评中获取飞行员的心理健康状态和职业适应性心理能力，从作风胜任力评估中获取飞行员的思想状况，来自三个维度的证据输入使得"E"的内涵进一步扩展为广义的循证训练，最终完成高阶 EBT+ 理论体系的构建，即第五阶段（P5）。

PLM 把飞行员从零经验进入航校开始到最后职业生涯结束的每一阶段训练、考试和商业飞行品质等数据，按照统一的尺度转化为可量化的胜任力指标，对飞行员技能进行长时段、全方位、可回溯的画像，形成岗位胜任力发展曲线，最终实现精确的多维度飞行员胜任力动态画像，从而识别明显的胜任力缺陷。同时，该体系可提供科学的坐标系，以多维度能力指标分析作为区分飞行员群体的标准，针对不同的群体进行分级分类管理，逐步从"因群施策"过渡到"一人一策"。此外，通过创新安全监管模式，建立完善飞行员运行隐患排查治理常态化机制，推进"数据驱动安全"，最终实现飞行员资质管理的智能化、系统化和精细化。

二、胜任力

哈佛大学教授戴维·麦克利兰（David McClelland）早在 1973 年就提出了"胜任力"（competence 或 competency）的概念。它是指能将某一工作中的卓越成就者与普通者区分开来的个人的深层次特征，它可以是动机、特质、自我形象、态度或价值观、某领域知识、认知或行为技能等，可以被可靠测量或计数，并且能显著区分优秀与一般绩效的个体特征。（McClelland，1973）

2006 年，ICAO 在 Doc 9868 号文件中提出胜任力可用来可靠预测有效岗位绩效的人员绩效，胜任力的行为表现包括知识、技能、态度等，对胜任力的行为表现的观察是通过开展规定条件下的活动或任务进行的。ICAO 胜任力框架提供了在特定航空学科中开展的一整套必要的通用胜任力，绝大多数胜任力模型都包含相似的胜任力维度或要素。

传统的飞行员训练将训练课程分解为不同科目，其局限性在于必须单独对每个科目进行教学和评估，当遇到复杂条件或情况迅速变化时，可能无法单独对每个科目进行教学和评估，导致培训对象可能仅表现出执行单独科目的技能，而无法灵活应对真实复杂的运行环境。而飞行员的胜任力可以作为有效预测和评价飞行员工作绩效水平的一个重要维度，通过在特定条件下运用相关知识、技能和态度执行活动或任务的行为予以显现和观察。

中国民用航空局提出的飞行员岗位胜任力是指为完成飞行员职责所必要的、可以客观衡量的个体特征及与之密切关联的可预测的、指向绩效的行为特征，包括前文所述的核心胜任力、心理胜任力和作风胜任力三个维度。

（一）核心胜任力

核心胜任力是指描述如何有效地开展工作以及运用熟练技能的基于工作要求的一组相关行为能力，包括胜任力的名称、描述以及行为指标列表。ICAO 在 Doc 9868 号文件中指出："国际民航组织胜任力框架提供了在特定航空学科中开展的一整套必要的通用胜任力，绝大多数经调整的胜任力模型都将包含相似的胜任力列表。如果决定增加或删减某项胜任力，应当具有这样做的明确且合理的理由。"

PLM 中飞行员九大核心胜任力主要包括 ICAO 定义的飞行员核心胜任力框架，即：知识应用（Application of Knowledge，KNO）、程序应用和遵守规章（Application of Procedures and Compliance with Regulations，APK）、自动航径管理（Aeroplane Flight Path Management, Automation，FPA）、人工航径管理（Aeroplane Flight Path Management, Manual control，FPM）、沟通（Communication，COM）、领导力与团队合作（Leadership and Teamwork，LTW）、情景意识和信息管理（Situational Awareness and Management of Information，SAM）、工作负荷管理（Workload Management，WLM）、问题解决与决策（Problem Solving and

Decision Making，PSD）。不同组织的胜任力框架（即包含的胜任力项目）稍有不同，ICAO 认为 KNO 是飞行员胜任力的基础，而国际航空运输协会（International Air Transport Association，IATA）则将 KNO 与其余八个胜任力并列。

（二）心理胜任力

PLM 建设实施路线图中指出，心理胜任力是飞行员的心理健康状态和职业适应性心理与岗位胜任力要求的符合性。从广义上讲，心理健康是指心理的各个方面及活动过程处于一种良好或正常的状态。从狭义上讲，心理健康是指人的基本心理活动的过程内容完整、协调一致，即在工作和生活中认知正确、情感适当、意志合理、态度积极、行为恰当、适应性良好的一种心理状态。作为安全关键岗位，飞行员的心理健康成为保障航空安全的关键因素之一。

1. 心理健康

中国民用航空局从 2015 年起要求国内各航空公司在招收飞行学员时需要加入心理健康评定环节，将行业化的明尼苏达多相人格测验（Minnesota Multiphasic Personality Inventory，MMPI-2）作为评定工具。该测试是目前使用最为广泛的心理健康评估量表，中国航天员的选拔、美国及欧洲现役飞行员的心理健康评定均选用此测验。

2015 年 3 月 24 日，"德国之翼"航空公司一架从西班牙巴塞罗那飞往德国杜塞尔多夫的客机在法国南部坠毁，机上 150 人全部遇难。2016 年 3 月 13 日，法国民航安全调查分析局发布最终调查报告，确认飞机坠毁系患有精神疾病的副驾驶恶意操作导致，进而建议加强针对飞行员的心理健康状况管理，以更好地保障航空安全。针对此事故，欧洲航空安全局与医学和心理专家召开了多次会议，探讨解决飞行员的心理健康问题这一根本原因的可能方法。2016 年 8 月，EASA 要求航空公司采取一系列措施加强对飞行员的体检，包括药物和酒精的筛查、全面的精神健康评估，以及改善对精神病史的随访等。2016 年 12 月将相关建议提交给欧盟委员会，要求确保所有飞行员都能获得一套支持方案，并要求航空公司在飞行员入行前对其进行心理评估。2016 年 ICAO 成立心理健康工作组，开展了大量相关工作。2018 年 7 月，EASA 发布了新的安全规则 EASA.CAT.GEN.MPA.175，要求持有飞机运行证书（AOC）的航空公司确保在开始飞行活动前对所有飞行员进行心理评估，并给航空公司两年的过渡期，于 2021 年年初生效。2020 年 10 月欧洲飞行员同行互助联盟（EPPSI）开展了飞行员 Peer Support 项目。2020 年 11 月，ICAO 发布了电子公告（EB）"在 COVID-19 大流行期间促进、维持和支持航空心理健康"。

2. 职业适应性心理

职业适应性心理是指一个人从事职业飞行员工作时，必须具备一定的心理特质。它是在先天因素和后天环境相互作用的基础上形成和发展起来的，包括基本认知能力、心理运动能力、人格（心理健康）测评等在内的心理选拔，已经成为世界各国招收初始飞行学员的必要环节。通过心理选拔，挑选出适合商业运输飞行的人才进行训练，进而培养出合格的飞行员，在为保障飞行安全奠定基础的同时，可有效节约训练费用。

2018 年 EASA 发布的《飞行员心理评估指导材料》中指出，对飞行员进行心理评估至少应涵盖认知能力、人格特质、操作和专业能力以及符合机组资源管理原则的社交能力，并出台了法规 EASA.CAT.GEN.MPA.175，要求航空公司确保所有飞行员在就职后的 24 个月内在开始飞行之前接受心理测评；2019 年美国联邦航空管理局（Federal Aviation Administration，FAA）发布的《飞行员选拔的最佳实践》中指出，选拔飞行员需要评估与其工作绩效相关的知识、技能、能力及其他人格特质（KSAOs）或胜任力；IATA 在 2019 年发布的《飞行员能力倾向测试的指导材料和最佳实践》中提出，飞行员的能力测评（PAT）应包括基本要求筛查、基本和综合心理能力、飞行操作能力和社交能力、人格特质的测评；英国民航局（Civil Aviation Authority，CAA）于 2020 年发布的《飞行员心理评估指导材料》（CAP1938）中指出，心理评估应考虑到机组人员可能面临的运行环境的复杂性和挑战性，通过职业分析确定与机组人员的职能和角色相关的关键安全维度，具体的测评维度与 EASA 一致。

3. 心理胜任力模型

我国学者游旭群等人早在 2008 年就编制了航线飞行能力倾向选拔测验，并开展了基于机组资源管理技能测验的飞行员选拔研究。李姝等人通过剖析飞行员心理健康和职业适应性对岗位胜任力所需匹配度，提出了飞行员心理胜任力的浮动冰山模型（见图 2-2）。

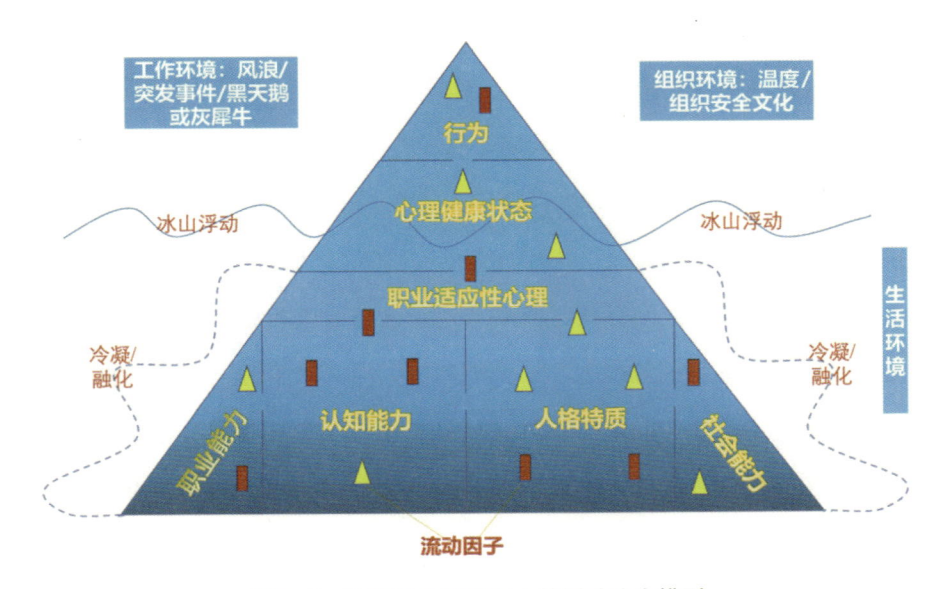

图 2-2 飞行员心理胜任力的浮动冰山模型

资料来源：LI S, WANG L, ZENG M. Floatingiceberg model of psychological competence towards airline transport pilots' professionalism lifecycle management system［C］. International Conference on Engineering Psychology and Cognitive Ergonomics，2021.

1）冰山底部——职业适应性心理

职业适应性心理是飞行员在其人格特质和认知能力的基础上形成的职业能

力和社会能力，职业适应性心理能力相对稳定，但会受到外界环境的影响。

2）冰山中部——心理健康

心理健康是一种状态，受认知能力和人格特质以及周围环境的影响，在水面上下一定范围内浮动。需要持续监控飞行员的心理健康状态，并探索其心理健康状态与认知、人格以及周边环境之间的关系。

3）冰山顶部——行为

飞行员的职业适应性心理和心理健康状态直接影响其行为表现。

4）冰山周围——环境

环境包括组织环境、工作环境和日常生活环境。其中组织环境是冰山周围的温度，常见的因素是组织的安全文化，温度会使冰山冷凝或融化，即整体心理胜任力被赋能增强或被消耗下降。工作环境是冰山周围的风浪，风浪会使冰山浮动，常见的风浪因素是"黑天鹅"或"灰犀牛"。同时，生活环境也会对冰山的体量和浮动情况产生影响。

5）流动因子

冰山内部各模块之间存在着流动通道，这些通道能让认知能力和人格特质的流动因子传递到职业能力和社会能力中。为深入了解飞行员职业适应性心理的关键要素，我们需要探索对飞行员职业适应性心理起重要作用的认知能力和人格特质的流动因子，以及它们进入职业能力和社会能力的流动路径。明确关键流动因子并设置控制闸门以调节其流动是心理胜任力评估和训练的关键。

成年人的人格特质和认知能力在招飞前已经形成，找到与飞行任务绩效密切相关的认知能力和人格特质流动因子，用于入门选拔限制增量，可以通过测评筛选出更适合飞行职业的人。在此基础上，识别对职业能力和社会能力有影响的可塑性流动因子并加以培训，用于升级选拔筛选存量。

探索职业适应性心理各维度的因子影响心理健康状态的途径，有助于识别重点关注人群；探索组织环境（安全文化）和工作环境（突发事件）影响心理健康状态的关键途径，有助于开展安全文化建设和突发事件后的心理干预。

6）冰山的冷凝与融化

个体职业适应性心理能量（冰山体量）值需要达到某一值之上，值越高，心理健康状态越好，行为表现越好，越能抵抗外界扰动和侵蚀；外界环境越好，职业适应性心理能量值越高（冰山冷凝强），心理健康状态越稳定（冰山浮动弱）。

心理胜任力测评就是通过一系列科学的测评工具对人的身心素质水平进行评价，使人与职业的匹配更加科学合理，以减少事故，提高工作效率。某些与生俱来的职业适应性心理缺陷是无法通过飞行训练进行控制或缓解的，或者训练成本不可接受，处理"黑天鹅"事件的能力与先天职业适应性心理缺陷和后天训练都有密切关系。飞行员心理评估是职业化飞行员的第一道防线，也是筛选可塑之才的工具。科学的飞行员心理测评工具，可以在飞行学员入职运输航空公司和关键技术级别晋升等关键节点发挥增量筛选控制的作用，也可以持续识别运输航空存量飞行员的心理特质与职业适应性缺陷，为提升整体飞行安全水平提供有力支持。

飞行员心理胜任力的浮动冰山模型只是一个理论模型，还需要在此基础上，结合飞行员的核心胜任力和作风胜任力的特质开展研究，建立 PLM 职业适应性心理评估指标体系，开发评估工具，收集和分析数据，逐步修订指标体系和评估方法，最终建立可融入飞行训练的评估模型，并依靠运行数据进行长期跟踪以持续改进测评模型。

（三）作风胜任力

PLM 路线图所强调的作风建设主要是指工作作风，即职业作风建设。职业作风是飞行员在履行岗位职责的过程中所展现出来的态度、行为、工作方法以及形成的行为风格和工作模式。它是飞行员的世界观和职业化程度在工作行为和实践行动中的具体体现，是贯穿于工作过程中的一贯风格。良好的职业作风是中国民航管理体制下确保飞行安全的根本保证，更是实现民航高质量发展的重要保障。中国民用航空局在 2022 年 6 月发布的咨询通告《机组成员职业作风养成规范》中进一步指出，作风胜任力是指机组成员在履行岗位职责的过程中表现出的稳定态度和行为，特别是对限定和指导安全生产运行工作中各种行为规范的内在认同和外在反应与岗位胜任力要求的符合性。该咨询通告还结合中国民航对于职业作风养成的实践和国际民航业对优秀职业作风表现的共识，将中国民航机组成员的职业作风胜任力划分为"职业操守"（ethics）、"职业素养"（qualities）和"价值实现"（values）三个层次。

不良职业作风所引发的差错和过失，是严重威胁运行安全的人为因素。而良好的职业作风，不仅可以有效降低差错和过失，还可以帮助机组成员在运行中有效地识别非预期的威胁，并避免由于机组成员的危险态度和错误决策使航空器或运行进入非期望的状态，保证运行安全。因此，职业作风和威胁与差错管理（Threat and Error Management，TEM）相辅相成。职业作风既是机组成员 TEM 意识的基础，也是具备优秀 TEM 能力的表现。2021 年 8 月，中国民用航空局印发《民航安全从业人员工作作风长效机制建设指南》，为民航生产经营单位建立健全安全作风建设长效机制、民航行政机关建立健全相应监管机制提供了具体做法指导及相关要求。2022 年 6 月，民航局飞行标准司发布了《机组成员职业作风养成规范》，2022 年 10 月，为认真贯彻落实习近平总书记对民航安全工作的重要指示批示和关于安全生产重要论述，进一步落实民航"十四五"发展规划、深化改革意见以及安全专项规划中关于安全作风建设有关部署，切实推动以"敬畏生命、敬畏规章、敬畏职责"为内核的安全从业人员工作作风建设持续深入开展，更好培育"严、细、实"和求真务实、真抓实干的工作作风，依据《中华人民共和国安全生产法》和《民用航空安全管理规定》（CCAR-398）有关要求和精神，紧密结合近年来行业安全从业人员工作作风建设实际，进一步增强安全作风建设长效机制的针对性、适用性和实效性，民航局对《民航安全从业人员工作作风长效机制建设指南》进行了修订。

三、CBTA 和 EBT

CBTA 是以胜任力为框架基础和特征的培训和评估，强调绩效及衡量标准，并针对特定绩效标准开展培训。ICAO 于 2003 年 12 月成立飞行机组执照和训练小组。2006 年，为满足《人员执照的颁发》（《国际民航公约》附件 1）的要求，ICAO 根据该小组的工作成果发布了 Doc 9868 号文件，其中包含了制定和实施 CBTA 程序的相关内容。2006 年，IATA 与 ICAO 以及 IFALPA（International Federation of Air Line Pilots' Associations，国际航线驾驶员联合会）合作，召集来自各国民航局、航空器制造商、航空公司、培训机构、学术机构等各方专家，用近 5 年时间收集、整理、分析了约 200 万条飞行数据记录、9000 多条航线运行安全观察记录、1000 多份飞行员调研报告和数千份训练报告信息等数据，编写并发布《EBT 数据报告》（循证训练）。该报告基于"循证"的理念，设计针对从业人员核心胜任能力的"循证训练"体系，用于指导飞行员的定期复训和熟练检查。相关组织基于上述工作，于 2013 年发布《EBT 实施指南》等若干指导性文件。

EBT 是符合 ICAO Doc 9868 对 CBTA 要求的优秀解决方案之一。ICAO 根据 IATA 的建议，于 2013 年修订了 Doc 9868，引入 EBT 概念，并发布《循证训练手册》（ICAO Doc 9995）。这两份文件的修订与发布，为各国民航局、运营人和经批准的训练机构对于《航空器运行》（《国际民航公约》附件 6）与《人员执照的颁发》第 1.2.5 款 "执照的有效性" 中 "定期复训和评估" 的合规性提供更为详细的要求，同时进一步扩展了教员的资格要求。EASA 于 2013 年发布

2014—2017 年欧洲航空安全计划（EASP），旨在通过调整训练方法，使飞行员获取适当的胜任力。2016 年，EASA 发布《EBT 和 CBT 训练》（RMT. 0599）和《欧洲法律框架下实施 EBT 训练》（RMT. 0696），为在本地区实施 EBT 训练提供了指导。

EBT 核心理念包括：（1）以一套规范的"胜任力和行为指标"框架为体系基础和训练目标。该框架是业界专家对于能够提升安全绩效的飞行员胜任力和表现的高度概括，既是整个 EBT 训练体系的基础，也是训练的目标。通过正确应用这套框架，可以夯实学员的胜任力基础，提升学员的韧性（resilience），更好地应对现实运行环境中的"灰犀牛"（可预测）和"黑天鹅"（不可预测）两类风险。（2）课程设计和教学过程符合"成人学习原理"。首先，在课程设计上，EBT 遵循"实际体验—观察反思—总结规律—实践应用"的原理。其次，在教学过程中，EBT 强调教员的能力和经验，需要教员在《训练大纲》和／或《教员手册》的基础上根据学员的学习特点及时调整教学手段。最后，在飞后讲评阶段，强调正向引导，使用符合成人学习特点的"引导式教学法"，以提升教学效果。（3）数据驱动。首先，EBT 中训练主题的训练频次和训练框架，是以目前业界最为翔实、质量最高的数据收集和分析报告为基础而制定的。其次，EBT 的课程设计符合 ICAO Doc 9868 中的 ADDIE 课程设计规范，即 Analysis（分析）、Design（设计）、Development（开发）、Implementation（实施）、Evaluation（评价），通过分析各类相关数据确定训练需求。最后，EBT 也以高质量的训练数据输出为目标，输出的训练数据会成为下一周期 EBT 训练的数据来源之一，转化成为训练需求，最终形成闭环。

EBT 实施阶段包括初阶 EBT、中阶 EBT、高阶 EBT、高阶 EBT+。初阶 EBT 在运输航空飞行员定期复训和熟练检查环节，基于基础证据库，使传统检查方式与 EBT 相结合。基础证据库主要包括飞行数据、航空安全报告、事件调查分析、事故或征候调查报告等。中阶 EBT 在初阶 EBT 的基础上扩展证据库。扩展证据库主要包括航线运行安全检查（Line Operations Safety Audit，LOSA）、模拟机训练数据、飞行员能力保持和衰退的科学研究及培训关键性分析等。高阶 EBT 在运输航空飞行员复训环节，基于扩展证据库和适用的作风胜任力/心理胜任力数据，实现 EBT 完全融合。高阶 EBT+ 基于扩展证据库和作风胜任力、心理胜任力数据输入，将 EBT 扩展至执照和等级训练。

综上所述，CBTA 是基础理论，从战略层面规定了训练体系建设要基于飞行员内化的能力本质而不是外化的技术表象，为训练目标指明了方向。EBT 是在 CBTA 的基础上融合循证学理念而发展起来的训练方法论，从战术层面规定了形成训练的良性循环必须依据"实践数据"，并建立数据与能力的映射关系，实事求是地形成闭环管理。

PLM 是对 CBTA 和 EBT 在中国具体实践下的深化和发展，更加全面地描述了核心胜任力、心理胜任力、作风胜任力三个维度，在体系和方法论上更为完整，符合人学习提升的认知、实践和文化认同三个层面的要求，主要特征为：坚持 CBTA 基础理论，以岗位胜任力为基础支撑；明确 PLM 三个维度存在交集的区域，分类构建指标体系，避免同一可观察行为的跨维度归因；扩充 EBT 中 E（实证）的来源和 T（训练）的手段，并以扩展了内涵和外延后的 EBT（实证驱动）为指导训练的方法论；根据中国特色的管理实践扩展传统胜任力 KSA（K：知识；S：技能；A：态度）三要素中的"A"，同时引入相关要素，关联引申至心理和作风。

四、CRM 和 TEM

机组资源管理（Crew Resource Management，CRM）指为达到安全、高效飞行的目的，机组有效地利用所有可用资源（信息、设备、人力资源等）来识别、应对威胁，预防、识别、纠正差错，发现、处置非期望的航空器状态的过程。

机组资源管理训练指运用课堂教学、模拟飞行训练、团队活动、案例分析以及角色扮演等方式促进机组掌握有助于安全、高效飞行的知识，并形成相应的态度和行为模式的过程。通过 CRM 训练，机组可以获取与团队工作有关的知识并形成有利于团队工作的技能与态度，从而促进飞行安全。CRM 训练的目的是形成有助于机组协作的技能和态度以增进团队工作表现，这些技能可以通过一些可观察的、有效的行为指标来体现。CRM 训练包括沟通、情景意识、工作负荷管理、决策、领导力与团队协作等方面。

TEM 指机组需要识别和管理影响飞行安全的风险，包括威胁和差错，TEM 框架模型提供了一种提升机组主动管控风险的方法。威胁指超出飞行机组成员影响范围发生的事件或差错。威胁增加了运行复杂性，所以应当加以管理以保持安全裕度。在飞行运行期间，飞行机组必须处理各种复杂事项，例如不利气象条件、地形复杂的机场、繁忙空域、航空器故障以及驾驶舱外其他人员如管制员、乘务员或者机务人员造成的差错。威胁和差错管理模型将这些复杂事项视作"威胁"，因为这些复杂事项有可能降低安全裕度，对飞行运行造成负面影响。差错指导致背离组织或飞行机组成员意图或预期的一项飞行机组成员的行动或不作为。未管理的和/或管理不当的差错可能会导致出现非期望的航空器状态。因此，运行环境中的差错往往会降低安全裕度。差错可能是自发的，即和特定的、明显的威胁无直接联系，也可能与威胁相关，或者是差错链的一部分。例如不能保持稳定的进近参数、使用错误的自动化模式、未能进行必要的喊话或者错误理解空中交通管制（Air Traffic Control，ATC）指令。非期望的航空器状态指与安全裕度降低有关，以偏离运行期间常用参数（例如航空器位置或速度偏差、飞行操纵装置的不当使用或者不正确的系统构型）为特征的航空器状态。非期望的航空器状态通常被认为是事故征候或事故的开端，因此必须由飞行机组进行管理。

EBT 涵盖了基于核心胜任力的训练；CRM 是核心胜任力训练的基础之一，与 EBT 的诸要素之间存在交集；EBT 是在 CRM 训练基础上的提高；CRM 训练的普及工作是准备和实施 EBT 训练的必要条件。有些核心胜任力属于非技术性能力，已被提升至与技术性能力同等重要的地位。非技术性能力的行为指标可用于评估飞行员的 CRM 能力以及接受 CRM 训练的有效性。TEM 是 CRM 意义的延伸，将 CRM 作为威胁与差错管理的工具可以有效地提高运行的安全和效率。

第三节　人工智能与岗位胜任力

人工智能是全球各行业智能化发展的动力引擎之一。党的二十大报告指出，要"推动战略性新兴产业融合集群发展"，构建包括人工智能在内的"一批新的增长引擎"。航空业是人工智能落地应用的重要领域，相关研究和技术成果可以助力飞行员技能全生命周期岗位胜任力的评估与训练。

一、人工智能与核心胜任力

传统的飞行训练方法侧重于提供训练工具和设备，长期以来，飞行训练始终依赖教员的主观观察和飞行后的分析，以确定学员对某一动作的熟练程度和掌握情况。随着人工智能技术的发展，现在可以采用更具创新性的方法来评估和训练核心胜任力。

（一）已有的研究应用

2018 年，美国空军教育和训练司令部（AETC）启动了"下一代飞行员训练"（PTN）项目。PTN 依靠虚拟和增强现实技术、生物识别技术和大数据分析技术，为飞行学员提供以学员为中心的学习环境。该项目的目标是找到一种高效、简化、低成本的新型飞行人员训练方法，根据训练效果而不是训练时间来决定学员是否能毕业，以解决目前面临的飞行员严重短缺问题。

美国南卫理公会大学（SMU）与模拟器制造/训练服务供应商加拿大航空电

子设备公司（Canadian Aviation Electronics，CAE）合作，拟通过智能化手段开发一种生物识别与机器学习技术相结合的智能化飞行训练系统，优化飞行训练效果。机器学习技术是对能够通过经验和采集的数据自动改进的算法的研究，属于人工智能技术的重要组成部分。该系统能够监测飞行员生理反应，实时提供更客观、自动化的训练效果实时测定结果，使飞行训练可定制、更高效。

SMU 的美国电话电报公司（American Telephone & Telegraph，AT&T）虚拟中心研究团队持续开展了 4 年项目研究，开发测试使用生物识别与机器学习技术来测定飞行学员在模拟器各种场景下的情景意识和认知负荷。项目早期目标旨在支持美国国防部自动测定关键任务高阶认知结构（如情景意识）的任务需求，以加快复杂技能的训练进程，支持多域作战概念的实现。但如何证实使用生物识别技术能够量化测定用户在学习或掌握一项高难度技能过程中达到某种程度，仍然是 SMU 虚拟中心研究团队面临的主要难题。

CAE 公司在生物识别传感和机器学习方面具备丰富知识和经验。对于项目所需的在动态、高风险场景（如航空场景）中实现实时测定情景意识这一高阶认知架构目标来说，通过机器学习等新技术的应用，能够有效识别学员感知方面的波动，进而对不良状态采取干预措施。通过实时训练复杂性适应研究，系统能够确保学员获得最适合的训练强度，提升训练效果，更有效迅速地达到任务准备状态。

2019 年，SMU 和 CAE 公司联合团队首次演示了基于生物识别数据的机器学习技术，实施的项目可以实时准确测定人的多种生理反应，如注视状态、瞳孔大小、心率等，以确定飞行测试人员的参与度、工作负荷、情景意识、压力疲劳状态等。项目研究结果显示，自动生物识别测试结果与经验丰富的人类评估员的评估结果一致度非常高。因此，SMU 团队认为，模拟实验中的生物识别技术测定结果能够达到客观、准确评价的效果。

目前，SMU 和 CAE 联合团队实施的大部分数据采集工作均通过重复测定实验进行。实验由 40 名具有不同背景和经验水平的学员参与，在受控环境中操控混合虚拟现实飞行模拟系统。该模拟系统使用 VR 构建军用战斗机作战场景，融合了可视化、平显和高精度手部追踪技术。数据采集设备包括一部带有集成眼动追踪器的 VR 头盔和一个腕式设备。眼动追踪系统采集眼球凝视、瞳孔反应和眨眼等数据。腕式设备采集心率、皮肤电反应、皮肤电活动（EDA）和手腕加速度等数据。这些生物识别数据通过计算机分析进行关联，以确定学员的认知负荷、工作负荷、刺激或压力水平等。实验显示，飞行期间学员的眼球注视不佳时，工作负荷较高；眼球注视较好时，注意力和表现较好；眨眼较少或眨眼时间较短时，说明学员在执行任务过程中注意力集中；心率变化可以表征学员在执行任务过程中的心理变化。除了研究单一的生物识别统计数据，联合团队还进行了数据比较分析，以确定不同参数之间是否有更高的关联性。研究团队创造了一种自动化手段，能够客观地评估学员表现和飞行动作所需的"轻松程度"，进而测定飞行员的工作负荷，以及是否有多余的能力来执行额外的任务。

除在实验室环境中进行实验测试外，SMU 和 CAE 公司联合团队还在爱德华兹空军基地开展了基于生理传感器系统的外场试验，客观评估了飞行员的工作负荷。外场试验测试采用波音 C-17A 飞机完成了两个飞行测试，包括空中加油机动和横向偏移着陆，共记录了 33 个机动动作，测试结果良好。该探索性外场测试表明，在真实飞行场景中，系统能够采集到比模拟器环境更高的工作负荷相关数据。

试验证明，在飞行训练场景中使用生物识别和机器学习技术可能最终会改变飞行员的训练方式，学员生理反应的数据记录可能比人员主观评估更能可靠地反映训练实效。虽然 SMU 和 CAE 公司联合团队的研究成果只在军用飞机平台上进行了实验验证，但这一过程和相关技术在民用航空中也可以有助于训练和提升飞行员在主动飞行路径监控、飞行模式选定和飞行员监控职责发挥等方面的效能。

（二）未来的发展方向

未来有基于 VR 和 AI 技术开发的飞行训练器，VR 可以模拟飞行场景变化，AI 可以分析训练数据。VR 头戴式训练设备有较广的视景显示和较高的沉浸感，成本远低于传统模拟器，物理尺寸和应用支持方面也有优势。但用于飞行员训练时，飞行员无法与驾驶舱进行交互，缺乏触觉反馈，真实性与飞行员体验感的欠缺仍是该技术的瓶颈。MR 将物理接口和虚拟接口相组合，使人员可以从虚拟看到驾驶舱，解决与物理驾驶舱交互的问题。但是在短期内，传统高端模拟器凭借在触感和人机界面方面的优势，不会被创新产品取代。这些创新技术目前更适合于初始训练阶段，通过设置不同变量因素，使基础练习的资源更加丰富，之后根据飞行员的表现创建个性化的训练模式，在高端模拟器中开展更有针对性的训练，从整体上节约训练时间和训练成本。

生物识别技术可用于监测、统计飞行员的生理特征，分析飞行员在面临不同任务压力下的心理变化、工作负荷和绩效等。机器学习技术可以实现对数据的自动化实时分析，使对飞行员操作技术的评估过程实现客观化和标准化，尽可能地减少人的误判与曲解，也使飞行教员能够有更多的精力用于做胜任力行为指标（尤其是非技术技能）的观测和评估。但人为的先验知识与算法精度和可控度之间的优劣仍有待融合与验证。完全依赖人工智能技术算法，仍然具有较高的风险，在大规模推广之前，仍需进行充分的风险评估与验证。随着技术的逐渐成熟，通过找出个体训练过程中存在的问题，分析当前科目对学员的难易程度，可以相应地调整训练科目和进度，专注解决学员的短板，减少不必要的重复，真正实现飞行训练的因材施教。

综上，随着生物识别技术和机器学习算法的逐步成熟，将人工智能技术融合应用在飞行训练中，有助于开展飞行员个性化训练和可持续训练，促进从以训练大纲内容为中心向以受训者学习效果为中心的飞行训练模式的转变，在节约成本的同时，提升训练质量和效率。

关于"人工智能辅助下的飞行员训练与评估系统"将在本书第四章中展开介绍，关于"人工智能提高机组资源管理效力"将在本书第五章中展开介绍。

二、人工智能与心理胜任力

人工智能与心理学的交叉融合已经成为全球科技界的最新前沿领域。人工神经网络、机器学习、智能算法、人脸特征识别、语音分析等人工智能相关技术的发展，为心理测评提供了新的研究方法和工具，并已在心理测量、心理变量预测、心理症状的识别与诊断等方面有不同程度的应用。这些方法和工具可以为飞行员心理胜任力的测评与训练提供有价值的参考。

（一）已有的研究应用

近年来，人工智能技术的飞速发展及应用催生了智能化心理健康测评，可从一定程度上弥补传统方法的不足，降低漏诊率并提高诊断效率，对于心理健康问题的普查及预警具有重大意义。目前，智能化心理健康测评仍处于初步发展阶段，研究者基于在线行为数据、便携式设备数据等开展主要以数据驱动为导向的探索研究，旨在实现更高的预测准确率，但是测评结果的可解释性等指标尚不够理想。未来的智能化心理健康测评需要强调心理学领域知识和经验的深度介入，提高测评的针对性和精细化程度，并加强信效度检验，以保证测评工具的科学性和可靠性。

不同的行业和企业都尝试构建适合的岗位胜任力模型，用于员工的选拔、评估和培训等。尽管所属行业和企业目标不同，但人的基本心理需求和心理特征是具有关联性的。对于人格、动机、能力倾向等的测评，现有的各类胜任力测评中有很多相同、相似或相关的维度和指标。在大数据时代，可以充分利用网络测评的优势，将传统心理测评的纯文字形式的题目转化为基于图片、音频、视频等多媒体形式的呈现方式。可以利用人机交互式测评,提升用户使用友好性的同时,更好地识别虚假答题,提高测评的信效度。依托深度学习技术可以实现自适应测评,即通过实时评估用户的作答走向,即时、动态调整测评路径,用最少数量的题目实现测评目的,提高测评效率和针对性。

此外,现在已有智能可穿戴设备用于采集用户的生理参数,如血氧饱和度、呼吸频率、心率、心电、皮电、肌电、脉搏、体温等生理指标,加上脑电图、功能性近红外成像等技术与测评方法的快速发展和应用,基于多模态生理数据开展心理评估变得更加普及,逐渐出现了基于生理数据进行心理测评的方法及系统。

(二)未来的发展方向

通过对飞行员技能生命周期中的各岗位进行工作需求分析,对绩优员工进行访谈,并结合专家评议,提取心理胜任力的维度和指标,建立每个指标所对应的测评题库。结合大数据技术,利用人工智能中的机器学习技术对大规模的心理数据进行分析,构建飞行员各岗位的动态常模,并反复检验、迭代、完善测评题目。同时可以建立心理特征预测模型,并辅助一些心理特征的识别诊断和训练干预。

在未来,随着大数据与人工智能技术的发展,可以进一步探索心理测评数据与智能穿戴的生理数据、飞行训练绩效数据等的多源异构数据整合分析,实现生理测评与心理测评及飞行绩效测评之间的数据关联,对飞行员进行全方位的立体画像,提高测评的生态效度。

三、人工智能与作风胜任力

飞行员的工作作风体现在驾驶舱里的言行之中,其"言"可以通过驾驶舱语音加以记录,语音识别与分析技术可以为驾驶舱语音监控提供技术支持。

(一)已有的研究应用

目前飞机上记录驾驶舱语音的机载设备是驾驶舱话音记录器(Cockpit Voice

Recorder，CVR），主要用于航空事故调查和分析，记录时间一般不超过 2 小时，需要将记录器拆下后通过专用的设备读取和处理，数据难以便捷获取，且不能对 CVR 进行频繁拆装。在飞行不安全事件调查以及日常航空安全管理中，经常需对驾驶舱语音进行分析，以提供事实证据，也利于规范机组人员的通话用语。快速获取驾驶舱音频记录器（Quick Access Cockpit Voice Recorder，QACVR）作为一种可以长时间记录驾驶舱语音且数据读取快速方便的机载设备，可以满足这一要求。飞机在加装 QACVR 后，不会影响飞机上原有 CVR 的功能和性能。为了规范 QACVR 设备的最低性能标准，中国民用航空局制定了 QACVR 的机载设备技术标准规定（CTSO），并在 2018 年 11 月颁布了中国民用航空技术标准规定 CTSO-2C603《快速获取驾驶舱音频记录器》。我国相关单位研发的新一代驾驶舱语音记录器拆装便捷，能够存储上千小时的音频，配套的软件可以对舱音数据进行自动识别、检索定位、处理分析，能够为舱音监察工作提供有力的技术支持。

目前国内大部分运输航空公司已经在飞机上加装了 QACVR，并应用于不安全事件调查及舱音监察。标准操作程序（Standard Operating Procedure，SOP）是保障飞行安全的关键，严格执行 SOP 是机组飞行作风的重要体现。飞行偏航、飞错管制指令高度、滑错滑行道等飞行作风类事件通常都与飞行员没有严格执行"标准喊话""检查单""飞行简令""管制指令复诵与证实"等密切相关。基于语音识别和数据分析技术，QACVR 将对驾驶舱语音的使用从传统的事后调查，转为对飞行员日常飞行作风和操作规范进行监督，进而实现人为风险关口的前移。

（二）未来的发展方向

舱音监察可以促进飞行员养成良好的工作作风，但仅有舱音数据未必能反映问题全貌，还应结合个体的飞行技术、训练表现、日常作风记录等多源数据，并进行长期数据统计分析，才能从根本上识别飞行员的胜任力问题。加强语音识别技术与飞行数据分析技术的大数据融合应用，开发出基于多源数据分析的飞行作风评估系统，可以更好地开展飞行作风胜任力建设。

第三章 基于人工智能的飞行员选拔体系设计

对于航空公司来说，飞行员是极为重要的核心人力资源；对于国家而言，飞行员更是重要的战略级人力资源。为了有效降低培训成本，选择身体更加健壮、更加聪明、协调性更好的人作为飞行学员成为各个国家的共同选择。一套可信、高效、实用的飞行员选拔体系，可以降低淘汰率，缩短训练周期，有效地降低培训成本；同时，更准确、更合理的选拔标准有助于准确锁定选拔群体，方便选拔工作的开展。为此，各国均下大力气在选拔实践的基础上建立起了一套适用于其国情的飞行员选拔体系。美国是全球公认的航空大国，我国的航空法规、管制体系和规则大部分都是参照和借鉴美国的相关规则和规章并结合我国自身特点设立和建立的。本章将以美国的飞行员选拔体系为例，与国内的选拔体系进行比较，并阐述人工智能在飞行员选拔方面的应用与展望，为搭建基于人工智能的飞行员选拔体系提供一定的意见和建议。

第一节　国内外飞行员选拔概述

二战以来，科学技术迅速发展，各种高新科技相继在航空航天领域得到应用，使得空军和民航的航空器性能也有了大幅的提升。这当然也少不了对航空器操纵者飞行员的研究。其中首先要解决的问题就是如何选拔飞行员。有着百年航空史的美国，在这一方面的研究与应用也引领着世界的脚步。以下便以美国为例简述国外飞行员选拔体系及其变革过程，并对中国飞行员的选拔进行概述。

一、美国空军飞行员的选拔发展与变革

美国空军飞行员的选拔条件最初是通过实证分析的方法得到的。就如盖恩所说："对所需要的品质和特征做出选择的模式，这一选择基于一个预测假设，该假设是在考虑工作的要求和背景后制定的"，即根据经验和对飞行进行的工作分析，推断出所需人员的条件，按照该条件选拔人员，再将通过选拔、经过训练的人员放入实际工作/飞行环境当中进行验证。随着经验的积累和研究的不断深入，美国空军飞行员的选拔也几经变革。

早在二战期间，弗拉纳根就为定位战斗机飞行员的工作行为特征而提出著名的"关键事件法"，这也使得空军对飞行员的选拔从最初战时兵力紧缺时的"只需要符合身体条件"，逐渐向"体格加智力和天赋"的模式转变。他认为飞行员的智力和天赋水平应该在普通人之上。这也是首次有人把心理学与飞行员选拔联系在一起。随后乔治·凯利和弗莱希曼分别提出了十分具有代表性的"全方格技术"和"工作分析调查法"，说明此时学者们已经意识到随着飞机性能和操纵复杂程度的不断攀升，对飞行员的智力要求也在不断提升。智力和天赋水平成为体格之外的又一重要选拔因素。

随着空军航空器性能的进一步提升，尤其是装备了喷气式发动机的超音速飞机在部队列装服役后，其高机动性对飞行员的操纵能力提出了进一步的要求。随之而来的是，学者们开始了对飞行员"运动神经协调"（psychomotor coordination）或"手眼协调"（hand-eye coordination）能力的研究。随着研究的深入，以雷和卡雷塔为代表的一批学者证明了运动神经协调能力好的飞行员，其预测效度更高。此后，运动神经协调能力被纳入飞行员选拔体系，作为重要评估因素，显著提升了选拔预测的有效性。

从20世纪80年代末90年代初开始，以卡雷塔、佩里等为代表的学者们关注到了飞行员的个性因素，并对其进行了一系列的研究。研究显示，飞行员有着不同于非飞行员的个性。还有学者对普通人和飞行员进行了对比，发现飞行员更注重成就、外向、积极、有竞争力、有主导性，而较少内省、感性、敏感和自卑。基于这些大量的实证研究结果，美国空军将"个性"这一因素也加入了飞行员选拔体系当中。欧美飞行员选拔体系的几大因素：体格、智力和天赋、运动神经协调以及个性因素，至此被逐步地确定下来。

2000年以后，随着科技的进步、电脑技术的广泛应用以及相关领域研究的不断深入，美国飞行员选拔的具体项目也在不断地更新迭代。不仅增加了对学历和成绩的要求,还要通过一系列的心理测评,如反应测试、空间认知能力、工作记忆测试、抗载荷测试等,并最终逐步形成了现在的飞行员选拔体系。

二、美国的民航飞行员选拔体系及例举

与空军的选拔目标多为没有飞行经验的年轻人不同,美国的民用航空,尤其是站在民航业最顶端的航线运输航空公司,招聘的则是有着丰富飞行经验的飞行员。要想成为西南航空或达美航空这样的大型航空公司的副驾驶,通常都有着较为严格的飞行经历要求。如美国达美航空公司 B737NG 机型副驾驶的招聘条件,其中明确了飞行时间的要求,即:被承认的总飞行时间至少 1500 小时;在涡喷发动机(涡扇或者涡桨)固定翼飞机上的飞行时间至少为 1000 小时;作为所持执照型别飞机的机长或教员的飞行时间至少 250 小时;在多发飞机上的飞行时间至少 50 小时。(见图 3-1)。而波音 B737NG 和空客 A320 只是较为常见的大型客机,若想驾驶更大的重型机则需要更多的飞行经验。

General Requirements
- At least 23 years of age.
- High school diploma or GED equivalent
- Graduate of a four-year degree program from a college or university accredited by a U.S. Dept. of Education recognized accrediting organization is preferred.
  - Degrees obtained from a non-U.S. institution must be evaluated for equivalency to U.S. degrees by a member organization of the National Association of Credential Evaluation Services (NACES).
- Current passport or other travel documents enabling the bearer to freely exit and re-enter the U.S. (multiple reentry status) and be legally eligible to work in the U.S. (possess proper working documents).

FAA Requirements
- FAA Commercial Pilot Certificate with Instrument - Airplane.
- Current FAA First Class Medical Certificate.
- All aeronautical experience requirements for an ATP, Airplane category rating, as set forth in 14 CFR §61.159.
- Current ATP written exam.

Flight Time Requirements
- Minimum of 1,500 hours of total documented flight time.
- Minimum of 1,000 hours of fixed wing turbine time (airplane and powered lift combined).
- Minimum of 250 hours PIC or SIC as defined in 14 CFR §61.159(a)(5) in an airplane category.
- Minimum of 50 hours of multi-engine airplane time.

When evaluating the flight time of applicants meeting the basic qualifications, consideration will be given to, among other things, quality, quantity, recency, and verifiability of training; complexity of aircraft flown; types of flight operations, and hours flown as PIC in turbine powered aircraft.

图 3-1 达美航空公司 B737NG 飞行员(副驾驶)招聘条件

资料来源:达美航空官网,https://delta.avature.net/careers。

在如此严苛的飞行经验要求下,仅靠少数退役的空军飞行员和从其他国家招聘来的成熟飞行员显然远远无法满足这些航空公司运营时对飞行员人数的需求。这就不得不提到美国民用航空非常有特点和代表性的选拔、分级和训练体系。这样一套飞行员的选拔、分级和训练体系也是保证美国航线运输在高强度、高密度下安全运行的重要因素之一。

首先，选拔和培养能力方面，在美国要成为一名私用飞机或通用航空飞机驾驶员的入门门槛很低，且航空培训资源十分丰富，这使得美国有了大量的飞行员储备。按照美国民用航空法规（CFR-61）规定，任何人只要年满 16 周岁，具有高中以上学历，通过民航体检并获取相应的体检合格证（商用驾照需 I 类体检合格证；私用驾照需 III 类体检合格证）即可开始学习飞行，并可以于年满 17 岁时向美国联邦航空管理局申请飞行员驾驶执照。与此对应，美国的航校数量超过了全球所有其他国家航校数量的总和，达到了 1300 多所。这就吸引了很多人学习飞行，并考取驾驶执照。Best Aviation 网站（www.bestaviation.net）的统计数据显示，美国早在 2006 年就拥有了超过 59 万名民用航空飞行员（不算在美国取得飞行执照的外籍飞行员），这一数量是同时期中国所有飞行员总数的 10 倍以上。

而在分级和航空应用方面，美国一般把固定翼飞机按发动机种类和发动机数量分为活塞单发（piston single engine）、活塞多发（piston multi-engine）、涡桨多发（turbo-propeller multi-engine）、涡扇（turbo-fan）或涡喷（turbo-jet）等几类。飞行员要逐一累积每一类飞机的飞行小时数，逐渐"升级"自己所飞的机型。而且，美国又有着极其丰富的公共和私人航空产业资源。统计数据显示，2016 年在美注册运行的各类民航、通航和私人飞机超过 30 万架；拥有公共机场 5324 个，私人机场 13 774 个，其中有运输航空服务的机场约 500 个，有通用航空服务的机场超过 18 000 个（数据来自 Best Aviation 网站）。这催生了大量的通用航空产业应用场景，包括传统的客货航线运输以外的私人飞机出行、旅游观光、跳伞、运动竞技、飞行训练、各类巡逻、防火救援、农业种植和病虫害防治等诸多方面。由此带来了大量的民用航空从业人员和飞行员的岗位需求。那些在高中毕业或者大学在读期间就取得驾驶执照的飞行员还可以在假期兼职成为航校教员或者通航的兼职飞行员，从此开启航空职业生涯。

在现实中，如果一名刚刚拿到商用飞行执照的 17 岁飞行员，想成为达美航空 B737NG 的副驾驶，相对最便捷理想的路径是：先通过飞行教员培训，成为航校的飞行教员；在累积飞行 1 至 2 年后转为多发飞机仪表飞行教员；在累积飞行时间超过 1000 小时后，可以向航校申请成为涡桨多发飞机的模拟机教员，并在模拟机教员任职大约 1 年后开始积累涡桨飞机飞行的时间；再经过几百小时的飞行，最终符合达美航空的应聘条件。由此推算，即便在一切顺利的理想状态下，也需要大概 5 至 6 年的时间。而经过这几年的飞行和教学，他在进入航空公司前，就已经从一名刚刚拿到飞行执照的初级飞行员，成长为拥有接近 3000 小时飞行记录、上千次起落记录的专家飞行员了。而航空公司在确立招聘条件的同时就已经完成了其选拔。

三、我国空军飞行员的选拔体系概述

与欧美相比，我国空军飞行员的选拔（见表 3-1）和培训体系有着明显的区别。首先就是中国特有的非常严格的政治审查和背景调查制度。中国人民解放军空军于 1949 年 11 月 11 日成立。考虑到飞行员驾驶飞机的特殊性，结合此前组建空军的失败经验，以及当时国内飞机数量稀少又没有生产能力的实际情况，中国人民解放军空军在组建之初就对飞行员的政治素养有着极为严格的要求，必须保证根正苗红。这一选拔标准一直延续到今天，且无论是选拔部队飞行员还是民航飞行员，候选人都需要首先通过政治审查和背景调查。

表 3-1 我国空军飞行员选拔程序

序号	名称	地点	内容
1	招飞动员和报名	各军区招飞中心	每年完成前一次招飞工作后开始进行
2	初检	地、市临时招募站	初步的体格检查和纸笔测试，淘汰身体和心理品质较差的候选者，检测合格者进入下一个选拔程序
3	政治审查和背景调查	各军区政治处	以函调、实地走访和公安网络系统调查等形式，调查候选人本人、直系亲属、主要社会关系的政治背景、政治思想倾向、有无犯罪记录、有无参与非法组织等情况

续表

序号	名称	地点	内容
4	综合性体格和心理检测	各军区招飞中心	1—3天内完成全面体格和心理检测，心理检测有三个平台，包括飞行能力倾向、个性、情绪稳定性、心理运动能力、飞行动机等。该阶段检测将淘汰大多数选拔测验不合格者
5	文化课考试	当地学校	我国飞行员选拔文化课考试不单独进行，而是借助每年全国高考成绩确定
6	综合评价	各军区招飞中心	根据体检、心理测验、政审和高考成绩进行综合评定，进一步淘汰不合格者，确定选拔合格人员名单
7	入校复查	飞行学院	对刚进入飞行基础学院的候选人进行必要的复查，确定是否存在不适宜飞行的身体变化情况（如病变等）

资料来源：游旭群. 航空心理学：理论、实践与应用［M］. 杭州：浙江教育出版社，2017.

在体格选拔方面，我国空军起步比较晚，基础相对薄弱，在沿用苏联模式的基础上结合了一些日本的方法和经验，形成了我国空军最初的体格选拔模式。而飞行员的候选人则是从整个部队中挑选和选拔的。随着国内空军院校的设立和发展，以及高考体系的恢复，符合体检要求的高中毕业生和大学本科毕业生逐渐成为空军飞行员的最主要候选生源。为了降低选拔时的淘汰率，有些高中甚至还专门为空军设立了飞行员"苗子班"，按照空军飞行员体格选拔标准招收初中毕业生，并在整个高中阶段实行准军事化管理，以尽量避免高中阶段学习压力和不安全事件带来体格变化导致的淘汰。

在体格检查流程方面，空军飞行员体格选拔采取的是初检、复检和终检三轮体格检查，每轮检查实行单项淘汰制，即候选人在任何一轮体格检查中有任何一个体检项目不合格即判定不合格。候选人只有在通过初检后，空军体检中心才为候选人建立候选人档案，以便在复检和终检中使用。而在体格选拔标准方面，随着医学研究和科技水平的逐步发展，我国在飞行员体格选拔方面也不断进步。2012年一份题为《美国空军指令 AFI 48-123——〈医学检查标准〉解读》的报告指出：相对于我军飞行人员体检标准而言，美国空军人员选拔的主要特点为：

(1)人员分类细致，各类人员均有其具体标准。根据作业特点及其对身体的要求，将各类空中作业人员（含飞行）分为 FI，FIA，FII，FIIA，FIIB，FIIC，FIIU 和 FIII 共八类，其中 FI 相当于我军的歼、强击机飞行学员招飞标准。（2）对于重点问题有较具体的规定，如专门在报告的第十二章对空军人员眼屈光手术要求做了详细规定。（3）标准条款比较细致全面，各项标准的可操作性较强。如对肺和胸部疾病的要求方面，对硅肺/肺纤维化、肺叶切除、肺栓塞、睡眠呼吸暂停、乳房硅胶美容等项目均有详细规定，有关肺部疾病结论时的肺功能检查指标也有具体规定。（4）详细列举了放宽标准的条件，并有专门配套的放宽标准指南，操作性较强，我军的飞行员体格检查标准的个别评定则比较宽泛，操作灵活性偏大。这些都为我国的空军飞行员选拔提供了借鉴依据和改进方向。时至今日，我国空军无论是选拔条件还是检测手段都已经与发达国家相差无几。

在心理选拔方面，由于最初我国对"人"的研究比较薄弱，因此最初并不重视飞行员的自身个性和性格特点，却更重视候选人是否具有吃苦耐劳、坚定的政治信仰等这样的"意志品质"。一直到20世纪80年代，随着一些脑检测设备（如脑电、FMRI 等）和心理检测量表被逐步引入到心理选拔当中，更加科学、客观的心理选拔逐步在空军飞行员选拔中崭露头角。21世纪以来，空军招飞心理系统由三个检测平台组成。第一平台主要测试的是认知能力、情绪的稳定性、人格和动机，主要考核方式为问卷测试，候选人要在一个半小时内完成6道大题和200多道小题。第二平台测试的是神经反应能力和情绪稳定性。通过模拟器测验考核候选人的飞行能力；通过观察操作过程中候选人的血压、心跳等生理指标评估候选人的情绪稳定性。第三平台是由专家考查候选者的动机、性格、思维、定向、操作、记忆、注意力、情绪及意志等，主要包括室外观察、情景模拟和专家面谈三个步骤，时间约为两小时。最后系统按照候选人每个平台的得分及权重，综合三个平台的成绩，按得分从高到低录取。空军心理选拔系统综合运用各种心理测评方法，如测验法、访谈法和情景模拟法等进行评估，然后空军再以初教机阶段训练情况，对被检者各方面进行校标，对各平台测试的预测准确性进行效度评价，该心理选拔系统预测效度为 0.56，预测符合率达到 82.4%。2010 年以后，我军对该检测系统进行了改进，第二平台（特殊能力检测平台）增加了便携式检测仪器，使心理选拔可以在多个测试点展开，大大提高了招飞心理系统选拔的便捷性。此外，系统增加了第四平台，即飞行模拟器检测平台，用来评估飞行综合能力。该平台采取预选教育、飞行教员带教的方法，考查候选人在模拟飞行任务环境下的学习能力、操控能力、模仿能力、注意力分配和个性心理特征。经过多次调整和改进后，空军飞行员招飞心理选拔逐渐发展形成了一套比较科学、完整的体系。

对于空军飞行员而言，候选人并非只要通过层层选拔环节进入训练就可以一劳永逸地成为一名空军飞行员，他们还要面对不断的再选拔和再淘汰，即在训练全过程中的每个环节都可能会有学员被淘汰。即便完成了全部训练到达一线部队，也还面临着受伤、身体病变、心理应激等原因导致短时停飞，甚至不再适宜飞行，最终停飞淘汰的情况。

四、我国民航飞行员选拔概述

国内通常把民用航空业分为通用航空与民用航线运输两个部分。其中通用航空包括了飞行训练、观光体验、探测、救援、农林作业、防火巡逻、校飞等。这部分虽然飞行作业种类繁多，从业人员和飞行总量却相对较少。而人们平时所说的"民航"则更多的是指民用航线运输部分，即各个航空公司所运营的客、货运输，该部分虽然飞行任务比较单一，却占了我国民用航空的大多数。与美国的空军和民航完全是两套体系不同，中国的空军与民航既有着千丝万缕的联系，又有各自的特点。新中国民航发端于"两航"起义，之后的很长一段时间里受空军管辖，直到 20 世纪 80 年代中后期，我国民航的现代发展框架才逐步确立并完善。由于曾长期处于空军体系之中，民航飞行员选拔的发展历程与空军飞行员选拔的发展一脉相承，一直到90年代，民航飞行员选拔（见表3-2）才与空军飞行员选拔有了较为明显的区别，主要表现在以下几个方面。

在候选人的来源方面，民航比空军招收渠道宽泛了许多。目前，通用航空飞行员通常由各个民航院校的飞行专业学生、符合体检条件的本科毕业生和空军退役飞行员这三部分构成；而民用航线运输飞行员除上述三种来源以外，还有另外三种渠道，分别是：航空公司选拔的高中毕业生委托航校或指定高校培养（简称"委培"）、社会招聘（无飞行经历但符合选拔条件的往届本科毕业生，以及有飞行经验的成熟飞行员）和来自国外的经验丰富的成熟飞行员。值得一提的是，截至2018年，我国在运行的外籍飞行员总数超过1200人，他们都是在国外有多年相应机型机长运行经验的老道飞行员，目前绝大多数也都在各个公司担任机长职务，他们的引入为国外先进飞行理念和管理模式在中国落地起到了不可或缺的桥梁作用。

在政治审查和背景调查方面，不像空军飞行员通过部队内部审查系统独立完成并给出结果，民航是委托公安机关在中国民用航空局（CAAC）的派驻机构完成审查并给出结论。同时因为空军与民航的管理体制不同，加之近些年民航飞行员违法事件（如赌博、斗殴、酒驾甚至吸毒等）增多给整个行业带来极大的负面影响，2018年中国民用航空局修改了《公共航空运输企业航空安全保卫规则》，将初次审查制升级为持续审查制。以3年为一个周期，将调查周期内出现过行政拘留和刑事处罚的飞行员计入停飞或淘汰行列。

在体格选拔方面，民航飞行员体格检查的种类划分更为细致。例如中国民用航空法第61部（CCAR-61）中将空勤人员的体检合格证分为Ⅰ类和Ⅲ类（行使私用驾驶员权力的驾驶员仅需持有Ⅲ类体检合格证即可，而行使商用驾驶员权力的空勤人员必须持有Ⅰ类体检合格证）。不同种类体检合格证所执行的体检标准不同，而目前空军所有机型与机上人员岗位，都执行统一的体检标准。在选拔标准方面，民航体检较之空军体检要相对宽松，检测项目和方法也有区别。例如目前空军体检的远视视力要求是 C 字表裸眼视力 1.0 且不可矫正；而 2012 年以来，民航 I 类体检合格证要求候选人的矫正前裸眼视力已经降为 C 字表 0.3，屈光镜矫正视力后 C 字表 1.0。再比如空军会对候选人的脑结构做比较详细的检查（脑电和 FMRI），而民航体检对此项目并没有要求。

在心理选拔方面，民航飞行员的心理选拔比空军更晚。在 2014 年前，各航空公司对于是否对所选拔的飞行员候选人（无飞行经历）进行或使用哪个系统进行心理测试，并无统一规范。甚至同一航空公司的分、子公司在执行方式和标准上也都各有不同。直到 2015 年，中国民用航空局才把心理健康评定作为飞行学员（通过体格选拔但还没有开始飞行训练）选拔的必备项目和淘汰依据。这是中国民用航空局首次对招飞进行心理选拔提出明确要求。而所使用的选拔方式为 MMPI-2 测试（明尼苏达多相人格测试）。随着国内航空心理学相关研究的发展，近几年的飞行员选拔测试有所变革。测试内容从之前单一的性格测试转变为现在的分别测试候选人的认知和信息加工能力，空间定位和实际操作能力以及人格、性格特征三个部分。然而随着信息技术的发展，各种心理量表在网上随处可见，候选人可以通过提前准备、猜测答案等方式蒙混过关，使得心理选拔不能完全发挥其真正的效用。这也是目前亟须解决和完善的问题。

表 3-2 中国某航空公司无飞行经验高中飞行学员选拔程序

序号	名称	地点	内容
1	招飞动员和报名	公司招飞办	按民航招飞简章和身体条件自荐标准，由有招生任务的市、区有关中学实施。同时，应届理科高中学生，可在学籍所在学校进行报名
2	初检	总公司或各分公司航空卫生部门	一般每年 11 月左右开始，由该航空公司体检队或分公司体检队按照招收计划，到有招飞任务的市、区组织候选人进行初检
3	政治审查和背景调查	中国民航公安局	主要通过公安内部网络系统调查等形式，调查候选人本人、直系亲属、主要社会关系的政治背景、政治思想倾向、有无犯罪记录、参与非法组织等情况

续表

序号	名称	地点	内容
4	体检和心理检测	民航总医院或各地方管理局体检队所在且授权的指定医疗机构	体检和心理检测：对初检已经合格的学生，在招生上一年度的11月下旬至12月间，由民航总局体检队或地方管理局所属民航体检队，按统一的民航招飞体检标准，对候选人进行详细的体格检查和心理检测
5	文化课考试	当地学校	我国飞行员选拔文化课考试不单独进行，而是通过每年全国高考成绩确定
6	复检和确定录取	各分公司航空卫生部门	全国高考结束后，由公司或指定的民航体检队按民航招飞体检标准对候选人再次复查，以防止发生不适合飞行的身体变化（如病变等）

资料来源：游旭群. 航空心理学：理论、实践与应用［M］. 杭州：浙江教育出版社，2017.

第二节 人工智能在政审与体格选拔中的现实应用

随着云计算、大数据的兴起，人工智能得到了愈加广泛的重视，在机器人、经济政治决策、控制系统、仿真系统等领域都有不同程度的应用，并在交通、运输、医疗、互联网、文化生活等人类生活方面有了不同程度的介入。近些年，AI在深度学习和强化学习方面有了重大突破，一些互联网企业及科技企业也逐步将人工智能应用于人力资源领域，使得AI在较为复杂的招聘、薪酬设计、工作完成度考核等人力资源领域都有了一定程度的应用。由此也引发了人工智能向飞行员选拔领域应用的思考和实践。

尽管AI在帮助企业人力资源部门提效降费、精准定位、优化流程等方面，均有较突出表现，但就实际的应用过程而言，目前的AI一次仅能胜任单一工作任务，因此这类AI依然属于弱人工智能。然而与一般企业的招聘不同，飞行员选拔存在环节众多、步骤复杂，且往往涉及多个单位和领域等特点，以目前的弱人工智能技术水平而言，难以实现仅使用一套系统即完成选拔工作的目标，大量工作仍需要人的参与和判断，尤其是体格选拔和心理选拔方面。这是否意味着以目前的AI技术水平而言，弱人工智能将无法胜任飞行员选拔工作呢？本节主要从政治审查和背景调查（以下统称"政审"）以及体格选拔等方面来分析和介绍人工智能在飞行员选拔方面的应用、需求及可能；而心理选拔方面，将在第三节中专门讨论。

一、人工智能在政审中的应用

随着人工智能（AI）技术在招聘领域的应用趋于成熟，其高效、准确的特点得到了普遍的认同。此技术也逐步应用于飞行员选拔的各方面，首先是政审方面。无论是空军、民航还是通用航空的飞行员，都需要首先通过政审，其工作量与调查的深入和细致程度直接成正比。

（一）空军政审概况和 AI 应用分析

空军的政审无疑是最深入和细致的。每招收一名高中毕业生，就需要对至少六人进行调查。军区政治处不仅需要调查该候选人本人，还要对其父母、直系兄弟姐妹以及至少两名来往密切的亲戚、朋友（主要社会关系）进行调查，全部合格才能最终确定该名候选人符合招收条件。

从政审内容上看，候选人所在军区政治处一般从以下三方面对被调查人（候选人本人及其父母、直系兄弟姐妹和主要社会关系）进行调查。首先是被调查人员的履历是否真实，其在所在学校/单位的现实表现如何；其次调查其在社会生活中是否存在违法乱纪、扰乱社会治安等行为，是否存在犯罪记录或留有案底等情况；最后调查是否有不当思想和言论，是否参与或曾经参加过国家明确认定的非法组织或邪教组织。

从政审形式上看，有发调查函调查、现场走访调查等形式。发调查函调查（简称"函调"），即军区政治处将正式的调查公函发往被调查人所在的学校或单位、户籍所在地派出所和所居住的社区，并通过对方的正式回函了解被调查人实际情况。当函调不足以证明实际情况或对实际情况存疑时，军区政治处会派专人走访上述学校或单位，甚至具体部门，实施现场调查，考查被调查人的实际表现。

每年报考部队飞行员（包括空军、陆军航空兵、海军航空兵）的高中毕业生数以十万计，即便仅有10%的候选人通过体格选拔，政审时仍需处理大量工作，消耗巨大的人力物力。尽管随着电脑网络技术的进步，函调的形式已逐步被网络调查所代替，但目前还无法真正将 AI 技术应用于政审环节。这是因为，一方面，部队和地方网络尤其是公安内部网络还存在一定的信息壁垒，无法完全打通；另一方面，目前 AI 还无法通过网络信息深入了解被调查人在学校或单位的真实情况。但随着信息技术、大数据、云计算、神经网络、深度学习等 AI 技术的进一步发展，未来会有新的替代方法解决这一难题。

（二）AI 在民航、通航政审中的应用

与空军相比，政审对民航、通航飞行员的要求相对宽松，只要求调查本人及其直系亲属（父母和直系兄弟姐妹）平时表现、无犯罪记录、无参与非法组织和邪教组织等情况即可。这就为 AI 技术早于空军应用于政审方面创造了条件和空间。

目前，民航的政审（见图3-2）是由公安机关派驻中国民用航空局的民航公安处直接实施，AI 可以通过其强大的网络搜索和数据分析功能，基于目前的网络和大数据平台，尤其是已经较为完善的公安局网络数据，迅速查出候选人本人及其直系亲属是否存在不符合条件的行为或事项从而直接得出结论。利用 AI 技术还可以对个人一些较为隐秘的行为，如是否曾经参与非法组织活动等行为进行存疑标注，让政审的调查更有针对性，结论更加精准、快捷。

AI 技术在政审工作方面的应用可以极大地节省人力物力和时间。同时，还能实现中国民用航空局对飞行员持续审查的最新要求。2019年1月1日实施的《公共航空运输企业航空安全保卫规则》（CCAR-343）中对机组近3年的行为表现提出了具体审查要求。利用 AI 技术和算法，可以建立监控数据库将全体机组（飞行机组和乘务组）纳入监控范围，甚至可以将全部民航从业人员都纳入监控数据库中，做到一旦有被监控对象有了影响政审结果的行为发生，就触发告警，第一时间向相关部门发出提示或提醒信息。

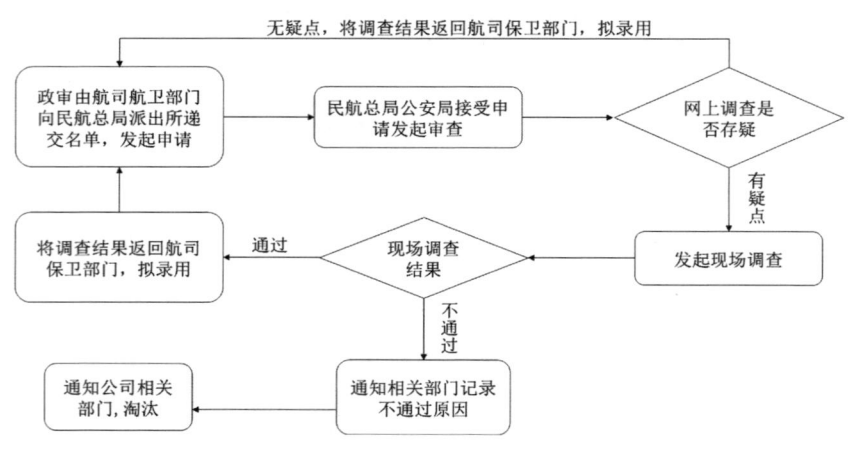

图 3-2 民航飞行员政审流程图

二、人工智能在体格选拔中的应用

在体格选拔（简称"体检"）方面，无论是空军飞行员还是通用或民航飞行员选拔，都有着相对完整、成体系的标准，因此 AI 技术更多应用于优化流程，打通各个科室，加快内部信息传递，达到提升效率的目的。

以民航飞行员选拔体检流程为例，民航对没有飞行经验的候选人采用的就是与空军相类似的初检、复检（见图 3-3）二轮体检，且采取单项淘汰制。具体流程方面，最初体检的流程也是和部队一样，把候选人平均分成若干组，每组有一个固定的检查顺序，由专人带领逐一项目检查，直到完成全部检查。很显然，这种方式对人力消耗很大，而且无法避免某些检查项目排长队，另一些项目却没有人的尴尬现象。随着电子信息技术的不断应用和通过计算的流程优化，这种方式有了很大转变。首先，在初检阶段通常只设置检查费用低、淘汰率高的眼科、外科、内科、五官科这几项，复检时对通过初检的候选人进行全面检查。通过这种粗筛形式，有效地降低了检查所产生的费用。其次，在检查过程中，候选人不再分组，而是让候选人自己持检查申请表按任意顺序直到完成检查流程。与固定顺序逐项检查相比，这种没有固定顺序的方式可以避免因某一单项检查时间较久而带来的长时间排队问题，缩短了总体检查时间，提高了效率。

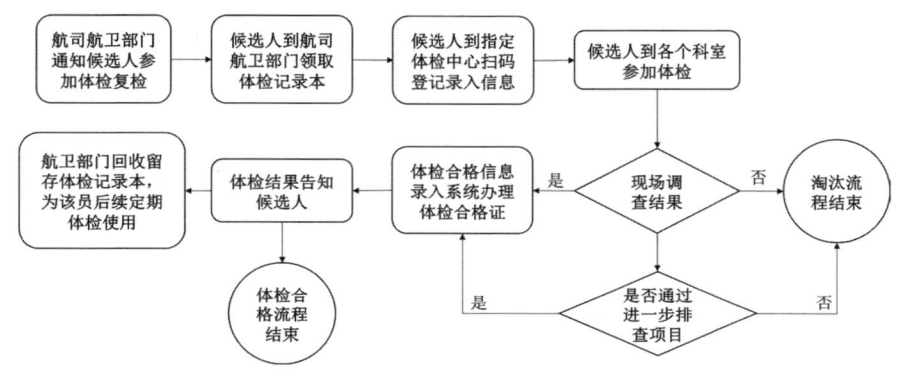

图 3-3 民航飞行员体检复检流程图

基于检查记录，目前航医为通过体检的候选人建立电子档案，并在系统确认后直接生成体检合格证。同时根据此电子档案生成相应的条形码贴在纸质的体检记录本上，作为与电子档案相对应的纸质档案交由航司相关部门保管。而在后续的机组定期体检（包括跳槽之后再次参加体检）中，机组只需让系统扫描体检记录本上的条形码即可调取其相关信息，并完成体检，从而避免反复报名、建档等程序。

不难看出，电子信息技术的应用以及通过计算对流程的优化，已经在一定程度上起到了降低成本提高效率的作用，然而如何进一步提高效率和准确率，整合和优化流程，降低成本，依然是目前体检流程面临的最大"痛点"，而利用 AI 技术恰恰可以有效地优化体检流程，打通航医各科室，加快信息传递，辅助决策，提高整体运行效率。例如将纸质检查申请表换成特定的手机小程序，其客户端不仅能让参加体检的候选人查看每一项检查的标准和方法，还可以通过"进程"查看"已经通过/未检查"的项目，并能显示各个项目的等待人数，甚至还可以基于这些数据为候选人定制最佳的体检顺序方案。这些功能都是利

093

用 AI 和大数据在未来可以实现的。

对于已经有飞行经验的空军退役飞行员或外籍飞行员，由于曾经通过了相似的或要求更严格的体检，因此流程会更简单。即由航空公司的航卫部门直接将受检人员信息录入系统，形成电子档案，并直接参加由民航体检队组织的复检。在完成体检后将体检记录本交由相关部门保管。

第三节　人工智能与飞行员心理选拔设计

飞行员心理选拔的实践开始于第一次世界大战，随着航空技术和产业的发展，越来越受到各国军事和民航部门的重视。飞行员心理选拔的工作主要包括三个方面，即选拔工作的可能性、选拔工作的实施和选拔工作的检验。"可能性"是实施的前提，是通过分析心理品质的个体差异和飞行职业对心理品质的特定要求而得到的；"实施"为选拔工作的重点，是心理选拔方法对选拔过程的实现；"检验"是对选拔工作效果的验证，通过对信度、效度等方面的检验，使得整个心理选拔工作和流程更趋于科学性、合理性。经过几十年心理选拔工作的经验积累，目前已经有了相对较完整的选拔标准、较系统的选拔流程和比较可靠的检验模式，这些都为 AI 的深度学习、多层神经元网络等技术应用于飞行员心理选拔打下了基础。

一、飞行员心理选拔的方法概述

二战后飞行员心理选拔几经迭代，到目前世界各国的选拔程序和方法都不尽相同，但其内容都是围绕满足飞行员顺利完成飞行活动所必备的各种心理品质而进行的，具体检测主要涉及智力与能力倾向、心理运动能力以及人格三个领域。

（一）心理检测概述与展望

在飞行员心理选拔的具体方法上，各国大都综合采用多种方法，力求客观系统地考察与飞行关系密切的心理品质。《航空航天心理学》（皇甫恩、苗丹民，

2000）一书将检测方法做了归纳和分类：按照一次测验人数的多少，可区分为个别测验和集体测验；按照各种检测方法的外部特征和内部结构，可将这些方法分为纸笔测验法、仪器检测法、结构访谈法、行为观察法、飞行模拟器检测法、情景模拟测验（也称情境模拟测试）法、传记法等。表3-3简单列举了不同检测方法所对应的心理活动内容测定适应性差异。

表3-3 飞行员心理选拔测验内容与测验方法的关系

方法	智力/能力倾向	心理运动能力	个性	前飞行经验	飞行动机
纸笔测验法	√		√		
仪器检测法		√			
结构访谈法			√		√
行为观察法		√	√		
飞行模拟器检测法	√	√			
情境模拟测验法			√	√	
传记法				√	√

资料来源：皇甫恩，苗丹民.航空航天心理学［M］.西安：陕西科学技术出版社，2000：131.

下面对几种方法进行简单介绍。

1. 纸笔测验法

纸笔测验法是飞行员心理选拔所使用的最早最原始的方法之一。该方法最初是以书面形式呈现一系列标准化问题，要求候选人根据指导语进行书面作答。该测验法的内容可以是文字、符号或图片，多用于智力、能力倾向、人格、情绪和飞行动机等测量。由于操作简便，成本低廉，该测试在心理选拔的早期被广泛使用，并随数字技术的发展被计算机辅助测验（Computer-Assisted Testing，CAT）所代替。利用 AI 自动识别技术，目前已经实现了测验全过程控制自动化和测验结果评判自动化，这样不但排除了测试过程中的人为干扰因素，还使得飞行员心理选拔的测验结果更加准确、高效。例如目前空军飞行员选拔就是使用 DXC—Ⅲ型多项心理测评仪替代纸笔测验，来对候选人的基本智能、飞行动机和情绪稳定性进行测试。

2. 仪器检测法

仪器检测法是通过专用仪器检测人的心理运动能力以及相应的生理活动特点的测验方法。该方法既可用于测量人的手足动作协调性、灵活性、准确性、稳定性，又能测量操作过程中的跟踪能力、动作记忆、反应速度以及注意特点等，因此又有人称此方法为心理运动检测法。例如，在飞行员选拔过程中，广为人知的转椅、平衡凳等就是仪器检测法常用的测试工具。仪器检测法还可以同时采用多种仪器组合使用，如在转椅或平衡凳测试的同时使用生理多导仪或类似仪器通过记录候选人的心率、呼吸、脉搏、皮肤电阻等数据，揭示候选人的情绪稳定性等心理特征。（见表3-4）随着科技的进步，检测仪器也几经迭代，到目前发展出了以计算机为基础，更加便携和智能且可靠性更高的检测仪器。而伴随着检测设备的升级，无论是在空军还是民航领域，仪器检测法都已被证明是在飞行员选拔过程中一种持久的、总体有效的飞行员选拔方法。该方法的优势在于测验精度高，而劣势则在于不适合大范围使用。

表3-4 目前比较成熟的仪器检测系统

仪器检测系统	研制国家	主要设备	主要测量项目
基本能力测试仪（Basic Attribute Test, BAT）	美国	硬件包括计算机、操纵杆和操作台	双手协调、复杂追踪、信息加工准确性和速度、感知能力以及冒险性、自信等
仪表协调分析器-90（Instrument Coordination Analyzer-90, ICA-90）	德国	操作性计算机座舱模拟器	动作操作能力、空间动觉能力和问题解决能力等
视觉综合航空测试仪（Visual General Aviation Tester, VGAT）		在活动基座式密封舱飞行模拟器基础上发展起来	一系列眼、手、脚协调能力、测验转换能力、镶嵌图形识别、迷津、词汇类比、刻度和仪表判读等
飞行员自动选拔系统（Pilot Automate Selection, PAS）	荷兰	装置类似于德国的ICA-90，常与"三任务测试仪"配合使用	认知和操作任务测验
电脑化测试量表	英国	仪器检测计算机系统，用舵杆、数字和颜色反应键测试	认知、感知觉、协调性和智力等

资料来源：游旭群.航空心理学：理论、实践与应用［M］.杭州：浙江教育出版社，2017：296.

3. 结构访谈法

结构访谈法又叫晤谈法，是指专家通过与候选人进行面对面的交谈，从候选人的回答中收集相关心理特征和行为资料的一种心理学基本研究方法。结构访谈法按照问题类型可以分为结构访谈法、半结构访谈法和非结构访谈法。在飞行员心理选拔中，最早被各国所认可，且应用最多的就是结构访谈法。结构访谈的问题是围绕设计提纲，遵循特定程序和结构提出的一系列标准化问题。专家通过记录候选人回答的要点，进行分类和量化处理。因其问题相同、形式统一，所以专家很方便对访谈结果进行分类和量化处理。该方法有助于专家了解候选人的履历、生活史、飞行动机、一般能力、性格和气质特征等方面的情况，而该方法与其他定量方法结合综合评估时有助于获得更准确的结果。通过结构访谈，专家可以实现和达成以下目标：首先，结构访谈有助于验证或补充其他心理选拔检测的结果。仪器检测通常只针对候选人某一特定的心理方面进行检测，而通过访谈，可以对候选人有更深入的了解，从而对检测结果起到一定的验证或补充作用。其次，结构访谈有助于确定人格和能力结构中是否存在可被替代的某些不良心理品质。相对于纸笔测试中的标准化量表，访谈的一对一面谈能够为专家提供更大的信息量，从而对候选人的人格和能力结构有更加准确的认识。再次，结构访谈有助于专家了解候选人，尤其是在选拔中获得高分拟录取的候选人的飞行动机。飞行动机与心态和作风有着直接的联系，良好、正确的飞行动机会使候选人在未来的学习和训练中保持积极的心态、优良的作风，从而保证航空安全。最后，专家可以通过对访谈的分析和总结为心理选拔提供更加综合和更具指导性的意见。目前该方法已经在飞行员选拔中有所应用，以我国空军目前所采用的选拔系统为例，其中的第三平台专家面试系统中的第三部分采用的就是访谈法。具体过程由两名心理检测专家完成，通过与候选人当面的问答，了解其飞行动机、情绪水平，并对其思维、反应能力和个性发展等做出评判。

4. 行为观察法

行为观察法是指专家对候选人有目的、有计划地开展观察研究，通过记录和观察候选人特定情境下的行为和表现，并对观察到的内容做详细的记录和分析，以判断其心理活动特征的方法。行为观察法可使用的技术手段主要有照相、录音、录像等，而按观察目的可将观察分为自然观察和实验室观察、直接观察和间接观察、参与观察和非参与观察、结构观察和非结构观察、个体观察和群体观察等。行为观察法多用于空军飞行员选拔，方法上大多采用的是在自然环境下直接观察。从观察人数上讲，既可以是个体观察，也可以是群体观察，观察内容主要包括行为和语言两方面。行为方面的观察，主要内容有面部表情、步态、站姿和坐姿、双手位置、对新环境的反应和注意力方向等，通过观察和记录候选人是否有紧张拘谨的表现，表情上是否惶恐不安，动作上是否沉稳、有无冲动或多余动作等，对候选人的心理特征进行记录和分析；语言方面的观察，则是通过观察、记录和分析候选人在回答问题时，语言是否简洁、逻辑是否清晰、机警程度高低、词汇是否丰富生动以及语风是否幽默等，对其心理特征诸如性格特点、情绪稳定性、意志力和认知活动等做出评判。在观察的时间安排方面，要实现有计划的、系统的观察，通常需要较长的时间，有2至3天的，也有10天以上的。为了让候选人表现更加真实、自然，通常不会提前告知，例如空军某部在选拔飞行员过程中，自候选人进入体检站就对其表现进行观察和记录，也有的在组织候选人完成野外生存训练时对其进行观察。通过观察和记录候选人完成集体生活中的各种复杂任务，分析和评判候选人的个性特征、意志力等心理特征，同时判断其组织计划性、处理问题的能力以及人际关系处理能力等。

5. 飞行模拟器检测法

飞行模拟器检测法是将座舱、计算机系统、运动和操作负荷系统、音响系统、视景系统和指挥台等一系列设备组成简易的飞行模拟器，通过模拟器模拟实际飞行或飞行操作中的某些情况，对候选人的操作能力、智力、工作记忆及飞行能力倾向等心理品质做出评价和判断的一种选拔方法。飞行模拟器通常可以模拟多种飞行条件和任务，具有操作情景逼真、不受飞行安全的限制、节约经费等特点，同时由于其预测效果好且较易推广，所以一经问世和应用就受到各国部队和民航的普遍重视。作为一种较为理想的飞行员心理选拔方法，目前各国也都开发了专用的飞行模拟器系统。例如我国国际航空公司和南方航空公司从德国引进的飞行员选拔系统（Aircrew Selection System，ASS）就是由一台计算机和简单的操作系统组成的飞行模拟器。该模拟器通过计算机检测候选人的知觉运动水平、情景反应能力和决策水平三个方面的能力，同时还可以对候选人的心理运动协调性、空间能力、信息处理能力、解决问题能力、飞行基本能力等进行检测。

6. 其他方法及展望

传记法是以个人的履历或经历为素材，通过候选人的经历和应对方式研究其心理活动特征及发展规律的一种方法。该方法研究的内容主要为个人经历，如成长环境、生活习惯、学业成绩、学习动机、品行表现、兴趣爱好等，同时也可能涉及个性化的其他方面，如特殊才能、性格特点、职业趋向、对公益活动的态度、人际关系等。由于这方面的素材大多可以通过其他检测手段，如指定的量表（纸笔测验法）、个别会谈或相关人员访谈（访谈法）、个人活动成果分析等方法（如观察法）等收集，因此在测量技术和计算机辅助系统还没有得到很好发展的时代，该方法成为飞行员心理选拔早期应用较为广泛的辅助检测方法。二战以后，随着各国研究者对传记法的作用和意义有不同的认识，所以演化出了相应的工具。如生平调查量表（Biographical Inventory）就是二战期间美国用于空军飞行员选拔的一种较为客观的传记法量表。菲斯克（Fiske）曾于1947年对6247名美国海军飞行员候选人使用该量表，结果发现生平量表得分与飞行表现的相关度达到了33%。

情景模拟测验法又称情景测验法，是将候选人置于某一个或多个特定情景下，以考察其行为反应，评价其人格特性的检测方法。可供情景模拟测验法使用的情景范围较广，既可以是日常生活中会遇到的情景，也可以是特定情况下较为少见的突发情景，同时还可以是有意设置的能控制某些变量的实验情景。在具体的检测手段上，情景模拟测验法既可以通过书面的形式呈现（纸笔测验），也可以通过当面口头交谈（访谈法），还可以通过设置真实的场景（观察法）来记录、收集和分析候选人的相关心理特征。尽管少有研究证明此方法的效度，但其方便易行的特点使得该检测方法在飞行员心理选拔中有较为广泛的应用。例如我国空军飞行员选拔系统（1999）第三平台第二项内容就是情景模拟检测，检测以访谈的形式开展，候选人在模拟的情景中回答测试人员提出的问题，以此检测候选人的适应能力及人格特征。

无论是传记法还是情景测验法，都在计算机技术以及现代心理检测仪器尚未出现的时期成为飞行员心理选拔非常重要的辅助手段。然而，随着计算技术和心理检测设备的发展，这些检测只能辅助地开展定性研究，难以开展准确定量研究的局限性日益显现。因此这两种检测方法也正在被新的电子信息技术所取代，其中最值得一提的就是虚拟现实技术。

虚拟现实是随着计算机技术、网络信息技术以及显示技术发展而诞生的一种可以创造并对所创造的虚拟世界进行沉浸式体验的网络仿真系统。塞缪尔·格林加德（Samuel Greengard）（2021）将其划分为虚拟现实（Virtual Reality，VR）、增强现实（Augmented Reality，AR）和混合现实（Mixed Reality，MR）三种技术路线。其主要目的就是利用高性能计算机的强大算力，构建一个虚拟的模拟环境，并通过有线或无线设备数据传输将模拟环境、实景系统以及仿真操作系统有机地整合起来，从而给人提供逼真的模拟体验，并由此建立起更好的人机交互模式。近年来，虚拟现实已在多个领域得到应用并崭露头角，如军事上有虚拟现实的沙盘战术推演，民用方面有混合现实的虚拟场景搭建、网络购物的试穿效果等。利用虚拟现实技术的临境性、交互性和想象性这三大特征，一些科研机构或学校甚至开发出了针对老年人或脑功能不全患者的干预项目，如室内定向越野项目等。虚拟现实技术的另一个特点是其具有较高的生态效度和内部效度，从而弥补了传统心理学为了达到内部效度却牺牲了生态效度这一不足。利用该技术可以使心理学实验能够在自然的条件下进行，从而更加有效地开展关于人类视知觉、运动和认知等方面的研究。值得一提的是，到目前为止，虚拟现实技术在航空领域的应用大多还处于实验和研发阶段。不过可以预见的是，虚拟现实技术在飞行员的心理选拔方面，可以弥补目前选拔方案中对候选人动态空间能力、心理运动能力、空间认知能力等方面检测的空白。虚拟现实的实际应用还可以在提升飞行员驾驶技能、提高飞行情景意识、增强航线飞行机组资源管理能力（CRM）等方面发挥重要作用。同时，虚拟现实技术若与人工智能相结合，在航空领域必将有着更加广阔的应用空间。

（二）飞行员心理选拔的检测标准概述和分析

在检测标准方面，各国一般都是以科学性、系统性、动态性和个别性作为飞行员心理选拔所遵循的原则和依据。

1. 科学性原则

飞行员选拔必须遵循科学原理，对飞行职业活动进行深入的心理学分析，确定飞行员所需要具备的心理品质，制定出相应的选拔方法，并对其必要性、合理性进行充分的科学论证和验证，以达到有效、可靠和适应的目的，同时，选拔结果的评定必须标准化和量化。

2. 系统性原则

制定心理选拔程序、观察飞行员心理状态和预测其训练与飞行的成功性时，应持系统论的观点。在根据心理选拔检测结果做职业合格结论时，要坚持整体性原则，应该注意搜集候选人的体检、品德、爱好、接受教育和学习以及生活史方面的资料，进行综合考虑。因为这些资料往往能提供候选人有关能力发展、个性特点、社会交往能力、情景下反应方式与特点等信息，以及高级神经活动特点的补充信息。这些都说明在进行心理选拔时应该遵循系统性原则。

3. 动态性原则

飞行员心理选拔应该是一个经常性的、连续性的过程，不仅要看候选人初选的检测成绩，还要对其在飞行学院学习期间以及飞行训练过程中的一系列表现经常进行考察，以便为合理分配专业、因材施教、任用等提出更合理确切的建议。也就是说，在训练阶段，选拔工作也是训练工作的一部分，是评价训练效果、改进训练方法和合理分配编组的科学依据。另外，在选拔实践中，由于航空技术的发展、对飞行专业人才要求的变化，以及候选人数、候选人整体素质等因素的变化，必须相应改变职业适应性选拔方法和评价标准。

4. 个别性原则

一个人能否顺利地掌握飞行技术并获得优异成绩，取决于各种心理品质的有机组合。某种心理品质的缺陷，可由其他心理品质有机补偿。例如，有的飞行员注意广度不足，可由注意转移速度快来弥补。这种补偿，一般可顺利通过初级心理训练，但到高级飞行训练或战斗飞行时就会有困难。因此，根据候选人心理学检测总成绩评定职业适应性时，还应分析各单项检测成绩，进行全面权衡和个别对待。

二、传统的飞行员心理选拔预测性分析

在传统的飞行员心理选拔中，选拔的预测通常按照职务分析—提取预测分子和效标—实施测量—预测因子效度分析—确定预测因子的效用—再分析这六步完成分析决策。

在预测效果评价方面，其预测效果必须与日后的飞行学习成绩和实际飞行训练成绩（效标）的评定结果进行比较，方可确定这些预测性测验的有效性。因此，

对候选人从选拔开始到其成为成熟的飞行员甚至是机长的持续的心理评估，对于验证心理预测的有效性有极为重要的意义。对此目前的做法是，对飞行员候选人实施预测性心理测验，当他们参加一段时间的飞行学习和训练后，再将心理测验成绩与飞行学习和训练成绩（效标）进行比较。

图 3-4 说明在该类人群分布状态下心理选拔的预测分数和飞行训练的效标分数之间的关系，横坐标为心理测验预测分数（X），纵坐标（Y）为效标分数。在横坐标上，预测分数在临界点右侧的区域为选拔录取对象，预测分数在临界点左侧的区域为选拔淘汰对象，在纵坐标上，效标分数在临界点以下的区域为飞行训练失败，效标分数在临界点以上的区域为飞行训练成功。（具体含义见表 3-5）

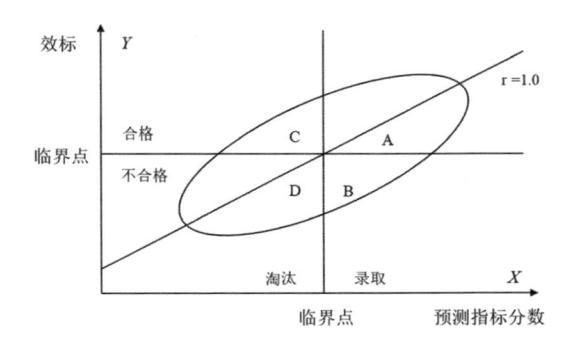

图 3-4 心理选拔的预测分数与飞行训练的效标分数的关系

资料来源：皇甫恩，苗丹民. 航空航天心理学［M］. 西安：陕西科学技术出版社，2000：145.

表 3-5 椭圆形区域代表人群的含义

A 部分	正确录用	指心理选拔测验的预测分数和飞行训练成功与否的效标分数均在临界点以上者。经心理选拔测验评定为录取合格，又日后的飞行训练中被评为训练成功者
B 部分	错误录用	指心理选拔测验的预测分数在临界点以上，但训练成绩的效标分数则在临界点以下。经心理选拔测验评定为录取合格，但日后的飞行训练中评定为训练失败者
C 部分	错误拒绝	指心理选拔测验的预测分数在临界点之下，但训练成绩的效标分数则在临界点以上者。经心理选拔测验评定为应淘汰者，但日后的飞行训练中评定为训练成功者
D 部分	正确拒绝	指心理选拔测验的预测分数和飞行训练成功与否的效标分数均在临界点以下者。经心理选拔测验评定为淘汰，又日后的飞行训练中评为训练失败者

资料来源：游旭群. 航空心理学：理论、实践与应用［M］. 杭州：浙江教育出版社，2017：306.

根据表3-5中四种结果,可以计算出评价选拔测验的预测性指标,见表3-6所示。

表 3-6 评价选拔测验的预测性指标

指标	意义	公式
预测合格符合率	又称正命中率,指在心理选拔测验预测合格人群中,日后训练也合格的人所占百分比	预测合格符合率＝A／(A＋B)×100%
预测淘汰符合率	指在心理选拔测验预测淘汰的人数中,日后飞行训练实际上也被技术淘汰的人所占百分比	预测淘汰符合率＝D／(D＋C)×100%
筛除率	指在全体飞行训练合格的人数中,被心理选拔测验预测淘汰的人所占百分比	筛除率＝B／(B＋D)×100%
损失率	又称错淘率,指在飞行训练合格的人数中,被心理选拔测验淘汰的人所占百分比	损失率＝C／(C＋A)×100%
淘对率	指在全体飞行不合格的候选者中,心理选拔测验预测淘汰的人数在其中所占比率	淘对率＝D／(B＋D)×100%
总预测符合率	指在全体候选者中正确录用和正确拒绝的人数所占百分比	总预测符合率＝(A＋D)／(A＋B＋C＋D)×100%

资料来源：游旭群.航空心理学：理论、实践与应用［M］.杭州：浙江教育出版社,2017：307.

从效标选取的角度讲,有学者通过元分析概括出了三种常见类型的飞行员绩效测量方式：(1)飞行训练是否合格；(2)飞行训练中的等级分数；(3)飞行培训课程的分数。在传统的飞行认知能力、心理运动能力、人格三大领域中,采用元分析方法发现,飞行训练成绩与认知测验的相关是0.19,与心理运动的相关是0.30,与人事档案评定的相关是0.26,与人格的相关为0.12。(游旭群 等,2007)而通过深度学习,人工智能可以将海量效标加入计算,从而弥补心理选拔缺乏真实情况下的作业绩效数据这一致命缺陷。例如网购平台淘宝就是通过多层深度学习网络和大数据,对用户的浏览习惯进行分析,记录包括每页浏览时长,甚至浏览时的设备电量等数据,多达超过2000个标记(效标),从而针对用户需求实现精准推送。而对飞行员心理选拔则可以利用深度学习,分析和记录更多效标,从而得到更趋近于真实的结果。

三、飞行员心理选拔的检验分析

心理选拔测验的效果评估，决定了心理选拔测验的实际意义和应用价值，没有效果评价，心理选拔的准确性和可靠性将无从谈起。因此，心理选拔测验应从以下几个方面分析和检验。

（1）信度检验。信度检验涉及心理测验的可靠性问题，指在相同条件下采用一种测验方法反复测查同一个体后所得结果的稳定性和一致性。信度的估计通常采用相关统计方法，以相关系数的大小表示可靠性的高低，即信度系数。一般使用重测信度和复本信度、内部一致性信度和评分者信度四种方法评估和检测。

（2）效度检验。效度检验涉及心理测验的有效性问题，测验有效测量某种心理特征的正确度。一个工具的效度越高，其所测量的结果越能代表欲测量行为的真正特征。内容效度、效标效度和结构效度是效度检验的三个重要方面。

从内容效度来看，为了获得更准确的信度检验和效度检验结果，应注意检测项目的难度和区分度。项目难度是指一个项目正确通过人数的百分比。项目难度通常依据测验目的、性质、形式而决定。就一般测验目的而言，难度水平为中等。项目难度太高，绝大多数候选人无法通过，会导致"地板效应"；项目难度太低，绝大多数候选人均可通过，则会导致"天花板效应"。两者均无法将心理品质好的和不好的区分开。测验难度选择高或低与采取的选拔策略有关，选优策略要求测验难度大，而淘汰策略则要求测验难度低。项目区分度又称鉴别力，指测验项目对被试者心理特征的区分能力。一项好的测验应该能够较好地区别候选人的个别差异，区分出在某个心理指标上的较好者和较差者。从效标效度和结构效度来看，合适的项目难度和区分度有助于和外部标准比较，也有助于测量出理论上的结构或概念，使测试结果更符合预期的效度。

（3）实用性检验。实用性检验和一般的心理测验不同，飞行员心理选拔检

105

测方法要有实用性。首先，飞行员心理检测方法要求便于实施。测试者经过少许训练就能掌握，并可以用较少的测试者就能检测多名候选人，同时检测时间不宜过长，以免候选人产生疲劳，影响检测结果。其次，方法简单易学，操作简便，不需要对候选人专门开展训练。再次，评定结果简易。心理选拔一般要求在短时间内检测大批候选人，并尽快评定每名候选人的测验成绩，做是否录取的结论。如果检测记录不易记录，评定方法复杂，势必会造成时间上的浪费。

在心理选拔的结果评判方面，目前惯常的做法是常模法和标准分数法中的标准九分法。常模是指常模分数构成的分布，是解释心理测验结果的基础。常模分数是依据常模样本的测验结果，由原始分数按照一定的规律转化出来的有参照点和单位的一种分数形式。常模有三种表现形式：转换表、剖面图、均值与标准差。在标准化的测验中，转换表是最常用的形式。常模的建立必须首先在将来实际接受该测验的全体对象中抽取足以代表该总体的样本，然后对该样本进行测量，并依据正态分布进行统计学计算。而这个有代表性的样本就是常模团体，所获得的结果就是常模。性别、年龄、教育程度、职业、社会经济地位、种族等因素都可以作为制定常模团体的标准。飞行员选拔测验的常模团体主要是应届高中毕业生。常模样本量依据总体对象的数量而定，一般全国常模需要2000—3000人。

常模一般分为三种类型：发展常模、百分位数常模和标准分数常模。在飞行员心理选拔测验中，主要采用标准分数常模。标准分数常模属于等距量表，由根据常模团体特性分类的一系列平均数和标准差组成。标准分数代表某一个体的某种心理特征在该常模团体中所占位次。标准分数常模的基本计算公式：

$$Z = (X-M)/SD$$

其中 X 为常模中该群体的原始分数值，M 为某被试的原始分数，SD 为常模中该群体的原始分数的标准差。这是以平均数为0、标准差为1的标准分数常模的计算公式。

标准九分制（Stanine）是标准分数的一种，最早被美国空军采用，目前已经广泛应用于各国飞行员心理选拔。标准九分制是以 5 为均值、2 为标准差的标准分数，计算公式为：

$$标准九分 = 5+2(X-M)/SD$$

标准九分依照正态分布规则，将原始分数划分为 9 部分，最高为 9 分，最低为 1 分，5 分位于中间。我国空军飞行员心理选拔标准的确定也采用标准九分制。以多大分值作为候选人的录取标准，是依据候选人与录取人数比、每次选拔任务量以及候选人人群特点而确定的。

四、多层神经元网络深度学习在心理选拔方面应用的可能性分析

通过以上的分析不难看出，传统的心理选拔除了需要大量对候选人实施实验、测量外，还需要实施大量的统计、计算工作，使得选拔过程烦琐、复杂。因此，是否可以更多地利用人工智能，尤其是可以自我迭代的多层网络深度学习来促进、简化选拔过程，就成为一个重要的研究方向。

神经网络是一种模拟人脑的神经网络，以期能够实现类人工智能的机器学习技术。它是由一个包含输入、输出与计算功能的神经元模型，通过算法函数和权重与其他神经元模型链接连接而形成和得到的。这开启了运算模拟人脑的先河，也使得机器学习开始进入人们的视野。

2006 年，辛顿（Hinton）在 Science 等期刊上发表的论文中，提出了"深度信念网络"的概念。与传统的训练方式不同，深度信念网络有一个"预训练"（pre-training）的过程，这可以在神经网络中找到一个很接近最优解值的权值，之后再使用"微调"（fine-tuning）技术来对整个网络进行优化训练。这两个技术的运用大幅度减少了训练多层神经网络的时间。辛顿给多层神经网络相关的

学习方法赋予了一个新名词——"深度学习"。随着计算机技术的发展，硬件本身算力得到大幅提升，加上网络技术、云计算等的补充，深度学习首先在语音识别领域大显身手。到 2012 年，辛顿与他的学生又将深度学习技术应用于图像识别领域。在 ImageNet 竞赛中，多层的卷积神经网络以 85% 的正确率夺冠，并获得普遍认可。

此后随着计算机算力的发展，多层神经网络的深度学习有了进一步的发展，也可以解决更复杂的问题了。在参数数量一致的情况下，更深（更多层）的网络往往比浅层的网络具有更好的识别效率。这点也多次在 ImageNet 大赛中得到证实。例如 2015 年获得 ImageNet 冠军的"最好的方法 GoogleNet"就是一个多达 22 层的神经网络。

多层神经网络与深度学习技术的应用，使得人工智能参与复杂的飞行员心理选拔有了结合的可能性。

首先，目前限于检测手段和工作量，飞行员选拔只对候选人的能力、智力、人格三方面进行测评，但心理因素相互影响，错综复杂，很难通过简单的测评掌握全貌，尤其对特定情况下候选人的反应更难预测；而加入人工智能、深度学习之后，可以标记更多的心理因素，并通过不同场景的测算，得到更趋近于真实的结果，为心理选拔提供更准确的参考依据。

其次，飞行员往往要面临复杂多变的环境，面对各种因素导致的压力，如运行方面的政策、管控措施、QAR 数据，个人方面的家庭关系、经济压力、休息不良，等等，这些因素相互交织，最终都会影响实际工作表现和决策能力。多层神经元网络可以通过预训练再微调的方式调节各个影响因素的参数，并通过增加神经网络层和多次训练等方法预测各因素对人的影响的大小。

最后，深度学习可以通过对现有技术能力优秀、安全记录良好的成熟飞行员进行分析和标记，找到合理的安全阈值，为飞行员心理选拔标准提供依据。

五、人工智能在飞行员心理选拔中的替代性及可能存在的问题

人工智能尤其是比较前沿的多层神经网络、深度学习等技术在飞行员选拔尤其是心理选拔方面大有发展空间，但是在人工智能的应用方面还是有很多问题需要加以注意。

首先，在目前情况下，人工智能在飞行员选拔中的应用还只能用于人工辅助降低工作量，要想代替人工仍需要长时间的实际工作验证。

其次，深度学习需要大量可靠的样本库，例如辛顿与他的学生为了验证他们于 2012 年设计的用于图像识别的人工智能系统，创建了一个达到千万样本量的图片库。而目前我国飞行员总数不过十万级别，从样本数量上看，系统要达到足够的可信度，需要加强国际合作，扩大学习样本量，以提高准确度。

再次，在加强国际合作的同时应该注意的是：飞行员首先是受一国教育，具有该国文化背景和社会背景的人，所以一定会具备一些特定的社会文化和思维特点；而且即便是同一国家内，还存在着因生活年代不同而导致的代际差异。因此，如何在深度学习系统设计中降低其影响，使得选拔系统更具有普适性，也是十分值得探讨与注意的地方。

最后，人工智能尤其是深度学习具有"黑箱"的特点，即深度学习是基于多层神经元网络结构基础上的，其连接方式与各连接权值均依靠学习样本由系统自动调节，因此结果是否准确，准确度如何，仍需通过大量验证工作来确认。

第四节 基于人工智能的飞行员选拔体系展望

二战以来，随着航空工业的进步，航空业对人的研究从来不曾止步，尤其是对作为飞机"大脑"的飞行员的研究，这一点单从飞行员选拔方法的演化就可见一斑。而随着计算机技术的发展、大数据和云计算等技术的不断应用和趋于成熟，人工智能加入飞行员选拔体系成为可能和趋势，使整个体系朝更加信

息化、智能化的方向发展。在可见的未来，飞行员选拔体系还可以结合更多新技术、新管理理念等，会有更大的发展空间。

一、新的检测技术的应用和辅助

近些年心理学在脑神经方面的研究越来越深入，随之而来的检测手段也有了很大的发展，逐步从脑波探测向脑成像发展，检测手段从最初的单一脑电图，发展为如今的脑电、近红外、功能性脑核磁（FMRI）、经颅直流电刺激（tDCS）等多种检测手段，检测仪器方面也出现了小型可移动便携式设备。这些新的便携式检测设备为飞行员心理选拔在同一测试平台上的联合使用和检测提供了可能，不仅可以进一步验证测试的科学性，还能为提高测试的准确度提供依据。例如纸笔测验，由于量表相对比较固定，变化相对比较小，候选人可以在网上找到相应的或类似量表污染检测结果，或用较长时间猜测选取"正确"答案，这样会大大降低测试的准确性。而如果在纸笔测试中增加眼动记录和近红外检测，同时监控候选人在作答时眼睛的注意力分配情况，以及脑部血流情况，甚至还可以增加监控其血压与体温变化情况，这样就可以综合判断其测试过程，使得测验结果更加真实准确。再比如在模拟机检测平台中增加眼动设备和近红外检测设备，再对候选人进行干预前测与干预后测的对比，可以更综合地得到候选人的脑、眼、手综合协调能力和学习能力，为选拔出更具潜质和学习能力的飞行员提供更加准确和可以量化的依据。

二、虚拟仿真技术在测试场景中的应用

近年来，虚拟仿真技术成为计算机技术的又一最前沿技术。虚拟仿真是以沉浸性、交互性和构想性为基本特征的计算机高级人机界面，综合利用了计算机图形学、仿真技术、多媒体技术、人工智能技术、计算机网络技术、并行处理技术和多传感器技术，模拟人的视觉、听觉、触觉等感觉器官功能，使人能

够沉浸在计算机生成的虚拟境界中,并通过语言、手势等方式与之进行实时交互,创建了一种适人化的多维信息空间。

目前的虚拟仿真技术可以划分为虚拟现实、增强现实、混合现实。无论是哪一种,都可以让使用者不仅能够通过系统感受到在客观物理世界中所经历的"身临其境"的逼真性,而且能够突破空间、时间以及其他客观限制,感受到真实世界中无法亲身经历的体验。

然而,目前将这种技术应用于飞行员心理选拔,还存在设备佩戴冲突这样的技术瓶颈,因为虚拟仿真技术必须通过佩戴头盔或眼镜来实现。一旦虚拟仿真可以与脑检测设备兼容,必将在飞行员心理选拔尤其是空间能力选拔方面带来跨越式发展。

三、人工智能自身的演化与迭代

人工智能技术的发展离不开强大的计算机算力,而计算机技术的不断更新和算力的不断提升,也必然会带来基于人工智能的飞行员选拔系统的技术进步和变革。

首先是计算机硬件算力方面的发展,目前计算机硬件的最前沿是超导体材料和光量子计算。简单地说,量子计算机是一种可以实现量子计算的机器,它利用量子力学规律进行数学和逻辑运算,并具备处理和储存信息的能力。量子计算机以量子态作为记忆单元和信息存储形式,通过量子动力学演化为信息传递与加工,从而完成量子通信与量子计算。在量子计算机中,作为硬件的各种元件的尺寸通常达到原子或分子量级。与传统计算机是通过集成电路中电路的通断来实现0、1之间的区分不同,量子计算机通过量子两态的量子力学体系来表示0或1。与普通计算机相比,量子计算机的优势更加明显。首先,量子计算机运行速度远快于普通计算机。其次,量子计算机处理信息方面的能力更强,且应用范围更广泛,相比之下,普通计算机在处理这些信息时则显得较慢。最后，量子计算机信息处理量愈多，对于量子计算机实施运算也就愈加有利，也就更能确保运算的精准性，而普通计算机处理量越多，则负载越大，就会越慢。对于多层网络结构的深度学习人工智能而言，其复杂程度远超想象，而其所需计算量更是普通计算机难以达到的。相信随着未来量子计算机的广泛应用，计算机硬件算力的大幅提升必将为人工智能的进一步发展迭代奠定良好的硬件基础。另一方面，随着计算机算力的提升，人工智能的另一前沿领域——遗传算法（Genetic Algorithm，GA）也将实现进一步的飞跃。遗传算法最早是由美国的约翰·霍兰德（John Holland）于20世纪70年代提出的。该算法是根据大自然中生物体进化规律而设计提出的，是模拟达尔文生物进化论的自然选择和遗传学机理的生物进化过程的计算模型，也是通过模拟自然进化过程搜索最优解的一种方法。该算法通过数学的方式，利用计算机仿真运算，将问题的求解过程转换成类似生物进化中的染色体基因的交叉、变异等过程。在求解较为复杂的组合优化问题时，相对一些常规的优化算法，遗传算法通常能够较快地获得较好的优化结果。遗传算法已被人们广泛地应用于组合优化、机器学习、信号处理、自适应控制和人工生命等领域。

与深度学习相比，遗传算法更适合解决最值问题，完成路径优化等任务，更加灵活且没有限制。

四、人工智能参与下的飞行员退出机制

最后，作为飞行员选拔后续的追踪环节——飞行员心理选拔的退出及退出机制研究尚处于萌芽状态。飞行员是否适合飞行，能否持续飞行，应该是一个动态的过程，无论是政审、身体条件还是心理状况，都应该随着条件变化而做出相应的调整。

目前在政审和体格选拔方面所采用的比较普遍的方法类似"自然淘汰"法。以我国民航为例，在政审方面，从2018年开始，采取连续调查、持续监控的方

式，以3年为一个周期，一旦飞行员涉及刑事案件或其他严重违法事件（例如酒驾或严重治安类事件），则立即被停飞。在体格选拔方面，对40岁以下的飞行员每年实行一次体检，40岁以上的飞行员每年实行两次体检，其间任何时候身体不适则"临时停飞"，如果需要较长时间的治疗，则由航医签"暂停飞行"的相关决定，直至完全治愈，重新获得体检合格证为止。如果经航医判断，身体的病变造成身体不再适合飞行，则签发"终身停飞"通知书。

就政审和体格选拔而言，由于有着明确的标准和范围，因此通过人工智能进行监控和告警相对比较容易。然而，对于心理选拔的退出机制，目前却处于相对空白的状态。其原因可能涉及以下几个方面。

首先，目前心理原因对飞行安全影响程度的研究还不够深入，无法定量和定性，更多的是靠飞行员自己把握，比如民航飞行员升级实践考试要求中提到："如果考生对考试没有信心可以向检查员提出终止考试"，而实际运行中，飞行员往往不能清楚认识到自己是否信心不足，或者是否存在如压力过大等不适合飞行的心理问题。还是拿对航线运输飞行员十分重要的升级实践考试为例，2019年国内某航司的飞行员升级实践考试平均通过率为70%，而因为考生信心不足而终止考试的飞行员人数为0。

其次，在实际操作当中，并没有明确区分"精神疾病"和"心理问题"，心理问题如何界定，需要什么样的治疗或休息，怎么样确定已经恢复，也都缺乏科学标准。同时，飞行需要各部门各环节之间的相互协作，这种协作需要以相互信任为前提，而污名化的"心理原因停飞"经历会导致这种信任度下降，如何消除这种污名化效应还需要大量的相关工作。

再次，目前针对飞行员的心理状况研究和评估还比较粗浅，例如对飞行员所面临的压力状况，只有定性说明，缺少定量研究。以民航航线运输飞行员为例，其工作具有复杂程度高、工作强度大、工作时间长、工作时间不固定等特点，然而对于飞行员休息期的管理却只有法规，按照一般经验进行。实际中既没有对飞行员应对短期压力后的心理恢复状况做出定量评估，也无法对飞行工作给飞行员造成的长期损伤做出任何定量的评估，因而也无法为飞行员的退出机制比如"临时停飞"或"停止飞行"等决策提供具体的帮助和支持。

最后，对由于心理问题导致的停飞的安置和处理方式还不成熟。空军方面，目前从空军淘汰的飞行员大部分由空军内部安置，从空军退役的飞行员大部分进入民航继续飞行；而对于心理原因导致的停飞却没有相应的安置方案。民航方面，尽管各个航空公司对飞行人员的心理问题越来越重视，有些已经将建立心理卫生室提上议事日程，但由于缺乏相应的专业研究和专业人才，这方面工作仍旧处于筹划阶段。同时，对于由于心理问题导致的停飞，既没有标准，也没有相应的保障。

从上述分析可以看出，建立完备的人工智能辅助下的飞行员退出机制，尤其是心理选拔的退出机制，是未来重要的研究方向，任重而道远。

第四章 人工智能辅助下的飞行员训练与评估系统

2023年5月28日，国产大飞机C919成功完成商业首航，标志着中国也有了自己的大飞机，是中国航空业的一个里程碑事件。飞行员作为民航运输的主体，其训练和评估周期较长。随着人工智能在航空业中的普及，如何应用先进的人工智能辅助技术构建出完整的飞行员训练与评估系统，是新时代民航人需要深思的问题。鉴于此，本章将重点介绍人工智能辅助下的飞行员训练与评估系统的原则、发展、内容和意义。

第一节 人工智能辅助下的飞行员训练与评估系统概述

人工智能是研究开发用于模拟、延伸和扩展人类智能的理论、方法、技术及应用系统的一门新的技术科学。人工智能是计算机科学的一个分支，它试图了解智能的实质，并生产出一种能以与人类智能相似的方式做出反应的智能机器，该领域的研究包括机器人、语言识别、图像识别、自然语言处理和专家系统等。

在传统的飞行员培训和评估中，前期筛选主要评估身体因素，对学历、心理和作风等综合素质涉及不多，后期主要看飞行技术，用飞行三要素（速度、高度和航向）的准确性去判断和评价一个飞行员的技术水平。而现在随着人工智能技术的应用，使用自动驾驶能获得更精准的飞行数据。人工智能兼具自动驾驶的准确性和人的灵活性，通过不断自主学习和判断，在飞行员训练与评估方面大放异彩。人工智能辅助下的飞行员训练和评估系统把飞行员从单纯的操纵者转变为和人工智能相互合作的管理者。

一、人工智能与航空

航空领域是人工智能较早进入而且用于实践的领域之一，航空技术作为高精尖技术的代表，是一个国家综合实力的最直接体现，其中涉及大量的数据分析和运算，涉及航空心理学和人为因素，这需要各个学科之间的紧密配合，更需要人工智能技术的辅助。协调飞行员和人工智能之间的关系，一般应遵循以下原则。

（一）工具性原则

人工智能作为一种工具，可以很好地辅助飞行员。随着现代航空飞行控制技术的快速发展，人工智能技术在航空飞行控制方面得到了广泛应用，两个技术的深度融合已经成为一种趋势。从具体实现形式来说，在飞行控制方面应用人工智能，一方面可以对驾驶员的行为进行判断甄别，对驾驶员的不当操作进行纠正；另一方面人工智能系统还可以自主进行决策，在飞行员驾驶时起到辅助甚至替代作用。飞行员也需要具备丰富的航空技术、航空心理学等方面的知识，这样才能更好地驾驭人工智能这种工具。

（二）辅助性原则

人工智能进入航空领域首先应从辅助飞行员飞行做起，起帮助和协助作用。人工智能可以有效降低飞行员的工作压力、提升执行任务的专注程度，并减少对飞行员的人力需求。20世纪90年代，为保证飞机在受损情况下安全返航，NASA已经开始研究控制率重构技术，对验证机的多次试验表明，对于舵面磨损、效能不足等情况，采取人工智能技术能够辅助飞行员更准确地发现问题，保证飞行安全。

（三）精准性原则

人工智能主要是将人的思维活动机械化，通过使先进的机械和科学技术相结合，能够让机械拥有人的思维和操作技术，这样能够节省大量的人力物力，准确完成人类交代的各项任务。以燃油管理为例，大家都知道提高燃油效率对航空公司极其重要，因为燃油消耗是公司运行的主要成本，大燃油消耗会降低利润，增加碳排放量，引入人工智能以后，每次飞行时可以优化飞行员的爬升曲线，提供最优的飞行高度，调节燃油消耗，节省大量的燃料，实现精准飞行。

二、飞行员训练和评估的原则

（一）客观性原则

中国民航的发展不仅体现在飞机的引进和旅客客流量的增加，更体现在专业技术人员尤其是作为主力运行人员的民航飞行员的培养方面。相比其他培训，民航飞行员培训周期长，专业化技术高，其培训质量的好坏直接影响到未来中国民航的走向。飞行员培训和评估是一个很客观的评价体系，适应现代技术发展的民航体系，保障航空器绝对安全是客观必然的要求。

（二）规范性原则

获取民航局颁发的执照是成为一名飞行员最基本的要求，是否能够产生生产力还须以用人单位的标准去检验。航空公司接收报到飞行学员后，会评估其飞行作风和技术水平是否与本公司相匹配，是不是符合本公司的需求。学员进入公司改装后要首先通过执照考试，获取副驾驶资格，如此才能投入公司航班开始工作；在工作中是否能够迅速学习新知识、适应新机型，胜任副驾驶职位，以及能否运用所学飞行知识来确保飞行安全，这些都依赖于飞行员培训和评估的一套规范运行体系来执行。

（三）计划性原则

培养飞行员就好比工厂生产产品，有固有的标准、计划，在国内大部分都是订单式培养，需要标准的训练计划和周期。图 4-1 和 4-2 列出了国内部分 141 航校训练容量与 141 部驾驶员学校整体课程毕业人数统计情况。因为只有飞行学员进入航空公司就业，飞行学院收到航空公司的培训费用以后，培训和评估计划关系才算真正完成，所以就业及相应的训练计划无论对于飞行学院还是对于学员本身都特别重要。一是没有就业，飞行学员会大量积压，飞行学院资金不会到位，无论对于飞行学院还是飞行学员都不利；二是航空公司需要合格的飞行学员，希望学院能按计划培养出适合公司需求的飞行员，学员能马上投入飞行工作，满足紧缺的飞行生产力；三是飞行学员进入学院后也很关心自己的前途，如未来去哪个航空公司从事飞行工作，有没有较好的职业前途，等等。

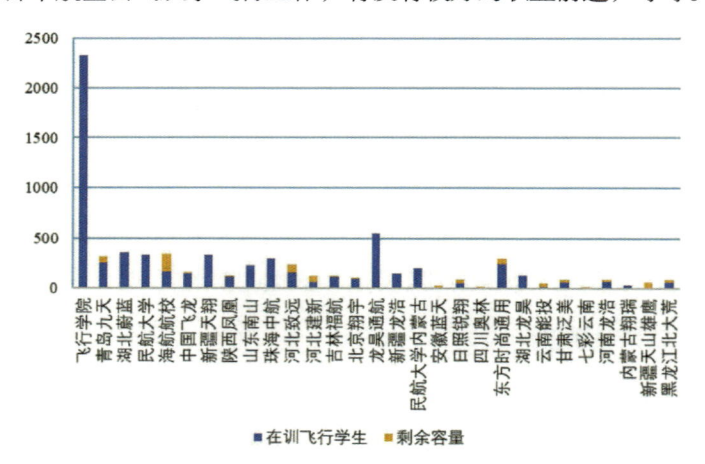

图 4-1　2022 年度境内 141 部驾驶员学校在训飞行学生人数与所批准的训练容量对比（单位：人）

资料来源：中国民用航空局飞行标准司．中国民航驾驶员发展年度报告 2022 年版［R］．北京：中国民航出版社有限公司，2023．

图 4-2　2016—2022 年 141 部驾驶员学校整体课程毕业人数统计（单位：人）

资料来源：中国民用航空局飞行标准司．中国民航驾驶员发展年度报告 2022 年版［R］．北京：中国民航出版社有限公司，2023．

（四）全面性原则

飞行员培训和评估从前期接近苛刻的身体体检，到新雇员入职，再到手册学习和应急训练，参加大大小小的考试和开展业务知识学习；从接近极限程度的心理训练，到飞行员技能全生命周期管理体系；从接受专业训练，有信心有能力保证乘客安全，到揭示和评估飞行员的全面能力，已不是仅仅衡量其在某一事件或机动飞行中的绩效，而是基于运行数据的培训和评估的循证训练（EBT）。对于飞行员的培训和评估越来越全面，但是其出发点和最终的落脚点都是为了保障飞行安全。

三、人工智能辅助下的飞行员训练

飞行训练，即对飞行人员进行飞机驾驶和使用机上设备、设施和武器的技术训练。目前飞行员训练体系主要分为三个体系。

（1）军航训练体系：以完成作战任务为主要目标的飞行员培训体系，主要训练指标是完成上级交代的各项比如轰炸、空中格斗和摧毁目标等军事任务。

（2）公共航空运输训练体系：以培养使用民用航空器运送旅客、邮件、行李或者货物的飞行员培训体系，主要训练指标是严格按照规章和飞行标准程序，保证人民财产和航空器绝对安全。

（3）通用航空训练体系：培养使用民用航空器从事公共航空运输以外的民用航空活动的飞行人员，包括从事工业、农业、林业、渔业和建筑业的作业飞行以及医疗卫生、抢险救灾、气象探测、海洋监测、科学实验、教育训练、文化体育等方面飞行活动的飞行员训练。

（一）智能训练

步入新时代，飞行员训练已经从训练飞行员掌握飞行技术演变为人工智能辅助下飞行员岗位胜任力的训练，岗位胜任力有三个支点，包括核心胜任力、心理胜任力、作风胜任力。

　　虚拟现实技术被公认为 21 世纪可能促使社会发生重大变革的高新技术之一。（王辉 等，1998）从这个概念可以清楚地看到，这个领域与计算机有着不可分离的密切关系，计算机技术是合成虚拟现实的基本前提。虚拟现实是以沉浸性、交互性和构想性为基本特征的计算机高级人机界面，综合利用了计算机图形学、仿真技术、多媒体技术、人工智能技术、计算机网络技术、并行处理技术和多传感器技术，模拟人的视觉、听觉、触觉等感觉器官功能，使人能够沉浸在计算机生成的虚拟境界中，并能够通过语言、手势等方式与之进行实时交互，创建了一种多维信息空间，其真实和形象性的优势在飞行员训练中表现出色。

　　虚拟现实技术最早应用于为培训飞行员而设计的飞行模拟器，这种飞行模拟器利用数字图像处理技术，把侦察到的敌方阵地的二维摄影图像转换成三维图像，使得飞行员如同身临其境一般。开发利用虚拟现实（VR）和增强现实（AR）能为飞行员提供更高效、更经济的智能训练，通过 VR 方面的培训，飞行员将完全沉浸在虚拟世界中，在安全可控的环境中完成详细的培训练习。随着人工智能技术的发展，未来智能训练将结合现实世界和虚拟元素，为飞行员提供独特的培训机会，让飞行员感同身受，训练更加准确高效。

（二）"自由飞翔"

　　虽然人工智能现在还不能完全代替人类飞行，但帮助人类飞行和训练已经走过很长一段路程。世界航空技术研发的前沿概念就是自主飞行，先进的人工智能技术和飞行控制技术让很多飞行平台实现了自主运行、自主探测和自主决策。实施自主飞行这项新兴技术，可以有效降低飞行员的工作压力，提升飞行员执行任务的专注程度，提高飞行员训练的水平和效率。

　　人工智能辅助下的飞行员应对能力，适合于在面对复杂任务的时候快速做出正确的决策，并且能够在短时间内对快速变化的复杂情况做出反应。通常情况下，面对复杂情况，飞行员的情景意识和决断水平会降低，特别是在还需要保持飞行状态的情况下，飞行员很难进行精力的分配。对于人工智能辅助下的"自由飞翔"训练来说，很多常规性的任务更适合由它们来完成，例如检查发动机状态、高度计、灯光、开关，甚至保持飞行姿态等基本飞行操作。一方面，相对于人类飞行员来说较为单调和枯燥，但又不得不去做的训练任务，人工智能可以精准完成这些基本操作；另一方面，出于自身安全考虑，人工智能会辅助飞行员把更多的精力放在对飞机的管理训练上面，放在更重要的事情上面，从而确保飞行安全性和舒适度，有效完成训练目标，提升任务执行效率，最终实现"自由飞翔"。

四、人工智能辅助下的飞行员评估

随着人工智能被引入飞行员训练和评估体系，对于什么样的飞行员才算合格且优秀，不同阶段和不同的人都有着各自的看法。人工智能辅助下的飞行员评估中，关于智能飞行的思考、可信适航与人为因素等关键应用基础技术，都是重要的评估指标，机器和人要相辅相成、相互评估。

把学历教育和飞行技能融合在一起的培养模式得到了大多数学员的认可，学员经过4年的学习后拥有本科学历和飞行执照，可以顺利进入航空公司，成为CCAR-121运输航空飞行员。基于此，人工智能辅助下的飞行员评估可以从飞行技术、作风评价和心理性格测评等多数据源进行评估，其特点是采用多元化的训练手段和智能化评估，涵盖岗位胜任力的各个关键要素。（见图4-3）

图 4-3　胜任力模型

资料来源：皇甫恩，苗丹民.航空航天心理学［M］.西安：陕西科学技术出版社，2000.

（一）飞行技术

借助人工智能技术，飞机的全自动飞行已经先于汽车的自动驾驶出现，每架飞机上需要的人员越来越少，例如波音737、空客320甚至波音787和空客380的飞行员已经由原来的4名减到3名再减到了2名。目前有些航空公司正在探索大型商用飞机单一飞行员驾驶，也正在尝试通过人工智能辅助飞行员来达到更理想的配置效果。随着计算机技术的发展，人工智能辅助下的飞行技术评估体系越发成熟和完善，除降低航空公司人力成本外，人工智能还可以更加准确地预测飞机在什么时候、哪个部件需要维修等等。

飞行员评估是以核心胜任力和职业适应性心理评估的证据输入为基础的，基于核心胜任力，以绩效表现为导向的训练和评估，强调绩效表现的标准及其衡量，以及按照规定的绩效标准开展训练，主要包括知识应用、自动航径管理、人工航径管理的评估。在飞行员复训和熟练检查环节，基于基础证据库（基础证据库主要包括飞行数据、航空安全报告、事件调查分析、事故或征候调查报告等）将传统检查方式与 EBT 相结合，借助人工智能辅助，对飞行员的技术水平进行针对性和准确性的评估。

（二）飞行作风

飞行作风是指飞行员在安全运行中表现出的态度和行为，特别是对限定和指导安全运行工作中各种行为规范的内在认同和外在反应。作风评估与岗位胜任力要求相符合，表现在程序应用和遵守规章以及对自我的要求上。AI 模拟器与虚拟现实 VR 系统相结合，可以为飞行员提供更真实的模拟体验，使飞行作风指标具体化，所以人工智能辅助下飞行作风评估体系具有可观察、可量化和可训练的指标体系特征，可以用来改进飞行员作风训练。人工智能辅助下的评估还可以用来收集和分析训练作风数据，如飞行员的个性特征和现实情景表现，以根据学员的表现及习惯创建个性化的训练模式。

（三）性格因素

随着技术的进步，机械和飞行员操纵技术等原因导致的飞行事故越来越少，飞行员的非技术性能力缺陷导致的事故却越来越多。这就存在一些问题，因为现有训练体系是基于早期喷气式飞机的事故调查结论设计的，对机械和操纵技术等因素较为关注，但对于非技术能力，如个体性格、心理和沟通较少涉及。人工智能辅助下飞行员评估的一个重要作用是在飞行中帮助飞行员，AI 可以以飞行员的实际需要为出发点，根据飞行员的技术特点和性格特征，实时为驾驶舱内提供最优解决方案，提示发动机、燃油等系统状态，评估天气状况和其他关键参数，共同参与做出正确决策，还可以提供视觉算法驱动的智能摄像机，扩大飞行员的视野，从而为他们的安全飞行保驾护航。在人工智能的辅助下，飞行员经过实践训练，能够形成良好的心理健康状态，并具备稳定的性格特征，从而构建出适宜飞行员职业特点的心理胜任力体系，确保飞行安全。

第二节　人工智能辅助下的飞行员训练与评估的发展

　　党的十八大以后，在习近平新时代中国特色社会主义思想的指导下，国家对大数据和人工智能的重视程度日益提高；党的十九大报告中明确提出"推动互联网、大数据、人工智能和实体经济深度融合"，其中航空行业又是大数据与人工智能落地应用的重要行业领域；党的二十大报告中指出，要"推动战略性新兴产业融合集群发展，构建新一代信息技术、人工智能、生物技术、新能源、新材料、高端装备、绿色环保等一批新的增长引擎"。5G（第五代移动通信技术）、云计算、物联网、大数据、人工智能和移动互联网等新兴技术对民航尤其是飞行员训练与评估产生了深远的影响。中国民用航空局正致力于实现"智慧民航"，并提出了实现"智慧民航"应解决的关键技术——人工智能技术，包括数据驱动知识学习、跨媒体协同处理、人机协同增强等新技术，这是引领未来的战略性技术，必将极大地促进飞行员训练与评估的发展。

一、飞行员训练与评估的发展

　　在航空领域，人类很早就发明了自动驾驶仪，那时的自动驾驶仪简单，由高度表、陀螺仪、加速度计、简单的电路和检测飞机状态信息的设备构成，由于精度较差，校正飞机的飞行状态经常需要飞行员去做。随着人工智能的引入，现代自动驾驶设备精密复杂，飞机只要有一点状态的改变就可以察觉出来，飞行更加精准。现代飞机的自动驾驶航线无须人工干预，主要依赖于计算机生成的精确信号，并由卫星定位系统自主完成导航，从而实现精准且高效的飞行操作。

　　何晓骁和姚呈康（2020）认为，随着技术的进步，现代飞行员训练与评估发展进入了智能化阶段，主要体现在综合利用大数据、云端、计算机图形学、仿真技术、多媒体技术、人工智能技术、计算机网络技术、并行处理技术和多传感器技术，结合飞行员自身的生理和心理特点，用于支撑基于 AI 的辅助决策、自主驾驶等功能的核心程序开发，实现"虚拟副驾驶"和"自主无人作战飞机"能力。训练和评估主要包括两方面：一是集成了 AI 系统的智能化平台，飞行员从单纯的驾驶员转变为人机交互配合的管理者；二是可以整合现有资源，进行不断学习的独立 AI 系统，充当驾驶员以减轻飞行员的负担。通俗地说，就是 AI 系统通过算法来控制飞机在执行任务过程中的每一个后续步骤，就如同飞行员操控飞机执行任务的步骤。

（一）飞行操纵

初期的飞行训练强调人对飞机的掌控，主要表现在以下几个方面。

1. 知识应用

飞行员通过招飞考试进入航校，首先要学习理论，如学习飞机系统、飞行原理、气象学、航空医学、航空心理学等，还需要学习各种和航空及飞行相关的知识，并能应用这些知识，展示对相关信息、运行规定、飞机系统和运行环境的知识和理解，展示有关物理学环境（包括湿度、温度、减噪）、空中交通环境（包括航线、天气、机场和运行基础设施）的知识，展示有关适用法规的适当知识等（见表4-1）。

表 4-1　飞行员知识应用训练和评估行为指标

胜任力	描述	行为指标（OB）
知识应用 Application of Knowledge （KNO）	展示对相关信息、运行规定、飞机系统和运行环境的知识和理解。 Demonstrates knowledge and understanding of relevant information, operating instructions, aircraft systems and the operating environment.	OB KNO.1 展示有关限制和系统及其相互作用的实用和适用知识 Demonstrates practical and applicable knowledge of limitations and systems and their interaction OB KNO.2 展示所需的已公布的运行规定的知识 Demonstrates required knowledge of published operating instructions OB KNO.3 展示有关物理学环境（包括湿度、温度、减噪）、空中交通环境（包括航线、天气、机场和运行基础设施）的知识 Demonstrates knowledge of the physical environment, the air traffic environment including routings, weather, airports and the operational infrastructure OB KNO.4 展示有关适用法规的适当知识 Demonstrates appropriate knowledge of applicable legislation OB KNO.5 知道从哪里获得所需信息 Knows where to source required information

续表

胜任力	描述	行为指标（OB）
		OB KN0.6 表现出对获取知识的积极兴趣 Demonstrates a positive interest in acquiring knowledge
		OB KN0.7 能够有效地运用知识 Is able to apply knowledge effectively

资料来源：中国民用航空局. 循证训练（EBT）实施方法［Z］.2023-04-15.

2. 自动航径管理

学习有关自动航径的原理、修正方法和算法，通过自动化控制飞行航径，根据已有的飞行管理系统、引导系统，恰当的使用以匹配当时的情况，使用自动化功能保持预计飞行航径，同时管理其他任务和干扰，根据飞行阶段和工作负荷，及时选择适当的自动化级别和模式，学会利用自动化更好地为飞行服务，保证飞行安全。（见表4-2）

表4-2 飞行员自动航径管理训练和评估行为指标

胜任力	描述	行为指标（OB）
自动航径管理 Aircraft Flight Path Management, automation（FPA）	通过自动化控制飞行航径。 Controls the flight path through automation.	OB FPA.1 根据已有的飞行管理系统、引导系统，恰当的使用以匹配当时的情况 Uses appropriate flight management, guidance systems and automation, as installed and applicable to the conditions
		OB FPA.2 监控并识别与预计飞行航径的偏差，并采取适当措施 Monitors and detects deviations from the intended flight path and takes appropriate action
		OB FPA.3 管理飞行航径以实现最佳运行表现 Manages the flight path safely to achieve optimum operational performance
		OB FPA.4 使用自动化功能保持预计飞行航径，同时管理其他任务和干扰 Maintains the intended flight path during flight using automation while managing other tasks and distractions
		OB FPA.5 根据飞行阶段和工作负荷，及时选择适当的自动化级别和模式 Selects appropriate level and mode of automation in a timely manner considering phase of flight and workload
		OB FPA.6 有效监控飞行引导系统，包括接通的状态和自动模式的转换 Effectively monitors automation, including engagement and automatic mode transitions

资料来源：中国民用航空局. 循证训练（EBT）实施方法［Z］.2023-04-15.

3. 人工航径管理的评估

随着自动化的普及，飞行员尤其是 121 运输航空的飞行员，对飞机状态和复杂状态的修正等动手能力越来越弱，复杂状态导致的飞行中失控（Loss of Control Inflight，LOC-I）已经成为商业运输飞行事故的重要因素，其造成的结果往往是灾难性的。针对飞行员动手能力弱的实际情况，业内开展了复杂状态预防和改出训练（UPRT），目视进近实施方法训练，手动飞行，等等。学习通过人工控制飞行航径，根据情况，以适宜的方式，准确、平稳地人工控制飞机，学习识别并修正偏差，合理识别飞机的速度、姿态、油门和天气状况，对飞机进行人工干预等。（见表 4-3）。

表 4-3　飞行员人工航径管理训练行为指标

胜任力	描述	行为指标（OB）
人工航径管理 Aircraft Flight Path Management, manual control（FPM）	通过人工控制飞行航径。Controls the flight path through manual control.	OB FPM.1 根据情况，以适宜的方式，准确、平稳地人工控制飞机 Controls the aircraft manually with accuracy and smoothness as appropriate to the situation
		OB FPM.2 监控并识别与预计飞行航径的偏差，并采取适当措施 Monitors and detects deviations from the intended flight path and takes appropriate action
		OB FPM.3 使用飞机姿态、速度和推力之间的关系，以及导航信号或目视信息来人工控制飞机 Manually controls the aircraft using the relationship between aircraft attitude, speed and thrust, and navigation signals or visual information
		OB FPM.4 管理飞行航径以实现最佳运行表现 Manages the flight path safely to achieve optimum operational performance
		OB FPM.5 在人工飞行期间保持预计飞行航径，同时管理其他任务和干扰 Maintains the intended flight path during manual flight while managing other tasks and distractions
		OB FPM.6 根据已有的飞行管理系统、引导系统，恰当的使用以匹配当时的情况 Uses appropriate flight management and guidance systems, as installed and applicable to the conditions
		OB FPM.7 有效监控飞行引导系统，包括接通的状态和自动模式的转换 Effectively monitors flight guidance systems including engagement and automatic mode transitions

资料来源：中国民用航空局. 循证训练（EBT）实施方法［Z］. 2023-04-15.

以目前大家熟知的 B737 和 A320 为例，空客是电传系统，飞行员按照 ECAM 的指令处置各种特情；而对于波音，飞行员更多地需要自主操纵，自动驾驶主要起辅助作用。但是波音 737 MAX 两次空难，主要因其设计过多地引入自动化干预，容易使机翼产生更大的迎角（机翼与流过来的空气的夹角称为迎角），当飞机迎角超过临界迎角后，就会造成飞机失速。（Ancel，Shih，2015）可以看出，当飞机迎角超过临界迎角后，飞机机头抬得越高，迎角就越大，这时飞机越容易损失升力，进而导致飞机高度下降。实际上，随着人工智能的发展，即便是人工智能可以通过云计算分析得出正确的飞行路线，处理飞行中各种故障，训练有素、经验丰富的飞行员还是能够更为灵活地应对恶劣天气或系统故障等许多突发问题的挑战，能识别机器的判断正确与否。

（二）人因工程

机组资源管理（Crew Resource Management，CRM）的概念最初来源于驾驶舱资源管理，随着"人—机—环"界面中强调客舱乘务员、机务、管制员及其他相关人员与飞行机组的协同配合，此定义逐步把机组资源扩大。机组资源管理指为达到安全、高效的飞行目的，机组有效地利用所有可用资源（信息、设备及人力资源等）识别、应对威胁，预防、纠正差错，发现、处置非期望的航空器状态的过程。CRM 发展到今天已经到了第六代，研究对象包括机组和机组资源。机组可用资源包括四类：第一类是人的资源；第二类是硬件；第三类是软件资源；第四类是易耗资源。CRM 本质是研究人的因素，因为人的性格、心理和气质特征会影响飞行安全，尤其是多人制机组的安全性需要进一步探讨，需要考虑每个人的性格特征，以达到最优的机组资源匹配。民航业内出现过一些机组机上斗殴事件，就是因为在飞行中机长和乘务员因一些琐事发生口角，两个人性格和气质特性相差较大，且不能够进行协调管理和很好的沟通，最终导致机上斗殴，影响飞行安全。后面的章节会拓展介绍人工智能对提高机组资源管理效力的应用。

威胁和差错管理（TEM）是 CRM 发展到第六代的产物，即将 CRM 应用到威胁与差错的管理上，以最大限度避免差错发生及飞机进入非预期状态。陕西师范大学游旭群等人在《航空心理学：理论、实践与应用》一书中有关于威胁与失误处置模型的详细论述。TEM 并不是教飞行员如何去驾驶一架飞机，而是教授给飞行员一种积极主动的飞行理念和技巧，使其在复杂飞行环境中可以最大限度保障飞行安全。TEM 认为威胁（比如恶劣天气等）、差错（比如飞行员选择了错误的飞行方式等）和飞机异常状态（比如高度偏离等）存在于每一次飞行中，飞行员必须通过对其进行有效的管理才能达到安全飞行的目的。威胁与差错管理提供了一个框架和争取主动的方法，将 CRM 作为威胁与差错管理的工具，可以有效地提高运行效率，保障飞行安全。

未来随着人工智能的普及，人会与机器组成一个团队，人工智能没有脾气和性格，错误和正确的概念也很清晰和明确，这样就会减少冲突和矛盾。通过 CRM 和 TEM 分析，人相比于人工智能处于主导地位，这时候需要对每个飞行员的心理状态进行训练和评估，保证飞行员处于最佳状态。

（三）循证训练

基于运行数据的培训和评估，其特点是揭示和评估学员基于核心胜任力的全面能力，而不是衡量其在某一事件或机动飞行中的绩效。基于胜任力的培训 CBT（Competency-Based Training），突出表现为以绩效为导向的培训和评估，强调绩效标准及其衡量，以及按照规定的绩效标准开展培训。胜任力是评估飞行员飞行运行安全绩效水平的一个维度，指按照规定的标准完成任务所必需的技能、知识和态度的组合。

循证训练和评估是一种积极的培训和评估方法，该方法以有效的提问、倾听和非评判为特征，在培养技能和态度、帮助飞行员提高洞察力和自行解决问题的能力，以及增强飞行员的理解力等方面有显著效果。循证训练和评估是为了发现并且解决问题，不仅仅看飞行人员的操作技术和心理特征，而且看其对其岗位的综合胜任力。

引入人工智能后，循证训练可以利用大数据和云端，分析每个飞行人员的技术特点、心理因素、作风量化和性格特点，制定针对性的训练，因人而异，补足短板，目的就是实现差异化训练，最大限度保证飞行安全，其发展计划见图4-4所示。

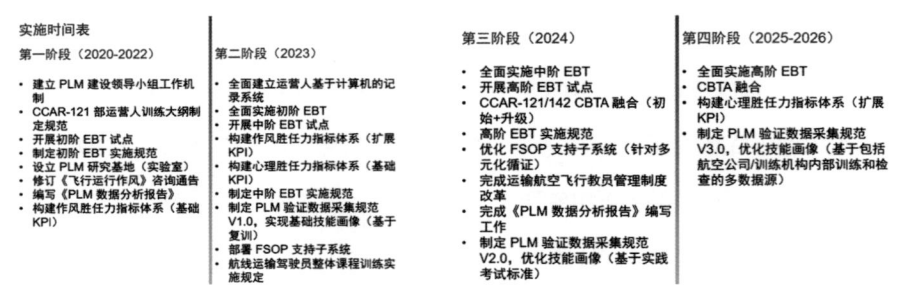

实施时间表			
第一阶段（2020-2022）	第二阶段（2023）	第三阶段（2024）	第四阶段（2025-2026）
• 建立PLM建设领导小组工作机制 • CCAR-121部运营人训练大纲制定版 • 开展初阶EBT试点 • 制定初阶EBT实施规范 • 设立PLM研究基地（实验室） • 修订《飞行运行作风》咨询通告 • 编写《PLM数据分析报告》 • 构建作风胜任力指标体系（基础KPI）	• 全面建立运营人基于计算机的记录系统 • 全面实施初阶EBT • 开展中阶EBT试点 • 构建作风胜任力指标体系（扩展KPI） • 构建心理胜任力指标体系（基础KPI） • 制定中阶EBT实施规范 • 制定PLM验证数据采集规范V1.0，实现基础技能画像（基于复训） • 部署FSOP支持子系统 • 航线运输驾驶员整体课程训练实施规定	• 全面实施中阶EBT • 开展高阶EBT试点 • CCAR-121/142 CBTA融合（初始+升级） • 高阶EBT实施规范 • 优化FSOP支持子系统（针对多元化ة证） • 完成运输航空飞行教员管理制度改革 • 完成《PLM数据分析报告》编写工作 • 制定PLM验证数据采集规范V2.0，优化技能画像（基于实践考试标准）	• 全面实施高阶EBT • CBTA融合 • 构建心理胜任力指标体系（扩展KPI） • 制定PLM验证数据采集规范V3.0，优化技能画像（基于包括航空公司/训练机构内部训练和检查的多数据源）

图 4-4　循证训练发展计划

资料来源：皇甫恩，苗丹民.航空航天心理学［M］.西安：陕西科学技术出版社，2000.

二、人工智能新技术的应用

（一）国外概况

1. 民航领域

一直以来，自动化系统一直是商用航空关注的领域。在国际航空产业中，以波音、空客为代表的领军企业正积极探索人工智能技术在航空领域的应用，并已实践了包括航空数据分析实验室、智慧天空平台、大数据平台等"人工智能+航空业"的融合应用。（Lim et al., 2017）由于大部分商业飞机采用了电传操纵控制和自动飞行系统，机器学习和人工智能技术正在承担驾驶舱中机组成员的工作，未来甚至可以成为"副驾驶"。

此外，在高压的情况下，AI可以比人类更快地做出更佳的决策，客机飞行员因机舱压力下降而失去意识时，AI将大有可为。2018年由重庆飞往拉萨的四川航空公司航班，飞经四川雅安上空9800米高空时，驾驶舱右座前挡风玻璃毫无征兆突然破裂脱落，面对突发情况，机组人员借助AI冷静应对，实施紧急下降，最终安全备降成都双流机场，飞机上119名乘客和9名机组成员全部平安落地。随着技术的进步，未来人工智能的引入，将有效克服人的生理缺陷，即使在高空、缺氧、寒冷极端环境下，仍能确保精准操纵和正确决策，从而最大限度地提升飞行安全水平。

2. 军航领域

美国国家航空航天局（National Aeronautics and Space Administration，NASA）在20世纪60至90年代持续专注研发基于专家规则的智能空战系统，将人类在空战领域的知识和经验构建成知识库，多次尝试用人工智能系统替代飞行员去执行空战决策。何晓骁和姚呈康（2020）认为，近些年随着人工智能技术的发展，以深度学习和深度强化学习为代表的自演进智能算法在空战行为方面表现出巨大优势，诸多基于此类方法研发的智能空战项目逐渐被提出。比较有代表性的是美国国防高级研究计划局（Defense Advanced Research Projects Agency，DARPA）开展的人工智能近距空中格斗项目，该项目挑战赛的冠军队伍采用深度强化学习方法在人机大战中以大比分战胜人类飞行员。DARPA"空战进化"（ACE）项目的组成部分是有关人工智能的测试，这个雄心勃勃的计划专注于探索人工智能和机器学习如何推动空对空战斗实现自动化。根据DARPA公开的信息，项目分为三个阶段：第一阶段主要的工作是让人工智能算法适应从虚拟到现实的转换；第二阶段测试将引入螺旋桨动力飞机等小尺寸目标，确保人工智能算法顺利脱离虚拟环境，融入现实飞行；第三阶段，AI系统在现实世界中的空中战斗预计在未来将全面展开。

（二）国内概况

中国民用航空局局长宋志勇指出，要深入学习领会党的二十大精神，进一步增强对智慧民航建设重要意义的认识。深刻认识智慧民航建设是落实构建新发展格局、助力推进中国式现代化的客观要求，是贯彻新发展理念、助力推进数字中国建设的必然要求，是推动行业高质量发展、助力构建现代化基础设施体系的内在要求。

智慧民航是运用各种信息化和通信手段，分析整合各种关键信息，最终实现对行业安全、服务、运营和保障等需求做出数字化处理、智能化响应和智慧化支撑的建设过程，主要特征是以物联网、云计算、移动互联网和大数据等新一代信息技术在民航广泛应用和深度融合。在智慧民航的指导下，人工智能在民航业得到快速发展和普及，中国商飞在公司"十三五"设计研发能力规划中提出了"有人监督、无人驾驶"的自主驾驶技术理念，并在2020年"十四五"规划中提出了"有人监督模式下的大型客机自主飞行技术研究"技术指南，智能飞行技术作为该指南的关键技术内容，依据其功能实现能力，将公司的智能飞行愿景划分为三个阶段，并对短中长期的研究方向进行指引。杨志刚等人（2021）提出智能飞行三阶段规划如下。

（1）辅助智能飞行阶段（2020—2025年）：面向集中式运输管理体系、兼容现有飞行器驾驶的辅助智能模式，增强飞机综合感知能力，实现全飞行场景机组决策辅助，具备全飞行阶段自动驾驶能力。

（2）增强智能飞行阶段（2025—2035年）：面向空地协同的运输管理体系、创新飞行驾驶方式的增强智能模式，具备完善的飞机全势态感知能力，实现在机组监督下的自主运行。

（3）完全智能飞行阶段（2035—2050+年）：面向空天地一体的自主智能模式，具备完善的飞行场景感知与辨识能力，实现基于统一规则的协同决策，实现满足人类弹性需求的全自主飞行。

近年来，我国在5G、大数据、物联网和人工智能等领域飞速发展，人工智能、物联网、云计算、移动互联网和大数据等技术在民航广泛应用和深度融合，为构建自治型智慧民航运行生态环境提供了发展动能，北斗和C919大飞机等国家重大装备制造领域的突破性成就，为我国民航未来发展解决"卡脖子"问题提供了装备平台。随着人工智能技术的发展，未来将全面实现行业安全、服务、运营和保障等智慧化运行。

三、人工智能在飞行员训练和评估中的发展前景

（一）未来运输航空发展方向——单一飞行员驾驶

目前国内外民航界都在探索和研发人工智能辅助下的大型商用飞机单一飞行员驾驶（single pilot operations，SPO）模式（许为，2022）。SPO 指在大型民用飞机驾驶舱中仅配置一名飞行员（机长），借助提升的机载设备或者远程地面站操作员的支持(或者两者配合)，在各种飞行场景中安全有效地完成航线飞行任务，并且达到不低于目前双乘员驾驶模式的飞行安全水平。随着人工智能技术在航空业中的发展，SPO 会导致一场航空运输革命，在满足当前商用飞机双乘员驾驶模式功能和安全性的条件下，SPO 可以带来减少飞行员数量、提升经济性、减少驾驶舱资源配置、缩小驾驶舱空间和减轻飞行员负荷等方面的好处。

（二）未来基于大飞机 C919 的训练和评估

2023 年 5 月 28 日，是中国航空史上值得铭记的一天，中国东方航空使用中国商飞首架交付的 C919 大型客机执飞 MU9191 航班，从上海虹桥机场飞往北京首都机场，圆满完成首次商业飞行。C919 大飞机为我国航空工业突破西方技术壁垒，促进形成完整的航空产业链，为智慧民航关键技术的研制、测试和应用提供了自主可控的关键基础平台。据统计，C919 目前的订单已经达到上千架，未来还会不断增加。按常规的人机比例，在未来投入市场运营后的 20 年内，需要更多的飞行员来保障 C919 的安全飞行和正常运营，C919 飞行员培训必将成为飞行员队伍新的增长点。如何为中国的大飞机培养一支成熟的飞行员队伍，将成为飞行员培养的重要课题。一是要确保培训质量，注重作风、心理建设。训练机构要高度重视飞行学员的思想政治、心理状况、飞行作风建设和训练质量，为学员建立统一的个人作风和心理状况量表。二是要转变培训理念，引入新科

技创新培训方法。利用虚拟现实（VR）、增强现实（AR）和混合现实（MR）提高训练质量，让训练紧密联系实际。

（三）训练理念发展

循证训练（EBT）是培训手段的一种深刻变革，更是先进培训理念的发展与集合。EBT 中的一些关键概念和手段，包括胜任力（见图 4-5）、CRM、TEM、LOSA、LOFT、引导式讲评技术等，以通过实证证明的、飞行员实际运行中需要应对的威胁和差错为"训练主题"，以飞行员施展 TEM 所需的"胜任力"为目标的 EBT 训练模式，业界此前就有应用。人工智能、机器学习、虚拟现实和增强现实等新技术已经应用在飞行模拟机器上面，为 EBT 的发展提供了现实条件。

图 4-5　九大胜任力关系图

资料来源：皇甫恩，苗丹民. 航空航天心理学［M］. 西安：陕西科学技术出版社，2000.

第三节　人工智能辅助下的飞行员训练与评估系统的内容

经过几十年的发展，我国民航发展成为民航运输大国，但是在民航飞行员培养方面，尤其是飞行员训练与评估方面还存在一系列问题，民航发展基础较为薄弱，起步也比较晚，各种训练和评估没有做到和世界接轨，民航 CCAR-121

（《大型飞机公共航空运输承运人运行合格审定规则》）和CCAR-91（《一般运行和飞行规则》）等法规是参照美国FAA（美国联邦航空管理局）制定的。这种模式在发展初期也许能立竿见影，可是经过几十年的发展，很多规定与中国的国情、地情、人情存在不太适配的情况，存在飞机的增多和专业技术人员业务不精的矛盾，航路和空域的开辟和人员协调不顺畅之间的矛盾等，在众多矛盾之中，提升飞行员的训练和评估水平是首先需要解决的问题。

随着技术的进步，人工智能已经涉及生活的方方面面，改变着人们的生活生产方式，航空领域是人工智能较早进入并且用于实践的领域，虚拟现实、增强现实和混合现实技术逐步在航空领域推广，尤其在我国的民航事业发展中发挥着越来越重要的作用。这些技术已经具备了大规模使用的条件，并影响着飞行员的训练和评估系统的发展，而胜任力训练和评估是飞行员应具备的基本能力（见表4-4）。

表4-4 核心胜任力评估表

胜任力	评估结果					表现低于3分的行为指标
	1	2	3	4	5	
KNO					√	
PRO			√			
FPA		√				
FPM		√				
COM			√			
LTW			√			
SAW			√			
WLM				√		
PSD				√		
结论：合格□ 不合格□						

评语：在受到外界干扰时，未能及时发现飞机航径的偏差，对自动化设备的监控能力不足，导致飞机进入复杂状态。手动操纵能力偏弱，对飞机能量判断不足，最后进近阶段位置偏差较大，飞机小速度大迎角接地，导致出现机尾接地现象。建议增加UPRT训练和手动操纵训练各1小时。

飞行员：XXX　　　　　　　　教员：XXX　　　　　　　　XXXX年X月X日

资料来源：西藏航空有限公司飞行员复训评估表（2022年版）。

一、人工智能辅助下的飞行员训练与评估系统的分类

（一）增强现实 + 按需培训

人工智能辅助下的飞行员训练与评估系统领域也沿着"增强现实＋按需培训"这条路发展，通过人工智能技术模拟任务训练，仿真与增强现实技术相结合，提供了真实环境和心理特征的训练和评估，让飞行员可以随时体验真实的飞行环境。同时针对未来战斗、就业和飞行目的，结合飞行员本身的个体特征，可以提供不同场景和不同需求的训练计划，评估飞行员是否适应未来需求，最大限度减少飞行员的淘汰率，提高经济价值和社会价值。

（二）虚拟现实 + 多域培训

人工智能辅助下，可以实现多域训练和多任务协同培训。（何晓骁，姚呈康，2020）飞行员借助人工智能，可以同时与地面保障、管制、签派等不同部门进行沟通，最大程度降低人在复杂环境中的决策时间。例如，美国、澳大利亚等国正在构建其最大的网络模拟训练系统，把 F-35 闪电 II 模拟器与其他系统联网，以提供"随战而动"的虚拟环境，其愿景是集成地面模拟器与飞行中的飞机以及虚拟的友好或敌对力量，使训练环境更真实。

（三）混合现实 + 交钥匙培训

用模拟机代替真实飞行，很大程度上一方面降低了飞行成本，另一方面让飞行训练更加安全。但是真实飞行和模拟飞行时，飞行员的心理状态是完全不同的，真实情况下飞行员的情景意识、反应速度和决策都要弱化很多，所以要采取真实和虚拟场景相结合的混合训练方式，让学员克服心理障碍，形成条件反射。其中交钥匙式训练计划提供了一套包括实装、模拟器、训练计划、训练课件、教员等在内的解决方案，这一创新性的训练方法能快速提高学员技能，提高训练效率，降低训练成本。这种模式还可以集成新兴技术，例如通过混合现实合并现实世界和虚拟世界，使物理域和数字域共存并实时交互。

在民用飞机领域，人工智能已成为飞行员训练和评估的新赛道。在面向民用飞机全生命周期的多种人工智能融合应用中，人工智能辅助下的飞行员训练与评估系统致力于改变传统飞行训练模式，重构未来飞行的人机交互模式与评估架构，使人的心理特点和人工智能的严格标准相结合，尽可能地还原真实场景，让飞行员感同身受，成为行业特征最显著、最具备颠覆性变革的方向，也是飞行员训练和评估智能化竞争的新焦点。

二、人工智能辅助下航校学员训练与评估

（一）飞行训练和评估时间

CAAC-141 即《民用航空器驾驶员学校合格审定规则》，CAAC-91 即《一般运行和飞行规则》，CAAC-61 即《民用航空器驾驶员、飞行教员和地面教员合格审定规则》。141 部单位是指能进行整体训练大纲的飞行培训机构，符合中国民用航空局 141 部规章的相关要求。飞行学员按照 141 部整体训练大纲完成训练，取得多发商照和仪表等级，进行完高性能飞机训练，飞满 250 小时可以进入 121 运输航空公司；61 部单位是指除 141 部以外的飞行培训机构，未达到 CCAC-141 部规章所规定的相关要求，但是符合 CAAC-61 部规章的要求，按照 61 部训练大纲完成训练，取得多发商照和仪表等级，进行完高性能飞机训练，飞满一定时间可以进入 121 运输航空公司。

（二）取得执照时间

按照中国民用航空局的规定，取得私照需要至少完成 40 小时的飞行训练，并且能熟练掌握飞机的运行；取得商照需要至少完成 155 小时的飞行训练，包含双发等级训练，其中又包括至少 100 小时的机长训练时间；取得仪表等级需要至少完成 35 小时的飞行训练，机场必须满足仪表训练的基本要求，拥有 ILS 等助航设备。

（三）运输航空和通航训练和评估

相比 61 部培训机构，141 部飞行学院最大的不同是可以直接培养面向运输航

空的飞行员。在航空业发达的欧美国家，飞行员不是那么紧缺，就业压力很大，飞行学员毕业以后，需要先在通航企业积累小时数，积累至少1500小时以后才有机会去面试航空公司；而中国的学员进入141部飞行学院，进行中国民航认证的整体大纲，飞行时间满230小时，取得私照、商照和仪表，再进行20小时高性能训练，即可以直接进入121运输航空公司，然后进行半年多机型改装，就可以参与航班运行。这种方式一定程度上缓解了中国民航飞行员紧缺的现状。

（四）智能化辅助训练与评估

在中国民航飞行员的培养体系中，航校作为训练和评估学员的起点，作用至关重要，它要使学员的身体、心理、作风和飞行技术以及品质特征都得到全方位训练和评估，起点打好了，才能培养出优秀的后备飞行员。人工智能如虚拟现实（VR）、增强现实（AR）和混合现实（MR）等的综合运用可简称为扩展现实（XR），在航校训练中基于XR的设备或软件逐步应用于仿真训练中。（何晓骁，姚呈康，2020）VR应用于训练相对较早，但在用于飞行员训练时由于看不见物理环境，飞行员无法与驾驶舱进行交互，缺乏触觉反馈。MR的出现给这个难题带来了解决办法，MR处于虚拟现实（完全合成）和增强现实（完全现实）之间的中间地带，使用物理接口和虚拟接口的组合，让飞行员可以从虚拟世界看到驾驶舱，解决了与物理驾驶舱交互的问题。随着训练需求的发展，在智能化辅助下进行训练优化是提高训练效率和水平的有效解决方案。

（五）大数据辅助训练和评估

统计发现，面向121部整体课程的大部分学员都是在飞行250小时后毕业。为了满足规章要求的最低标准并取得飞行执照，不同学员的飞行训练时间统一设定为250小时。但是在培训时间和效果上，并没有充分考虑不同公司学员的差异性。一方面，在飞行训练领域，云执照、驾驶舱语音记录器、飞行数据等信息可以保存很长时间，但是这些数据尚未被充分挖掘以发挥作用；另一方面，训练数据和仿真数据的敏感性相对较低，这使得机器学习技术发展较为缓慢。物联网、云端、5G 和人工智能等技术提高了对海量数据的有效分析和利用效率。通过大数据辅助训练和评估，可以掌握学员的学习进度和训练过程中暴露出的问题，从而提供差异化训练和评估，提升或降低训练复杂性，精准调整训练进度，为持续优化训练过程提供较为直接和客观的支撑。根据对训练学员的评价进行调整，从而优化个人训练计划，实现"个性化、精细化"学习，让其保持在最佳训练水平，而不是仅仅为取得执照而训练。

三、人工智能辅助下副驾驶训练与评估

初始的副驾驶责任就是配合机长完成飞行任务，主动协助机长，减轻机长的工作压力，服从机长指挥，在完成作为副驾驶的责任之后才能有机会去学习飞行技术。按照 CCAR-121 规定，在中型机上面，比如 A320 和 B737，副驾驶在满足 2700 小时的飞行经历时间和 400 个包括起飞和着陆的航段后，就可以进入机长训练，应考虑到不同公司甚至不同运行基地的差异，这样有利于副驾驶的差异化成长和未来发展。

（一）副驾驶心理

在民航飞行中，大家关注更多的是机长。作为一架飞机的最高决策者，机长的职责是负责统筹整架飞机；而作为副驾驶，不仅要有过硬的技术水平，还要考虑不同机长的操作习惯和要求，在飞行中配合机长的习惯，要知道如何与机长和乘务组进行有效沟通，因为只有良好的沟通才能掌握更多资源，做出正确的决策。当副驾驶操作不当，或心情烦躁、紧张时，可能出现忽视飞行标准操作程序的情况，发生风险事件。此外，从航校毕业进入航空公司，从学员、观察员到上座副驾驶，从低级别副驾驶成长为可以和新机长搭配的高级别副驾驶，过程顺利的情况下需要 4 至 5 年时间，且其间面临多场理论和模拟机实践考试，以及每年一次的航线检查和半年一次的复训检查，其面临着很大的心理

压力,这些都可能导致出现操作偏差和错误。

(二)让人工智能成为"副驾驶"

未来人工智能系统可以整合到自动驾驶中作为虚拟副驾驶,通过分担一部分飞行职能来降低副驾驶的工作量,使得副驾驶能够在日益复杂的环境中管理更多精细化任务,更好地配合机长。人工智能技术运用的一个重要场景就是"虚拟副驾驶",通过这条路径计划衍生出的软件和其他自动化系统,有望为载人飞机的机组人员提供全方位的技术支撑和保障。

(三)人工智能辅助下副驾驶训练与评估

在智能辅助副驾驶训练的过程中,机器学习技术是实现模拟器智能化的关键,模拟器将具备自主进化能力,更好地辅助副驾驶完成模拟训练。在人工智能辅助下,副驾驶可以和虚拟的"机长"搭配,无须过多考虑"机长"的脾气、性格等心理性格因素,从而能更安心地以训练自我飞行技术和决断能力为唯一任务,更加全身心投入到飞行训练中,为日后成为一名优秀的机长打下坚实的基础。关于副驾驶CRM和TEM等人为因素的训练将会在后面章节中进一步介绍。

人工智能辅助下副驾驶训练与评估,通过利用监督学习技术,构建模拟器自主评估模型并开发相应的学习算法,可以较好地实现模拟器对副驾驶训练成绩的自主评估。其中,模拟器自主评估系统的设计分为三个步骤:(1)搜集整理并标注副驾驶模拟训练数据,数据包括飞参数据、模拟训练过程中采集的视景数据、座舱操作视频数据,进行分类整理后,与专家知识相结合进行标注;(2)设计有效的学习模型并开发相应的学习算法;(3)对学习算法进行训练并不断改进,使其能达到较高智能水平。

四、人工智能辅助下机长训练与评估

民用航空器运输机长(以下简称"机长"),是依据中国民用航空规章取得航线运输驾驶员执照,并被航空运输企业聘为机长的飞行员。机长又称正驾驶,是飞机上拥有最高指挥权的人，从关上舱门那一刻起，机长就成为航空器上的最高领导，负责飞机上的一切事务，拥有最终决定权，机长的领导艺术、技术好坏和心理特点将会影响其在复杂环境中做出的每一项决定。

（一）"虚拟副驾驶"

飞行机组通常依靠自身能力应对不同航空环境和飞行情况，对飞机的飞行安全起着至关重要的作用。一直以来，运输类飞机都采用多人制机组，通过多人协同、交叉确认等技术保证飞行控制指令的正确判断和执行。随着技术的发展，越来越多的辅助决策系统开始在飞机上应用，飞行机组的成员数量也从20世纪50年代的5人逐步减少，目前双人制机组成为大部分运输类飞机的常规配置。然而随着智能技术的不断发展，很多智能设备可以取代副驾驶，被称为"虚拟副驾驶"，正常情况下"虚拟副驾驶"可以承担所有的任务，机长只需要命令和监督，在复杂情况下主动权在机长手里，"虚拟副驾驶"可以辅助机长完成任务，并且省去沟通和争议的过程，准确高效。

（二）单一飞行员驾驶

新一代商用飞机发展的核心技术就是积极探索和研发大型商用飞机单一飞行员驾驶（SPO）模式，SPO指在大型民用飞机驾驶舱中仅配置一名飞行员（机长），借助提升的机载设备或者远程地面站操作员的支持（或者两者组合），在各种飞行场景中安全有效地完成航线飞行任务，并且达到不低于目前双乘员驾驶模式的飞行安全水平，此方案主要是面向人工智能辅助下的机长飞行。在此背景下，通过人工智能技术优化现有驾驶舱机载设备，精准为SPO飞行员提供地面站支持，构建一个"单一驾驶舱飞行员＋驾驶舱机载设备＋地面站操作员"协同实现的SPO新模式。（许为，葛列众，2020）在考虑多方面因素的基础上，可以根据飞行员能力和飞行条件两个维度将该SPO组合式总体方案分成四个类别（见表4-5），其中飞行条件是指除飞行员能力以外的影响飞行的因素，比如飞机、天气、机场等。

表 4-5　SPO 研究方案分类

飞行员能力	飞行条件	
	正常飞行操作	非正常飞行操作
飞行员健康	类别1 • SPO驾驶舱机长操控飞行,驾驶舱机载系统辅助 • 地面站支持人员在地面站系统辅助下监控并支持多架SPO飞机	类别2 • SPO驾驶舱机长操控飞行,驾驶舱机载系统辅助 • 地面站支持人员在地面站系统辅助下为SPO飞机提供一对一"地面副驾驶"的遥控式飞行支持
飞行员失能	类别3 • 在地面站系统辅助下,地面站支持人员承担SPO驾驶舱机长职责,全权操控SPO驾驶舱机载系统,操控飞机安全着陆 • 驾驶舱机载系统执行来自地面站支持人员的命令	类别4 • 在地面站系统辅助和多名支持人员的辅助下,一名地面站支持人员承担SPO驾驶舱机长职责,操控飞机安全着陆（除非飞机失去联系） • 驾驶舱机载系统执行来自地面站支持人员的命令

资料来源：许为，陈勇，董文俊，等．大型商用飞机单一飞行员驾驶的人因工程研究进展与展望[J]．航空工程进展，2022（1）：3．

（三）机长训练智能化

在机长的训练和评估中，每 6 个月就要进行一次模拟器复训，借助人工智能的辅助，未来可以实现模拟器智能化：（1）模拟器本身的智能化，实现模拟器自主训练、自主评估和充当对手等；（2）模拟器场景的智能化，如何更好地总结利用模拟训练知识与经验，并将实际飞行训练知识与经验应用于模拟训练中，提升模拟训练的实战性。除此之外，通过大数据分析还可以分析飞行员在面临不同任务压力下的生理反应，监测、统计训练飞行员的生理特征。（何晓骁，姚呈康，2020）例如，飞行员可以在心脏附近佩戴监测传感器，用于测量心率、呼吸、脉搏和血压，精准监测学员对任务的反应程度。数据可以反映出当前科目是否对学员过于简单或困难，可以分析学员心理的变化趋势，针对大数据特征可以设计出适合各公司的"虚拟副驾驶"，机长可以在模拟器上进行智能化训练，与"虚拟副驾驶"合作飞行，不断提升飞行品质。

（四）机长沟通能力

在机长的训练和评估中，有一项是训练沟通能力，因为语音交互是人类社会最基本且高效的一种交互方式。杨芸等人提出，当前语音交互技术已实现人与计算机之间较好的沟通，将其作为一种交互方式应用于大型网络交互模式设计中，能实现人—模拟器—人三者之间高效的信息交互。情感交互是一种更高层次的信息交互，借助人工智能技术，情感交互技术的发展最终将使得计算机具有情感理解和表达能力，将使人—模拟器—人三者之间的交互更加自然，也使模拟器能更好地理解操作者的情感，提升模拟训练效果。

单人制辅助驾驶系统提出以后，人工智能直接介入飞行操纵的控制（Lim et al.，2017），为飞行员和人工智能的主动权带来了很多不确定因素。现在研发的是一种基于人工智能技术的飞行辅助驾驶系统及控制方法，系统包括行为识别模块、飞行指令与动作标准数据库模块、告警模块和辅助决策单元。在计算机科学辅助下，具体指令可以通过人工智能的算法转化为具体的数据和符号，如行为识别模块和飞行指令与动作标准数据库模块相连接，辅助决策单元分别和飞行指令与动作标准数据库模块及告警模块相连接，不直接接入飞行控制系统，因此不直接进行飞机操纵，减少了对飞机其他系统安全性的影响，降低了系统的安全性评估成本和装机取证成本；通过语音识别和动作识别，可以对飞行员的口令、动作不规范、口令、操作不一致等驾驶隐患给出提示，保证飞行安全；基于更新数据库的方式进行飞行指令和操作动作辨识，利于系统的升级，适应飞行驾驶技术和飞机操作技术的更新；等等。通过以上人工智能技术辅助机长进行训练评估，可以更好地提高训练效率。

五、人工智能辅助下教员训练与评估

飞行教员在民航领域分为通航基础教员（主要面向飞行学员训练）和运输航空教员（主要面向 121 运输航空副驾驶和机长带飞），其中运输航空教员又分为航线教员、模拟机教员和本场教员，从字面意义上讲教员最主要的特点就是从事飞行教学。目前基于人工智能技术的研究和发展，教学越来越向实用性发展，教学主要是在模拟机上进行，在人工智能的技术支持下，各航空公司也在模拟器上开发各种辅助教学功能，实现人工智能下模拟器自主教学与训练效果自动评估，从而提高教学效率，让教员的教学更加精准和智能化。

（一）实景驾驶

人工智能的引入，为教员教学提供了实景操作的机会，也为学习者提供了安全快速的学习途径。一方面，可以通过导入真实飞行数据，规范操作者实景操作流程，提供较为真实的驾驶体验；另一方面，可以通过与真实飞行同步，结合不同的飞行状况，实现飞行训练的个性化。特情场景开发是必不可少的，既能使操作者在安全且接近真实的环境中体验特情过程，也能锻炼操作者的熟练掌握程度和应急处置能力，保证飞行安全，提高教员教学的质量。

（二）智能模拟下心理训练和评估

随着科学技术的发展，模拟器功能不断完善，越来越多地用于飞行训练中。随着模拟训练量不断增大，模拟训练也越发凸显出各种问题，比如模拟训练效果评估难、智能化程度低和趣味性差等。一直以来，模拟器未形成一个集成化训练平台，极大地限制了模拟器在飞行训练中作用的发挥。为此，在互联网大脑模型基础上，将人工智能技术与模拟器发展相结合，让飞行员心理和飞行状态接近真实的环境，促使训练方式从过去的集中式训练向基于云端的分布式训练转变；从以训练大纲内容为中心向以学员学习效果为中心转变；从重视操作的准确性到以全面评估飞行员的心理和情景意识状态转变。（许为，2022；见表4-6）

表4-6 飞行教员训练和评估学员行为指标

胜任力名称	描述	行为指标（OB）
评估 Assessment	评估学员的胜任力。 Assesses the competencies of the trainee.	遵守公司/训练机构和局方的要求。 Complies with Operator/ATOs and Authority requirements.
		确保学员了解评估过程。 Ensures that the trainee understands the assessment process.
		运用胜任力标准和条件。 Applies the competency standards and conditions.
		评估学员的胜任力。 Assesses the trainee's competencies.
		执行评分。 Performs grading.
		根据评估结果提供建议。 Provides recommendations based on the outcome of the assessment.
		根据总结性评估结果做出决策。 Makes decisions based on the outcome of the summative assessment.
		向学员提供清晰的反馈。 Provides clear feedback to the trainee.

续表

胜任力名称	描述	行为指标（OB）
	为训练系统的持续改进作贡献。Contributes to continuous training system improvement.	报告训练系统的优缺点(例如训练环境、课程、评估)，包括学员的反馈。Reports strengths and weaknesses of the training system (e.g., training environment, curriculum, assessment/evaluation), including feedback from trainees.
		对训练系统的改进提出建议。Suggests improvements for the training system.
		使用适当的形式和媒介生成报告。Produces reports using appropriate forms and media.

资料来源：中国民用航空局. 循证训练（EBT）实施方法［Z］. 2023-04-15.

（三）人工智能辅助下教学

近些年来，人工智能技术快速发展，机器学习技术开发的训练程序已经表现出了操纵准确、态势理解快、处理信息快，在有限边界内几乎不犯错误的优势。头戴式训练设备在视景显示方面有较大的视场，其成本比传统投影系统低很多，物理尺寸和应用支持方面也有优势。这些创新技术可以作为一种补充，提供额外的训练时间，满足低成本的要求，使基础练习的资源更加丰富，加快知识转移，以便在高端模拟器中开展更有针对性的训练。在人工智能辅助下，飞行教员不再是单纯的传授飞行技术、教会学员 CRM 和 TEM 等理论知识，而是在模拟的真实环境下引导学员怎样成为管理者（见表4-7），管理飞行设备，控制自己的情绪和意识，让自己在机器的辅助下发挥人的最大能动性。

表 4-7　飞行教员教学训练和评估行为指标

胜任力名称	描述	行为指标（OB）
教学 Instruction	为发展学员的胜任力而实施训练。Conducts training to develop the trainee's competencies.	参考批准的资料（运行/技术/训练手册，标准和法规）。References approved sources (operations, technical, and training manuals, standards and regulations).
		明确训练目标和训练的角色。States clearly the objectives and clarifies roles for the training.
		遵守经批准的训练项目。Follows the approved training program.
		运用适当的教学法（例如讲解、示范、探索型学习、引导式教学、上座教学）。Applies instructional methods as appropriate (e.g., explanation, demonstration, learning by discovery, facilitation, in-seat instruction).
		保持与运行的相关度及真实性。Sustains operational relevance and realism.
		适应教员指导的总量，确保能实现训练目标。Adapts the amount of instructor inputs to ensure that the training objectives are met.

续表

胜任力名称	描述	行为指标（OB）
		适应可能打乱事件顺序的情况。 Adapts to situations that might disrupt a planned sequence of events. 持续评估学员的胜任力。 Continuously assesses the trainee's competencies. 鼓励学员自我评估。 Encourages the trainee to self-assess. 允许学员及时地自行纠错。 Allows trainee to self-correct in a timely manner. 应用以学员为中心的反馈技巧（例如引导法等）。 Applies trainee-centered feedback techniques (e.g., facilitation, etc.). 进行正面强化。 Provides positive reinforcement.

资料来源：中国民用航空局. 循证训练（EBT）实施方法［Z］. 2023-04-15.

六、人工智能辅助下高高原机场训练与评估

机场标高在1524米（5000英尺）至2438米（约8000英尺）的机场称为高原机场，例如昆明长水机场、西宁曹家堡机场、兰州中川机场等；机场标高在2438米（约8000英尺）以上的机场称为高高原机场，例如拉萨贡嘎机场、九寨黄龙机场等。与平原机场相比，高高原机场空气稀薄、气候多变、地形复杂，飞行程序更为复杂，无线电信号较弱，飞行过程中机组人员反应速度和情景意识都会不同程度降低。复杂的内外运行环境不断累积，必然会对高高原机场飞行安全产生质的影响。引入人工智能后，在高高原机场的训练和评估中可以解决很多技术操作方面的问题，让飞行员有更多的精力去处置特殊情况和做出准确判断。

（一）影响高高原机场飞行安全的因素

对飞行而言，影响安全最重要的几个因素表现为人—机—环—管。目前在国内高高原机场普遍采用要求特殊授权的所需导航性能（Required Navigation Performance Authorization Required，RNPAR）程序，对导航设备精度要求比较高，加上高高原天气多变，气象雷达和无线电传输比较弱，如果遇到特殊情况，飞行员的生理和心理压力比较大。高高原机场的地理环境、净空条件

以及特殊环境中飞机本身的机体性能等都会影响高高原机场的飞行安全，比如起飞和落地时地速比较大，有可能出现超轮速的风险。此外，国内在高高原机场运行一般采用三人制飞行机组（两个机长加一个副驾驶的模式），因为在高高原机场，空气稀薄，氧含量不足，飞行员在压力大的状况下，很容易出现缺氧而又不自知的情况，累积到一定的时间容易丧失情景意识，进而威胁飞行安全。

（二）人工智能辅助下高高原机场训练与评估辅助决策

对于高高原机场的训练和评估，引入人工智能后，可以在很短的时间内做出决策，反应速度和准确性都会大大提高。辅助决策需重点解决三类问题：（1）飞行员在高高原机场复杂场景下决策难的问题；（2）飞行员在高高原机场运行压力大的情况下对飞机故障难以准确判断和处理的问题；（3）飞行员面对特殊情况处置时间周期长的问题。可以通过"运行大数据＋机理建模"，进一步准确识别系统故障和预测系统性能；利用语音识别和情感交互，让人机交互接口更加便捷和人性化；利用高原结构化数据，形成数字模型云，帮助飞行员快速做出决策，让飞行员在高高原机场更好地判断和控制飞机。

（三）提升高高原机场训练模拟器智能化

为了有效分析和评估高高原机场的安全保障能力和运行管理能力，可以通过人工智能改进飞行员在高高原机场的训练效果。AI模拟器与虚拟现实VR系统相结合，可以为飞行员提供更真实的模拟体验，让飞行员从心理上克服对高高原的恐惧。AI模拟器还可以用来收集和分析训练数据，如飞行员的个人特征，以根据学员的表现及习惯创建个性化的训练模式。人工智能辅助下的模拟器可以准确地复制所有传感器和感受器，可以模拟高高原机场空气稀薄、地形复杂、气候多变以及乱流、颠簸等场景，从而为飞行员提供高度逼真的任务场景和训练环境。

（四）人机交互决策

人工智能的下一个重要用途是在飞行中帮助飞行员，成为飞行员的好助手。高高原飞行环境复杂多变，机组存在缺氧的情况，反应速度会减慢，所以引入人工智能以后能够很好地辅助飞行员，如驾驶舱内的 AI 解决方案可以实时优化飞行路线，如有必要，可以评估和提示燃油、飞行操纵系统状态、天气状况和其他关键参数。未来，飞机可以配备由计算机视觉算法驱动的智能摄像机，扩大飞行员的视野，从而为安全飞行保驾护航。智能飞行技术针对实时飞行场景，利用对本体、机组状态与周边环境的感知能力，面向以地面指令为核心的空管体系，为机组决策提供适宜、准确的综合信息，有效降低舱内认知负荷，让飞行员把关注点放在更重要的飞行决策上来。

人工智能辅助下高高原机场的训练和评估需借助先进的技术，整合飞行训练资源，利用先进的技术进行单独训练和评估，运用大数据找准差异，提升飞行员应对特情的能力，提高飞行员在高高原机场的飞行技术，锻炼机组的心理承受力和应对特情的抗压能力。

七、人工智能辅助下军事领域训练与评估

对于军事领域来说，人工智能辅助下的训练和评估要复杂得多，战争迷雾和博弈对抗扑朔迷离，数据保密、数据缺失普遍存在，将 AI 直接用于军事领域也在道德和伦理层面产生一系列问题。《孙子兵法》中有一句话："兵者，国之大事，死生之地，存亡之道，不可不察也。"所以在军事领域，人工智能辅助下训练与评估尤为重要，需要认真考量。

（一）人工智能辅助下的无人机

AI 技术对全自动无人平台自主实施空对空及空对地打击这一愿景至关重要。未来，无人机可以不打折扣地实现和载人飞机相同的功能，其人工智能"大脑"

能更快、更准确地进行决策，在更短的时间内处理海量信息，无须担心被混乱的战况干扰。AI 还可以推动无人机联网，最大限度地发挥集群作战效率，因为 AI 之间的决策传递和任务分配速度比人类驾驶的战机编队快得多，能更好地适应现代战争环境。

（二）机载训练系统

在日常备战时期，保持并提升战斗力最主要的就是开展实战训练和体系化对抗训练。在一对一的超视距迎头空战中，假如态势简单、位置信息清晰，则很难在中远距离将对手击落。按照现代空中作战理论，观察（observe）、认知（orient）、决策（decide）、执行（act）四个循环的执行速度是空战制胜的关键因素。随着机载系统智能化水平的提升，机器和人类飞行员的两层 OODA 环的循环速度落差将成为限制空中作战平台性能发展的瓶颈，因此必须把认知、决策层面的任务交给训练机载系统，降低人类飞行员的任务载荷，提高人机配合的效率，保证在对抗中反应更快，失误更少，提升战力。

（三）大数据作战

人工智能用于军事领域的关键因素是掌握大数据，其承载着全方位和多维度的动态作战信息，能够精准预测未来战争趋势，通过多维度收集到战场数据，可以分析出战场敌我态势情报，缩短决策的周期，从而实现战场上"发现即摧毁"的快速决策目标，形成联合作战指挥体系，提高作战空间的联动性。同时，基于各种数据源的相关性，数据来源一定要真实准确。AI 算法及机器学习算法在学习一定规模数据的基础上，形成所需要的数据集，为 AI 算法和机器学习算法提供参照，这些算法会变得"更智能"。

八、人工智能辅助下飞行员训练与评估系统中的信任

步入人工智能时代，智能化技术的发展为人工智能辅助下飞行员的训练与

评估提供了良好的基础，智能化技术与航空技术不断深化融合，并产生新的技术变革。许为（2022）提出，技术融合过程中，将不可避免地产生一系列问题，比如：现有的舱内驾驶任务分配、交互方式、驾驶主导权等方面，究竟人和机器哪个更可靠，人能信任冷冰冰的机器吗？人工智能会不会出现逆反心理？人工智能辅助下飞行员的技术水平究竟会不会下降？是否能对人工智能有足够信任，这是一个长期而且值得进行深入探索的问题。

（一）主动权的归属

单纯从技术层面来看，人工智能帮助飞行员做了很多，减轻了飞行员的负担，提高了飞行员处理事情的效率，保证了飞行安全。但是，无论从人为因素设计还是模型能力的评价维度上，都难以应对智能化技术的引入而带来的人为因素考量的全新挑战。情景意识、人机协同、人机信任、控制权接手等方面成为人为因素考量的研究重心。2018年世界各地发生多起与波音737 MAX相关的事故，其根本原因是波音公司为了消除波音737 MAX在飞行过程中出现抬头趋势的隐患专门增加了一个机动特性增强系统（Maneuvering Characteristics Augmentation System，MCAS）。由于增强系统的操作权限在飞行员之上，飞行员在驾驶过程中无法控制飞机，形成飞行员与机动特性增强系统反复争夺控制权，最终酿成悲剧。究竟人和人工智能谁有第一优先权，在不同阶段主动权应该属于谁，这些问题在未来的飞机设计中需要认真考虑。

（二）飞行员的职责

智能飞行技术从依赖于机械自动化的民用航空发展体系跳跃到依赖于数据的智能航空发展体系，给民航运输体系带来的挑战极大。人工智能辅助下操纵主要包含全阶段自动飞行、应急自动着陆、主动风险规避、智能网联运行核心技术辅助智能飞行等，可实施性强，能减轻飞行员负担，降低人为事故，优化飞行航径。飞行员要从技术上和心理上完成转变，不再是单纯操纵飞机，而是在管理人工智能，是管理者同时也是飞行控制的最高领导者。

（三）可推广性

单一驾驶员从技术层面现在已经可以实现，但是对一些单一飞行员驾驶关键人因问题的研究还没有全面开展。例如，飞行员失能、飞行员信任、空地和人机之间协同操作和决策、适航认证等需要进一步进行研究和探讨。另外，许多研究中的人机交互设计还停留在概念层面；许多公司和机型采用的测试指标也不相同，不利于研究和比较。因此，除去技术层面的问题，未来智能飞行技术还应充分考虑人为因素，全方位地向公众和利益相关方证实人工智能技术的适航安全性和可解释性，同时做好监管、数据治理和隐私保护、数据公正和透明性等方面的工作。

（四）可信任性

人工智能辅助飞行是以人（飞行员）为根本核心，飞行员是飞行过程的决策主体和最高领导者。如何让人类飞行员足够信任人工智能并愿意使用它，是摆在当前研究领域的一个重要课题。对人工智能辅助下的飞行员心理因素影响的研究当前较少，人工智能无法应对现实世界中无限的不确定性。虽然，人类的思维过程确实比计算机要慢，但是人类具有认知的灵活性和适应性，可以适应各种预料之外的情况，而人工智能到目前为止还没有这个能力。在训练中，飞行员在人工智能决策正确时选择信任它，在它决策错误时选择接管它，但是许多现实风险很容易被忽视，因为飞行中会遇到很多以前没有发生过的情况，这时候人工智能就不知道怎么决策，甚至做出错误动作。

第四节　人工智能辅助下的飞行员训练与评估系统的意义

人工智能通过普通计算机程序来呈现人类智能的技术，所以人工智能亦称智械、机器智能，指由人制造出来的机器所表现出来的智能。在人工智能辅助下对飞行员进行训练与评估，其未来意义深远。其中模拟器-实装飞行演练运用智能语音技术和大数据云端，对模拟器进行远程操控，是未来模拟飞行训练的一种发展趋势。

一、应用场景更加多样

（一）智能语音技术

作为 AI 应用最成熟的技术之一，智能语音技术发展迅速。在未来可以借助智能语音技术对模拟器进行操控，通过开发语音助手实现模拟器远程操控，借助语音操控模拟器座舱环境，实现基于每个操作者生理状况的舒适座舱环境，模拟空中飞行训练真实环境，只需张口就可以完成一系列烦琐的操作。

（二）人脸识别技术

近年来，机器视觉技术快速发展，人脸识别广泛应用于各领域。可以通过人脸识别技术识别不同操作者，结合其历史飞行信息生成个性化飞行技术科目，进行个性化管理；可以利用人工智能先进技术，基于实际飞行情况，纠正不准确的动作，提高操作者的飞行技术水平。

（三）虚拟现实技术

虚拟现实技术已经和理论分析、科学实验一起，成为人类探索客观世界规律的三大手段。通过虚拟现实技术，人可以像在日常环境中处理事情一样同计算机交流，而不会意识到自己在同计算机打交道，这样就实现了人与计算机的互动。在信息爆炸的今天，虚拟现实技术对在海量信息中挖掘有用信息，充分发挥信息技术的潜力具有重大意义。

二、训练和评估更加实用

（一）使用人工智能提升效率

引入人工智能训练和评估后，借助人工智能算法实时分析训练数据，用于评估训练速度和设计训练科目，优化训练大纲，为持续提升训练效率提供了直接和客观的数据支撑。此外，使用人工智能还可以监测学员的生物特征，对其在面临不同困难程度情况时进行差异性训练。学员佩戴监测传感器测量心率、呼吸频率、脉搏和血压，通过实际操作查看学员心理的变化和对任务的反应程度，检测当前科目的难易程度，提升训练和评估效率。

（二）个性化定制课程

人工智能辅助下的训练和评估可以根据每个学员的性格特点和知识水平为其量身定制训练课程，实现个性化和差异性学习。教员可以在人工智能的辅助下专注解决学员出现的问题，避免重复教学。借助人工智能的方式，学员可以不受场地和时间的限制，按照自己的节奏练习。学员可以自己判断对知识的掌握和熟练程度，并根据自己的情况更换学习材料，体现差异性和个性化学习，提高学习效率。

（三）低成本训练

人工智能辅助下的训练和评估减少了学员的训练时间和成本，同时又不影响训练效果。借助人工智能，基于"以人为中心"的设计理念，在地面就可以模拟飞行中的飞行环境、条件和状况，同时检测飞行员的身体和心理状态，让飞行员获得与空中相近的操纵负荷、视觉、听觉和运动感觉。飞行训练模拟器所具有的功能，正在无限接近真实，但同时成本又很低，让飞行训练和评估简单便捷。（许为，2022）

三、构建民航软实力

2023年全国民航工作会议中指出，大力夯实行业发展基础，增强民航服务国家战略承载力。通过构建"民航+数字产业"的共同体促进民航业可持续发展，推动5G、北斗导航、大数据、人工智能等数字产业在民航的应用，实现信息数据互联、互通和共享，推动智慧民航建设和发展。

（一）机器学习技术

实现智能化训练和评估的关键是机器学习技术。应用强化学习技术构建真实飞行训练和评估环境，开发学习算法，将强化学习技术应用于模拟器自主训练环境的构造，使得训练模拟器具备自主进化能力，更好地辅助飞行员完成模拟训练。依托人工智能技术和互联网大脑模型，构建飞行模拟器大脑模型，拓展和完善模拟器，并不断提升模拟器智能化水平，促进模拟器系统化、体系化建设发展，让模拟器更人性化，并越来越多地应用于飞行训练中。

（二）预防灾难发生

民航安全管理体系（Safety Management System，SMS）是通过有效的安全风险管理，识别危险、收集和分析数据、持续评估风险，在航空事故或者事故征候发生之前积极主动地控制和缓解风险，持续改进安全措施，确保航空器运行安全。借用人工智能可以更好地推动SMS与"双重预防机制"体系（安全风险分级管控和隐患排查治理）建设，在灾难发生前进行预警或者预防，例如飞机上的AFLOOR、最小地速保护功能和TCAS预警改出，其自动驾驶会识别并改出，避免灾难的发生。用AI可以提前识别并判断出安全隐患，保障飞行安全，预防重大风险和灾难。

（三）节省公司成本

让人工智能驾驶飞机很容易，只要把人工智能部署上，它就会去学习人类驾驶员，只要人类飞行员手动开几次飞机，人工智能就可以学会如何飞行那条航线，飞行员遇到突发情况所做的一切行动，人工智能都能快速学会并掌握。（杨志刚 等，2021）除此之外，使用人工智能开飞机的另一个好处就是节约成本。飞行员的薪资高，如果采用人工智能，航空公司就可以节省这些支出，这些费用足够租赁更强大的人工智能或投入新的智能研发，让人工智能更会开飞机。航空公司通过人工智能技术节省了成本，飞机票可以更廉价，旅客也能享受到人工智能发展带来的红利。

四、航空心理

航空航天心理学是研究飞行活动中人的心理活动规律及其相应条件的科学，是心理学与航空技术、航空医学、人因工效学以及其他相关学科交叉形成的一门综合性应用学科，当前民航训练正从强调手动操纵能力向兼容核心胜任力转化，确保飞行员同时具备防范"灰犀牛"和"黑天鹅"的能力。

首先，虽然应用人工智能"自主飞行"技术可以减轻负担，但飞行员心理接受能力很难量化，而且每个人的性格、知识水平不同，得到的结果就不同，很难确定"到底可以减少多大比例"，也很难对此进行量化。而难以量化就是难以确定计算机的自主飞行控制要对飞行员的操作介入到什么程度，这也导致难以准确评估此类自主飞控程序的复杂程度。其次，采用自主飞行系统以后，虽然飞行员的负担减轻，但也存在着飞行员技术水平降低的风险，因为很多操作由计算机替代飞行员做了。在发生故障时和某些极限飞行条件下，飞行员处理特情的要求并没有降低，这就可能使飞行员无力应对这些特情，从而在另一个方面带来不安全的影响。最重要的一点是，人工智能现在还无法进行量化解释，也无法得到可证明的确定性的结论，这对于航空领域中的"安全关键系统"而言是不可接受的，也就无法完全得到人类的信任。

人工智能辅助下的飞行员训练与评估系统的构建是一项长期并且与时俱进的工程，需要解决人工智能辅助下的飞机适航性和可信性，研究人工智能下的人为因素等应用基础技术，剖析航空航天心理学和人工智能的关系，分享对于智能飞行的思考，引入更加规范化和智能化的训练，运用人工智能评估核心胜任力（基本操作技术）、心理胜任力（态度和意识）、作风胜任力（品格和品质），运用5G、云计算、物联网、大数据、人工智能和移动互联网等新兴技术对航空航天心理学产生的影响。伴随着多种人工智能的融合应用，人工智能辅助下的飞行训练和评估系统将进一步改变传统飞行驾驶模式，重构未来人机交互的飞行模式，为构建智慧航空体系提供保障。

第五章 人工智能提高机组资源管理效力

飞机的现代化与自动化在与时俱进、推陈出新且发生了翻天覆地的技术革新，对机组的要求也越来越高。要切实保障飞行运行安全，除利用现代先进科学技术进一步升级飞机的硬件与软件，横向纵向拓展人工智能（自动化）的应用范围，营造良好的企业安全氛围和加强机组的安全激励机制外，还要采用适当的方法来管理由人为因素带来的差错，从而降低不安全事件的发生率。机组资源管理是人们对现代航空历史中出现的各种事故加以总结和研究，并且对人为因素加以分析，最终产生的对人为差错进行管理和控制的方法。为了使飞行安全、高效，机组成员应有效地利用一切可用的资源，发现威胁、预防偏差、纠正差错，避免进入非预期航空器状态。

第一节　机组资源管理

机组资源管理着眼于人因研究和机组团队训练，是机组人员识别重大外部威胁，及时报告飞行指挥员，以及建立、沟通并执行有关避免或化解外部威胁计划的一个主动的过程。它反映出人因知识在机组成员及其交互作用过程中得以应用的一个特例，实施有效机组资源管理训练有助于提高飞行员的士气和飞行驾驶的工作效率。要想探究人工智能在机组资源管理中扮演的角色和起到的作用，首先需要弄清楚什么是机组资源管理。本节将着重从有关机组资源管理的产生背景、概念、相关理论和发展历程进行论述。

一、机组资源管理的产生背景

在民航运输领域，安全永远是全世界关心和瞩目的焦点。以往事故调查表明，由飞机设备故障引发的事故已从20世纪初的80%下降到如今的3%。（游旭群，2017）相反，人为因素在航空器事故发生原因中的占比越来越大。从1990年到2013年期间，83%的人因失误/差错（human error）导致了飞行事故的发生。所以，一方面需要考虑怎样才能提升飞机的可靠性，另一方面还要思考如何提高人的可靠性。最大限度地防止和避免飞行机组的人因失误/差错，已是全世界民航业在安全管理中需要研究的一个非常重要的指向性课题。

2011年，中国民用航空局飞行标准司发布了《机组资源管理训练》的咨询通告，其中指出，航空事故调查表明，在多人制机组运行过程中，大多数事故与事故征候都与机组资源管理问题有关。这类问题主要包括：沟通不畅、团队决策不妥当、领导不胜任、情景意识下降或丧失、工作负荷分配不均和驾驶舱资源管理不当等。究其根本原因，有两个方面尤其值得关注。首先，传统飞行训练的重点在于培养飞行员的基本驾驶技术，强调飞行理论知识与实操技巧，偏重于单一的个人表现，认为个人展现的娴熟程度和技艺水平代表飞行机组整体的熟练度与技术水平，在机组资源管理相关能力的培养中，对于飞行人员心理状态的把握、团队组织的决定、协同工作效能的提高等显得较为不足甚至缺失。其次，随着航空技术的突飞猛进和航空器人工智能化程度的不断提高，在飞行运行过程中，已由以操纵为主的传统方式转向以监视－决策－控制为主，更加注重在复杂多变的工作环境下优化飞行人员的角色，从而对机组资源管理能力提出了更高的要求。

在这份由中国民用航空局发布的咨询通告中，还特别提到："航空业界现在已经形成共识，为保证飞行的安全和高效，机组的技术能力和CRM能力同等重要。CRM无法解决飞行技术知识欠缺和操纵技能不足所造成的问题。然而，如果机组成员之间缺乏有效的协作与配合，飞机的安全和效率也会受到极大影响。因此，在重视飞行技术知识与操作技能培养的同时，应该强调CRM训练。"机组资源管理已然成为飞行知识、技能以外，机组成员所必须掌握的又一要素。

二、机组资源管理的概念

随着"人－机器－环境"关系链中突出客舱乘务员、空中交通管制员、地面机务维修人员及其他有关人员与飞行机组的沟通协作，机组资源管理的含义从最初的驾驶舱资源管理（Cockpit Resource Management）逐渐演变为机组资源管理

（Crew Resource Management，CRM）。狭义上来讲，机组（crew）可理解为包括驾驶舱机组和客舱机组；广义上来说，机组还包括ATC、公司签派员、机务维修人员以及运行控制人员等与航班运行相关的其他人员乃至乘客。资源（resource）主要分成四大类：第一类是以机组人员为代表的人力资源；第二类是以飞机、航空设备为代表的硬件资源；第三类是包括所有法律法规、政策、公司标准操作程序等的软件资源，主要包含各种手册、检查单、航图、性能图表等资源；第四类是以航空油料、航空人员的精力、飞行时间等为代表的易耗资源，它们都属于消耗品，因此被称为易耗资源。管理（management）是指为了提高飞行安全和效率，机组人员有效地运用飞行人－机－环境－任务系统中一切可用资源的过程，涉及软件（文件资料管理等）、硬件（飞机设备、助航设备等）、环境（天气条件、运行环境等）和人（飞行员、乘务员、管制员等）等四个方面及其相互关系。

赫尔姆里奇（Helmreich）等人（1999）认为，机组资源管理培训旨在通过防止和管理机组人员的人为差错，增强飞行执行过程中的安全性。这是一种强调"人"的因素的培训方法，即利用所有可用资源（如人员、设备和信息等）来确保飞行安全。培训的目的是确保机组成员了解机组资源管理的概念和重要性，同时学会高效地利用所有可用资源，识别并改进个人技能的短板。机组资源管理培训是以机组人员作为培训的核心而设计的，强调优化包括沟通与交流、问题解决、决策、情景意识和领导与管理等模块在内的"人－机界面"和"人－人关系"，通过这种培训，使团队的协作能力超过单个成员能力的总和，并通过成员之间的相互协作，有效避免对方的工作失误，以确保差错的发生率降至可接受的范围内。中国民用航空局发布的最新的《机组资源管理（CRM）训练指南》（AC-121-FS-41R1）咨询通告中对机组资源管理的定义为："为达到安全、高效飞行目的，机组成员有效地利用所有可用资源（信息、设备，及人力资源等）识别、应对威胁，预防、识别、纠正差错，发现、处置非期望的航空器状态的过程。"

当前，机组资源管理的研究重点在于飞行中的人力资源管理。其核心在于加强机组内人为因素，明确机组人员与航空器、环境之间的关系，建立一套统一的标准操作规范，以确保飞行任务安全圆满地完成。这是《飞行人为因素与机组资源管理》（李姝，汪磊，2020）中所提到的，其根本目的是有效地保证飞行安全，其中起决定作用的是"人"，采取的方法是规范机组的行为。

三、机组资源管理的发展历史

1979年，美国国家航空航天局在一次专门研讨飞行机组资源管理的行业会议上首次提出了机组资源管理（CRM）的概念。因为，美国国家航空航天局的研究人员在模拟机训练中发现，出错率较高的机组人员在交流沟通、领导力、决策力和注意力分配方面能力较低，而出错率较低的机组人员在这些方面的能力较强。为了使机组成员之间能最佳地协同合作，强调机组成员之间的通信、任务分配、互相监督，并强调共同合作和集体决策的重要性，美国国家航空航天局在20世纪80年代初指出，机组资源管理引入了一个全新的概念：在团队协作中，1+1的结果大于2。从1986年开始，国际民航组织（ICAO）也展开了与机组资源管理相关的研究，出版了一系列技术通告讲解机组资源管理概念和如何开展机组资源管理训练。

在同一时期，美国联合航空公司、泛美航空公司、澳洲航空公司、荷兰皇家航空公司等几家大型航空公司开始积极推行和发展机组资源管理。这些航空公司不断完善和拓展机组资源管理的内容和方法。人们认识到通过培训，促进飞行机组成员之间的协作，能够使机组成员之间更好地配合，从而强化机组在安全飞行中的关键作用。CRM概念在过去的10年里不断发展，美国联邦航空局在修改咨询通告"120-51"时提出了最新定义，CRM在人员方面包括了客舱乘务人员、空中交通管制人员、地面机务维修人员和其他与机组有关的所有飞行作业人员。同时，强调飞行机组的工作能力涵盖飞行专业技能和CRM技能。因此，作为训练方案的一部分，应该一起进行培训和评估。在后来出现的基于全动飞行模拟机的航线定向飞行训练（Line-Oriented Flight Training，LOFT）课程中，机组整体的工作表现和效能（performance）可以被观察。1991年，航空界开始将机组资源管理整合到标准的改装课程中，这一过程称为飞行机组集成管理。这种将机组资源管理与LOFT相结合的方式，已成为飞机驾驶员训练课程中不可或缺的一部分。

经过30多年的研究和实践，CRM在培训形式和内容方面都发生了巨大变化，演变出不同形式的机组资源管理体系。（Helmreich et al.，1999）CRM的概念及由此产生的训练方法的改变大致可划分为六个时代，每个时代都有不同的主题，目前最新一代机组资源管理是威胁与差错管理。

（一）第一代机组资源管理：驾驶舱资源管理

1981年，美国联合航空公司推出了历史上第一个系统的CRM培训方案，采用了"管理方格"的培训形式。其目的在于减少人的差错，以提高航空公司的运行效率。第一代机组资源管理强调了个人行为方式的变化以及对差错的认知。比如，飞行机组成员之间的沟通交流是否充分，副驾驶是否及时指出机长的错误；同时也强调机长个人的管理风格和人际沟通交往方面的技能，例如年轻的飞行机组成员是否过度自信和机长在执行航班任务时是否有专横的行为等缺点。除平常的上课培训的方式之外，还提供了航线定向飞行训练，使机组在飞行培训中增强机组资源管理能力，包括交流沟通、团队协作等方面。从本质上讲，第一代机组资源管理训练以心理学为基础，采用心理测试对领导技能进行评估，虽然强调了人的基本交流能力，但对飞行驾驶舱的沟通交流没有明确界定；培训中运用了很多与飞行训练无关的训练方法；培训方案强调心理学方面的培训以及引入领导能力这样的概念，尝试改变飞行员的行为方法，使得有些飞行员认为这是在改变他们的个体特征，因此很多飞行员对此表示反感，难以从内心真正接受。

总而言之，第一代机组资源管理主要研究的是驾驶舱中机长和副驾驶两个人的事情，强调个体特征的管理方式以及飞行机组成员之间互相沟通的能力。因此，这被称为"驾驶舱资源管理"。

（二）第二代机组资源管理：机组资源管理

1986年，美国国家航空航天局举办了第二次民航研讨会，推出了第二代机组资源管理训练课程。根据专家们在对多种训练方案进行研究和评估后的结论，他们提出了一种新的机组资源管理培训方法，该方法将飞行训练、飞行操作与机组资源管理培训三者融合起来。与第一代相比较，第二代机组资源管理主要有两个变化：第一，培训人员范围扩大。在第一代机组资源管理训练中，仅限于驾驶舱内的飞行员，主要包括机长和副驾驶，而第二代机组资源管理训练将培训对象扩展到整个飞行机组，包括飞行人员、客舱乘务人员、ATC、地面机务人员等，即与飞行运行相关的所有人员。这使得从驾驶舱到整个机组的资源管理得以实现，形成了更为全面的机组资源管理。第二代机组资源管理注重机长在飞行机组中的重要性和领导权，强调机长在执行航班任务时要有一定的权威性，拥有迅速决断的能力，以及一定的沟通技巧等。第二，培训方法发生了变化。第二代机组资源管理加强了对机组成员的团队训练，使其共同参与飞行运行训练。这种培训方式有效解决了第一代机组资源管理培训与飞行概念脱节的问题，并针对与航线飞行紧密相关的问题，提供了更为贴合实际飞行的培训，培训内容涵盖团队建设、情景感知、策略简述和应急管理等方面。还强调了决策策略，并有一些关于如何避免可能导致严重事故链等的特殊板块。显然，第二代课程最大的特点就是飞行训练和实际航班密切结合，同时扩大了训练对象。然而，尽管受训者对这一代课程的认可程度比上一代高，但部分机组人员仍然抨击这种训练夹杂了许多不必要的心理学内容。

从第二代机组资源管理开始，团队合作成为核心关注点，强调情景意识和工作负荷管理，讲授错误链，训练机组之间的独立判断和决策，加强简令意图，考虑团队建设。因将驾驶舱内两个独立的飞行员视为一个整体，所以开始被称为"机组资源管理"。

（三）第三代机组资源管理：机组资源管理的扩展

20世纪90年代初期，机组资源管理开始向复合型方向转变。培训方案开始包含与飞行运行安全相关的组织文化因素，涉及飞行系统的特征。同时，训练内容也加强了飞行人员所需的特情处置技能和沟通能力，以使飞行机组在紧急情况下更大程度地发挥"人"的主观能动性，更加强调将机组资源管理培训与飞行实践技能训练相结合。在此时期，部分航空公司还推出了针对驾驶舱自动控制系统的机组资源管理培训模块。这些培训模块不仅注重航班运行过程的安全性，还强调了完成飞行任务的效率，更加强调对人为差错问题的认知和评判。很多航空公司为强化新机长和一些年轻机长的领导角色，特别提供了特殊的机组资源管理训练。与此同时，航空公司还开展了驾驶座舱的机组资源管理联合训练以及其他安全检查人员、人因训练及评价人员的高级机组资源管理训练（Advanced Crew Resource Management，ACRM），除通信和机务维修人员之外，还包括了空中交通管制人员等。机组资源管理培训在商业航空领域不断深入，逐渐发展成为航空安全管理领域的主流培训模式，出现了机组资源管理同化其他形式培训方案的趋势。而且，在第二代机组资源管理的基础上，受训人员的范围再次扩大，这在一定程度上出现了飞行机组的概念，并成为机组培训的主流方式。然而，第三代的训练结果并没有太多涉及"人为差错"这一问题。

总而言之，第三代机组资源管理再次把机组的范围扩大化，将客舱乘务员、ATC、地面维修人员、公司签派员等与飞行相关的人员涵盖进来，作为一个整体进行研究。强调人为因素的评估和教员/检查员的特殊训练，被称为"高级机组资源管理"或者"公司资源管理"（corporate resources management，CRM）。

（四）第四代机组资源管理：整合与程序化

第四代机组资源管理将关于"人"的因素的研究完全融入航空安全领域。1990年，美国联邦航空管理局在总结了飞行机组训练和资格培训重大变化的基础上推出了高级资格培训方案（Advanced Qualification Program，AQP）。AQP具有高度的自主性，允许航空公司开展新型训练以满足特定的组织需求。航空公司需要向所有飞行机组提供机组资源管理训练和航线定向飞行训练（LOFT）两种训练，并将机组资源管理训练与飞行员的飞行训练相结合。很多美国大型航空公司以及一些区域性运输机构逐渐将培训方式转向AQP模式。表面上，将机组资源管理融合到飞行训练中成为训练的一部分，好像解决了人因差错，但是第四代机组资源管理和前几代机组资源管理同样具有局限性。首先，机组资源管理的效度问题一直受到人们的质疑，因为长期以来始终没有形成验证机组资源管理训练到底能否真正提高飞行安全和效率的客观指标。其次，机组资源管理并不能对每个人都起到作用，仍然有部分飞行人员从心理上反对并拒绝接受机组资源管理的理念，因此对这部分飞行人员的矫正训练自然也没有收获良好的效果。再次，在实际飞行过程中，并非所有的机组资源管理培训要求都能如愿履行。例如，在简单的飞行航向操作中，仍有相当比例的飞行人员没能遵守机组资源管理训练要求；尽管按周期开展了机组资源管理训练，但是飞行人员对机组资源管理的接受和运用程度仍然会随时间推移而不断下降。最后，机组资源管理的培训课程受到文化背景差异的影响，还不能很好地与世界各地的民族或区域文化等进行有机融合。

总的来说，第四代的机组资源管理将CRM标准化，形成了专门的培训课程，包括机组资源管理检查单、自动化等，引入了性能数据引导培训作业和机组资源管理专业培训一体化，在航线定向飞行训练（LOFT）中加强了"人"的因素的系统培训。这时就形成了"一体化的机组资源管理"（Integrated Crew Resources Management，ICRM）。

（五）第五代机组资源管理：差错管理

鉴于前几代机组资源管理的局限性，第五代机组资源管理着重于飞行差错管理（error management）。考虑到人都有犯错的倾向，错误是人类行为的必然组成部分，人因差错的发生被认为是一种人类正常的生理心理现象。许多航空安全领域的专家和学者认为机组资源管理是在基于上述前提条件下，拥有三道防线关口的系统性失误对抗措施。第一道防线是为了避免人因失误/差错的发生；第二道防线是在出现人为失误或差错的征兆时及时对其进行阻止；第三道防线是最后的手段，是为了尽可能减轻或消除因人因失误或差错所带来的后果，同时减少那些还没有发生的人因失误或差错。因此，第五代机组资源管理的训练内容包括认识和理解人因失误/差错与事故的性质，以及疲劳、超负荷工作或应激情况下不正确行为的有害影响。

第五代机组资源管理强调机组资源管理训练与公司文化的融合，这一理念更容易被受训人员接受认可。特别是在飞行过程中，机组关注威胁与差错管理能够增强他们的风险意识，从而保证飞行安全。另外，第五代机组资源管理相比前几代机组资源管理更具有兼容性。第五代机组资源管理不仅包含了第三代机组资源管理驾驶舱自动化控制的使用及机长领导作用的特殊训练，同时也实现了机组资源管理训练与飞行技术训练的结合和机组资源管理的程序化标准化。其中，情景意识、信息传递等训练是基本差错管理技术；飞行机组和乘务员、安全员的联合演练则扩大了差错管理的范围，使其覆盖到了所有的机组人员。

综上，第五代机组资源管理意识到前面的几代机组资源管理讲究的多是理论概念，反而把最重要的机组资源管理的目的弱化了，认为有了它就可以消除人因差错，重新认识到了它的不足和缺陷，但可以通过差错管理，减小甚至消除差错的威胁程度，以降低差错发生的概率和航空器非理想状态的过程，所以回到了"差错管理"的本质上。

（六）第六代机组资源管理：威胁与差错管理

基于对飞行事故原因的调查和分析结果，德州大学（University of Texas，UT）人因研究项目组与 Delta 航空公司在第五代机组资源管理基础上提出了第六代机组资源管理——威胁与差错管理（TEM）。TEM 指出，飞行员在每日的航班中都必须处理飞行中的各种复杂事件，这些复杂事件是指飞行员所受到的各种威胁，而差错是指机组的作为或者不作为导致了相对于机组意图、预期或者公司标准的偏差。可见，威胁和差错在飞行运行中极大地影响了飞行安全。为保证飞行安全，机组成员必须有效地识别并管理这些威胁和差错。TEM 强调事故的预防，是从根源上解决问题。飞行前，充分考虑所要面临的威胁，如设备故障、不利天气、复杂地形、降级运行等；飞行过程中，机组成员之间充分有效地沟通，合理分配任务，保持良好的情景意识；进近着陆过程中，各司其职，密切关注外部条件的变化，及时提醒，执行标准 SOP 程序，安全完成飞行任务。通过对大量飞行数据的分析，发现飞行过程中出现频率较高的威胁和差错，对它们进行总结然后再组织机组进行相应的机组资源管理训练，使机组能够掌握识别威胁和管理差错的机组资源管理技能，进而提高机组的决策力、领导力、交流沟通能力、团队协作能力、情景意识等。一方面加强机组对威胁和差错管理理论的认知，另一方面通过持续性的培训强化他们的机组资源管理技能和意识，从而确保飞行安全。

第六代机组资源管理理念聚焦于将机组资源管理视为一种防范威胁的对策，即作为一种风险管理的策略，并随着机组资源管理框架涵盖内容的持续发展，逐渐将威胁与差错管理、风险和资源管理、韧性培训等工具纳入机组资源管理的培训中。

四、威胁与差错管理

威胁与差错管理模型提供了一种防御性飞行的安全理念以及各种威胁处置和差错防范的技术方法，是继机组资源管理之后提出的又一种机组差错检测与控制的新模型。如何理解威胁与差错管理？一个最通俗易懂的方法就是类比汽车驾驶场景中的防御性驾驶（defensive driving）方法。防御性驾驶的目的并不是去教人们驾驶汽车的基本技能（比如何时踩刹车、何时挡位转换、如何换挡等等），而是强调人们如何能够将驾驶过程中的安全风险降低到最低程度（比如看见前方有行人，主动减速）。同样，TEM 也不是教飞行机组如何驾驶飞机，而是促进预防理念的形成并提供能够获得最大化安全余量的方法。从这种意义上来讲，TEM 训练打造了飞行员防御性飞行的基本框架。

从 20 世纪 80 年代中期，对 CRM 的研究揭示了人为因素差错的本质：人都是会犯错误的，而"错误"不一定都会形成"差错"。在一个事故出现前，已经有很多的错误产生了。哪些错误被有效防范，哪些错误是导致事故发生的根本原因，其中有着很大的区别。人无法完全杜绝错误的产生，但是可以将错误造成的后果控制在一个安全的范围内，这就是所谓的差错管理。差错不是一个结果，只要对产生的差错进行有效的管理，就不会导致严重的后果。只有正视人类自身的特点和规律，我们才能正确面对此问题，掌握和了解差错发生的机制，学习差错的管理，增强在差错防范、监控、探测、纠正四个环节的训练，进而将差错控制在一个安全的范围之内。

另外，以前的培训和关注重点集中在飞行员对飞机的认识上，而忽视了对飞行员本身的认识。同样一种飞机，同样一种天气，不同的飞行员采取不同的决策。每个飞行机组的经验、知识、能力都是不同的，如果不能认识到各自的底线在哪里，就很容易做出超出自身能力范围的事情，带来安全隐患。所以认识自身和认识飞机同样重要。

航空系统中的人虽然是最灵活且适应力最强的，但人也易受可能损害系统性能的其他因素的影响。由于大部分不安全事件都是人为因素所导致的，因此人们往往将其归类于人为差错，而人为差错可能是因为培训不足、程序设计不合理或检查单手册编排不当造成的，但"人为差错"这个词掩盖了要想预防事

171

故就必须重点研究的潜在因素。根据现代安全管理思想，人为差错只是起点而非终点。安全管理则是要寻找各种方法来预防人为差错的发生，或降低人为差错对安全造成的影响。这就需要充分了解人为差错发生的环境（即了解运行场所内影响人的行为能力的因素和条件）。

威胁与差错管理是一种涵盖了航空运行和人的行为绩效的安全概念。它并非一种革命性的理念，而是在实践中充分考虑"人"的因素，逐渐深化推动航空运营安全而逐步发展起来的。也可以说威胁与差错管理的发展是行业经验集中总结的产物。这些经验加强了对以下方面的认知：对航空运行领域中人的表现的研究，严重忽视了动态工作环境对人的表现产生的相互影响，也就是说，仅单纯研究人的表现是不够的，而需关注人们履行职责时人与环境（例如组织上、规章上和环境上）之间的相互作用。因此 TEM 的目标是提供广泛审核动态和复杂操作时人的行为的原则性方法，这些影响所产生的结果将直接影响安全。

从机组的角度来看，TEM 包含了三个部分：威胁、差错和非预期的航空器状态。飞行机组在日常航空安全运行中必须管理好威胁和差错这一部分，因为威胁和差错都会伴随产生潜在的非预期的航空器状态。同时，由于非预期的航空器状态伴随着潜在的不安全后果，飞行机组也必须对非预期的航空器状态进行管理。非预期状态的管理是保证飞行运行安全裕度的最后机会，在很大程度上避免了不安全后果。

（一）威胁与威胁管理

根据中国民用航空局飞行标准司 2011 年发布的咨询通告《机组资源管理训练》，威胁是指机组在飞行期间应加以注意和应对的外部情况。这些情况增加了飞行操作的复杂程度，容易诱使机组出现差错，并在一定程度上影响飞行安全，应加以管理才能保证足够的安全裕度。威胁可能是预料之中的，也可能是突发的，如恶劣天气、系统失效、运行压力、设备故障等。

威胁可以是在机组预料之中，事先有估计和有情况介绍，也可以是在预料之外突然发生，因而毫无警告或情况介绍。威胁可能较小，如签证文件中小的出入，也可能很大，如高度指定错误。例如，地面人员加油错误可以看作是一个威胁。虽然不是由机组导致的，但必须对其进行管理。威胁的其他例子如：ATC 错误、签派文件错误、客舱乘务员数量发生出入、相似的呼号、维修缺陷、天气、地形和陌生的机场等。从系统安全管理的角度看，威胁是错误的先兆。

威胁是在飞行机组影响力之外发生的事件或差错，它增加了运行的复杂性，提高了运行难度，必须加以管理以保障安全裕度。在日常飞行中，机组必须有效应对各种复杂情况。这些复杂情况包括诸如在地形复杂的机场飞行，不利的天气条件，繁忙空域，飞机机械故障，以及应对管制员、乘务员或机务人员等人员的错误等等。TEM 认为这些复杂情况及其关联是威胁，因为它们可能降低飞行的安全性。

某些威胁能被机组预测到，因为机组已经产生预期。例如，机组在直接准备阶段知晓了航路上存在雷雨天气，考虑到雷雨天气对飞行安全的潜在影响，则会提前制定应对雷雨绕飞的相关措施。

某些威胁会发生得很突然，事先没有任何提示和警告，例如在飞行中飞机突发故障。这种情况下，机组必须运用来自飞行训练和运行中获得的知识和技能来对其进行处置。

某些威胁不会直接显现或立即被机组察觉，而是需要通过一定的安全分析才能识别，这种威胁则被视为潜在威胁。视觉错觉、设备设计问题及过站时间过短等都属于潜在威胁。

无论威胁是可预期的、不可预期的还是潜在的，衡量飞行机组是否能有效管理威胁的方法都是：机组能否预测到威胁的存在，并且采取正确的对策对威胁做出反应。

威胁管理是差错管理和非预期航空器状态管理的基础。虽然威胁和差错之间没有必然联系，也不总有可能建立一种线性关系，或是在威胁、差错和非预期航空器状态之间建立一一对应的映射关系，但大数据显示：未对威胁进行有效的管理一般与机组的人为差错有关，而这通常又与非预期的航空器状态有关。通过从根源上避免影响安全的情形出现，威胁管理为保持飞机运行的安全裕度提供了最积极主动的方案。作为威胁管理者，机组是保障飞行安全的最后一道防线。

表 5-1 是按照 TEM 模型中威胁的两种基本类型进行分组的举例。

表 5-1 威胁举例

环境威胁	组织威胁
天气：雷雨，积冰，颠簸，风切变，大侧风/顺风，极高/极低温度。 ATC：空域繁忙，TCAS RA/TA，ATC 指令，ATC 差错，ATC 语言障碍，ATC 不标准术语，ATC 临时更改跑道，计量单位变化（QFE/米）。 机场：短窄跑道，湿滑/污染跑道/滑行道，缺乏/混乱/模糊的标志/信号，鸟群，设备失效，复杂地面导航程序，机场建筑。 地形：高原，斜坡，缺乏参照，"黑洞"。 其他：相似的呼号	运行的压力：延误，晚到，设备更换。 飞机：飞机故障，自动设备事件/异常，MEL/CDL。 客舱：乘务员差错，客舱事件分心，干扰，客舱门安全。 机务：机务事件/差错。 地面：地面操作事件，除冰，地面人员差错。 签派：签派文字工作事件/差错。 文件：手册差错，图表差错。 其他：机组排班事件。

资料来源：李姝，汪磊．飞行人为因素与机组资源管理［M］．北京：中国民航出版社，2020．

某些环境威胁可预知并提前为之准备，而另一些是突然发生的，但是都必须由飞行机组管理。另一方面，组织威胁一般是潜在的，可以由航空组织从源头上进行管理，从而减小或消除威胁的影响。飞行机组是保证安全的最后一道防线，但是在这之前航空公司应该有更早的机会去消除这些威胁。

（二）差错与差错管理

根据中国民用航空局飞行标准司 2011 年发布的咨询通告《机组资源管理训练》，"差错指偏离机组意图或预期的机组成员的行为或既定工作的错、忘、漏现象。差错包括不遵守规章制度、违反标准操作程序（SOP）和政策，以及背离机组、公司或空中交通管制的指令或要求等"。可以说，威胁"攻击"机组，而差错"产生"于机组。机组的差错可以是瞬间的过失或失误，也可以是受到外界预料和没有预料到的威胁而产生的后果。例如，起飞前临时更换跑道指令可能会导致机组人员分心，使飞行员无法正常地完成正常检查单，从而导致忘记检查起飞前的襟翼设置。其中，各种各样的失误值得我们去深入思考。

TEM模型是根据在差错发生时机组的主要交互作用对差错进行分类。因此，如果将差错归咎于操纵飞机，飞行机组的主要交互对象就为飞机（例如，通过飞机的操纵装置或自动化设备对飞机进行操纵）。如果将差错归咎于程序差错，飞行机组的主要交互对象就为程序（例如，检查单或SOP）。如果将差错归因于交流差错，飞行机组的主要交互对象就为人（例如，管制员、地勤服务人员以及其他机组人员）。

飞机操纵差错、程序差错和交流差错可能是无意中产生的，也可能是有意地不服从程序、政策等规则导致的结果。同样，对熟练程度的考虑（即知识或技能的缺乏、训练体系的不完善）也可以是三类差错分类的依据。为了避免混淆，TEM模型未将故意不服从程序、政策等规章和熟练程度不够作为单独的差错分类，而是将其作为三种主要差错的次级分类。（见表5-2）

表5-2 差错举例

飞机操作差错	人工操纵/飞行控制：横向/纵向和/或速度偏差，不正确的飞机形态设置，错误地使用减速板、反推，错误的发动机推力设置。 自动设备：不正确的速度、航向、高度、自动油门设置，使用不正确的模式。 系统/无线电/仪表：错误使用组件、防冰、高度表、燃油开关，错误的速度游标设置，错误地调谐无线电频率。 地面导航：试图落向错误的滑行道/跑道，滑行速度过快，错过等待点，错过滑行道/跑道。
程序差错	SOPs：未交叉检查自动设备输入。 检查单：错误口令和回答，漏项，检查单执行过晚或执行时机不当。 喊话：漏掉/不正确的喊话。 简令：遗漏；漏项。 文件：错误的重量和平衡、燃油信息、ATIS或是放行信息记录，错误理解文字说明；错误填写记录本，错误实施MEL程序。
交流差错	机组对外通讯：错过呼叫，错误理解指令，错误地复诵，得到错误的许可、滑行道、停机位或跑道信息。 飞行员之间交流：机组间交流错误或理解错误。

资料来源：李姝，汪磊. 飞行人为因素与机组资源管理[M]. 北京：中国民航出版社，2020.

差错管理是指为降低差错发生频率、减少差错数量、减轻和抑制可能发生的差错后果而采取的一切行动和方法。

无论是什么类型的差错，其对安全的影响都取决于在该差错导致非预期航空器状态或潜在的危险后果之前，机组是否发现差错并做出相应的反应。因而，TEM 的目标之一就是使机组人员理解差错管理（即发现和反应），而非只关注差错的后果。从安全角度来看，被及时发现并对其做出反应的运行差错，不会导致非预期航空器状态和潜在的危险结果，也不会降低飞机运行的安全裕度，因而仅被视作不合理的操作。正确的差错管理中人的表现的正面案例，除了对安全上产生贡献，还具有借鉴和训练价值。

正确掌握差错管理的方法，其重要性不亚于正确识别差错。判断是否成功掌握差错管理的重点在于：差错是否被发现，什么时候被发现，被谁发现，对发现的差错采取何种措施应对，以及减小或消除差错产生的后果。有些差错很快就能被察觉并被处置，因此被称为不合理操作，而有些差错则不易被发觉或未进行正确处置。未进行正确处置的差错是指一个关联或导致其他差错或非预期航空器状态的差错。差错管理是在差错造成后果（导致非预期的航空器状态）之前，修正它的过程。

我们必须接受自己的错误，同时也必须防止那些威胁安全的差错，不应让差错形成连锁反应，应及早采取防范措施。要防止差错的产生，一方面需要改进飞机的技术，另一方面需要规范机组的行为，同时还需要改进航空系统的管理。

飞行员有很多进行差错预防、监控、检测和修复的职业工具。从某种意义上说，一个好的专业人员也是一个好的差错管理者。常见的职业工具包括如下几类。

1. 标准操作程序

标准操作程序（SOP）是指为有效地实施和完成某一项飞行任务，以统一、清晰的格式描述出来，用以规范和指导具体飞行操作活动。SOP 详细规定了标准化的操作步骤和要求，其内容只规范正常情况下的操作活动，非正常及应急情况下的操作活动一般不列入。标准操作程序由专门机构负责设计并定期更新。基于以往的经验，程序的设计旨在从普遍意义上最大限度地降低差错风险，并提高差错被检测到的概率。当每个人都按照 SOP 操作时，差错就很容易被检测出来，使得每一个差错都格外明显。

2. 标准喊话

标准喊话是飞行过程中座舱内部和空地之间进行有效信息交流的一种规范行为方式。通过对飞机状态、设备运行模式和飞行关键参数等重要数据实施标准喊话，可以确保飞行机组成员间共享相同的信息资源、状态认知和情景意识。标准喊话应作为标准飞行程序重要组成部分使用，机组做飞行简令时应对喊话内容、重点进行简述，增强适用性和针对性。标准喊话不仅可以通报飞机当前状态、提醒偏差，还能发现飞机在飞行过程中潜在的威胁，并进行适当提醒。喊话时应该实用、简单、清晰。如果喊话是错误的，喊话者本人和听到喊话的人（如机组成员）都有机会察觉到这个差错，这也为差错检测提供了机会。

3. 检查和交叉检查

检查和交叉检查是加强个人和机组间监控的标准安全程序。从定义上来看，交叉检查是集体型的差错检测工具。它很有效是因为多人比单人可能更容易检测到一些错误。交叉检查是对人力资源的最好利用。

4. 检查单

如果行为清单通过明确行为顺序可以预防错误的话，那么检查单的主要功用就在于差错检测。检查单可以发现自然监控过程中遗漏的差错（包括个人和机组的差错）。它能够检测到即使在个人专心监控的情况下也可能被忽视的错误。虽然检查单通常不会检查出很多错误，但是它能够发现别的方式很难察觉到的错误。

5. 飞行简令

飞行简令是在某一阶段、某一动作实施之前，飞行员向机组其他成员讲述即将执行的操作的意图、关键变化要素。这包括实施某一动作的正常或非正常飞行程序、操纵要点、注意事项以及对机组任务分工进行简要说明，以确保机组成员清楚各自的职责和任务。飞行简令实际上是飞行前准备，与飞行前地面准备相比，更接近飞行实施，时效性、针对性更强。

6. 指令复诵

飞行员和管制员之间的指令复诵是一种有效降低差错的交流机制。指令复诵是飞行过程中，机组成员、地面指挥人员发布或接收指令时，受话方对重要指令和通话内容进行重复确认的过程。指令复诵可以有效防止说错、听错、理解错，确保指令有效发送、准确接收、正确执行。飞行中的空地通信，也需要一套通话的标准和规范。在这些标准、规范中，需要对术语、定义和缩略语做出具体的定义，对通话结构、通话基本要求、发音、标准单词、呼号的读法、通话、通信移交、许可的发布和指令复诵要求、无线电检查程序等提出明确的要求，对各种时机、功能的通话用语进行规范。所有差错管理工具都必然涉及适当的注意力分配和认知资源管理，而工作负荷、疲劳等因素会降低这些工具的效力，因此不要让这些职业行为经常发生。

（三）非预期的航空器状态

非预期航空器状态定义为：导致安全裕度降低的，由于机组原因造成飞机速度或位置的偏差，误用飞行操纵装置或不正确的系统构型。由于无效的威胁或差错管理所导致的非预期状态可能造成危及安全的情况发生并降低飞机运行的安全裕度，飞行机组必须及时发现并对此进行有效管理。

非预期航空器状态的例子包括起飞或进近着陆过程中使用错误的跑道、进近过程中飞机突破了管制指令的速度高度限制，或在短窄跑道着陆时，由于目测高而需要使用人工最大刹车。诸如设备故障或管制员差错等事件也会降低飞行的安全裕度，但这些事件被视为威胁。

如果对非预期状态进行有效管理，安全裕度就能得到恢复。否则，飞行机组的反应可能会导致其他更严重的差错、事故征候甚至是事故。

表5-3举例说明非预期状态在TEM模式中分为三个基本类型。

表5-3 非预期状态举例

类型	说明
飞机操作	飞机控制（姿态） 垂直、水平或速度偏差 非必要地穿越气象环境 穿越未批准空域 超出飞机限制操作 不稳定进近 在不稳定进近后继续着陆 着陆目测高、拉飘、重着或着陆偏离跑道中线
地面导航	滑错滑行道/跑道 错误的滑行道，机坪，停机位或等待点
错误的飞机构型	错误的系统构型 错误的飞行操作构型 错误的自动设备构型 错误的发动机构型 错误的重量和平衡构型

资料来源：李妹，汪磊.飞行人为因素与机组资源管理［M］.北京：中国民航出版社，2020.

飞行机组学习和训练的重点之一在于及时地将差错管理转换成非预期状态管理。如下例：机组在飞行管理计算机（Flight Management Computer，FMC）中选择了错误的进近，然后在最后进近定位点（Final Approach Fix，FAF）前的交叉检查中发现进近错误。然而，两个机组成员没有使用基本方式（例如，航向方式）或人工操纵飞机按期望的航径飞行，而是都试图在到达FAF前重新编程选择正确的进近，结果造成飞机切过了航向道，下降晚，进入不稳定的进近状态。这个例子说明机组只停留在差错管理阶段，而没有转换到非预期状态管理。TEM模式的使用有助于让机组明白：当飞机处在非预期状态时，机组的基本任务是非预期状态管理而非差错管理。上例也说明了机组容易停留在差错管理阶段。

从学习和训练角度来看，将非预期航空器状态和其后果明显区别开是非常重要的。非预期的航空器状态是正常操作状态（例如，稳定的进近）与后果之间的一种过渡转换状态，而后果是结束状态，大多数情况下是可报告的事件（例如，事故或事故征候），如一次稳定的进近（正常操作状态）变成不稳定的进近（非预期状态）造成偏出跑道（后果）。

这种区别的训练和相应的补充训练有着很重要的意义。当在非预期状态阶段时，机组有可能通过相应的 TEM 恢复情形，重新回到正常操作状态，从而恢复安全裕度。一旦非预期状态成为一个后果，就不可能再恢复原来的情形，重新回到正常操作状态，以及恢复安全裕度。

第二节 人工智能与机组资源管理

一、航空中的人－机－环系统

本节将从大型飞机公共航空运输日常航班生产运行的角度出发，以人、机、环三个维度为切入点，论述和探讨人工智能与机组资源管理之间的关系。

（一）机组成员（人）

经常有人会问，飞行员执行航班时所携带的飞行箱里都有什么。在过去，执行航班任务时，飞行员除携带必要的飞行装具外，还需要携带大量的纸质材料，如飞行计划、飞行手册、航图等飞行资料。这些飞行资料不仅沉重，携带不方便，如若丢失还有泄密的风险（因为有相当一部分的航图资料和机场信息为保密信息），此外，在航班运行过程中，如果发生非正常应急情况或需要改航备降时，查阅这些纸质资料也非常不方便和低效。而现在，除了必要的机载资料，如机载检查单、QRH（Quick Reference Handbook，快速检查单）和机载航图外，99%的纸质资料都可以用一台平板电脑来代替。东方航空 A320 机队所使用的电子飞行包（Electronic Flight Bag，EFB）设备如图 5-1 所示。

图 5-1 东方航空 A320 机队所使用的 EFB 设备样例

2009 年至 2010 年，中国民用航空局制定并下发了《电子飞行包（EFB）的适航和运行批准指南》及《电子飞行包的运行批准管理程序》。业内推广实行 EFB，目的在于有条件地部分替代纸质文件资料，简化驾驶舱，方便运行人员使用，提高文件的时效性和有效性管理，实现"无纸化驾驶舱"，进一步提升运行效率、提高安全运行裕度、提升经济效益。

在这块重约 600 克的 EFB 设备中，飞行人员在飞行前可以获取航班任务信息，完成航前预先准备。在直接准备阶段，飞行人员将在 EFB 中下载和签收包括航行通告、飞行计划、气象报文等在内的所有关于所执飞航班任务所需的电子飞行资料。在飞行实施阶段，飞行员同样通过 EFB 进行舱单配载信息的下载和上传，并对飞机性能（包括起飞和着陆性能）进行计算，飞行员还可以利用 EFB 对领航信息和机载燃油进行监控，以及提交业载信息、燃油信息、飞行经历等与航班运行有关的信息。一些常用的飞行工具也被开发成了 App 并安装于其中。如空客公司和波音公司都分别开发了配套的性能软件，如空客公司的 FLY SMART 和波音公司的 OPT，以及杰普逊公司的电子航图软件等。这些电子化、数字化和智能化的飞行工具优化了工作流程，降低了飞行员的工作负荷，也提高了工作的精度和效率，辅助飞行员提升了运行安全。这也是 1 级 AI 在生产实践中的应用。

除了飞行员，客舱乘务员和安全员也都有自己不同程度的可便携的智能化数字系统，如东航乘务长使用的"电子任务书""东航移动客舱"等飞行工具（见图 5-2）。客舱乘务员借助这些智能信息系统可以提前预知旅客信息，将服务细节提前，优化客舱安全和服务工作，均衡地面准备阶段的工作负荷，大幅度提高服务质量。客舱安全员是维护客舱安全和维持客舱秩序的重要岗位，东航安全员使用的空保勤务通系统（试用中）（见图 5-3），通过对重要信息的自动筛选与推送，可以有效地帮助安全员掌握有关客舱安全的信息，维护客舱安全。同时这些智能化信息系统，对于飞行机组与客舱机组之间的协同准备，提升机组资源管理的质量和效度都起到了重要作用。

在 1 级 AI 这个级别中，对于不同岗位的机组，从飞行准备到飞行任务的执行，机组人员得到协助和增强，均可收获重要的安全收益，机组资源管理得到有效提升。

图 5-2 "电子任务书"与"东航移动客舱"　　图 5-3 空保勤务通系统

（二）航空器（机）

随着时代的发展和科技的进步，人工智能在航空器上运用的深度和广度也在逐日提高。从早期的机械模拟仪表驾驶舱（analog cockpit），如老一辈飞行员常说的"八块表"，到现在数字集成式中央仪表（glass cockpit），如空客的 EFIS 系统，大规模的数字集成与自动化系统程度的提高是人工智能领域进步与发展在驾驶舱中的一个表现。不管是供飞行训练使用的教练机，如 Cessna 172（见图 5-4），还是大型商业载客或载货运输所使用的机型，如波音 737、波音 787、空客 320、空客 350 等，都装配有不同程度的自动化设备，并且随着人工智能的发展，机型的设计和设备升级都在做相应改进和升级。接下来将从操纵、导航和通信三个飞行环节进行论述。

图 5-4　Cessna 172 驾驶舱仪表盘从过去机械模拟式到 G1000 集成式仪表的变更

注：塞斯纳 172 是美国塞斯纳飞机公司研制的单发四座活塞式小型通用飞机，是历史上最成功且生产量最多的小型飞机，广泛运用于飞行训练、农业、私人通勤等通用航空领域。G1000 玻璃驾驶舱于 2005 年安装在 172R 及 172SP 上。G1000 由两个可以互相转换的 12 寸液晶显示器组成，代替了传统的仪表。通常，左方液晶屏幕显示器是用来显示速度、高度以及姿态的主要飞行仪器（primary flight display, PFD），而右方的则用作多功能显示，可显示地图等（multi-function display, MFD）。

资料来源：以上图片均由澳大利亚 CAE Melbourne Flight Training Pty., Ltd. 提供，其中左侧图片拍摄于 VH-SUT，右侧图片拍摄于 VH-KYW 驾驶舱。

1. 操纵

早期的飞行员通过机械模拟仪表（如图 5-4 左侧）来判断飞机的姿态、空速、高度、航向等信息，飞机的操纵面通过钢索与飞行员控制的"一杆两舵"连接。随着第一代自动驾驶仪 A/P（Auto Pilot）和飞行指引仪 F/D（Flight

Director）的出现，飞行员得以从传统飞行操纵"一杆两舵"中"解放双手"，使得飞行员工作负荷第一次得到解放。然而，由于第一代A/P无法控制方向舵，不能实现协调转弯，所以只是"解放了双手"。随着自动飞行发展到中级阶段，出现了结合飞行指引仪和导航计算机的自动飞行方式以及一些简单的自动着陆功能。同时，一些飞机上开始配备性能管理系统PMS（Performance Management System）。此外，第一代的自动推力A/T（Auto Thrust）和自动刹车A/B（Auto Brakes）也开始问世。如图5-5，空客320机型的自动驾驶仪A/P、自动推力A/T和自动刹车系统A/B操作按钮，这些自动化系统均需要人工监控，如果没有达到预期，需要人工接管或干预，属于2A级AI。

图 5-5　A320 机型的 A/P、A/T 和 A/B 操作按钮（红色方框所示）

第三代的自动飞行系统在综合化程度上取得了巨大进步。飞机可以实现从起飞后1000英尺（304.8米）到着陆的全阶段全自动飞行。这主要归因于计算机和内存的快速发展，使得相互独立的自动系统能够通过飞行管理计算机连接在一起，形成了飞行管理系统（Flight Management System，FMS），从而实现了全自动飞行。新型的自动飞行模式也随之出现在模式控制面板（Made Controli Panel，MCP）上。飞行信息被综合显示在电子仪表系统（Electronic Instruments

System，EIS）上，EIS 通常由六个显示器组成，用来显示主飞行参数、导航数据、发动机状态以及一些系统信息、故障告警。飞机的自动控制和制导能力以及自动着陆能力大幅提升，得益于高精度的惯性导航系统（Inertial Reference System，IRS）的出现和飞行管理计算机的导航和性能管理。（魏麟，2004）

在最新的波音 787 Dreamliner 机型上，装配了五个多功能显示器，如图 5-6 波音 787 驾驶舱布局图，实现了许多标准功能，如进行地面滑行的高清晰度的机场滑行道地图，以及增强型垂直状况显示，提供进近区地形剖面图。每个显示器都能分屏显示，或配置大型策略地图。其中还装配了双平视显示器（HUD）、双电子飞行包以及一个电子检查单，如图 5-7 波音 787 的电子检查单，可通过触摸屏、边框按键、光标控制或键盘操作，对检查项目进行点选确认。其他航空电子设备、飞行管理计算机、通信设备以及驾驶舱打印机，都通过接口与电子飞行包相连。电子飞行包通过提供标准化的软件模块，可以减少大量驾驶舱中的纸质文件。这些软件模块包含各种机载维修功能、一个性能工具、电子日志和文件浏览器。此外，电子飞行包还为各种选装系统预留了接口，例如终端图和飞机视频监控，以便未来改进升级。

图 5-6　波音 787 驾驶舱布局　　图 5-7　波音 787 的电子检查单

检查单是飞行员在飞行过程中所使用的确保飞行安全的重要工具，能帮助飞行机组防止错、漏、忘程序和动作，也是威胁和差错管理中的必备飞行资料。美国波音公司最新的 777 和 787 系列机型均装配了电子检查单（该配置在波音公司目前销量最好的 737 系列上还未装备），如图 5-8，该电子检查单分为正常检查单和非正常检查单。正常检查单用于正常运行时，帮助飞行员在不同的飞行关键阶段开始前监控和检测不正确的飞机构型设置。非正常检查单用于协助飞行机组在运行时处理飞机故障等不正常应急状况。

图 5-8 起飞构型测试前后 E/WD 备忘前后对比

注：备忘信息显示在 E/WD 的下半部分，列出在正常操作下暂时使用的功能或系统。它们正常为绿色，如图 5-8 右图下半部分，但在非正常情况下可为琥珀色。对于执行未执行的动作项，如图 5-8 左图，显示为蓝色并提示动作；对于 T.O CONFIG..TEST 行，如图 5-8 左图，在测试完成后消失。若动作完成，显示绿色；若起飞构型测试通过，由"TO CONFIG NORMAL（起飞形态正常）"代替。如果形态变为非正常，需要再次测试。

举例来说，波音 787 机型在以下重要飞行阶段未完成检查单中重要的项目时，EICAS 警戒信息 CHKL INCOMPLETE NORM 显示以提醒机组：（1）在滑行前阶段，飞机靠自身动力移动时，警戒出现；（2）起飞前阶段，飞机在 FMC 起飞跑道上准备起飞时，警戒出现；（3）进近阶段，飞机下降穿过 FMC 过渡高度层，且襟翼手柄未收上时，警戒出现；（4）着陆阶段，飞机下降至低于着陆高度以上 500 英尺（152.4 米）时，警戒出现。CHKL INCOMPLETE NORM（正常检查单未完成）信息会一直显示，直至正常检查单已完成或超控。与 CHKL INCOMPLETE NORM 信息一同显示的检查单图标提醒飞行组打开检查单，同时，正常检查单键的颜色变为琥珀色，表明一个或多个的正常检查单是不完整的，直到正常检查单完成或超控。当完成检查单所有项目后，检查单完成指示（绿底白字）会显示在检查单页面底部。每一个正常检查单完成后，自动显示下一个未完成的正常检查单。这是 2B 级 AI：人机协作，也就是人执行功能而机器监督的最好体现。

同样，作为世界主流的单通道机型之一，空客 320 机型在 2 级 AI（人机协作）层级上也有很多体现，除前文论述的自动驾驶、自动油门和自动刹车等 2A 级人工智能功能外，在 2B 级人工智能上，A320 也有某种程度的体现。比如，驾驶 A320 机型在离场滑行阶段，须完成起飞构型测试（T.O CONFIG TEST），如图 5-8 的显示器下半部分。当飞行员按下 ECAM 控制面板上的 T.O CONFIG（起飞形态）按钮时或在施加起飞马力时，若飞机没有处于起飞构型，比如：（1）襟翼未在起飞位；（2）缝翼未在起飞位；（3）减速板未收回；（4）发电机 1 或 2 故障；（5）发电机 1 或 2 关闭；（6）绿或蓝或黄液压系统低压；（7）刹车温度高；等等。这些情况下，E/WD（发动机/警告显示）的下半部分将出现警告和警戒（包括带颜色的文字信息、警告或警戒灯亮和声音）以提醒飞行员。该机载起飞形态测试功能可对起飞前机载设备的运作情况和机组对飞机的操作和设置等在内的 18—21 个子项目（根据机型或测试时机的不同有所区别）进行"一键式"测试，既完成了对机组行为的监督和检测，也辅助机组对一些风险和威胁完成了规避，大大提高了飞行安全。

除此之外，A320 全系机型还装配有着陆备忘信息提示，功能类似起飞构型测试。需要特别提到的是，为提高工作效率，计算机在某些飞行阶段会抑制一些警告和警戒。这是为了避免在高工作负荷阶段，如起飞或着陆时不必要地干扰飞行员。对于一些型号配置较新的 A320 机型，其起飞备忘录信息中还提示有"CABIN READY"信息，此信息由客舱乘务员在完成客舱准备后通过其客舱电门向飞行机组提供，减少了飞行机组在地面滑行阶段受到干扰的可能性，有效地提高了 CRM 和 TEM。

2. 导航

从"Watch-Map-Ground"的目视领航技术，到传统无线电导航，如 VOR、DME、NDB 等，从惯性导航系统（IRS）到基于性能的导航（PBN），不断发展的导航技术、精度更高的导航系统和偏差更小的领航飞行，给世界民航带来了革命性的变化，它们辅助和增强了机组的导航能力，让无法正常起降航班的难题得以解决，更让复杂山区、地区有了建机场、通航班的可能。

从传统的传感器导航发展到 PBN 的 GNSS 导航，充分发挥了导航性能的优势，可以精确引导航空器，提高飞机运行安全性；通过垂直引导，执行连续稳定的下降程序，可以降低可控飞行撞地的风险，为飞行人员安全飞行提供保障；同时，实现机动和最佳的飞行航径，提升飞行业载，减少飞行时间，节约燃油，提高空中交通流量等，为航空公司的效益和民航业的发展与壮大提供了巨大的推动作用。此外，在 PBN 运行框架下，卫星导航系统成为主流，降低了导航基础设施建设和运维成本，提高了运行的整体经济效益与安全水平。例如在地形复杂的林芝机场使用 PBN 运行，采用了灵活的飞行航径，能够顺利躲避高山的限制，同时，使用卫星导航成功降低了地面导航站的建设和维修成本。

除了导航方式的变迁，Glass Cockpit 也向飞行员提供了许多可视化的信息，比如气象信息、地形信息、燃油预测等，这些信息在飞行员进行危险天气绕航、避免可控撞地、失压程序备降等领航决策时都起到了不同程度的辅助或增强作用，如下图 5-9。

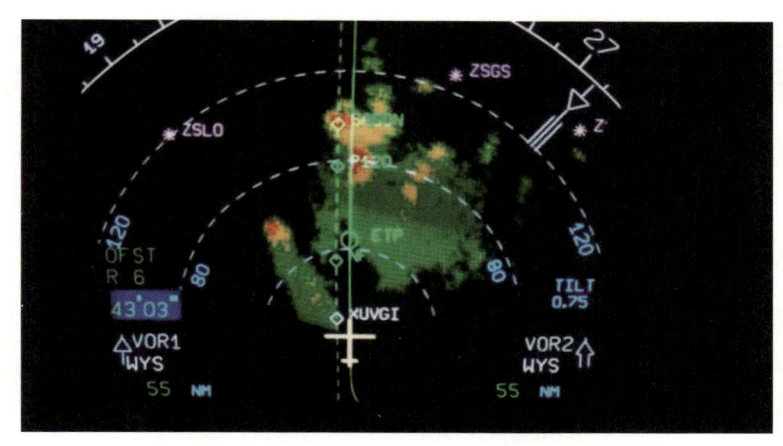

图 5-9　机载雷达的探测图像在计划航径上的成像

3. 通信

在传统的民用航空交通服务中，驾驶员与管制员、驾驶员与签派员、飞机与飞机之间主要借助甚高频（Very High Frequency，VHF）或者高频（High Frequency，HF）进行语音通信。然而随着民航业的迅猛发展，民航通信业务量显著增多。目前因为管制通信的 VHF 和 HF 语音通信的通信频道拥挤、抗干扰能力差等缺点日益突出，已经直接影响到飞行安全。

目前，基于"卫星＋数据链＋网络＋计算机"的空管数据链技术得到越来越广泛的运用，它可将飞机与空管自动化系统有机联系在一起，从而提高空中交通的安全性、正点率和效率。常用的空管数据链系统包括航空通信寻址和报告系统（Aircraft Communications Addressing and Reporting System，ACARS）、选址式/合同式自动相关监视（ADS-A/C）、广播式自动相关监视和管制员－飞行员数据链通信（Controller-Pilot Data Link Communications，CPDLC）等。

在飞行过程中，飞行员常常需要接收管制员的指令并对飞机进行操纵，比如调整高度、航向、航路、空速和通信频率等。从飞行员与管制员的通信开始，到飞行员对飞机的动作输入，再到飞机对飞行员操纵的响应这一系列环节当中，均存在威胁与产生差错甚至非预期航空器状态的可能。如，听错指令——把爬升听成下降，听错航空器呼号——把管制员给别人的指令误当成自己的指令，机组调错高度——飞行员未按照指令进行高度调整，通信失效——机组未正确进行频率转换，飞机未对飞行员的操纵按照预期响应，即上升率/下降率过大等等。在 CPDLC 技术的帮助下，机组与管制员之间的通信联系可由传统 VHF 语音通信转化为文字信息并伴随 2B 级 AI 功能的自我检测。如图 5-10，波音 777 机型在巡航过程中收到管制的 CPDLC 信息，左图为要求机组进行通信频率转换的指令（屏幕左下角以小框形式提醒机组有新的指令），右图为要求机组调整高度的指令，当机组按照 CPDLC 上面的信息对飞机进行设置时，若机组设定正确，数据值则由白色变为绿色。这些可提供反馈（2B 级 AI）的数据是：MCP 速度、应答机码、MCP 航向、VHF 频率、MCP 高度、HF 频率、气压表设定、FMC 数据输入。（注：飞行员通过 MCP 区域的旋钮、电门、开关等对飞行参数进行手动设置）

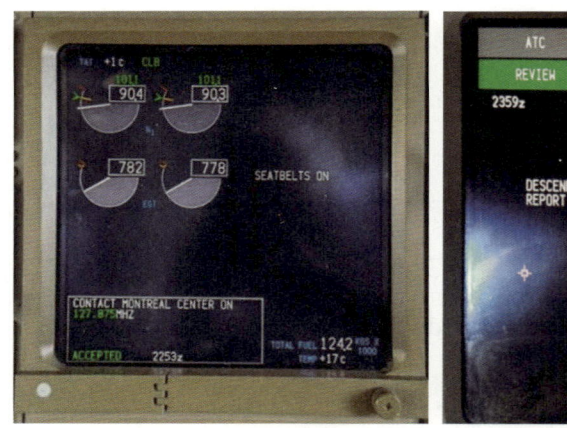

图 5-10 CPDLC 信息范例

除此以外，ACARS 也对飞行员与管制员、签派员之间的通信联系起到辅助作用，比如帮助飞行员获取气象信息（ATIS、METAR 等）、放行许可、舱单配载信息等。当然，卫星电话也是机载通信设备的一种，在必要或特殊情况下也可以直接使用。

（三）运行环境

机场是民用航空器运行的起点和终点。机场地面运行也存在较多威胁，管理出现问题也会导致差错和非预期航空器状态的发生。多年来，机组在地面运行时屡次发生不安全事件，如跑道入侵、滑错地面滑行道、非指令推出或开车等等。

于2019年正式通航的北京大兴机场装有世界领先水平的A-SMGCS系统（Advanced Surface Movement Guidance and Control System）。ICAO将A-SMGCS描述为"由不同功能单元组成的模块化系统，无论机场平面处于何种密度、能见度和复杂度条件下，均能支持飞机和车辆的安全、有序和迅速移动"。简单来说，它就像给机场的地面装上了"红绿灯"和"导航仪"。当一架飞机落地后，这套系统会根据停机位自动规划出最优的滑行路线，随即地面滑行道上的一个个绿色引导灯光会逐一亮起，绿色灯光代表继续滑行，红色灯光代表停止，飞行员只需跟随绿色灯光指示就可以滑行到停机位，如图5-11。同样，飞机推出后也会有最佳的滑行路线，引导飞机滑到跑道头。这套系统有效帮助飞行规避了很多因不熟悉滑行路线或误听滑行指令而导致的滑错路线等不安全事件。

图 5-11 北京大兴机场地面 A-SMGCS 引导系统（昼间与夜间）

二、人工智能与机组资源管理

随着时代的进步和科技的不断发展，机组资源管理（CRM）也在持续更新与改进。在不同时代环境和科技背景条件下，CRM中的"人－机－环"任何一个环节发生了改变，CRM也会相应地改变，从而需要发展与之相适应的CRM。

人工智能对CRM效能的提升是显而易见的，是机组对威胁和差错进行管理最有力的工具。现在，机组从飞行前准备，到直接准备，再到飞行实施过程中的各个阶段，都有不同级别的AI参与进来，协助、增强、配合、监督或检查机组在各个阶段对程序和动作的实施。

然而，人工智能的发展也给CRM引入了一些新的问题。例如，2018年10月发生的印尼狮航610航班坠机事件和2019年3月发生的埃塞俄比亚航空302航班坠机事件，都将矛头指向了最新的737 MAX机动特性增益系统。在该系统的错误介入下，飞行员丧失了对飞机操纵的主导权，不断迫使飞机机鼻向下俯冲，导致飞机无法控制坠毁。（National Transportation Safety Board，2019）所以，再先进的自动化设备也会出现故障，或者发生超出机组预期的情况，仍要飞行员进行干预和处理。

现代化的飞机都装有或多或少带有安全监视功能和自动飞行功能的"硬件"或"软件"。这些功能与飞机的设计息息相关，包含自动化系统、仪表显示系统和飞机告警系统。因此，飞行员更像是一名"自动化管理员"或者"异常处理员"。根据欧洲航空安全局发布的《人工智能路线图1.0》，未来新设计的驾驶舱自动化系统会改变飞行员与自动化系统之间的关系，减少机器可以完成的任务对人力资源使用的占比，从而使他们能够更好地专注于高负荷的附加任务；在机器的辅助下，将人类置于复杂决策过程的中心，解决人类绩效限制的影响；等等。

斯普盖特（Sprengart）等人认为未来的机载设备将智能化自动飞行，而飞行员则可能成为飞行管理者，即"任务经理"。空客（Airbus）也认为未来驾驶舱中的飞行员将不再需要执行具体的航班飞行操作任务，而主要承担航路规划等"任务管理"的角色。然而，即使设计优良，也不能完全保证有效地实施 TEM。

（一）飞行员

商业运输飞机制造商业已开展了利用 AI 赋能驾驶舱自动化系统的探索。例如空客启动的自主滑行及起降（Autonomous Taxi, Take-Off and Landing，ATTOL）项目，使用安装在飞机上的摄像机和激光雷达等传感器来采集视频图像，再基于计算机视觉算法对图像进行自动识别，为飞行控制系统提供输入参数，以实现不依赖传统的仪表着陆系统的降落任务。经过为期两年的飞行测试，在 2020 年 6 月 29 日，ATTOL 项目所使用的一架 A350 测试飞机于法国图卢兹成功完成了飞机自主滑行、起飞和降落，整个过程不需要飞行员的任何操作。技术发展推动了大型商用飞机驾驶舱机组人员逐步递减的趋势。但不管是过去的五人制机组，还是现在的两人制机组，还是未来的单人制机组（SPO），只要有驾驶员存在，不管是作为操纵者还是未来作为任务的管理者，都像是空客公司的"金科玉律"（golden rules）所说的一样，应该满足下面这些原则。

1. 按 fly（飞行）、navigate（导航）、communicate（通信）的顺序执行动作并合理分工。

在正常和非正常的操作中，不论是手动飞行还是自动驾驶仪接通飞行，机组都必须按照飞行、导航、通信的顺序执行动作并将任务合理分工。下面依次简要介绍这三个动作。

1）fly（飞行）

（1）操纵飞机的飞行员（PF）必须集中于"操纵飞机"并及时监控和操纵飞机的俯仰姿态、坡度、速度、推力、侧滑、航向等，从而能达到并保持预期水平和垂直航迹目标。

（2）监控飞机的飞行员（PM）必须协助 PF 并主动监控各项飞行参数，报

193

告任何偏离过大的情况。PM 的主动监控作用非常重要。所以，两位机组人员必须确保：在这些任务上集中注意力并进行合理的任务分工；作为机组成员，必须时刻保持高度的情景意识，对任何不确定因素迅速做出反应，并采取措施予以解决。

2）navigate（导航）

（1）知道你在哪儿；

（2）知道你应该在哪儿；

（3）知道你应该去哪儿；

（4）知晓天气、地形和障碍的位置。

3）communicate（通信）

"communicate"不仅包括通信，还包括下列机组之间有效的、适当的沟通：

（1）操纵飞机的飞行员和监控飞机的飞行员；

（2）飞行机组和空中交通管制（ATC）；

（3）飞行机组和客舱机组；

（4）飞行机组和地面人员。

通信能保证飞行机组安全合理地执行飞行任务，增强情景意识。为确保建立良好的通信，飞行机组人员应当使用标准用语和合理喊话。但在非正常或紧急情况下，操纵飞机的飞行员首先必须操纵飞机恢复至稳定的飞行航迹，然后判断飞机当前的情况，再向空中交通管制（ATC）和客舱机组报告以下情况：（1）飞机当前的情况；（2）飞行机组接下来的行动计划。

综上，飞行机组必须牢记操纵飞机是第一位的。为能确保安全合理地执行飞行任务，飞行机组的 PF 和 PM 都必须掌握基本飞行技能并能够在所有情况下合理分工。

2. 随时能合理使用不同自动化程度的设备

飞机装备了几种不同程度的自动化设备来满足特定的功能需求。使用合适

第五章 人工智能提高机组资源管理效力

的自动系统级别可有效帮助飞行机组做到两点：（1）管理工作压力；（2）增强情景意识（交通、ATC通信等）。

飞行机组在任何时候都必须同时满足以下要求：（1）选择适当水平的自动化设备，其中包括适时采用手动飞行操纵。需要注意的是，采用手动飞行须经两名飞行员一致同意，并且必须经过飞行员的个人评估后才可决定。此评估应包含飞机状态（故障）、飞行疲劳程度、天气条件、空中交通情况，以及操纵飞机的飞行员对飞行区域的熟悉度。（2）了解所选的自动飞行级别的操作影响。

3. 始终理解飞行方式信号牌（FMA）

飞行机组必须通过交叉检查相应主飞行显示器（Primary Flight Display，PFD）和导航显示器（Navigation Display，ND）上的标识或参数来证实如飞行控制面板（Fly Control Unit，FCU）带来的飞行操纵的变化。飞行机组必须时刻知道以下内容：制导模式、制导目标、飞机姿态、速度和轨迹的变化等。

4. 如果情况超出预期，立即采取行动

如果飞机没有按照预期的水平或垂直航迹或者选定的目标飞行，并且机组没有充分的时间来分析并解决当时的情况，飞行机组必须立即采取合理且必要的行动。操纵飞机的飞行员必须改变当前飞行的自动化水平的选择：（1）管理制导改为选择制导；（2）选择制导改为手动飞行。监控飞机的飞行员应按顺序执行下列行动：（1）与操纵飞机的飞行员时刻交流；（2）必要时敢于质疑操纵飞机的飞行员的决断；（3）必要时接管。

（二）驾驶舱设计

驾驶舱的设计应注重以下十个高层次需求：

（1）飞行机组对飞机的安全操作负有最终责任；

（2）如需要，为了消除飞机超限应力或过量操纵的风险，飞行机组可全权执行直观操作；

（3）全面获取前一架飞机上飞行员的技巧水平和经验；

（4）按照优先顺序确保安全、旅客舒适度和效率；

（5）通过增强情景意识和对飞机状态的了解，简化飞行机组任务；

（6）自动化被认为是飞行机组附加的可用功能，飞行机组可决定何时使用并根据当前情况决定所需的辅助功能是什么等级；

（7）人机接口（HMI）的设计要同时考虑系统特征与飞行机组的优势和弱势；

（8）在系统设计过程中要考虑人为因素的现状，以管理飞行机组可能出现的差错。

（9）整体驾驶舱设计有助于促进并加强飞行机组间的交流（如任务分工、团队合作）；

（10）新技术的使用和新功能的实现是基于：显著的安全效益；对机组人员需求的明确反应；对飞行机组需求的明确回应。

现代飞行操作应包括两种技能：技术技能和非技术技能。个人技术熟练是21世纪选拔和训练飞行员的主要基础，个人技术是与传统的飞机操纵杆和脚蹬技能相关的专门技能。这些技能对于现代飞机操作是必要的，但仅靠这些技能还不足以保障飞行安全。换句话说，这些技能必须和其他与机组相关的技能相结合，这就是CRM的基本构成。至于未来航空工业发展到无人驾驶时，深度学习和机器学习发展到一定程度，数据驱动的学习技术逐步替代人完成复杂任务，CRM的解决方案会更优化，能更有效和更迅速地对威胁和差错进行识别和管控，从而利用人工智能进行防御性飞行，最大化提升飞行安全裕度。

第六章
人工智能参与下的人机协同、自动化系统与航空决策

第六章 人工智能参与下的人机协同、自动化系统与航空决策

随着技术的不断进步，人工智能正逐渐成为航空行业的重要支柱，推动人机关系的深度融合与智能化转型。本章着重探讨人工智能如何优化人机互动，重塑人机协同，提升自动化系统的智能化水平，并在复杂的航空环境中辅助飞行员做出更精准、更安全的决策。同时，审视这些变革对飞行员、航空工程师以及整个航空行业所带来的心理挑战与机遇。通过理解这些变革的深层含义，我们将迈向更加智能、安全的航空未来，为航空业未来的发展奠定坚实的理论基础。

第一节 航空决策概述

一、航空决策的内涵

飞行员在航空驾驶过程中面对特定情境时，从不同备选行动方案中做出最终抉择的心理过程，被称为航空决策（Aeronautical Decision Making，ADM）。关于飞行事故和事故征候的分析结果表明，飞行员的决策失误是导致飞行事故以及事故征候的关键人为因素。一旦飞行员在航空驾驶过程中出现决策失误，会严重威胁机上乘客和其他人员的生命安全，甚至引发重大事故。航空公司安全文化管理的缺失、飞行员的危险态度和低风险知觉水平，都容易导致飞行员忽视规章制度，从而做出违规操作与错误决策并引发重大飞行事故。因此，非常有必要探究航空决策的心理机制及其潜在影响因素，以深入理解飞行员在飞行过程中的心理规律，从而为实施有效的安全管理策略、降低由人为因素导致的航空事故提供技术支持和科学依据。

自 20 世纪中叶起，决策的相关问题引起了心理学领域的研究者们的广泛关注和探讨。此外，研究者们根据不同的理论视角，尝试对人类的决策过程和机制做出相应的解释，目前已经发展成为相对较为完整的理论体系。相应地，在航空心理学领域，研究者们为了理解和解释飞行员在决策过程中的心理活动，在这些传统决策理论的基础上，发展出了多种航空决策模型。具体来说，传统

的决策理论一般分为规范性决策理论和描述性决策理论。其中，规范性决策理论认为决策过程满足理性行为公理，该理论假设决策者是完全理性的个体。基于规范性决策理论，航空心理学领域的研究者相应地提出了信息加工模型，该模型充分凸显了概率公式在航空决策中的关键作用，认为飞行员依照主观概率模型对事件结果发生的可能性做出相应的决策。（Wickens，Flach，1988）

然而，在认知心理学诞生和取得发展后，研究者们又提出人类的决策过程可能还会受到非理性因素的影响。基于此，描述性决策理论随之产生并得到广泛探讨，预期理论即为其中最具代表性的理论之一。基于描述性决策理论，航空心理学领域的研究者们也相应地提出了不同的航空决策模型（O'Hare，1992），他们认为决策者（如飞行员）是真实的、有情感的人，而非完全理性的人，从而更加关注生态效度更高的作业场景中决策者执行任务过程时的心理活动和特点，这也为进一步推动航空领域的决策研究发挥了十分积极的作用。

此外，航空心理学领域的研究者们还针对现有的研究成果提出了两点看法，即上述两种决策理论脱离了实际的飞行决策过程，并且忽视了决策者的技能对决策的影响。他们认为飞行过程中的决策情景非常复杂，上述两种理论难以很好地解释目标模糊与时间压力等复杂条件下的飞行员决策过程，因此他们更加强调知识经验对飞行决策的重要作用，并主张在自然决策理论的视角下对飞行员的决策过程进行更深入的探究。总而言之，航空决策模型在传统的决策理论的基础上不断发展，并试图从不同视角去理解航空决策的过程和规律。（王梓宇，游旭群，2017）

二、航空决策的模型

（一）信息加工模型

基于人是"完全理性"的基础假设，冯·诺依曼（von Neumann）和摩根斯坦（Morgenstern）于 20 世纪中叶提出了著名的期望效用函数理论，认为决策者

第六章　人工智能参与下的人机协同、自动化系统与航空决策

可以运用逻辑和预期效用函数计算选项的效用值并从不同备选方案中做出抉择。此后，萨维奇（Savage）根据期望效用理论，尝试对不确定性情境下的决策做出相应解释，从而提出了主观期望效用理论。该理论认为在不确定情境下，决策者是基于自身对不确定事件的主观概率而非期望效用中的客观概率来做出抉择的。也就是说，人们会依据主观期望效用最大化原则，在不确定情境下做出相应的选择，而这反映了人的决策是完全理性的过程。基于此，航空心理学领域的学者根据主观期望效用理论进一步发展出了信息加工模型，来理解和阐述飞行场景中个体的决策过程（Wickens，Flach，1988），该模型如图6-1所示。

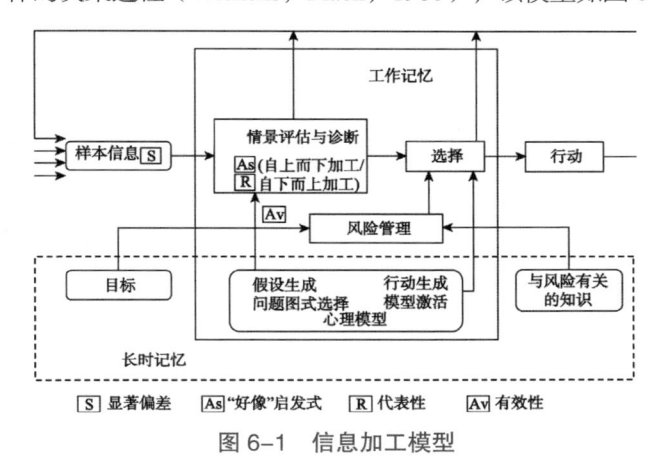

图6-1　信息加工模型

资料来源：WICKENS C D，FLACH J. Human information processing [M] // WIENER E，NAGEL D. Human factors in aviation. New York，NY：Academic Press，1988：111-155.

在信息加工模型中，研究者们把个体的决策过程划分为四个步骤：第一步是获取样本信息，即个体从飞行环境中感知获得所有必要的刺激和线索，并将它们存储在短时记忆中，在经过进一步的加工后形成有意义的信息。第二步是情景评估与诊断；这一步骤需要涉及大量的长时记忆中的经验知识，个体通过这些经验知识对第一个步骤中获取的情景信息进行评估和诊断。第三步是根据概率法和评估预期结果的效用，从若干个备选方案中进行抉择；也就是说，在上一个步骤中，个体通过情景评估与诊断会形成若干个解决问题的方案，在这

个步骤中个体需要根据期望和事件发生的概率，对每一种解决问题的备选方案的风险进行评估。第四步是行动执行，在该步骤中个体会做出最终的选择或对情景进行重新评估。事实上，信息加工模型描述的是某一特定情境下的完全理想化的决策过程。然而，在高时间压力、高认知负荷的复杂飞行情景中，运用概率计算每个备选方案的期望值需要消耗大量的时间和精力，这在航空等高风险行业工作时是不切实际的。（O'Hare，1992）

（二）航空决策框架模型

人类的决策过程并非总是理性的，一些研究者认为人们很难一次性加工处理所有的备选方案，也不可能一直根据期望效用函数来做出抉择。基于此，描述性决策理论提出，在真实情景中，人们更倾向于简化决策过程，而不是消耗大量认知资源对所有备选方案进行评估后再选择最佳选项。根据这一理论观点，奥黑尔（O'Hare，1992）进一步在航空情境中提出了航空决策框架模型。（见图6-2）

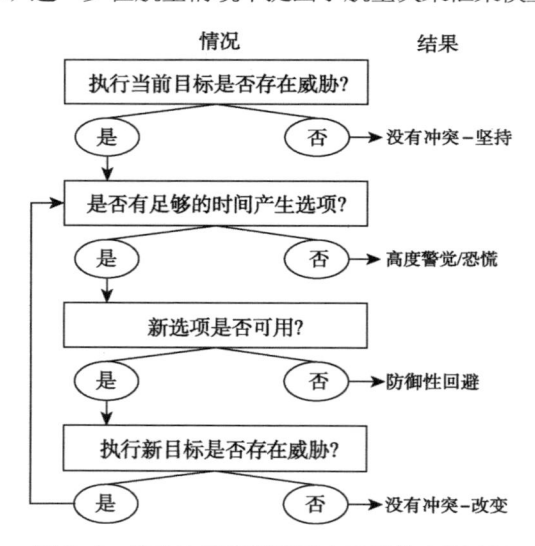

图 6-2　航空决策框架模型中的具体决策过程

资料来源：O'HARE D. The 'artful' decision maker: a framework model for aeronautical decision making [J]. The international journal of aviation psychology, 1992, 2（3）: 175-191.

航空决策模型认为现实情境中的决策者大多是以目标为导向进行决策的。

具体来说，决策者通过对外部环境信息进行感知加工，获得相应的情景意识，并根据这些获得的信息来评估当前情景是否存在对目标状态的威胁。若不存在威胁，决策者会根据技能和规则来应对当前的情景，因此，在大多数常规飞行中，飞行员的决策会直接进入反应选择阶段；若存在威胁，决策者会首先进入风险评估阶段，对当前情景的严重程度和自身能力进行评估。此时，如果缺乏足够的时间，决策者很可能做出非理性决策，采用一种直觉决策的方式选择最先想到的方案；如果时间充足，决策者会进入以知识为本的计划阶段，结合自身的知识和经验考虑解决当前问题的多种备选方案，并对其进行判断和比较，从中选择出一个最佳的方案。如果决策者认为某个新方案具有很高的成功的可能性，便会对执行这一新方案的风险程度进行评估，一旦决策者发现该方案的风险较低时，则会改变当前的方案；反之，当决策者发现该方案的风险较高时，则会继续寻找其他的解决方案。在这个过程中，决策者的发散思维能力起着十分重要的作用。

（三）航空决策过程模型

在复杂动态和不确定性高的真实环境中进行的决策通常被研究者们称为自然主义决策，它更加注重实际决策过程中的客观性与对决策过程的真实描述。作为最具代表性的自然主义决策模型之一，克莱因（Klein）提出的认知主导决策模型（Recognition Primed Decision Making Model，RPD）分别从情景识别和反应提取两个方面解释了经验决策者的决策过程。RPD模型认为真实决策过程的重要特征是将决策者自身的经验与当前情景中需要解决的问题相匹配。具体来说，决策者在长时记忆系统中已经储存了不同的情景问题和与之对应的决策方案，在遇到相似的情景时，决策者会基于先前的经历提取长时记忆中存储的解决方案。此外，决策者还会对提取的相应决策方案进行心理模拟，在脑海中不断设想、评估该选项可能造成的潜在后果。据此，航空心理学领域的学者奥拉撒努（Orasanu）（1995）

基于 RPD 模型提出了航空决策过程模型。（见图 6-3）

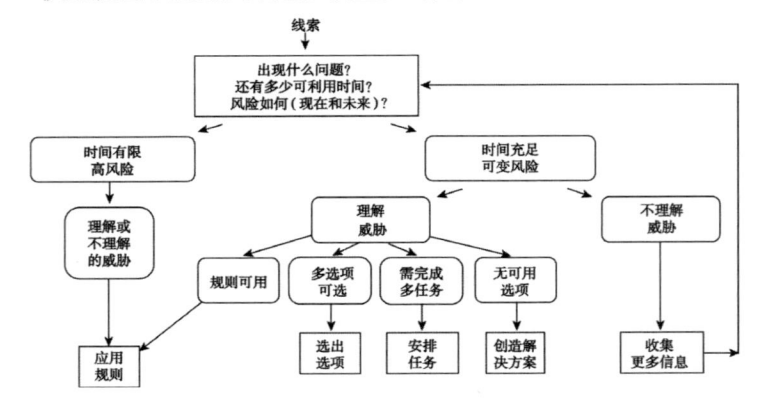

图 6-3　航空决策过程模型

资料来源：ORASANU J. Training for aviation decision making: the naturalistic decision making perspective [C] // Proceedings of the Human Factors and Ergonomics Society annual meeting. Sage CA： Los Angeles，CA：SAGE Publications，1995，39：1258-1262.

航空决策过程模型分别从情景评估和选择反应两个方面解释了飞行员在实际飞行情景中的决策过程。在情景评估阶段，决策者通常会关注三个方面的问题：第一方面是当前的情景中发生了什么状况，第二个方面是有多少时间能够用来解决所发生的状况或问题，第三个方面是当前情景中的这些状况会造成什么风险。此外，在这一过程中，个体的决策策略会受到情景因素和时间压力的影响。如果当前情景存在高风险且时间不充裕时，个体通常会选择参照已有的规则或技能进行决策，比如飞行中的固定程序；如果当前情景风险较低且时间充裕时，个体通常会选择进一步获取更多的外部情景信息，以便深入、详细地分析当前存在的风险。一旦决策者充分理解了情景中的问题或风险时，他们会根据线索的模糊程度，以及是否存在与当前的情景问题相对应的解决方案来做出最终的选择。

三、航空决策的影响因素

（一）知识与经验

众多研究表明，飞行员的知识和经验与航空决策密切相关。一项关于飞行员与天气相关的决策的研究表明,当飞行员具有更多的知识经验时,他们在恶劣天气中持续飞行的时间和距离都更少。(Wiegmann et al., 2002)在对复飞决策的研究中,亚当逊(Adamson)等人发现具有丰富经验的飞行员在复飞决策的准确性上更高,而具有较少经验的飞行员在进行复飞决策时更倾向于做出冒险的选择。此外,有研究表明,知识与经验能够弥补年龄造成的认知能力的下降,如工作记忆能力和视敏度。例如,一项关于飞行员年龄与飞行决策间关系的研究发现,高龄飞行员在进近过程中对飞机控制的精确度较低,且更倾向于在低能见度天气下降落,但经验更丰富的高龄飞行员对飞机的控制更加精确,也就是说,经验在一定程度上弥补了年龄造成的能力下降。奥拉撒努(Orasanu)指出知识与经验有助于飞行员获得更多启发并快速做出有效的航空决策,并且能够在复杂变化的环境中帮助飞行员更快地察觉到关键信息。由于知识与经验对航空决策可以产生积极的作用,学者们开始关注专家飞行员在神经基础上的优势。例如,在一项采用核磁共振扫描仪的研究中,共有30名专业飞行员参加了实验并执行一项模拟飞行降落任务,研究者根据飞行时间将被试分为专家飞行员和一般飞行员两组,结果表明在复飞决策过程中,相较于一般飞行员,专家飞行员的双边尾状核的激活程度显著较低。这一结果可以从神经结构的角度深入理解知识与经验对航空决策的促进作用。

(二)组织文化因素

组织文化被认为是导致飞行员决策失误的一个关键因素。(Reason, 1995)具体来说,航空组织的政策和规定可以反映出组织管理层对航空安全的重视程度,也是航空组织安全文化水平的相应体现。在一项关于航空安全文化的研究中,赵晓妮和游旭群(2007)提出航空安全文化是航空组织和其成员所特有的共同特征的集合。当航空组织的安全文化氛围较低时,会影响这一组织中飞行员对航空安全的态度,进而对航空决策造成不利影响。例如,飞行员由于担心复飞太多会导致排班减少,甚至停飞，（Michalski，Bearman，2014）所以他们可能会在恶劣气象条件下进行复飞决策时采取冒险降落行为，这在很大程度上源于组织压力，避免给公司产生更多的燃油损耗，以及维护公司及时送达乘客抵达目的地的形象。此外，一项研究采用人为因素分析和分类系统对51起飞行事故报告进行了分析，发现航空公司管理层的不恰当决定不仅对组织监管的实施产生不利影响，还会间接损害飞行员在飞行过程中的决策，引发不安全行为。另一方面，飞行员的安全态度是评价组织安全文化的重要因素。一项来自陕西师范大学航空心理学团队的研究发现，外显安全态度和内隐安全态度均能预测飞行员的安全绩效水平，这也表明航空安全文化能够对飞行员的安全态度发挥影响，从而影响飞行员的安全绩效。（晏碧华 等，2015）此外，一项结合访谈法与问卷调查的研究发现，与西方飞行员相比，中国飞行员对安全文化的满意度较低，较少愿意与他人分享信息与知识，但他们却更在意与领导维持和谐的关系以避免冲突带来的不良后果。（Liao，2015）

（三）社会因素

飞机上的乘客所施加的压力通常被视为影响飞行员决策的重要社会因素。在面对恶劣天气条件时，执行原飞行计划通常是错误的决定，但当飞行员感受到来自乘客迫切期待到达目的地的社会压力时，他们可能做出继续按原计划飞行的决策，进而严重威胁航空安全。例如，一项调查发现，在从目视气象条件飞入仪表气象条件的事故案例中，有近54%的事故源于乘客因素，这一比率显著高于其他事故的发生率（45%）。（Goh，Wiegmann，2001）此外，一项基于14年飞行事故的数据分析同样表明，机上乘客因素导致了由目视气象条件飞入仪表气象条件的事故的增加。（Detwiler et al.，2008）综合以上研究可以发现，乘客压力是影响飞行员决策的重要因素，但是也有人提出，乘客压力比自我否定和自我认可动机所发挥的作用可能要小。（O'Hare，Smitheram，1995）此外，也有研究者认为社会压力会促使飞行员低估飞行情景中的一些风险，据此提出应该在航空事故人为因素分析系统中纳入社会压力这一重要因素。一项基于访谈法的研究发现，57%的飞行员报告称社会压力因素影响了他们在飞行中的决策，比如他人说服；另一项结合访谈法和主题分析法的研究发现，飞行员选择冒险决策和飞行的原因之一是来自他们为了融入集体。（Michalski，Bearman，2014）此外，飞行机组成员之间的沟通是保障飞行安全的重要因素，如果机组成员之间出现沟通问题时，会对机组资源管理产生不利影响，进而引发不安全行为。然而，在沟通时出现的社会心理现象（如说服）也会对机组成员的决策产生影响，甚至这种影响不仅发生在同一机组成员之间，也有可能存在于不同机组成员之间的沟通中。

（四）情景评估与风险评估

1. 情景评估

当飞行员进行决策时，其首要任务是从飞行情景中寻找、鉴别和评估当前目标是否存在威胁。一般而言，较高的情景意识水平有利于促进准确的情景评估，当情景意识不足时容易出现信息整合的失败，从而导致个体不能及时地更新情景评估，增加决策失误发生的可能性。例如，一项基于飞行模拟器的研究发现，当飞行员对情景能见度评估不准确时，更容易继续操纵飞机在恶劣天气飞行。（Goh，Wiegmann，2001）并且，研究者们基于不同视角的探究发现了注意分配和工作记忆能力、疲劳以及工作负荷和心理负荷，可能会通过影响情景意识进而对情景评估产生影响。（姬鸣 等，2011；Caldwell，2012）此外，航空飞行具有高不确定性、高风险和高时间压力等特点，丰富的知识经验有利于帮助飞行员在飞行中迅速、准确地察觉、评估情景中存在的风险，进而增加决策的准确性。一项研究支持了这一结论，研究者们通过对军事飞行员的考察发现，在难度较低的飞行中，专家飞行员比一般飞行员花费更少的注视时间用于察觉舱外的视觉信息，而在难度更高的飞行中，专家飞行员在减少对舱外视觉信息注视时间的同时，也降低了视觉扫描的速度。当前，一些研究者试图基于工程心理学的视角探讨提高飞行员情景意识的方法。比如，一项关于通用航空飞行员的实验研究发现，无论飞行员是否携带便携式天气应用程序，都会出现不遵守飞行指南的情况；但有趣的是，携带该应用程序的飞行员，由于他们具备相对较高的情景意识水平且在前额叶的激活水平更高，他们能够较早中断当前飞行计划。此外，还有研究指出，当中央凹视觉用于完成主要任务时，外周视觉也能够觉察到其他刺激，但这些刺激需要具备更高的对比度和发生率的特点。（Johnston et al.，2015）这些实证研究的结果有利于更好地设计驾驶舱的仪表界面和其他辅助系统等，从而帮助飞行员做出更加正确的决策，提高飞行安全。

2. 风险评估

风险评估是个体对外部环境中潜在的危险进行主观评价和认知的过程，（姬鸣 等，2011）这一过程对航空决策发挥着重要影响。概括起来，风险评估对航空决策的影响主要表现在以下两个方面：一方面，尽管飞行员能够及时准确地获取了飞行情景中的信息和线索，但依然可能因为缺乏知识经验，无法觉察和评估情景中潜在的风险，最终导致决策失误和不安全行为的发生。（You et al.，2013）另一方面，即使飞行员正确地觉察和评估了情景中的潜在风险，但有可能因为人格、态度和动机等因素而低估了这些潜在的风险，引发决策失误和不安全行为。例如，在危险态度方面，一项基于我国飞行员的研究发现，飞行员的危险态度对情景意识和决策具有显著的负向作用。（姬鸣 等，2012）亨特（Hunter）（2005）的研究也表明，在复杂情景中，飞行员的危险态度对决策结果产生了重要影响。在人格特质方面，风险容忍作为一个重要的人格因素，被发现对风险评估产生影响，高风险容忍容易导致飞行员在恶劣天气条件下继续按原计划飞行，从而引发决策失误和不安全行为。（姬鸣 等，2011；Pauley et al.，2008）此外，还有研究者指出飞行员的风险评估受到框架效应的影响。（O'Hare，Smitheram，1995）

比如当飞行员将恶劣天气条件下的复飞构建为"损失"框架时（花费更多的时间和燃油等），他们会更倾向于在恶劣天气条件下继续降落；当飞行员将恶劣天气条件下的复飞构建为"获得"框架时（获得安全等），他们则会更倾向于复飞。（O'Hare，Smitheram，1995）

第二节　人工智能参与下的人机协同与航空决策

一、人工智能参与下的人机协同

（一）人机协同的内涵

人机协同（Human-Computer Collaboration）的思想起源于工业时代，它最初强调的是在劳动层面上人和机器的相互协作关系。德国科学家哈肯认为，无论自然界还是人类社会，都普遍存在有序或无序的现象，而有序和无序会在一定条件下相互转化。其中，有序就是协同。20世纪90年代，研究者们基于功能分配的视角，界定了人机协同的方式，即机器适于承担具有快速、精密、有危险、单调重复、高速运算和环境恶劣等特征的工作，而人类则适于承担对机器系统运行的监督控制工作、系统程序的指令安排与设计工作和意外事件的应急处理工作等。后来，随着信息技术的发展，人机协同的含义从一般性的劳动层面扩展到了决策层面，强调的是人与计算机之间的互动协作关系。学者们认为在协同过程中，机器可以通过强大的运算力、知识库和决策模型来确定备选方案，人类可以基于对当前情境的感知并借助自身的直觉经验来做出判断，最终人与机器通过协商、修正的交互过程，形成决策。也就是说，在这个过程中，人与计算机取长补短、互相制约、共同决策，各自执行自身最擅长的工作。现如今，随着人工智能的发展，人机协同的内涵又发生了相应的变化。其中，"机"已经超越了计算机的范畴，指代包含计算机在内的智能感知、云计算、区块链等多种智能技术。（毛刚，王良辉，2021）同时，在人工智能技术蓬勃发展的背景下，人机协同的密切程度也在不断加深，正朝着人机共生的高级形态发展。莱什（Lesh）将这种关系描述为"人们在与计算机交互时进行思考，就像你与一位同事的思考方式一样，而同事的能力又是你自己能力的补充"。

当前，人类社会的生产生活中面对的问题越来越复杂，只依靠人类自身或计算机任何一方的单独力量都难以妥善解决，因此需要人和机器相互配合、协同，共同解决这些复杂的现实问题。事实上，人类和机器各有各的优势和缺点。人类在想象力、创造力和发散思维等方面具有显著优势，通过小样本或数据即能够完成对事物的认识和理解，同时拥有社交与情感。机器也有其天生的优势，比如，机器拥有强大的算力和存储能力，能够很好地理解和认识精确的、标准化的内容，并从大量数据中挖掘其内在价值。同时，机器没有情绪波动，不知疲倦，给予持续的动力就能长期工作。由此可见，人机协同能够最大化地实现人和机器的优势互补，从而保障人类社会的持续发展，图6-4展示了人机协同智能与人类智能和人工智能的关系。现如今，人机协同系统经过不断的发展与完善，已经在航空航天、医疗诊断、图像处理、地质勘探和语音识别等领域取得了广泛的应用，并深刻地影响着人类生产生活的方方面面。

图6-4 人机协同智能与人类智能和人工智能的关系

资料来源：王艺霖，邱静，黄瑞，等.人机协同智能系统及其临床应用[J].电子科技大学学报，2020, 49（4）：482-489.

（二）人工智能背景下的人机协同

人工智能的发展正面临着一个问题，也就是人工智能将朝着哪个方向发展，是"机器人"还是"人机器"？基于这个问题，有学者认为人机协同或许才是人工智能发展的融合之道。换言之，单纯试图将机器变成人是走不通的，而希望将人变得跟机器一样强大也是不现实的，这时候人机协同或许提供了解决问题的新的视角和途径。因此，学者们认为人工智能就是要有机结合人的优势和机器的优势，从而达到人机交融、效能最大化的目的。

人工智能技术能力的提升将为人机协同奠定重要的基础，能够促进机器实现更加人性化的操作。具体来说，人工智能算法的性能决定着人机协同智能的发展，计算能力的提升与数据资源积累将为人机协同能力发展提供坚实的支撑。随着云计算、大数据、物联网等技术的迅速发展，以及数据流量的快速增长，人工智能可以获得更加多元、庞大的学习素材，这在很大程度上促进了人机协同的智能水平。美国国家科学技术委员会在2019年发布的《国家人工智能研究和发展战略计划》中提出了"开发有效的人工智能协作方法"的目标。该发展战略聚焦人工智能的人机协同系统的开发，旨在补充或拓展人类能力的边界，同时努力把人机协同系统构建为提升人工智能整体效能的关键要素。由此，人机协同理念的战略地位在美国的人工智能研究和发展中得到了进一步的提升。

人类与人工智能的合作是一种新趋势，这一趋势将改变社会运转方式。人工智能带来人机协作关系的全新革命，尽管短期内有一些工作会被机器智能所替代，但人工智能发展的终极目标绝对不是取代人类，而是帮助人类从繁忙、单调的工作中解脱出来，集中精力去解决机器智能无法完成的、更有价值的问题。在这一新的协作关系下，未来可能有很多产业都将出现"无人经济"的现象，但是"无人"的更大目标是"为更多人"。总而言之，人机协同并不是智能时代迫不得已的选择，而是指导"人"和"机"相处的基本思想，这一思想中隐含着安全、发展与创新等内在含义。（毛刚，王良辉，2021）

（三）人机协同常见问题

1. 如何融合人类智能和机器智能创造人工智能

人机协同的关键方法是结合最佳的人类智能和最佳的机器智能，使得它们发挥出更加卓越的效能。一般情况下，人类智能善于借助较少的信息来做出有效、及时的决策，而机器智能更加擅长基于浩大复杂的数据集来做出合理的决策。譬如，在甄别和理解一幅包含大树和小狗的复杂图像时，人类非常善于从复杂的图像中剥离出需要识别的客体，根据自身对客体特征的经验，挑选出"大树"和"小狗"。而机器在识别复杂图像中的大树和小狗时，需要首先从不同角度、不同颜色或部分遮挡等方面去看不同的大树和小狗的样子，只有习得了关于大树和小狗的准确信息后，才能了解它们的关键特征。在这个过程中，人类智能可以向机器智能提供关于标记图像的庞大数据集，让机器智能不断学习，最终习得识别大树和小狗的特征的能力。事实上，当具有充足的数据并能做出充分的调整时，机器智能无须人类智能不断地告诉它大树和小狗的样子，就能够迅速、准确地识别和理解复杂图像中的客体。

2. 人机协同与主动学习的区别

人机协同比主动学习涉及的范围更广。主动学习通常是指人类处理、加工相关信息并将这些信息反馈给机器学习模型，而人机协同不仅包括主动学习，还包括通过人工标记来创建庞大的数据集。此外，在少数情况下，人机协同还可以指人们只是简单地验证输出结果的准确性或决定输出结果是否有效，这时候并不会将这些对输出结果的判断反馈给模型。

3. 人机协同机器学习应该何时使用

如前所述，在对机器智能进行训练时，可以借助人类智能为模型训练提供关键的标记数据，这可能是当前数据科学家采用人机协同方式时最常见的情况。此外，在对机器智能进行调整和测试时，可以人工干预，帮助其调整模型，从而提升其准确性。譬如，机器智能模型对一组特定决策缺乏信心，不能百分之百识别并确定某个特定图像就是一棵大树。这时，人工标注人员可以对这些模型的决策结果进行评估，并准确地给予这些模型相应的反馈，如"是的，这是一棵大树"或"不是，这是一只小狗"。这样能够帮助机器智能进行更有效的调整，促进它在未来做出更加准确的决策。

4. 人机协同机器学习的用途

人机协同机器学习具有十分广泛的用途，可应用于不同种类的人工智能，包括计算机视觉、情感分析、转录以及自然语言处理等。在某种程度上，融合人类智能与机器智能，实现人机协同，可以使任何深度学习的人工智能从中受益。

二、人工智能参与下的人机协同在航空决策中应用的必要性

无论是军用航空还是民用航空，飞行无疑都是一项高风险、高压力的活动。由于人类自身认知加工能力的限制，所以在高风险、高压力的极端情境下，飞行员容易做出错误的判断，进而导致决策失误。比如，良好的决策需要飞行员从情境中感知大量的信息，而迫于人类感觉器官和心理资源等因素的限制，飞行员难以精确地感知和加工大量的飞行信息。因此，在这种情况下，飞机智能的提升有助于协助飞行员做出更加准确的决策。也就是说，航空飞行过程中的人机协同是帮助飞行员做出正确决策的潜在重要途径。在这一小节中，重点从三个方面探讨将人工智能参与下的人机协同应用于航空决策的必要性：其一源于飞行员自身能力的限制，其二源于完全依靠机器替代飞行员进行决策的弊端，其三源于人机协同在航空决策中的优势。

（一）飞行员自身能力的限制

飞行员在不同航空情境中做出决策时，会受到诸多自身主观因素的影响和限制，包括认知能力、人格特质、经验和身体条件等。这里主要结合飞行员的

主要工作,从情景意识、任务规划和行动执行三个方面探讨飞行员能力的限制及其影响。

1. 情景意识

情景意识是一系列认知加工过程的结果,是飞行员在一定时间、空间内对动态环境刺激的知觉、理解以及对未来发展状况的预测。飞行员在情景意识方面的局限性主要体现在以下几点:其一,信息的感知和获取能力有限。在实际航空飞行中,机载传感器获取的信息及其显示方式往往会超出飞行员可承受的信息获取能力范围,飞行员同时加工和处理不同类别信息的能力是十分有限的。其二,从获取信息到理解信息的过程受限。飞行员通常情况下需要结合当前所处的情境对获取的信息进行分析处理才能转换为有效的知识,进而形成对当前情境的理解。这里的"有效的知识"被认为是语义记忆或智力模型的体现。然而,由于人类自身心理和生理等因素的制约,飞行员难以有效地将获取的信息转化为可用的知识。例如,在实际飞行中飞行员需要监测飞行高度,在这一过程中,飞行员监测到的高度信息即为"获取的信息",而对该飞行高度是否安全的判断即为"可用的知识",这有利于飞行员对当前飞行情境的安全性形成理解。其三,对飞行情境的更新和预测能力有限。飞行员对情境的评估需要在不同的时间和空间背景下进行,从获取信息到理解信息的转变往往需要关注该信息源所处的环境和背景。譬如,油量不足在不同飞行情境中带来的危险性是完全不一样的,在飞机巡航的早期阶段出现燃油不足的情况将会威胁飞行安全,这时飞行员可能会采用其他机场备降的决策;而当飞机处于着陆阶段时,剩余油量不足对飞行安全的影响是较小的。这表明,飞行员在执行任务过程中,不仅要获取和理解信息,更要注重环境的变更,以形成对环境的更新与预测。然而,在这一过程中,不同时间及空间上存在关联的环境可能限制了飞行员对情境的评估。此外,情景意识的三个阶段都会受到飞行员情绪状态因素的影响,尤其是压力因素。

航空飞行情境的高时间压力、高认知负荷、高不确定性等特征会给飞行员不断地施加压力，这些持续增加的压力会使飞行员认知能力的发挥受到限制。

2. 任务规划

在实际飞行过程中，飞行员的规划任务主要包括备选方案的制定、评估和选择以及确定行动执行顺序。飞行员在任务规划方面的局限性主要表现在以下两点：其一，问题空间搜索的局限。问题空间搜索是指寻求问题解决途径的过程。在搜索过程中，飞行员需要面对庞大的问题空间，并从中找到所有可行解，最终做出合理安排行动顺序的规划。然而，由于飞行员知识储备是有限的，导致问题空间不够完备，这会极大地限制最优解的获取。其二，知识适应程度的局限。随着时间的推移，飞行员面对的环境通常是动态且复杂多变的，可能会出现飞行员未曾经历过的情境，而对于知识储备不足的飞行员来说，这会使其难以做出正确的规划。

3. 行动执行

飞行员在对情境进行合理评估后，会依据制定的决策计划来采取行动。在行动执行过程中，飞行员会受到以下三方面的限制：其一，识别行为差错的能力有限。飞行员需要对自己所采取的行动进行评估和差错识别，如果该差错是由于飞行员自身所掌握的知识存在的偏差而引起的，那么这种差错有可能在很大程度上导致飞行员无法发现问题或意识到行为差错的发生。其二，输出的限制。心理和生理等因素会限制飞行员的输出能力。例如，尽管在紧急情况下，飞行员需要同时执行多项或多类别的操作，但由于视力范围的限制，飞行员一次只能执行一个动作。其三，协作的限制。飞行员通常是在接收到上级命令或与空管员交流之后再执行任务，这其中的沟通协作过程可能会隐含理解偏差的风险。

飞行员自身因素的限制或决策失误导致的事故有很多，比如 2009 年 6 月 1 日发生的法国航空 447 号班机空难。这起空难的事后调查报告显示，飞机上的皮托管结冰使飞机未能侦测空速，自动驾驶自动关闭，而此时驾驶飞机的副驾驶由于经验不足，丧失情景意识，错误操作，致使机头不断抬升，最终导致飞机失速，坠毁于大西洋，造成机上 216 名乘客与 12 名机组人员全数罹难。

（二）完全依靠机器替代飞行员进行决策的弊端

人类自身能力的局限性，以及航空飞行活动中各种客观不利条件对人类认知过程的制约，使得人的可靠性在很大程度上不如机器。因此，有不少人认为可以完全依靠机器来替代飞行员进行决策。然而，完全依靠机器进行决策的这一想法真的可行吗？事实上，机器决策也存在着诸多隐患和弊端。

一方面，将高风险环境中人类所做的事情更多地交给机器学习或人工智能去执行是存在很大风险的。2018 年 10 月 29 日发生的印尼狮航 610 航班坠机事件就揭示了将过多控制权交给自主系统的风险，原因在于灾难性的航空事故的发生往往具有很多诱因，如机动特性增强系统（MCAS）传感器失灵，维修未能完全修复现存的问题，飞行员没有接受充分的培训并被告知 MCAS 的功能和使用方法，等等。因此，航空业必须基于安全第一的文化准则来考虑和引入机器学习和人工智能系统。与此同时，需更多关注数据质量，这是机器学习系统优劣的决定因素，随着机器学习和人工智能承担部分飞行员的角色，这些技术需要像人类飞行员一样经过充分的测试。在提高安全性方面，人工智能和人类是互补的，并不存在人工智能在航空中完全取代人类这一说。另一方面，在飞行活动中过度依赖机器进行决策会使飞行员将他们自身视为"局外人"或者"旁观者"，这会严重削弱他们的参与感，进而会潜移默化地降低他们的情景意识、决策能力以及飞行技术。而飞行技术降低可能导致在自动系统失效的情况下，因为人工操作不当而失事。

（三）人机协同在航空决策中的优势

如前所述，因为在飞行活动中单独依靠飞行员或机器智能任何一方进行决

第六章　人工智能参与下的人机协同、自动化系统与航空决策

策都是存在弊端的，所以将这两者的优势进行互补，开展协同工作，似乎是有利于保障航空决策的准确性、促进航空安全的最优解。

机器最大的特点是能降低飞行员的劳动强度，使飞行变得更为简单和安全。特别是处于巡航阶段的全自动飞行彻底把飞行员解放出来，他们只需要对飞行进行监控而不必再高度紧张地控制飞机。不仅如此，机器还能提高飞行精度，使得飞机制导和导航更为精确。这得益于惯性导航系统和飞行管理计算机系统的协同作用，使得飞机定位更加准确，加上自动飞行控制系统的辅助，可以对飞机的整个飞行过程进行精确的引导，避免了因为迷航或飞错方向而可能导致的严重后果。

与机器不同的是，人的最大优势在于独有的思维、主动性和创造性。飞行员可以在飞行任务中负责一些机器无法理解的、富有创造性的任务；在机器出现故障时，飞行员可以接管机器成为安全的最后一道屏障。机器的执行依赖于算法，而一切的算法都是由负责设计、制造机器的人来输入或者更新的。再完美的算法也难免存在漏洞，当飞机完全由机器主导时，一旦某个漏洞生效，有可能使得所有的机器都会朝着完全错误的方向运行，最终产生不可逆的后果。而在此乱局下接替控制的对象如果是人类，那么训练有素的飞行人员会依靠他从专业训练中获得的知识技能和他所特有的关联预判能力，处理这些特殊险情。例如，在哈德逊河上迫降的萨伦伯格机长，以及在挡风玻璃破裂脱落的情况下操纵飞机安全着陆的英雄机长刘传健，这两起事件都是在极小概率下遇到了极其严重的威胁挑战。尽管作为人类，两位机长的身体和心理的确会因环境突变而受到影响，处置和判断能力也会相应地下降，但是正是因为他们会根据当时的具体情况进行判断，所以他们才能第一时间做出最合适的处置和决断，挽救了两个航班上的所有生命。然而，对于机器来说，它们所有的应对方式都源于曾发生过的特情所对应的程序，一旦情况有所叠加或者变化，基本上就束手无

策了，尤其是当核心计算机部位遭到外力破坏时，整个飞机将会失控，后果更是不堪设想。

三、人工智能参与下的人机协同在不同航空背景决策中的具体应用

（一）人工智能参与下的人机协同在军事作战决策中的应用

人机协同作战是军事作战领域的重要研究课题之一。随着人工智能技术的发展，人机协同作战效能将得到进一步提升，这种影响和提升包括从态势感知、指挥决策、目标引导、火力打击到毁伤评估的全过程。

军事系统与人工智能技术的深度融合将是未来"战场决策的优势"，人工智能在作战飞机上的应用，使得飞行员可以从大量的辅助工作中解放出来，并使他们能够将更多的精力分配给一些关键性任务。早在20世纪60至90年代，美国国家航空航天局就已经开始专注于研发基于专家规则的智能空战系统，将人类在空战领域的知识和经验构建成知识库，多次尝试用人工智能系统替代飞行员去执行空战决策。现有的F-35战机控制系统被赋予了人工智能的功能，几乎能够瞬间向飞行员传送综合战场的信息，帮助飞行员对作战行动进行决策。飞机上所有传感器和机载计算机的复杂操作结果都显示在一个屏幕上。飞行员会收到他所需要的全部信息，包括天气预报、目标数据、所有飞机系统的状态（通信、航空电子、动力和武器装备等），这使得一些需要立即响应的任务在无人参与的情况下也可以得到解决。此外，现阶段美军计划也为"下一代空中优势"战斗机配备人工智能辅助驾驶系统，用于协助飞行员完成飞行作战任务。该人工智能辅助驾驶系统能够借助电脑自主执行任务，从而将飞行员从一般的飞行驾驶任务中解放出来，使其能够将更多的认知资源投入到行动决策中。具体而言，这一辅助系统能够执行通信、威胁监控、网络安全和导航等任务，降低了飞行员的工作强度并节约了认知资源，使飞行员能够专注于发射武器、飞行计划调整，

以及与其他任务单位的沟通等需要人工完成的关键任务。尽管这一辅助系统能够基于飞行员的视角去觉察和评估战场态势，但是最终的决策仍需飞行员亲自做出。此外，据俄罗斯卫星通讯社报道，米格飞机制造公司表示，米格-35战斗机的新操作系统将配备人工智能系统，以利用先进技术来帮助飞行员实现智能化的飞行和执行战斗任务。米格公司表示，目前已经引入了一个具有人工智能元素的系统，以帮助飞行员在各种情况下做出决策，同时还引入了一个综合视觉系统，以便使飞行员在恶劣天气条件下觉察外部环境。

（二）人工智能参与下的人机协同在民用航空决策中的应用

在民用航空领域，人工智能参与下的人机协同也得到了广泛的发展和应用，尤其是在一些高复杂性的飞行操作和场景中，将人工智能运用在自动化飞行技术上有利于应对航空飞行过程中发生的各种紧急事件，并且能够保证飞行员拥有更多的时间和精力专注于判断与决策等关键任务。例如，空客飞机上的跑道超限保护（ROPS）软件能够通过计算飞机进近速度和重量，将生成的物理模型与公布的跑道长度及当地的天气相比对，一旦发现安全隐患，会及时对飞行员进行语音提示，从而协助飞行员及时做出决策，确保航空安全。

此外，人工智能系统除能够对飞行器的异常状态和安全隐患进行警告提示外，还能够实时监控飞行员的身体及精神状况，从"人–机–环"中"人"的视角来保障航空安全。比如，在飞行员的头戴式耳机上增加微电极传感器，用于采集脑电波、心率、血压等相关生理数据，根据这些数据实时监测飞行员的身心状态，一旦发现异常，立即发出警告和提示，并提供相应的解决方案，从而提升飞行决策的准确性，保障航空安全。

如今，每一架飞机上都装有上千个传感器，每个传感器每秒都会产生大量数据。然而，由于这些数据的来源格式大多不一致，现有的分析策略难以有效处理，这可能会影响飞行员做出正确的判断。通过人工智能技术，可以创建统一的信息分析方式，从而更好地监控和追踪飞机的性能和飞行安全。此外，传统飞行员训练体系仅能模拟几十种典型故障，而将人工智能应用于下一代驾驶舱来模拟人类行为，有助于向飞行员提供更多的培训，并帮助他们应对飞行过程中的各种风险。

（三）人工智能参与下的人机协同在直升机飞行决策中的应用

在直升机领域，自主飞行作为一项新兴技术，能够有效降低飞行员的工作压力，提升执行任务的专注程度，并降低对直升机操作的人力需求。航空业内的专业人员认为，飞行员的能力适合在短时间内快速对一些复杂任务或情况做出反应，但是这种决策对其快速思考能力的考验极大，特别是还需要时刻保持直升机的飞行状态，这使他们很难进行精力分配。然而对于机器来说，诸多常规性任务更适合它们，例如，检查发动机状态、灯光、开关，操作直升机进行爬升、悬停、避障及保持飞行姿态等基本操作。尽管这些常规性操作对于飞行员来说较为单调和枯燥，但是不得不做，这就要求飞行员必须在执行任务和对直升机进行基本操作之间均衡分配精力，可是出于自身安全考虑，飞行员往往会将精力更多地放在对直升机的操作上面，以保证飞机不会坠毁，以至于这种考虑有可能会影响他们真正要执行的任务。

随着人工智能的发展，经过"培训"的飞控程序，不仅可以代替飞行员对直升机进行基本的检查和操作，还具备其他许多功能，如激活紧急程序、自主规划路线并导航飞行到预定地点，甚至可以自主使用某些传感器等。这样，直升机就具备了一定的"自主飞行能力"，它不仅能"自主地"完成基本的飞行操作，还能向飞行员报告当前的状态，减轻飞行员的负担，使他们将更多精力投入到其他需要他们快速思考和做出正确判断的问题上。

实现人工智能系统的确定性，是将"自主飞行"系统应用到直升机上首先需要解决的问题。柯林斯宇航作为一家航电系统的制造商，在这一领域做了大量的工作，它与西科斯基飞行器公司共同研发了一种新的电传飞控技术改造解决方案，该方案可用于直升机或固定翼飞机，从而为自主飞行打下基础。目前，该技术已经成功应用于西科斯基飞行器公司的一架名为"黑鹰"（UH-60A）的直升机的改装，并且已经成为"可选驾驶模式"系统项目的技术基础。此外，该项目也是"机器人辅助自动驾驶"系统的一部分，其中用于演示的 UH-60A "可选驾驶模式"验证机已于 2019 年 5 月底进行首飞。

（四）人工智能参与下的人机协同在航天决策任务中的应用

近年来，在人工智能的快速发展下，美国、欧洲一些国家和俄罗斯等航空大国纷纷借助国际空间站开展太空机器人项目，将机器人应用于载人航天领域。在航天飞行任务中，通常面临人员稀缺、舱内空间狭小、任务繁重以及飞行时间较长的困境，在确保高安全性和可靠性的前提下，需要高效地利用飞行资源。因此，这对航天机器人的应用提出了更迫切的需要。

事实上，在完成载人航天任务时，航天员与具有智能系统的机器人相比，各有优势和弊端。相较于具有智能系统的机器人，航天员可以在复杂多变的太空环境中总揽全局、随机应变，主动创造性地完成复杂的认知操作任务，这些人类自身独有的能力是机器所无法替代和媲美的；然而，从另一方面来看，人们会发现人类的能力也具有很多的局限性。例如，航天员长期在太空中生活容易引发人体的诸多变化和问题，包括生理与心理方面，并且需要依靠高成本、高科技的生命保障和环境调节等系统的支持。尤其是在舱外作业时，航天员需要在恶劣条件下穿着耐高辐射、耐极端温度等功能的航天服，并且受到作业时间、强度与工作效率等因素的限制。相较于航天员，航天机器人在以上这些方面显现出巨大的优势。航天机器人不但可以适应太空环境，还能独立或协助航天员完成特定任务，如大型航天器的建设与维修、卫星的在轨组装与燃料加注，还能辅助航天员进行太空行走与科学研究等。尽管机器人在某些航天飞行任务中更占优势，但是就目前的科学技术水平来看，航天飞行任务的执行依然无法单凭机器人来实现。在航天活动中，机器人的主要任务是保障航天员在太空中的生存安全以及提升工作效率，并依据相应的人机交互方式为航天员提供服务和支持。因此，航天员与机器智能系统的协同作业将是空间站运行、完成航天任务的重要模式。现阶段，针对如何提升航天员、机器智能间协同的有效性这一难点，研究者们试图在不同的在轨飞行的任务场景中开展多种交互技术和交互模式的研究，从而探索有效的航天员、机器智能间协同作业的模式。其中，航天员可以通过多种操作模式对机器智能系统进行控制，包括地面遥操作、站内遥操作和局部自主控制等，如航天员采用手动、语言、情绪和肢体模仿等方式对机器智能系统开展站内遥操作。由此可见，具有智能系统的机器人与航天员之间的协同技术已经日趋成熟。

四、人工智能参与下的人机协同在航空决策应用中面临的问题与挑战

如前所述，虽然人工智能参与下的人机协同在服务于航空决策的尝试中已经取得了长足的进展，但是人工智能系统如何绝对安全、可靠地达到更高的要求还有很长的一段路要走，并且存在着诸多问题和挑战。

首先，对于飞行员来说，尽管应用人工智能的"自主飞行"技术可以减轻负担，但"到底能减少多大比例"的负担则难以量化。在此基础上，伴随这些问题与挑战而来的结果就是难以确定计算机的自主飞行控制要对飞行员的操作介入到什么程度，进一步导致工程师难以确定该程序设置的复杂程度。

其次，采用自主飞行系统以后，虽然飞行员的负担减轻了，但是飞行员的技术水平也存在着降低的风险，因为很多操作被机器替代了，所以飞行员无法通过反复实操来巩固自身的飞行技能。这种现象的存在有可能会影响飞行员在某些特殊情况下的应对能力，例如在发生故障时及在某些极限飞行条件下，对

飞行员处理特殊情况的要求并没有随着机器的智能化程度提升而降低，这可能会导致缺乏处理经验的飞行员无力应对特殊情况，从而在另一个方面带来安全隐患。另外，更加复杂的飞行系统也对飞行员的培训与飞行员所具备的技术能力提出了更高的要求。

最后，尤为关键的一点是，目前为止，人工智能仍然无法得到可以被证明的确定性结论。当前，航空机载系统的设计和认证体系都非常强调产品的可论证性和确定性，而人工智能技术是在大数据与深度学习的基础上进行开发的，这一过程本身就存在着一定的不确定性，与航空系统的设计要求相矛盾。例如，当飞行员在计算机上两次输入同样的目的地、相同的气象条件，要求在同样条件下进行两次飞行，计算机给出的飞行建议却是不同的，而且其中一个建议在飞行员看来几乎是不可行的，并且计算机无法提供做出这些决策的依据和推演过程。此外，自主飞控程序仍然可能对同一个障碍物进行了两次不同的识别，那么飞行员如何能继续信任这个"自主飞行"系统呢？因此，这种不确定性对于航空领域中的"安全关键系统"而言是不可接受的，也无法获取人们的信任。因此，人工智能的研发者们与航空航天的研究者们需要付出更多的努力来克服这些难题。

第三节　人工智能参与下的自动化系统与航空决策

一、自动化系统

（一）自动化系统的含义及优势

自动化系统指的是可以完成原本需要由人来执行的一系列任务的技术，通常包括信息的选择、信息的转化以及决策和行动等方面。（Parasuraman，Wickens，2008）具体来说，自动化系统是在预先设计好的、固定的逻辑规则和算法的前提下来执行相应任务，它需要人类操作员事先完成启动、设置控制模式以及编制任务计划等。此外，当遇到一些紧急的特殊操作场景或状况时，需要人类操作员的干预来控制整个系统的运行或操作。在实际工作中，尤其是在高风险行业中，自动化系统暂时还不能完全取代人类操作员，但是它已经将人类操作员的工作性质从"操作者"转变为"监控者"。例如，在大型民用飞机的运行中，飞机的自动化系统几乎能够帮助飞行员完成所有飞行阶段的任务，而飞行员的主要工作就是监控整个飞行过程。在这里，仍然需要注意的一点是，在发生特殊情况或处于应急状态时，飞行员仍然需要断开自动飞行系统，对飞机的运行进行干预并接管操控。（许为，葛列众，2020）

事实上，自动化系统的开发和应用在诸多领域都展现出十分重要的价值和优势，尤其是在航空驾驶等高风险行业中更为明显。在飞机驾驶过程中应用自动化系统，既可以提高燃油效率，减少机组人员的工作负荷，还可以提高安全性和可靠性以及旅客的舒适度。此外，在人工智能技术的发展和促进下，自动化系统正朝着更先进的方向发展。飞行事故的最大诱因之一是机械故障，引入人工智能系统后，可以在很大程度上避免这种情况的发生。例如，人工智能系统可以更迅速、更全面、更准确地分析和识别所有飞机数据，通过对飞机进行健康和使用周期的监测，进一步达到提前预防故障、采取预防措施的作用。随着技术的发展，人工智能还有可能应用于飞机的各项系统和零部件的分析和监测中。譬如，2018 年 10 月发生的印尼狮航 610 航班坠机事件中，飞机的多项关键数据参数出现了错误。如果当时的飞机系统具备更高的智能水平，能够对飞机的各项关键数据进行实时检测、验证、自动纠错或者提前发出告警提示等，那么或许可以在一定程度上预防事故的发生。

（二）自动化系统在航空中的应用与发展

自动化系统对航空业的发展起着十分重要的作用，而飞机的自动化系统也随着科学技术的进步经历了快速的发展历程，从最早的简单机械式飞机，逐步演变为"全自动化""玻璃化"的座舱飞机。（魏麟，2004）早期的机械式飞机只装备简单的几块重要仪表，需要飞行员进行全手动操作，后来在飞机中装备的仪表越来越复杂，包括电传和液压操作，这给飞行员带来了巨大的体力负荷和脑力负荷。飞行员往往需要在执行一次飞行任务后休息一段时间，才能确保在下一次的飞行任务中有充沛的精力。此后，最早的自动飞行开始得以发展，使得飞行员的工作负荷首次得以降低，但是它也只能提供简单的导航仪表，具备机械式或电动式飞行控制功能，并配备第一代自动驾驶仪和飞行指引仪。

当自动飞行发展到中级阶段时，在飞行过程中可以实现一些简单的自动飞行和自动着陆，并在一些大型客机上开始装备能够将飞行指引仪和导航计算机结合起来的性能管理系统。与此同时，飞机上也开始出现第一代的自动油门和自动刹车系统，甚至有的飞机可以将许多自动功能键集中在通用的模式控制面板（Mode Control Panel，MCP）上。

随后，第三代自动飞行系统在综合化程度方面得到了很大的提升。由于计算机速度和内存快速增长，飞行管理计算机将上述独立的自动系统耦合在一起，使得飞机可以从起飞后1000英尺（304.8米）到着陆的全阶段实现全自动化飞行。与此同时，模式控制面板（MCP）上也开始出现许多新的自动飞行方式，电子仪表系统可以综合显示飞行信息。电子仪表系统通常由六个显示器组成，包括主飞行数据、发动机信息、系统信息、导航信息以及故障显示和警告。此外，在这一阶段，高精度的惯性导航系统开始出现，加上飞行管理计算机的导航和性能管理，大大提升了飞机的自动控制、制导与自动着陆等能力。

经过不断发展，现代的自动飞行系统已经具备以下特征：更加复杂和综合程度更高的飞行管理系统、更加新颖的自动飞行方式、更加丰富的导航和性能数据库，以及数字化自动油门系统和日益增强的模式控制面板功能。当前的技术还试图在飞机上引进自动故障控制和飞行包线保护。由此可见，现代飞机已经真正进入了高度自动化的时代（魏麟，2004），未来的飞机自动化系统还会基于人工智能的发展，朝着更加智能化的方向迈进。

二、人工智能促进下的自动化系统发展特征

近年来，随着经济全球化的深入发展，自动化技术已经迈入了万物互联、高度智能的新格局，人工智能和大数据的迅猛发展掀起了新一轮的科技革命，也推动了自动化的发展，使其进入了全新的发展阶段。

当前，人工智能促进下的自动化系统表现出更加自主化的发展特征。事实上，非智能系统的自动化技术难以解决实际情景中的复杂问题，尤其是在机器遇到自动化设计事先无法预料的操作场景时。因此，这就需要自动化系统能够表现得更加自适应和智能化，朝着更高的水平去发展。在这样的背景下，基于大数据、人工智能以及深度学习等技术的智能自动化系统应运而生。与非智能系统的自动化技术不同的是，智能系统的核心技术特征是自主化。带有自主化特征的智能系统在特定的场景下能够自主地完成不依赖于人工干预的一些特定任务，拥有一定程度的自适应能力和自我学习能力等认知能力。（许为，葛列众，2020）也就是说，具有自主化特征的智能系统可以在遭遇不可预测环境时进行自适应，在缺乏人工干预时进行自我导向，并且能够在一些系统设计未包含的特殊场景中独立完成相应任务，这在很大程度上促进了更多的高水平自动化系统功能在更广泛的操作场景中的应用。

现如今，越来越多的智能自主化系统在不同领域或操作场景中开始投入使用或正在被开发。例如，应用于航天探索领域的空间行走机器人、具有高等级自动驾驶功能的汽车、大型智能无人机以及采用语音输入和软件自主代理的智能音响等。此外，研究者们提出，当将智能自主化系统应用于飞行器设计时，智能仪表的开发与研究是一个重要的发展方向，因为先进的控制仪表将是未来各种飞行器完成自主飞行的重要基础。

事实上，自主化与自动化之间的本质区别是：是否存在基于智能技术的自适应、自我学习、认知、独立执行任务等能力，而不仅仅是在自动化水平上的递进关系。借助于机器学习、算法和大数据训练等相应的训练手段，自主化的智能系统可以在特殊的操作场景中自主地完成以往自动化技术所不能胜任或执行的任务。例如，在不同交通场景下，具备自主化技术的自动驾驶汽车可以独立自主地完成公共交通的输送任务；在医疗领域，具备大数据和机器学习技术的智能医疗诊断系统可以节省大量的人力资源，并高效、准确地提供相当于资深专家水平的诊断服务，这都源于该系统已拥有模式识别、学习和推理等重要能力。（许为，葛列众，2020）

总体来说，智能化和自动化的深度结合已经成为一个热点问题。随着现代工业的不断进步，人工智能的水平得到快速发展，引发了一场深刻的产业变革，而自动化和智能化正是这一产业变革的最强助推力。推动自动化系统朝着更高智能化水平发展对人类社会的生产生活具有十分重大的意义。在当前的信息化时代背景下，智能自主系统的开发及应用已成为国家未来发展的重要方向，也是我国社会发展中的重大科学技术问题。

三、人工智能参与下的自动化系统在不同航空背景决策中的具体应用

（一）人工智能参与下的自动化系统在商用飞行决策中的应用

多年来，自动化系统一直是商用航空关注的关键领域。当前，人工智能参与下的自动化系统已开始投入使用或正在被开发，以有效地促进商用飞行决策。由于大型飞机已采用了自动飞行系统和电传系统，基于机器学习和人工智能技术的自动化系统可以承担驾驶舱中机组人员的工作任务，甚至可以胜任副驾驶的角色。尤其是当飞行员由于机舱压力下降而失去意识时，具有人工智能的自动化系统能够发挥巨大的作用，因为在高压情境下，人工智能可以比人类更迅

速地做出有效的决策。此外，广播式自动相关监视系统已经在有人驾驶飞机上得以应用，该系统最初是为保障无人驾驶飞行器的安全而开发的。还有，在商用飞机上应用的机动特性增强系统（MCAS）可以基于传感器数据，根据飞行条件自动调整飞机的控制面，并在必要情况下对飞机操纵特性进行补偿，进一步保障和提升飞行的安全性。

在现代大型商用客机上，有大量的数据可供机器学习进行发掘和使用。例如，空客公司推出的双发宽体飞机（A350XWB）装备有约5万个传感器，每天可以收集的飞行和性能数据总计超过2.5TB，人工智能技术可以通过各种方式使用这些数据，更好地帮助飞行员有效、安全地完成飞行任务。基于此，当前空客公司正致力于开发一些可以降低飞行员认知负荷或减少由此产生的认知疲劳的项目，这在很大程度上可以减少飞行机组人员在处理飞行驾驶等任务中花费的时间，从而确保他们有更多的时间来完成其他的重要任务。其中，一个重要的例子就是空客飞机上装备的被称为跑道超限保护的功能选项。跑道超限保护是一个可以计算飞机进近速度和重量的软件，它通过将得到的物理模型与公布的跑道长度和当地天气进行比较来检测降落是否安全。一旦检测到降落不安全的情况时，系统会向机组人员进行相关提示。此外，跑道超限保护系统还可以计算最佳的进近下滑道，从而在滑行、起飞和其他飞行操作中发挥重要作用。

除此之外，人工智能参与下的自动化系统也开始在空中交通管制中得到关注和应用，从而更有效地促进航空决策，保障航空安全。众所周知，空中交通管制通信在所有飞行中扮演着关键角色，但是机组人员和空管人员间的许多对话都带有浓重的口音，这使得他们难以理解相互之间想要传达的意思或意图。基于此，空客公司启动了公开竞赛项目——人工智能 Gym，该项目的最终目标就是有效并完整地转译空中交通管制音频，并从这些音频中提取飞机呼号，以便飞行员和管制员进行会话跟踪和警报。

（二）人工智能参与下的自动化系统在无人机飞行决策中的应用

无人机最早在 20 世纪 20 年代出现。第一次世界大战期间，英国的两位将军卡德尔和皮切尔向英国军事航空学会提议研制一种可以用无线电操纵的小型飞机。这种飞机不需要人驾驶并可以携带一定量的炸弹，通过远程操控可以飞到敌方目标区的上空进行投掷。自此之后，世界各国开始重视无人机的研制和发展。不过在当前世界各国的先进无人机的操控方面还是多采用以程序设定加人工操纵的方式。在这种方式下，无人机依靠自身装备的飞控系统，基本上可以实现起飞、巡航以及返航着陆等环节的自动化和自主化；但在执行一些诸如特定目标的搜索、识别、追踪甚至打击等复杂任务时，依然需要地面操控人员进行全程操控。

尽管这种以程序设定加人工操纵的无人机操控模式能够解决当前的一些重要问题，但同时也存在相当大的局限性。一方面，当前无人机所装备的飞控系统软件在智能程度方面依然存在缺陷，不够完善。尤其是当无人机在起飞和降落阶段遭遇较为恶劣、复杂的强对流天气时，很容易失控导致坠毁。比如，美国空军"捕食者"无人机在阿富汗和伊拉克频频发生失事坠毁就是因为这个原因。另一方面，无人机在任务执行阶段特别依赖地面操控人员，而且通常需要至少两名地面操控人员对一架无人机进行操控，其中一名地面人员负责飞行，另一名地面人员需要负责操作雷达和光电观瞄系统，以对特定目标进行搜索、识别、追踪和实施打击。如果在任务执行阶段，无人机的通信数据链遭到敌方强电磁干扰而中断，或者卫星定位系统信号被敌方干扰屏蔽，那么无人机将面临被敌方俘获或击落坠毁的风险。例如，2011 年 12 月，伊朗曾利用电磁干扰设备使一架美国无人侦察机被迫迫降。

现如今，人工智能技术的发展促进了无人机系统的革命。为无人机研发出一套完全可以满足智能化和自主化空战要求的人工智能"飞火推一体化"控制系统，已成为无人机成功进行战场作战的关键。专家们认为，人工智能"飞火推一体化"控制系统可以像一名拥有20年以上飞行经验的王牌飞行员一样，准确地感知外界环境的关键信息，并据此做出迅速、有效的判断、决策和行为反应，对飞控、火控以及发动机三大控制系统的工作进行统一协调。例如，空战题材电影《绝密飞行》中所描述的无人战斗机"艾迪"就从侧面反映了未来真正的无人隐身战斗机应该具备的能力，即需要装备高度智能化量子计算机控制系统。

（三）人工智能参与下的自动化系统在军事航空决策中的应用

作为信息化时代的关键核心技术，人工智能对一个国家的国际竞争力，包括军事、生产、生活等领域均产生了深远的影响。当前，世界各国都致力于将人工智能技术应用于军事领域，借助最新的信息技术和人工智能技术，有针对性地开展关键技术研究，并将人工智能的理论和技术引进到未来武器系统的研制中，从而显著提升武器系统的反应速度、制导精度、命中精度和摧毁能力等。人工智能参与下的自动化系统除应用于军事无人机外，还应用于有人驾驶的战机驾驶舱中，这种融合应用使得军事作战背景下做出的决策更加智能化。当前，军事航空的航空自动化系统借助人工智能技术已全面提升了感知、决策和执行的智能化程度。在飞机上装备这些智能化程度更高的自动化系统，可以确保飞机在机组人员减少或失能的情况下仍然能完成特定任务。同时，这些自动化系统除可将飞机原先装备的自动化系统进行智能化升级外，还可以基于人工智能技术发展便携、可扩展的硬件和软件套件，这也能提升各种军用飞机的自动化和智能化程度。例如，美国极光飞行科学公司在美国国防部高级研究计划局的资助和支持下，正在进行一项名为"机组人员驾驶舱工作自动化系统"的研究工作。该研究工作正处于整个项目的第一阶段，极光飞行科学公司与位于匹兹堡的国家机器人工程中心和位于达拉莫的杜克工程研究所进行合作，共同致力于开发一种自动化助手工具。该工具能够在飞机从起飞到降落的全过程中，适时地、自动地执行必要的飞行任务，例如检查清单、操作程序以及对意外情况做出反应。与此同时，飞行员可以通过一个直观的人机接口，随时了解飞机上正在执行何种自动化功能。

四、人工智能参与下的自动化系统应用于航空决策中的潜在问题

自动化系统在当前的航空业中得到了广泛应用，且随着人工智能的发展，航空自动化系统对航空决策也产生了诸多积极的影响，然而基于人工智能的复杂的自动化系统的引入也产生了新的失误模式，引发了新的航空安全问题，这是值得研究者注意和深思的问题。其中，自动化信任和依赖可能是潜在的、最突出的问题。

（一）潜在问题：自动化信任和依赖

自动化信任和自动化依赖既相互联系又有所区别。自动化信任指的是用户对自动化系统的一种认知或情感状态，而自动化依赖则指的是用户对自动化系统的一种行为反应。前者主要采用户主观评分的方法进行测量，后者则主要基于用户与自动化的互动程度来评估。事实上，自动化信任在测定人类依赖自动化系统的意愿时起着主导作用。也就是说，用户对自动化系统的依赖程度往往取决于他们对这一系统的信任程度；当用户非常信任自动化系统时，则通常会表现出对系统的依赖，反之，当自动化系统没有取得用户的信任时，则不能获得用户的依赖。但是，如果人类操作员存在由于过度信任自动化而依赖自动化系统的情况，或者存在由于完全不信任自动化而拒绝使用自动化系统的情况，那么这两种情况均有可能引发相应的事故。关于航空事故的统计数据表明，非适度自动化信任和依赖是造成与手动控制和自动化失误相关的航空事故增加的主要原因。例如，当飞行

员受到非适度自动化信任和依赖的影响时，可能造成飞机处于失控状态或危险边缘，进而引发可控飞行撞地和偏出跑道等事故。

近些年来，研究者们基于不同的实验范式对不同自动化系统的信任和依赖进行了探究，发现了不同来源的因素和变量会对自动化信任与依赖产生重要影响，包括操作者特征、外部环境特征和自动化系统特征等方面。此外，马什（Marsh）和迪本（Dibben）（2003）对自动化信任进行了划分，将其区分为倾向性信任、情景信任和习得信任三种类型。其中，倾向性信任指的是操作者信任自动化的持续倾向性，它会受到操作者的年龄、性别、文化背景和人格特质等特征的影响。例如，一项关于操作者文化背景的研究表明，墨西哥人比美国人更加相信自动化决策辅助，但是他们却不太信任手动决策辅助。情景信任是指信任依赖于特殊的环境背景，对这一类型信任的影响因素主要来自两方面：包括内部变量，如自信、情绪、注意力等，以及外部变量，如自动化可靠性、任务难度、系统类型、系统复杂性、工作负荷、任务框架、组织环境等。习得信任指的是人们对自动化系统的信任水平主要取决于过去使用这一系统的相关经验，包括经验中的期望、对系统的理解以及系统的声誉等都会对习得信任产生影响。例如，斯潘（Spain）和马德哈万（Madhavan）指出当自动化系统被描述为声誉更好的专家级系统时，用户会对该系统表现出更高程度的信任。

此外，在马什（Marsh）和迪本（Dibben）（2003）分类的基础上，霍夫（Hoff）和巴希尔（Bashir）（2015）针对习得信任这一类型，通过模型的改进提出了一个自动化信任和依赖影响因素的全模型（见图6-5）。该模型认为习得信任可以进一步区分为两种情况：第一种是最初习得，即这种习得发生在人、自动化交互之前，主要受到先前经验的影响；第二种是动态习得，这一习得过程主要发生在人、自动化交互过程之中，主要受到交互过程中自动化系统表现的影响。

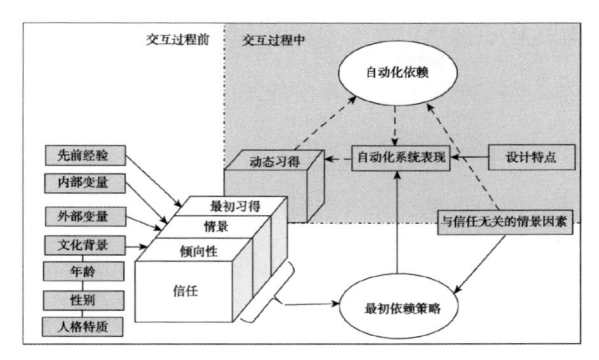

图 6-5　影响自动化信任和依赖因素的全模型

资料来源：HOFF K A，BASHIR M. Trust in automation: integrating empirical evidence on factors that influence trust［J］. Human factors，2015，57（3）：407-434.

（二）如何应对人工智能参与下的自动化系统在航空决策中引发的潜在问题

既然在将人工智能参与下的自动化系统应用于航空决策时可能引发自动化信任和依赖的问题，那么人们应该努力去降低甚至消除由自动化信任和依赖所引发的对飞行安全的威胁。首先，非适度的自动化信任和依赖（包括过度信任和信任不足）的信任校准问题是导致人、自动化不良交互的重要影响因素。有研究者认为，适度的自动化信任和依赖能够降低自动化误用和拒绝使用自动化发生的频率。此外，大量研究证据表明，可以通过以人为中心的自动化显示设计和训练去改善人类用户所表现出的过度信任和信任不足等问题。因此，如何促进人与自动化的适度结合，在自动化设计中考虑以人为本，已然成为系统设计者所面临的问题和挑战之一。以下分别从过度信任和信任不足两方面具体阐述如何应对自动化信任与依赖问题。

1. 缓解过度信任和依赖

关于如何减轻过度信任和依赖的问题，有人认为提供针对自动化系统的可靠性信息可以帮助用户校准他们对自动化战斗识别系统的信任和依赖。此外，通过对比用户在自动化系统首次失败的反应和后续失败的反应发现，在用户使用自动化系统之前进行相应的训练可以在一定程度上降低首次失败的概率。实际上，对于自动化用户来说，切身体验自动化系统故障比仅仅被告知该系统可能会发生故障更加有效。巴纳（Bahner）等人（2008）的研究发现，用户的自动化故障体验可以降低自满水平。由此可见，让航空用户（包括飞行员或空中交通管制员等）长期进行自动化故障的训练是降低自动化系统过度信任和依赖的重要途径之一。此外，还可以通过专业的、系统化的培训，使航空用户充分理解自动化系统所存在的不足和缺陷，从而降低过度信任和依赖的程度。

2. 缓解信任不足

自动化系统因为过于复杂，导致人类操作员可能不能理解系统内部究竟发生了什么，这很可能导致对自动化信任不足。因此，缓解信任不足的措施包括强化关于自动化运行机制的培训，对复杂自动化系统进行功能简化或者改善界面设计，使操作员更加明确自动化系统的运行机制。例如，在一项关于驾驶舱显示设计的研究中，德艾（Dehais）等人（2015）发现，在驾驶舱中增加让飞行员查阅由自动驾驶仪所提供的详情的文本提示可以降低自动化惊奇的程度。此外，索尔金（Sorkin）等人的研究表明，似然度显示可以在一定程度上缓解报警器误报问题。这种显示设计可以对临界条件的存在与否提供两个或多个确定性等级水平。也就是说，这种显示设计不是随便给出一个警报或者根本不给警报，相反，它允许系统做出"我不确定"的回复。这样可以增加操作者与系统间的交互并改善两者的灵敏度，在信任程度上允许报警系统有不同等级的区间，如很不确定、不确定、确定、很确定等。此外，还有一个关键点，必须通过充分的培训让用户意识到系统发生故障的可能性很微小，但是造成严重后果的可能性很大。因此，对于飞行员和空中交通管制员来说，一旦发生警报必须及时处理，绝不能忽视，同时，他们需要通过专业的培训来提升判断虚警的能力，以确保飞行安全。

第七章 人工智能与航空器及航空系统人因设计

第七章 人工智能与航空器及航空系统人因设计

随着人工智能逐步赋能航空，新型智能人机交互显示/控制技术的人因研究与设计也成为必然趋势。研究航空工作环境中各因素对人身体的影响，以及人和航空机器、环境的相互作用，同时考虑工作效率、人的健康、安全和舒适等问题，以实现人、航空机器、航空环境系统的最佳匹配，这些都将会对航空事业的发展产生极其重要的影响。当前，人工智能的蓬勃发展态势正不断为航空器及航空系统在飞机驾驶舱、客舱、航空服务等各个方面的人因设计注入强大动力。

第一节　航空器及航空系统人因设计概述

一、人因设计的概念

（一）人因的概念

人因工程学（亦称"人类因素学"）是一门新兴的交叉学科，起源于欧美等发达国家。国际工效协会（International Ergonomics Association，IEA）对人因工程学的定义是当前最权威的定义："研究人在工作环境中解剖学、生理学和心理学等各种因素对身体的影响，研究人和机器及环境的相互作用，以及同时考虑工作效率、人的健康、安全和舒适等问题的学科。"中国学者朱祖祥（1994）在《人类工效学》一书中对人因工程学下的定义是："一门以心理学、生理学、解剖学、人体测量学等学科为基础，研究如何使人－机－环境系统的设计符合人的身体结构和生理心理特点，以实现人、机、环境之间的最佳匹配，使处于不同条件下的人能有效地、安全地、健康和舒适地进行工作与生活的科学。"

（二）航空器及航空系统人因设计的概念

航空器及航空系统中的人因设计是人机工程学中的一个重要方面，目前对人机工程学的定义还没有统一。美国人机工程学专家伍德（Charles C. Wood）对人机工程学所下的定义是："设备设计必须适合人的各方面因素，以便在操作上付出最小的代价而求得最高的效率。"伍德森（W. B. Woodson）认为："人机工程学研究人与机器相互关系的合理方案，即对人的感知显示、操作控制、人机系统设计及其布置和作业系统的组合等进行有效的研究，目的是获得最高的效率，并在作业时感到安全舒适。"美国著名人机工程学及应用心理学家查帕尼斯（A. Chapanis）认为："人机工程学是机械设计中的一门学科，它考虑如何使人的操作简便而准确。"

二、人因设计的研究历程

（一）人因的研究历程

人因研究的起源可追溯到19世纪晚期至20世纪初，其最初的主要目的是提高工作效率，例如对劳动工具铁锹的研究以及对建筑工人砌砖的研究。1945年，第二次世界大战期间，在战争环境中，一些国家大力发展各种新型武器装备，然而，由于片面关注工程技术方面的研究，忽视了使用者操作能力的研究和培训，工作效率降低，甚至发生危及操作人员安全的事故，这些问题使工程师们认识到人的因素在设计中的重要性。因此，人因研究作为一门新兴的综合学科正式出现。第二次世界大战之后，美国空军和海军共同成立了工程心理学实验室；1949年，英国也成立了工效学研究协会。此后，人因研究迅速发展，并从最初复杂的军工领域扩展到航空等研究领域。

（二）航空器及航空系统人因设计的研究历程

1903年，莱特兄弟成功设计并试飞了世界上第一架飞机，这一事件标志着航空时代的正式开启。早期，飞行员有很大的自主权，几乎所有的航空情境（例如飞机的起降地点、飞行高度等）都由飞行员控制，因此飞行员认知负荷过重。飞机设计者为解决这一问题，也做过一些改进。1905年，莱特兄弟在飞机上增加了辅助飞行员感知速度和角度的仪器，这意味着人因设计已开始出现在航空器及航空系统中。

第一次世界大战期间，飞行事故数量的增长让飞机设计者们进一步意识到人因设计在飞机设计中的重要性。第一次世界大战结束后，飞机的客舱和驾驶舱都逐渐演变成封闭空间，这解决了飞行环境中过于寒冷的问题，使得飞机可以飞得更高更远。第二次世界大战期间，飞机本身的飞行高度、飞行速度等性能得到明显提升，但是飞行员的素质并没有发生变化。这一时期开展了飞机舱内噪声对人的影响等方面的研究，并开始用模拟器来培养飞行员和提高飞行员的素质。

第二次世界大战结束后，民用飞机中人因研究的重点内容是乘坐舒适性、飞行安全性等问题。从这个时期开始，伴随着计算机技术和平板显示器的应用，航空领域的人因研究开始蓬勃发展。大屏幕显示器取代了传统驾驶舱中杂乱的仪表系统，而且驾驶舱中引入的触摸屏，解决了驾驶舱的复杂性带给飞行员的过度负荷。

从航空人因研究的历程来看，每当有新的人机交互技术应用于飞机设计时，都会引发一轮航空器及航空系统人因设计研究的热潮。人工智能持续发展，并可预计将保持良好的发展态势，未来，在飞机驾驶舱、客舱、航空服务等各个方面，人因设计都将不断取得新的突破与进展。

三、航空器及航空系统人因设计的总体目标

航空器及航空系统的人因设计在同一个系统中将人、机、环境视为三个主要因素，以人为核心。它以人的特征和本质为出发点和落脚点，旨在将三个因素有机整合，构建出最佳智能优化的综合系统。

（一）三种不同的自动化系统

1. 人主导的操作系统

人作为操作者，需要一些得心应手的辅助工具和设置，这些工具和设置的设计需要从人体的身心特征出发，并实现保护身心、减少认知操作负荷的目标。例如人作为监视者，可以将输入的信息直接转化为相应的输出行动或决策。

2. 半自动化系统

当人在控制动力系统机器时，他们会为机器提供动力补充，与机器自身的

结构化动力形成半自动化系统。在该系统中，反馈信息由人类处理，并作为操作决策的依据，从而形成人机交互的闭环控制：人接收反馈信息，调整操作行为，产生新的反馈信息，如此循环往复。

3. 自动化系统

当系统高度智能化后，人只需要扮演监督和管理的角色，机器可以自行完成传输、接收、存储和处理信息及执行操作的全过程。系统的动力由外部机器提供，人只需要完成启动、监测、维修等功能。（丁玉兰，2017）

（二）三种人机结合方式

1. 人机串联方式

人直接干预机器运转中的操作来执行操作。人机串联能最大限度地发挥人的灵活性，但其主要局限性在于受到人自身特性的制约。系统效率容易受到人为因素的影响，且随着人为干预的减少，机器效率也会相应降低。

2. 人机并联方式

人机并联和人机串联的区别在于：人机串联是人直接介入机器运行中去执行操作，而人机并联则是人间接介入机器运行中去执行操作。后者以机器的自动操作为主，以人为辅。当机器正常运转时，人并不受系统约束；当系统出现异常情况时，则需要人直接介入到系统中进行干预。

3. 人机串、并联混合方式

人机串、并联混合方式是将人机串联与人机并联结合起来的方式，兼具这两种方式的特点。（丁玉兰，2017）

四、航空器及航空系统人因设计的原则

（一）一体性原则

航空系统中的人和机器早已从简单的从属关系转变为合作关系，由人和机器共同负责认知、决策和执行。其结果是，人－机器－环境形成一个统一的整体，

在人因设计的过程中需要将这样的集成原则放在优先考虑的位置，即如何实现 1+1 > 2 的功能。

（二）以人为中心的原则

人因设计将以人为本作为设计核心，在发挥人的主观能动性之前，应优先考虑人的局限性。人类智力、生理学、心理学和其他方面的局限性主要有两点：（1）人是容易变化的因素，人的工作效率受到多种因素的影响，出错率也并不稳定，例如疲劳会导致出错率升高，同时人也会受到情绪的影响。（2）人的效率存在固有的局限性，人存在天生的反应时差，从接收信息到发布指令再到执行任务的时间差是无法克服的。

认识到人类的生理和心理局限性可以更好地实现真正以人为中心的方法，利用智能机器的优势来弥补这些局限性。这是人因设计的一个重要原则。

（三）安全原则

人是人机智能系统中的一个重要参与者，因此要充分考虑人的安全性；同时，机器也是重要参与者，因此要考虑机器的安全性。我们需要采取先进的技术方法来控制或消除系统的不安全因素，将不安全事故发生率降低到最低。例如，国际机器人领域的学者为机器人的研究制定了机器人三大法则。法则一：机器人不得伤害人类；法则二：机器人必须服从人的命令，但不得违背第一法则；法则三：在不违背第一和第二法则的前提下，机器人必须保护自己。

在以人为中心的原则这一核心要求下，系统设计已经充分考虑了人类的生理和心理局限性，但仍无法百分之百保证不发生意外事故，所以需要从机器设计开始就考虑最后的保险。首先，机器通过某种方式向人提供辅助控制信息，从而使得人在做出控制决策时所考虑的信息更全面。其次，机器监测人类的输出控制量，通过智能分析和判断，在人发出高风险的控制信息或错误信息时，将情况及时警示于人，以便人能够及时采取补救措施；当系统自动监测到人无法或未能采取任何措施时，机器将通过控制调节器，直接进行安全保护控制。此外，人有时由于各种主观因素会处在异常的生理状态，导致决策或执行错误。因此，在控制系统中，机器必须监测人类的生理状态，一旦发现异常，将及时发出警报，并采取相应的措施调节人的状态，使其适合操作和控制，一旦调节无法实现，机器则启动自动控制系统。

最后，在一些极其特殊的状态下，系统需要采取一些临时的紧急措施，此时不存在"人主，机器辅"或者"人辅，机器主"的情况，无论是机器还是人发出控制信号，都会生效。这种情况的控制方式可以降低人为事故的概率，从而守住安全的最后一道防线。

（四）最优原则

为了实现人-机-环境整个系统的最优化，必须综合考虑以上提到的整体性、以人为中心、安全的原则。在满足这些原则的基础上，采用借助人工智能等先进方法，优化系统运行的表现。因为影响系统表现的因素太多，所以需要将影响因素尽可能地分解，逐个明确，然后进行整合，最终实现系统表现的整体提高，不断向更优的目标靠近。（丁玉兰，2017）

五、航空器及航空系统人因设计的过程

（一）系统人因分析

1. 含义

系统人因分析包括五个阶段：任务和场景分析、功能分析、功能分配、操作任务分析和绩效分析。任务和场景分析的目标是明确系统的总体要求，其价值在于为人因分析提供指导。功能分析将从任务分析得到的功能、性能、界面要求等分解为相关系统的功能描述，价值在于为后续的操作任务分析提供指导。功能分配是决定系统如何分配和执行，即人、机器如何联结并合作完成任务。操作任务分析针对操作者需要完成的任务设置进行解析。绩效分析是对绩效设计的需求和

功能进行分析确认。这五个阶段共同构成了一个完整的系统的人因分析。

2. 实施流程

第一步，任务和场景分析。内容是分析任务阶段、事件、时间、距离、威胁和环境数据；目的是为功能分析提供依据。

第二步，功能分析。内容是进一步分解与任务阶段相关的功能；目的是为功能分配提供依据。

第三步，功能分配。内容是分配与任务阶段相关的操作人员和维护人员的职能；目的是补充功能分析，为操作任务分析提供依据。

第四步，操作任务分析。内容是分析任务及其顺序、完成任务的可能性、工作量、可能的错误、输入/输出频率、时间要求和性能要求；目的是补充功能分配，并为性能预测、界面和工作空间设计提供基础。

第五步，绩效分析。内容是分析运营商的绩效及其设计需求；目的是为界面和工作空间设计提供基础，并补充功能分配。

第六步，界面设计。内容是设计人机界面，为操作人员提供动作和时间指令；目的是为业绩预测提供补充。（王黎静，2015）

（二）人因测试与评估

1. 概念

分析、设计、评估的迭代过程是航空系统人因设计的一般过程。人因测试与评估的目的就是确保人因标准和设计要求得到正确的贯彻，测评会贯穿设计的整个过程，并呈设计—测评—再设计的螺旋上升发展趋势。

2. 方法

人因测评的主要方法是环境与工程测量，其测评的指标包括了光环境参数（亮度、照度）、温度、噪声、风速、湿度等数据。常用到的设备有照度计、光点亮度计、声级计、温度计、声波分析仪、风速计、湿度计等。

人因测量的方法之一是主观评价法，这是一种质性的评估方法，主要在对无法量化的评价属性进行测量时使用，例如飞行员的操作舒适度。主观评价法包含多种方式，例如问卷调查法、量表法和专家评审法。

通过测量受测者的生理指标来反映其认知负荷的传统方式称为生理测量法，这种方法基于一个基本假设，即当一个人的认知负荷发生变化时，某些生理指标也会相应变化。它主要包括三种类型的生理测量技术：脑电图测量、眼动测量和心率测量。生理指标具有客观性、实时性和非侵入性等优点，因此生理测量是一种非常有说服力的人为因素评估方法。然而，在使用它时仍然需要谨慎，例如不要放大单个生理指标的重要性，因为每个指标都是片面的，需要综合分析才能作为有效的数据。

近年来，虚拟评估方法成为备受欢迎的一种测评方法，首先，创建一个虚拟人体，将其放置在虚拟环境中，调整虚拟人体的位置和动作，模拟人体在航空任务中的状态。这种评估方法的优点是不需要创建物理模拟器，并且较少受到环境的限制。（王黎静，2015）

六、航空器及航空系统人因设计的要点

（一）人机功能分配

对人机功能的分配，通常要从以下角度开始：第一，人和机器各自的特征、优势与劣势；第二，个人执行规定操作所需的培训精力和时间；第三，比较在某些异常情况下人与机器的反应特性；第四，分析个体差异；第五，分析机器取代人类的效果和代价等。其中第三点，在比较人和机器的特性时，关注的指标有物理方面的功能、计算能力、反应时间、记忆容量、通道、监控、操作内容、图形识别、手指的能力、预测能力和经验性等。

人、机、环境三者构成的人机系统中，人机之间的关系意味着二者需要在认知、分析和执行三个层面上实现明确分工。丁玉兰（2017）在《人机工程学（第

5版)》一书中,将人机功能的合理化分工总结如下(见表7-1)。

表7-1 人机功能合理化分工

功能层面	适合于人完成的功能	适合于机器完成的功能
感知层面	1. 模糊定性信息感知	1. 精确定量信息感知
	2. 有限小阈值范围内的信息感知	2. 可以感知人类感知阈值范围以外的信息
	3. 只有在人的生理权限承受的环境下进行感知	3. 可以在恶劣环境下进行信息感知
	4. 感知具有整体综合性、选择性和多义性的信息	4. 比较适合于对单一信息进行感知
决策层面	1. 富于创造性的思维活动	1. 基于规则的逻辑推理
	2. 在变化不定的环境下识别形象	2. 在确定环境下识别对象
	3. 处理模糊信息	3. 精确处理数据信息
	4. 对意外事态的预测及处理	4. 常规事态处理
	5. 对不良结构问题的处理	5. 对良性结构问题的处理
	6. 能综合运用逻辑思维、形象思维和灵感思维	6. 能较好地模拟逻辑思维和部分地模拟形象思维
	7. 记忆有限的数据、知识及规则	7. 记忆大量的数据、知识及规则
执行层面	1. 完成功率比较小的动作	1. 可以完成需要功率很大或极小的动作
	2. 完成精度要求不太高的动作	2. 可以完成精度要求很高的动作
	3. 所能完成的操作范围比较窄	3. 所能完成的操作范围广
	4. 执行过程中,受生理条件所限,容易疲劳、耐久性差,不能在恶劣环境下工作	4. 执行过程中,不受生理条件所限,耐久性强,不会疲劳,环境适应性强,可以在恶劣环境下工作
	5. 易实现多种执行方式的综合	5. 执行动作单一,但动作一致性好
	6. 动作具有较大的柔性,动作灵巧	6. 动作柔性小,不灵巧,但运动学、动力学特性优秀

资料来源:丁玉兰. 人机工程学[M]. 5版. 北京:北京理工大学出版社,2017.

(二)人机交互设计

在人-机-环境的系统里,为实现总体功能大于各部分功能之和的目标,需要使机器与人之间达到最佳匹配,即最佳人机匹配。人机匹配的内容包括人类感官通道特性和信息显示器之间的匹配、人体运动特性和飞机控制器之间的匹配、信息显示器和飞机控制器之间的匹配、环境(温度、亮度、湿度和声音等）和人的适应性之间的匹配等。尽管有很多匹配内容，但匹配的核心原则只有一个，那就是以人为核心，选择最有利于发挥人的能力、提高人的操作可靠性的匹配方法来进行设计。具体而言，它降低了人的认知负荷、操作风险性、决策困难程度等，以保证人机之间最佳的交互状态。基于此，丁玉兰（2017）在《人机工程学（第5版）》中总结了人机交互方式和软件设计应该遵循如下标准。

1. 人机交互方式的标准

（1）计算机对人类的友好支持，例如能提供全面、透彻、灵活的直观信息，使用"自然语言"和图形进行对话；

（2）人类不断给计算机新的知识，在智能集成的必要条件下，人类的远见和创造力可以通过逻辑决策层传递给计算机，逻辑决策层赋予分析、推理和判断的结果，即人类的经验和知识，以提高和丰富计算机的智能；

（3）人、机共同决策，包括在有些算法和模型已知时，靠人、机对话来确定某些参数，选择某些多目标决策的最优解等。

2. 软件设计的标准

（1）计算机具有高级智能，如知识库和推理机制；

（2）存储在计算机中的数据和知识具有独立性和灵活性，便于用户删除、补充和修改；

（3）库存内容是动态的、可变的，可以随机存取任何知识和数据；

（4）软件结构具有灵活性，允许对知识结构进行任意更改以适应新的情况；

（5）知识和数据的存储应保证安全可靠，不受干扰和破坏。

3. 人机智能界面设计

为了使飞行员能准确、高效地获取飞行信息，驾驶舱信息显示系统要呈现给驾驶员清晰、直观的信号。具体而言，在内容设计上，系统应实现导航画面地图化、图像标准化、文字信息的精炼化以及数字信号的模拟化。从设计的角度来看，关键在于确保用于呈现上述内容的载体不会降低所传达内容的即时性和准确性。例如呈现图像、声音等的清晰度和准确度，以及系统调整过程中的灵敏度和稳定性。

随着人工智能的发展，驾驶舱人机智能界面的设计主要运用了两种方案，第一是多媒体智能界面设计，第二是虚拟现实智能界面设计。

把数字符号转化成几何图像信号是多媒体界面技术的核心所在。实现这种转换的方式主要包括多媒体表现、色彩表现、几何线条表现等。多媒体界面大大提升了系统处理效率，降低了理解和利用数据的难度，也加快了数据的处理速度，实现了对海量计算数据的准确和高效利用。

虚拟现实智能接口技术是一种综合性的人机接口技术，旨在改善人与计算机之间的交互，增强计算机的可操作性。其核心是创造一种"身临其境"的感觉，通过高速图形计算机、头盔显示器或其他 3D 视觉通道、3D 位置跟踪器和人机系统中的立体声技术，让人们沉浸在由计算机屏幕所显示的场景之中。（丁玉兰，2017）

人机智能界面设计的过程包括以下步骤：

第一步，明确设计要求，即界面应该显示什么内容，不应该显示什么内容。

第二步，进行功能分配研究，即比较人和机器的性能，设计任务分配和人机交互。

第三步，明确任务的要求，包括其准确性、即时性和连续性。

第四步，明确操作者操作时的姿势，如是站着操作还是坐着操作等。

在前四步的基础上，仪表板的整体宏观设计已经形成。

第五步，选择控制器，机器的操作要尽可能简单，充分考虑操作者特性，站在操作者的角度选择最适合的方式。

第六步，根据所选择的控制器选择显示仪表，保持仪表与控制器相匹配。

第七步，通过整合控制器和仪表的相对位置和配置来设计仪表板。

第二节 人工智能与驾驶舱人因设计

一、飞机驾驶舱设计的演变历史

在20世纪70年代以前，飞机驾驶舱的设计经历了从简单到复杂，仪器设备和各类操作按钮逐渐完善并趋于饱和。具体而言，飞机驾驶舱的设备从最初的全机械仪表、手柄开关，逐步发展为更加复杂的机电仪表、照明和音频信号系统以及旋钮控制装置。由于每个仪表盘仅能提供单一信息，数十台仪表、百余个开关遍布驾驶舱各个方位，驾驶员需要全方位操作，导致驾驶舱布局拥挤、混乱，形成了迷宫式的操作环境。在这一阶段，飞机驾驶舱布局存在明显缺陷：仪表及开关过于拥挤混乱，且驾驶员控制能力有限，主要依赖开环控制和分散控制，缺乏自动化的闭环控制和综合控制能力，因而，传达给飞行员的信息十分有限，缺乏综合信息。

从20世纪70年代末到80年代末，随着航空电子技术的持续发展，飞机驾驶舱的布局开始由复杂趋向简洁。随着集成电路和微处理器的普及应用，阴极射线管（CRT）技术被引入驾驶舱，催生了基于CRT的电子水平状态指示器（EHSI）和电子姿态指引仪（EADI），共同构成了综合电子飞行仪表系统（EFIS）。驾驶舱的这一重大变化的特点是从指示转向显示，从复杂转向简洁，一定程度上克服了前一阶段飞机驾驶舱的不足，增强了自动化的闭环控制和综合控制，进一步进入了综合信息管理时代。

自20世纪90年代以来，玻璃驾驶舱进入鼎盛发展阶段，其应用范围和影响力持续扩大，至今仍在不断取得新的突破。进入21世纪以来，驾驶舱向工作站方式迈进，主要表现在：平板显示器、固态传感器的不断发展，信息源深度和广度的扩展以及信息集成，从语音到数据通信、卫星技术、开放系统架构、鼠标控制器的应用，通用型号系列的开发，以及玻璃座舱的普及。波音777飞机驾驶舱在遮光罩设计、照明设计、色彩的选用、美学和耐久性设计、减少疲劳及飞行员安全保护、间隙填充和流线型设计等方面都非常值得借鉴,传统的驾驶舱设计被描述成以机器为中心的设计。驾驶舱界面设计的系统架构研发主要由航空电子技术水平驱动,基本遵循以技术为中心的理念,而将飞行员的体验和需求放在了次要位置,飞行员对驾驶环境的适应能力只能依靠大量的培训和训练来实现。这种以机器为中心的设计,通常只考虑人的物理行为,如人体的基本测量尺寸、力学与运动特性等,很少考虑人的认知行为和信息加工的特点。然而,高度自动化的驾驶系统并未显著提高飞行安全性,反而给飞行员带来了更大的认知难度,导致操作失误率未能有效降低。因此,NASA 的 Langley 研究中心提出以人为核心的飞机驾驶舱设计理念,认为飞行机组人员在未来一段时间仍然是飞机驾驶舱一个不可或缺的组成部分,因为在不可预料的动态环境中,复杂系统的安全、高效运行需要人的知识、技能和灵活性。以人为中心的设计理念,要求确保飞机驾驶舱的设计与飞行员的能力相匹配,保证驾驶舱的显示系统、操纵系统设计与飞行员的判断能力、认读能力和操纵能力相协调,从而为飞行员提供一个安全、舒适、省力的驾驶环境,为高效的飞行操作和圆满完成任务提供充分的保障。国内对飞机驾驶舱的人因设计研究始于 20 世纪 80 年代后期,其中驾驶舱的几何设计、仪表及照明工程心理学等方面的研究进展较快,在技术上取得了较大成功,当前已经广泛运用到实践应用中,例如支线客机 ARJ21 的飞机驾驶舱设计已部分采用人因研究成果。(游旭群,2017)

二、飞机驾驶舱设计中人的因素

飞机驾驶舱内的设置主要包括座椅、脚踏板、驾驶杆、控制器和仪表盘等。飞机驾驶舱装载的主要仪表有高度计、姿态指示器、空速表、航向指示器、坡度指示器和垂直速度指示器。这些设备和仪表均是为操作者提供的,如果缺乏对人为因素的考虑,可能会导致系统本身出现操作错误。例如:如果座椅不符合人体的几何尺寸，会给操作者带来生理上的不适，长此以往，可能会给操作者造成身体不适和疲劳；如果仪器上显示内容的字体太小或不够清晰，也可能导致信息提取不正确，这些都是可能引发人为错误的因素。

为了减少操作人员的错误，确保飞行活动的安全、可靠性和效率，驾驶舱及其配置设计应考虑人们接收信息的规则与飞行环境对人们的影响。在研究人体特征如人体形状特征参数、人体工作量和效率的基础上，设计应符合飞行员的人体测量特征和认知与操作特征，同时考虑人体运动能力和心理特征、人的感知特征、信息处理和学习能力、人类决策和错误因素、人因失误、人类操作特征等。（游旭群，2017）

（一）人体测量特性

为驾驶舱设计提供人体测量数据，确保飞行员在舒适、适宜的环境中操作，从而提升操作效率。飞行员的人体测量数据是飞机驾驶舱设计的关键依据。例如，坐姿、眼睛高度决定仪表板的位置，手臂伸展决定控制按钮的位置，膝盖高度决定座椅的高度等。驾驶舱空间的设计应确保显示和控制设备、控制台、仪表板、救生设备和控制空间的设计和配置能够适应飞行员的人体特征。飞行员是否能够看到或够到它们，它们是否运行畅通无阻，配置是否最优，必须基于飞行员的人体测量数据、使用统计数据来制定设计标准，以确保飞行员在正常情况下能够以正确、舒适的姿势飞行，并在紧急情况下安全逃生。（游旭群，2017）

（二）人的感知特性

在引入飞越控制系统、飞行管理计算机系统、自动驾驶仪、自动油门、飞行指引仪等自动驾驶系统后，现代飞机驾驶舱已经形成了高度自动化和智能化的驾驶环境。因此，飞行员的角色已转变为信息监督者，在信息化和智能化的任务环境中，飞行员的感官特征、感知能力、记忆、注意力和认知负荷等因素变得尤为重要。

需要关注的视觉特性有飞行员对光亮、颜色的感受，视野分布特点，等等，其中，人的视野分布特点是驾驶舱视界的设计基础，也是挡风玻璃和仪表盘等的设计基础。主仪表盘安装的方位应垂直于飞行员的正常视线，与正常视线的夹角不小于 45 度。此外，人眼对光亮、色彩的感受是驾驶舱内饰、照明系统等的设计基础，应保证光线柔和，不影响飞行员对仪表盘及外部环境的监测，并具备舒适性，不易引起疲劳。

此外，需要收集的最重要的认知特征包括飞行员信息编码特征、直觉处理特征、记忆力、注意力、态势感知、飞行决策等，这些特征决定了驾驶员能够承受的工作量。飞行员过载，错误率将会增加；过载也有可能使得飞行员注意力不集中，导致疲劳和失误。

三、飞机驾驶舱人因设计的原则

（一）安全性原则

飞机驾驶舱人因设计的安全性原则包含了两个方面，第一个方面是要保证飞机操作全过程的安全，第二个方面是飞机驾驶舱内操作人员的人身安全。

第一方面的安全性原则要求驾驶舱设计具有一定的容错和防错能力，以尽可能减少飞行员的操作失误。这包括合理的人机分工、更符合逻辑的操作规则和设置等。

第二方面的安全性原则要求防止驾驶舱对驾驶员造成身体和精神伤害。充分考虑飞行员在每次飞行任务中需要完成的所有动作，在所有动作中避免驾驶舱人机系统中可能对飞行员造成身心伤害的任何部分。因此，有必要采用一些设计方案，例如简化驾驶舱结构等。

（二）高效性原则

飞机驾驶舱人因设计的高效性原则包含了人机系统信息传输、提取、决策与执行的高效性。

首先，为了保证信息传输和提取的高效性，显示系统应该直观地显示飞行信息。现代航空电子系统以大量直观的显示屏为特点，大大增加了驾驶舱信息系统中的信息量，从而减少了驾驶员的工作量。并且，由于显示界面在设计时考虑了人的因素，也趋于友好化，可读性强，传递信息精准，以"一平三下"的多功能显示系统为代表，信息一体化的综合显示系统使得飞行员提取信息的效率越来越高。

（三）人性化原则

飞机驾驶舱人因设计的人性化原则主要指的是对飞行员身心舒适度的考虑。首先，应充分考虑飞行员的生理舒适性，例如在安全性和高效性的前提下，有足够的空间供飞行员活动，使飞行员感觉到身体舒适。另外，还要尽量为飞行员制造舒适的心理体验，例如和谐的色彩、各类显示器和舱内设置要整洁有序，给人带来平静和愉悦的感受。

四、飞机驾驶舱总体布局设计

飞机驾驶舱内的总体布局包含了整体结构、航空电子系统、电源系统、起落架系统、飞行控制系统、燃油系统、氧气系统、环境控制系统、内设系统、防火系统等。驾驶舱的布局设计需要综合考虑人机界面定义、人体测量学、以飞行员为中心的设计理念、系统集成与信息综合，以及测试与评估方法等。飞机驾驶舱总体布局设计需要满足飞行员的能见度、可达性以及操纵舒适性和操纵效率等要求。

飞行员座椅的设计是驾驶舱布局的一个关键方面，设计眼睛的位置决定了座椅参考点的坐标。座椅参考点是飞行员座椅靠背和座椅表面之间的交叉点，指示座椅位置。驾驶舱内主仪表板和其他控制面板的安装布局主要取决于座椅的位置。在确保飞行员设计眼睛的位置合适的前提下，地板高度、控制台、方向盘、油门位置等其他设备的设计应以飞行员的可达性、可见性和认知功能为基础，以座椅的空挡位置参考点为基本起点；同时，根据飞行员的最小视觉范围设计驾驶舱挡风玻璃。

飞行员在应急情况下脱离失事飞机时普遍采用弹射跳伞装置。弹射跳伞的基本过程是：抛弃驾驶舱盖→拉紧束缚系统→弹射离机→射出减速伞和稳定伞→解脱座椅→人、椅分离→开降落伞→降落→着陆或着水。最常用的救生系统是敞开式弹射座椅。飞行员通过该装置从飞机上弹射出来，形成弹射通道。驾驶舱的高度影响飞行员的弹射姿势，驾驶舱舱门的宽度关系到出口安全，座椅参考点与主仪表板之间的距离决定了弹射是否会造成下肢损伤。一般来说，弹射通道的设计需要满足 99% 的飞行员的起飞要求。

人机界面的优化设计是当前研究中最受关注的方面。驾驶舱内有许多开关和把手，功能各异，使用频繁。为了使飞行员能够快速、正确地使用它们，在设计中应根据不同的功能考虑合理的布局：控制部件应具有良好的可达性；采用 HOTAS（Hands On Throttle and Stick）设计，飞行员可以在不离开操纵杆的情况下切换各种系统的功能；常用的电门把手要安装在便于飞行员使用的位置；控制部件的使用应方便灵活；控制部件的拉动或移动方向应符合飞行员的生理习惯。驾驶舱的布局设计应确保操纵杆、油门杆、转向杆等控制装置在飞行员的可达范围内，并根据其重要性和使用频率的差异，将它们安装在不同的位置；主飞行显示器、导航显示器、警告灯等显示设备应在飞行员的可见区域内。重要且频繁操作的设备应布置在飞行员的主要可接近区域和飞行员的主要观看区域内，以便于飞行员观察和操作。（游旭群，2017）

五、人工智能与显示器设计

显示器是以编码形式间接传递信息的装置。用不同的数字、颜色、字母等视觉刺激或刺激属性表示不同含义的方法称为视觉编码。显示器设计包括视觉、听觉、触觉等各种类型显示器的设计，还包括显示器的布局和组合问题，要使其与人的感觉器官特性相适应。随着计算机技术的发展，人工智能不断融入飞机驾驶舱的显示设计工作，具体表现在平视显示器、数字界面可视化、触摸屏控制技术、三维听觉显示器等方面的设计。

（一）平视显示器

平视显示器（Head-Up Display，HUD）是一项起源于军工的技术，20世纪80年代后开始应用于民用航空领域，并日益成为民用飞机驾驶舱的重要组成部分，由于其能显著提升飞行安全性，目前已被全球上大多数航空公司广泛采用。

HUD 系统包含组合仪、投影设备、显示控制面板和计算机，这些设备连接着飞机的仪表着陆系统、告警系统、飞行管理系统、飞行控制系统等。HUD 计算机能评估飞行数据，并在起飞、爬升、巡航、进近和着陆阶段为飞行员提供平视显示与引导，使飞行员在能见度较低的恶劣环境条件下也能精确地操控飞机。飞机的各种飞行参数，比如速度、姿态、导航信息、位置、告警信息、引导信息等数据通过航电总线发送到 HUD 计算机，经过计算机处理和融合后生成显示图像，并传输给投影设备。投影设备再将接收到的显示图像经过畸变、校正和电光转换后投射到组合仪的特殊光学玻璃上，从而实现显示图像与飞机外部真实环境的叠加融合。飞行员通过组合仪表既可以观察到飞机姿态、引导、告警等信息，也可以看到外部环境。因此，HUD 可以显示的信息不仅包括基本的飞行信息，还能提供告警信息，提醒飞行员注意当前存在的问题，这种人机交互能降低事故发生概率，进一步保证飞行安全。

航空心理学家费茨是首位将人因原理应用到驾驶舱界面设计的研究人员，在经过广泛探索和实验后，他提出了驾驶舱仪表设计的"基本 T 分布"原则，使得驾驶舱仪表排列标准化变成现实。到目前为止，现代飞机显示布局的主导设计仍然是根据视觉扫视模式研究结果提出的。

（二）数字界面可视化

数字界面与物理界面相对，是依赖于计算机技术的一种信息显示和交互平台。由于信息内容的复杂性、信息的层次化呈现和信息交互的多样性，复杂的数字接口随着人机系统的集成和智能化发展而升级。信息需要载体进行传输，信息可视化基于计算机技术，可以以一种容易被视觉接受的方式表达抽象信息，并将其转化为易于操作人员识别和理解的界面元素。米勒（Miller）等人测量了飞行员在不同航向变化下的工作量变化，以研究驾驶舱界面的信息显示模式对飞行员的影响。实验结果表明，当使用数字和字母的组合进行信息显示时，飞行员的工作效率和认知速度都更好。

数字接口显示大量的动态信息，飞行员从数字界面获取的视觉信息占驾驶舱信息来源的 70% 以上。各类仪表、监视器、机械指示类显示器的信息将随着实时飞行状态的变化而更新。飞机驾驶舱数字界面即电子仪表系统 EIS（Electronic Instrument System），它包含两个系统：电子飞行仪表系统 EFIS（Electronic Flight Instrument System）和飞机电子集中监视系统 ECAM（Electronic Centralized Aircraft Monitor）。电子飞行仪表系统是监视飞行姿态和航向的界面，显示的信息是飞机的航向、航线、地图、与前方航路点的距离、风向、风速和时间等。飞机电子集中监视系统显示的信息是发动机状态、襟缝翼位置、油量、飞机各个系统的状态、飞机总重及告警信息等。随着信息自动化的持续发展，飞行员的主要角色已经从传统的领导者转变为自动驾驶系统的监督者，主要任务是监测各种仪器的状态。一旦飞机显示警告信息，飞行员必须迅速做出反应。

（三）触摸屏控制技术

舒秀丽等学者认为，随着技术的发展，用触摸屏取代传统的显示控制界面已成为航空系统的常态。例如，iPad 作为电子飞行包（EFB）进入驾驶舱；

Garmin、Thales、Barco、Honeywell 等公司已经为多架民用飞机的驾驶舱设计了触摸屏，并运用到部分机型中，比如湾流 G500 和 G600 公务机。触摸屏的显示和操作是一种比较流畅、便捷的人机交互方式，人机界面的元素拥有高度的"可供性"（affordance）。可供性是人和物体之间的一种关系，它指的是机器会给操作者传递出促发因素，当操作者接收到促发因素后，便会相应做出对应的操作响应。基于这种自然、直观的交互方法，飞行员的操作速度得到了提高，错误率显著降低。触摸屏可以在屏幕上显示信息，飞行员也可以直接在屏幕上操作，从而有效地将显示和控制结合起来。飞行员可以通过触摸屏操作改变屏幕上的显示内容，这是当前飞行任务所需的关键信息，而其他不必要的信息暂时不显示。因此，通过触摸屏的交互方式，可以构建一个基于飞行任务要求的显示和控制界面，有利于飞行员更安全、高效地监控和操作。

（四）三维听觉显示器

在航空领域，三维听觉显示器可以隔离多个通信通道并提高语音通信的可理解性，实现语音导航，引导飞行员注意目标或威胁，通过提示友军飞机位置、警告空中近距离交会来增强飞行员的态势感知，并且甚至用作听觉姿态指示器。因此，它们已经成为新型听觉信息显示接口的研究和开发重点。三维听觉显示器的基本原理是利用人类判断声音位置的能力，并使用三维听觉显示器进行辅助提示，大大缩短雷达目标搜索时间。因为人的头部、上身、耳郭等部位遮挡外来声音造成的耳鼓膜声谱变化是决定人体对外部声源进行知觉定位的核心因素，所以反映这种声谱调制关系的头部相关传递函数（Head Related Transfer Functions，HRTFs）的测量和模型构建是三维听觉显示器设计的技术关键。为了确保飞行员能够对不同声音信号的空间位置准确定位，三维听觉显示器至少应当具备 0—13kHz 的信号带宽。当存在单个掩蔽信号或干扰源时，人类的听觉定位能力可以在频率辨别和空间认知方面发生转变，即在空间方向上分离听觉信号和干扰源，降低信号检测所需的最小信噪比，使低频信号更容易检测；然而，当存在两个具有相似频谱的独立干扰源时，这种空间分离也很难从听觉信号中去除掩蔽和干扰。因此，三维听觉显示器的设计必须注意多个信号之间的相互掩蔽和干扰问题。（游旭群，2017）

六、人工智能与控制器设计

控制器是操作员用来向机器传输控制信息并使其能够执行控制功能的设备。在人因设计理念下，控制器应符合人体操作速度和精度特性、人体受力能力、人体的动态和静态尺寸以及人体的生物力学特性等因素。首先，从功能上讲，管制员应避免重复操作，以确保飞行员的工作效率。其次，从工程心理学的角度来看，控制器的运动方向也应该与预期的功能方向一致；控制器控制部件的尺寸、形状和方向必须易于抓握和移动，其外观应符合人手和其他部位的解剖特征；控制器的运动范围应根据操作员的身体部位、运动范围和体型来确定；控制器的阻力、惯性和扭矩应适当，在人体体力的适当范围内并确保安全；在控制器较多的情况下，应根据系统的操作顺序进行配置，以确保安全、准确、快速地运行；控制器的材料应符合卫生要求，使操作员与控制器的接触安全、舒适。最后，应避免无意识操作造成的危险，在上述控制器的设计要求下，设置控制器的特性，如编码、兼容性、信息反馈、控制显示比例、尺寸、位置和排列。（游旭群，2017）

七、人工智能与驾驶舱环境设计

（一）照明环境

驾驶舱内的照明环境主要由灯光颜色和亮度两个因素决定。

照明系统的颜色应根据不同飞机的飞行任务而定。例如，当飞机需要执行远程飞行任务时，飞行员需要执行长期细致的视觉任务，这很容易导致视觉疲劳。此时为飞行员创造良好舒适的工作条件和环境是极其重要的。白光和机载显示设备之间有良好兼容性，飞行员的视觉判读信息主要来自先进的机载显示设备，因此，驾驶舱最好使用白光照明。

在飞机驾驶舱内，应尽可能避免眩光，以免使飞行员感到眼花缭乱，导致眼睛酸痛，视力下降，影响飞行安全。然而，在飞机飞行过程中，由于空间和时间跨度较大，驾驶舱照明环境相对复杂。如果驾驶舱照明设计不合理，亮度分布不合适，很容易产生眩光。因此，在设计驾驶舱照明系统时，会使用一些方法来避免眩光。首先，在灯具的材料选择方面，可以利用材料的化学性质来降低表面亮度。常用磨砂玻璃、蛋白石玻璃、塑料等材料直接限制光源亮度或使用透明材料以减少眩光。其次，在照明灯具的施工中，可以使用遮光板或格栅，通过保护灯具的角落来控制眩光。此外，还可以添加遮光板，如在仪表板、电子发光设备和信号面板的上边缘添加遮光板以防止直射光照射到挡风玻璃上；也可以在引擎盖内部涂上哑光黑色油漆，并使用透明材料来减少机舱内的反射光。同时，还须控制照明设备的数量，因为照明设备越多，造成眩光的可能性就越大。必须严格控制信号灯仪表照明散射光的数量、安装位置、亮度、大小和方向，减少舱内反射光。最后，还应特别注意驾驶舱环境的表面处理，即控制台和仪表板表面严禁涂光泽漆，舱内设备不得有金属光泽表面等。

（二）温度环境

飞行员的身心状态是飞行安全的重要因素，因此确保驾驶舱内舒适的温度环境尤为重要。驾驶舱的温度控制和测量必须是自动的，并在紧急情况下配备手动控制装置。随着人工智能的发展，这一要求可以很容易地实现。驾驶舱的温度控制与客舱的温度控制是分开的。在35℃至-75℃的环境温度范围内，驾驶舱内的空气温度可以保持在15—26℃的舒适范围内。当穿着通风服等特殊服装时，温度范围可以扩大到10—37℃。当综合考虑温度、湿度和通风条件时，驾驶舱的温度可以保持在17—24℃。直接喷射到人体上的空气温度不应高于驾驶舱的平均温度，也不应低于平均温度5.5—10℃。一般情况下，为驾驶舱和个人通风提供空气温度的适当值为10—12℃，最高不允许超过15℃。（游旭群，2017）

第三节 客舱人因设计

一、飞机客舱概述

飞机客舱的功能是为空乘人员和乘客提供载运空间。飞机客舱主要设置有座椅、厨房、衣帽间、卫生间、顶部行李箱、广播、舱内环境控制系统、应急设置、娱乐设置等。

(一) 客舱座椅

在从登机到着陆的整个过程中，乘客通常都系好安全带坐在座位上，客舱座椅对乘客乘坐体验的影响是最直接最重要的，因此在设计座椅时，必须充分考虑人体的感受。例如，座椅的主要结构部件有座椅盆和支撑部件，次要结构部件有座椅靠背、坐垫等，座椅靠背调节装置、扶手、小台板、娱乐设备、安全带的设计应遵循《飞机设计手册——民用飞机内部设施》。

(二) 客舱环境

乘客每次飞行一般要在机舱内度过数小时到十几个小时，因此机舱环境显得尤为重要。这就需要设计机舱环境系统，该系统是包括空气、压力、温度、湿度、亮度、声音和辐射的控制系统。客舱环境中的舒适感存在个体差异，主要受文化、美学、宗教和感知等多种因素的影响。因此，客舱环境设计师应首先充分收集这些信息，并在此基础上，努力创造一个舒适的温度、湿度、亮度环境，以及合理的压力值、新鲜空气环境等，让乘客舒适地度过旅程。

(三) 服务设备

客舱内的基础服务设备主要是为了满足乘客饮食、上卫生间、挂衣物、取放行李等日常需求。一般来说，一间厨房可以服务 60 名左右的乘客，一间卫生间可以服务 40 名左右的乘客，卫生间的位置一般在客舱的两端。客舱两侧封闭式行李架很坚固，外观流畅简洁，方便乘客存放行李。娱乐设施是在客舱内提供的服务设置，以优化乘客的乘坐体验，通常包括电影、视频、音乐、新闻广播、电子游戏和纸质出版物。

（四）应急救援设备

应急救援设备是机舱中最重要的设备，通常包括紧急出口、舱口和窗户。当飞机遇到紧急情况时，紧急出口将打开，人员通过紧急出口进出。在机舱内，常见的应急救援设备包括：便携式氧气瓶、应急医疗包、卫生防疫包、急救包；灭火器、灭火毯、厕所烟雾探测器、防毒面具和厕所自动灭火器；乘员折叠座椅及限位装置、卫生间垃圾箱盖板；加长安全带、婴儿安全带、成人备用救生衣、机组人员救生衣、婴儿备用救生衣和安全演示包；应急发射器、逃生轴、安装在机翼上的逃生绳、救生筏、应急手电筒；对讲机、扬声器和广播通信系统等设备；紧急疏散设施、紧急出口标志、紧急出口控制手柄、紧急出口指示灯照明、紧急出口通道等。

二、飞机客舱设计的历程

飞机客舱工业设计的先河是由波音公司开创的。1956年，美国设计师沃尔特·提格根据人机工程学的原理，模拟飞行中的厨房、座椅、灯光和色彩等，设计了B707的客舱，使它成为当时最舒适的商用飞机。到了20世纪60年代，美国著名的工业设计师罗维对总统专机B707"空军一号"的客舱做了改进，深受肯尼迪夫妇的喜爱。同期，波音通过对行李箱、座椅、天花板等相关设备的设计，使B737客舱变得舒适、美观、时尚，缓解了乘客在飞行途中的疲劳与无聊。B737短程客机成为兼具经济性、舒适性的典型代表，并延续至今。现在波音和空客两家公司的客舱工业设计均已非常成熟，B737、B787、B777、A380、A330、A350等客舱深受乘客喜爱。工业设计使得飞机客舱向个性化、定制化发展，除航线客机外，通过改装飞机，出现了公务机、私人飞机、医疗救援机和空中摄影机等。

三、飞机客舱人因设计的原则

（一）安全性原则

安全性是飞机人因设计的首要原则，飞机客舱设计也不例外。安全性主要指在飞机发生事故时最大限度地减少人员伤亡，并在整个飞行过程中给机组人员和乘客提供安全的环境，避免人员受伤。基于安全性原则的设计内容如下。

第一，客舱内所有设置都不得妨碍飞机的飞行安全，也不应该成为任何不安全事故的诱发因素；第二，客舱内所有设置均不应该在使用和维修过程中引起不安全的人为风险；第三，客舱内的所有设置应尽量减少自然因素产生的影响，提高人为的可控性；第四，客舱内的所有设置如果出现任何障碍，都不能成为导致飞行主要因素发生障碍的主要因素；第五，所有设置都应针对意外情况制定相应的应急预案，这是安全性的最后一道防线。

现有常见的客舱设计安全性要求包括：第一，分舱板安装位置必须提供0.76米宽的无障碍通道；第二，除门把手（包括客舱内门）外，一般把手和锁在不使用时尽可能不要从结构表面突出；第三，避免在坐着或走路的人员的身体或头部范围内出现可能对乘客造成伤害的坚硬突起和尖角；第四，所有应急通道和应急出口必须按CCAR-23、CCAR-25要求设置应急撤离标志、标牌，应急门、应急窗的操作部位必须设置警告标志；第五，必须在所有坐在座位上的乘客都能看到的地方设置"请勿抽烟""系好安全带"和"厕所有人"等标识；第六，所有的装饰材料必须符合CCAR-23及其附录F、CCAR-25及其附录F和HB5470-91所规定的烟雾、阻燃及毒性指标要求；第七，对于增压座舱，其侧壁应配备足够的通气面积，以防止在机身上部或下部快速减压时气流堵塞。（王黎静，2015）

（二）舒适性原则

飞机客舱的设计应在满足安全性原则的同时，尽量满足舒适性原则。客舱的舒适度通常从三个方面进行评估。首先是客舱空间的设计，比如客舱是否宽敞，存放随身行李是否方便；其次是机舱内的环境，例如是否闷热、嘈杂和有气味；另一种心理感受是空乘人员提供的服务是否周到，坐在旁边的乘客是否友善。这些都会影响人们的飞行体验。学者王黎静（2015）在《飞机人因设计》一书中提到，机舱的舒适性要求包括：第一，最大限度地减少装饰的覆盖空间或利用视觉错觉来创造空间扩展感；第二，客舱内部的颜色应该柔和，给人一种舒适稳定的感觉，减少乘客的压迫感和疲劳感；第三，在使用表面反光强的设置时，应充分考虑导致乘客头晕的可能性；第四，机舱内的所有标识都应醒目，并位于易于看到的区域；第五，应充分考虑降噪措施，防止噪声干扰；第六，地毯应能够吸收来自客舱地板的辐射噪声；第七，客舱内部装饰所用材料应坚固、耐磨、防潮、耐污染、耐老化、不易褪色。

四、飞机客舱人因设计的评估

飞机客舱人因设计的评价方法主要有两种：传统的实物测评和虚拟仿真实验。实物测评是指对航空机械的特定参数，如空间尺寸、压力值和其他参数的测量和评估；虚拟仿真实验是一种基于计算机技术，利用软件工具进行建模等方法进行评估的方法。

在实物测评的对象中，真实的机器是最完整、最准确的工具；其次，模拟器的保真度也很高，可以用于视野、可达性、机身间隙、设备可操作性等方面的评估，也可以用于主观评估；测试台还可以模拟各种航空环境，用于评估视觉障碍、空气质量和其他方面；设计图纸可以清晰直观地显示尺寸参数和相互位置关系等。

近年来，用于评估客舱人因设计的计算机虚拟仿真方法也得到了迅速发展，典型应用软件包括 SAFE WORK、JACK 和 RAMSIS 等。（王黎静，2015）

五、飞机客舱座椅的人因设计

飞机客舱座椅人因设计的前提是安全性原则，具体是指充分考虑各种航空状态和环境下座椅的安全设计要求。例如，当飞机起飞时，乘客会被惯性推回，座椅会承受向后的压力；当飞机紧急减速时，座椅会受到向前的压力，因此座椅必须能够承受巨大的冲击力。此外，还需要考虑座位之间的距离，以确保在紧急疏散时乘客高效、安全地疏散，并避免二次伤害。《民用飞机旅客座椅设计要求》列出了座椅强度的数据标准（见表7-2）。

表7-2 HB7047-94《民用飞机旅客座椅设计要求》中座椅强度数据

次结构名称	载荷方向	载荷值/N	载荷分布或作用点	几何尺寸/mm
过道侧扶手	向下	1334.76	距扶手前端	76.2
	侧向	889.84	距扶手前端	76.2
其他位置扶手	向下	1112.3	距扶手前端	76.2
	侧向	667.38	距扶手前端	76.2
餐桌	向下	667.38	均布	—
椅背	向后	889.34	椅背顶端	—
服务员踏脚板	向下	1334.76	均布	—

资料来源：王黎静.飞机人因设计[M].北京：北京航空航天大学出版社，2015：134.

飞机客舱座椅人因设计的核心是舒适性原则，这指的是让乘客感觉舒适的所有相关设计。学者王黎静（2015）在《飞机人因设计》一书中提到了决定座椅舒适性的十个因素：第一，座椅靠背的设计是否方便乘客阅读；第二，座椅是否方便乘客随意改变坐姿；第三，座椅是否适合所有体型的乘客；第四，座椅是否具有理想的身体压力分布；第五，椅子表面没有剪切力；第六，乘客可以在座位上进行各种活动；第七，座椅在视觉上给人留下舒适的印象；第八，座椅可以让乘客双脚离开机舱地面；第九，座椅让人感觉靠背符合人体的曲线；第十，座椅调整是否方便。

六、飞机客舱的应急救生系统

空难引发了对机舱安全的研究，其中应急救援系统是机舱安全的核心组成部分。该系统由两个主要部分组成：第一，机舱安全事故发生前的预防；第二，安全事故发生后的疏散和保护。

客舱传统的应急救援系统设计包括紧急出口和疏散通道的设计、应急照明系统的设计以及应急疏散设备的设计。其中，紧急出口是事故发生后的"生命之门"，类型为Ⅰ、Ⅱ、Ⅲ、Ⅳ和A，位于舱门一侧；此外，还有两种类型的特殊紧急出口：腹部式和尾部式。紧急出口的数量取决于载客量、客舱的大小和紧急出口的类型。应急照明系统应完全独立于主照明系统。为应对应急救援情况，应在客舱、出口区域和通往每个乘客紧急出口的通道地板上安装照明，紧急疏散路线的标志也应能够点亮，还应为外部疏散设施上的区域设计照明设备。应急疏散设备包括救生滑梯、救生衣、救生艇、救援联络设备、逃生绳、护目镜等。（王黎静，2015）

近年来，人们开始关注应急救援系统与乘客之间的相互作用，例如机舱紧急疏散模拟研究就取得了不少进展。疏散行为研究主要对疏散人员的转向行为和回避行为进行参数化分析。两种使用最广泛的疏散模型是社会力模型和元胞自动机模型。社会力模型以牛顿第二定律为起点，建立力学和运动学的动态平衡方程，实时反馈力的状态和运动状态。元胞自动机模型则是一种动态网格模型，是将研究对象进行栅格化后的实时均匀网络模型，元胞自动机根据周围元胞的占用规则来模拟疏散人员的运动规则，在疏散场景中可以较好地评估乘客在疏散时的行为状态和疏散效率。但在飞机客舱中模拟应急疏散的仿真研究仍有一些地方需要改进，比如疏散人员的提前预判原则在仿真模拟时，引入相应的影响因子，作用于疏散个体的运动中，但是并不能实现对每个人都进行完美疏散的预判，仍存在一些误差。

第四节　人工智能与航空系统中其他因素的人因设计

一、飞行员人因失误

（一）飞行员人因失误的类型

飞行员的人因失误类型包括六类："理解""觉察""目标建立""程序和策略""执行"及"违规"。"理解类失误"指的是对数据之间和数据内部关系的错误理解。"觉察类失误"指的是对气象预报、公告等其他数据的忽视、错误理解和遗忘。"目标建立类失误"指在建立和确定目标优先级以及处理目标之间关系时的失误。"程序和策略类失误"是指程序和策略的选择与执行不当。"执行类失误"是与理解错误相匹配的推力系统故障时的失误，主要有七种类型：采取的无意行动、未完成计划的行动、执行不力的行动、初始行动失败、执行行动时机组内部缺乏协调、驾驶技能（闭环控制技术）差以及未能及时执行初始行动。"违规类失误"可分为两种类型：常规类型和特殊类型。常规类型的违规类失误是指相对轻微的违反公司政策或程序的行为，是事件原因的主要组成部分；特殊类型的违规类失误是指直接导致事件发生的非常严重的违规行为。（游旭群，2017）

（二）飞行员人因失误的预防

对飞行员人因失误的预防应从减少人因失误来源、降低人因失误后果、改进系统设计以减少威胁、对失误进行管理这几方面入手。

第一，减少人因失误来源。首先，必须加强飞行员的心理选择，这是减少人为失误、节省培训资金和确保飞行安全的唯一途径。通过心理选择，可以及时淘汰心理上不适合飞行的人员，从而降低训练的淘汰率，达到节省训练经费、提高人员基本素质的目的。近年来，中国民航开始重视飞行员的心理选择。1995年，中国南方航空公司、国际航空公司和中国民用航空飞行学院先后从德国引进了三套"飞行员初始心理选择系统"。经过4年的实践和研究，我国建立了飞行员的规范和评分标准。另外，2005年中国南方航空公司与陕西师范大学联合自主开发了具备现代航线驾驶行为特征的"中国航线飞行员选拔系统"，现已投入使用。飞行员应精通航空理论知识。飞行事故调查发现，一些人为失误事件是由于飞行员缺乏航空理论知识而造成的。例如，在中国民航业中，曾发生过飞行员对QNH（修正海压）和QFE（场压）的含义感到困惑导致飞行事故的情况，也发生过诸如因机组听不懂飞机近地警告中的英文"Pull up"（拉起来）而险些不放起落架就着陆的事件等等。人们过去更注重对航空系统中硬件、软件和环境的理解，但对飞行中的主体——飞行员却知之甚少。对人的理解越科学，就越有利于管理自己和他人的行为，也越有利于减少人为错误。最后，飞行训练的质量应该得到提高。飞行训练是理论学习和航线飞行之间必要的中介环节。然而，飞行训练绝不是一个简单重复的动作技能过程。各种训练设施的设置和使用、训练阶段的划分以及各种训练方法和技能的使用都应有科学依据。例如，目前世界上广泛使用飞行模拟设备进行训练，并使用飞行模拟器和高保真视觉系统来反映整个航线的飞行环境，不仅用于评估个别飞行员的表现，还用于评估机组人员在解决特定任务时是否作为一个整体工作。由此可见，飞行训练的根本目的体现在从简单到复杂、从容易到困难的迁移。一方面，它能使飞行学员逐步掌握飞行技能，节省训练成本；另一方面，它还可以使特殊训练在地面上以更安全的方式实现，从而提高飞行训练的质量。

第二，降低人因失误后果。在设计机载设备时，工作人员应给飞行员在异常情况下进行纠正的机会，并尽可能避免事故的发生。例如，在计算机视觉显示系统和导航系统中，已经应用了这个概念。首先，在屏幕上会出现一个"便笺"，其中包含飞行员已经选择的输入。经过一系列检查和确认后，这些数据将被链接起来。上述系统是指"选择、检查和链接系统"。该系统可以有效地减少因人为错误而造成的严重后果。同样，使用起落架手柄联锁系统来防止起落架在接地时意外缩回，虽然无法减少主要错误的发生率，但可以避免因起落架缩回而引发的事故。因此，在设计机载设备时，应考虑设计冗余，这样即使飞行员犯了错误，也能及时纠正。提高互动监督的效率是从动态角度防止错误的有效途径。由于人类警戒和监视任务存在不足，有必要使用外部设备对人员进行监视。

第三，改进系统设计以减少威胁。为了减少人因失误的不利影响，需要从外部入手，利用系统概念，加强组织管理，进行管理评审，提高管理效率，并优化人们周围的硬件、软件、环境和人机界面，使其更加友好适用，提供更大的支持。确保这四个界面的协调一致至关重要。此外，还需关注 SHEL（Software，Hardware，Environment and Liveware）模型未涵盖的问题，并特别留意模型的四个接口——硬件、软件、环境和人与人之间的匹配。首先，应改善硬件的本质安全性设计。自动化系统可以比人类更好地操纵飞机，如果自动化系统出现故障且无法控制飞机，飞行员需要处于闭环系统中才能接管控制。为了解决这个问题，有必要加强自动化系统及硬件设备的自纠错、容错和纠错功能，各种控制器的设计应采用不同形式的编码，其运动属性也应符合飞行员的认知特征；显示器所提供的信息必须有助于飞行员处理信息，以便从根本上提高系统的可靠性。其次，应注重软件的编排与设计。充分考虑到人类的局限性和认知特征，使软件适合人类使用。软件的安排和设计包括计算机软件的格式保护，操作程序的优化，法规和标准的改进，检查表和工作指令／卡片的改进，操作手册、地图和图表的修订（机场和航线设计等）。尽管严格遵照标准操作程序可以大大降低飞行员人因失误，但标准操作程序本身也并不完美，并不适合任何条件和情况。因此，标准操作程序仍然具有一定的灵活性。近年来，美国联邦航空局（FAA）在对飞行事故和事故征候调查的基础上，对联邦航空条例（FAR）进行了多次修订，几乎每年都会出台一项新的航空法规，这在一定程度上有助于提高人机软件界面的兼容性。此外，增强人机界面的兼容性。提高人机界面的兼容性已成为机组资源管理的主要内容和目的，其方法之一是提高飞行员之间、飞行人员与飞行活动相关人员之间的沟通或沟通技能。

第四，对失误进行管理。失误是不可能完全消除的，只要用适当的方式对其进行管理，加强其控制能力，并及时断开事件链，就可以防止错误演变为事故。在飞行过程中的错误管理方面，飞行员应该具有良好的预测、识别和纠正能力。预测的关键是要意识到潜在的错误并保持一定程度的警惕。识别是对错误的检测和确认。在纠正过程中，飞行员应首先采取措施纠正错误，并确保对局势的控制。第二步是分析、探究原因，纠正思维和行为模式。错误管理的主要方法包括团队资源管理、加强协作、交叉检查和改进规章制度的执行。例如，机组人员通过标准操作程序、标准呼叫、检查和交叉检查、检查表、简报和背诵来进行错误管理。凡是有助于减少飞行员的人因失误、有助于识别和管理失误的，无论什么方式、方法，都可纳入失误管理框架，比如航线运行安全审计（LOSA）、正常运行安全监督（NOSS）、飞行运行品质监控（FOQA）、安全评估、基于强制报告以及自愿报告的不安全事件的分析、事故调查、人因分析与分类系统（HFACS）、面向航线的飞行训练（LOFT）、维修差错决断工具（MEDA）、技术操作问卷（TOQ）、航线检查、使用困难报告（SDR）等。（游旭群，2017）

二、维修性人因设计

（一）维修性人因设计的内容

飞机维修是航空安全的重要组成部分，是指在飞机发生故障或损坏后，为恢复其功能、防止性能退化或确保其恢复到特定适航状态而进行的维修活动。由于飞机维修的主体是人，因此在飞机维修中应充分考虑人为因素，使操作更加方便和高效，以提高飞机的维修性能。

在考虑人因设计时，我们主要从人的生理和心理特征等方面入手。例如，飞机的某些部件无法拆卸，维修人员只能在某些区域进行维修。因此，有必要确保维修人员能够到达这些区域并执行特定操作。因此，人体的生理尺寸特征是维修性人因设计中需要考虑的重要因素。人类的基本心理过程也是一个需要考虑的重要因素。例如，维修人员的可视范围是确定的。因此，应确保维修人员在检修飞机各部件时能够清晰观察相应区域，并尽量减少使用镜子等辅助工具或无法直接观察维修区域的情况。人的高级心理过程也是维修性人因设计中需要考虑的一个重要方面，如人的适应性和经验主义。维修人员的适应性和经验存在个体差异，因此有必要避免设计超出维修人员心理承受能力的产品，并确保经过培训的维修人员能够胜任维修工作。还应充分考虑人体运动的特点，如人力的范围、输出速度等，因为维修人员需要进行一些消耗体力的工作。维修工作的消耗应控制在人力范围内，并尽可能减少维修人员的疲劳，以防止不安全的操作。

（二）飞机维修差错识别和控制技术

自20世纪70年代以来，对飞机维修误差的研究已经出现，并建立了一系列的制导模型和管理系统。例如，美国联邦航空管理局开发了一个维修资源管理系统，英国民航局开发了一个维修人为失误管理系统，欧盟开发了一个飞机维修计划优化系统。在错误识别和控制方面，各国的技术也在不断改进。例如，美国研究员马修·默兹巴赫（Matthew Merzbacher）将数据挖掘技术应用于错误控制系统，提高了系统控制错误的能力，并将这一成果应用于航空爆炸物探测系统，有效地减少了航空爆炸物检测系统中的虚警和错误。法国学者奥黛丽·吉蕾斯（Audrey Gireus）率先应用多模型算法识别卫星导航中的误差，其识别精度远高于传统方法。国内学者杨宇构建了一个安全管理系统，该系统可以根据偏离频率提供维护错误警告，并监控路线维护错误；王学良等构建了适用于某型飞机研制过程的飞机生产安装匹配和自动防错检测模型。

（三）计算机辅助维修性人因设计

在计算机辅助维修性人因设计中，需要对飞机和维修人员进行虚拟建模，然后在此基础上进行人机交互分析。通过人体动态维度的数字建模、人体静态维度的数字建模和人体视觉的数字建模，为维修人员整体建模。利用仿真软件，将维修人员的虚拟模型置于虚拟环境中，对不同维修部件及相应方法进行人机交互仿真，并对仿真结果进行分析。例如，使用CATIA软件建立驾驶舱的虚拟样机，使用软件中的中国人体模型建立维修人员模型，设置具体的维修场景和细节，进行维修人体工程学评估。

目前，基于数据挖掘和模式匹配等的人工智能技术，用于飞机维修误差控制的算法建模正在迅速发展。例如，将模型与硬件传感器相结合，改进大数据挖掘的错误模式和功能数据库，增加动态错误方案设计模块，增加高度智能的实时监控和提示设备。这些人工智能技术的发展有助于减少维修过程中的错误，从而降低航空不安全事故发生的可能性。

三、适航管理的人因设计

适航管理是指建立各种安全标准，以确保民用飞机的安全，并对民用飞机设计、制造、使用和维护的各个方面进行统一的科学监管。适航管理中，人因因素通过初始适航和持续适航影响飞机的人因设计。从适航管理的角度出发，需严格规范飞机设计标准，确保飞机具有合理的人因设计。另外，在系统维护和技术操作过程中，提供人员绩效标准；在空中交通系统设计中最大限度地提高人的系统性能；减少团队和其他团队绩效中的人为绩效错误。以上都是适航管理中的人因设计。

与人因相关的适航组织有美国联邦航空管理局、欧洲人因协调工作组和人因咨询小组等，这些组织都是专门针对适航中的人因设计而设立的组织。

在适航规章中，与人因设计相关的有人的感知特性、人体几何尺寸、人体运动特性和人的负荷特性等，上述特性相对应的条款包括了座椅、舱门等设施的设计，驾驶舱操作系统的设计等。在我国的适航规章——CCAR-25 运输类飞机适航标准中，王黎静（2015）所归纳的与人因相关的条款如表 7-3 所示。

表 7-3　CCAR-25 部中与人因有关的条款

条款名称	涉及的人因	
驾驶舱	人的坐高、四肢长度等几何尺寸	
驾驶舱	人的身高、体宽等几何尺寸	
舱门	人的身高、体宽等几何尺寸	
座椅、卧铺、安全带和肩带	人的坐高、四肢长度等几何尺寸	人体几何尺寸
应急出口	人的身高、体宽等几何尺寸	
应急出口通路	人的身高、体宽等几何尺寸	
失速警告	人的听觉特性	
高速特性	人的可视性	
增稳系统及自动和带动力的操纵系统	人的听觉特性	
起飞警告系统	人的听觉特性	
起落架收放机构	人的视觉、听觉特性	
驾驶舱视界	人的视野分布特点	
风挡和窗户	人的视野分布特点	
旅客通告标示和标牌	人的可视性	
应急出口的标记	人的可视性	
应急照明	人对亮度的要求	
飞行和导航仪表	人的视野分布特点、人的可视性	
仪表布局和可见度	人的视野分布特点、人的可视性	人体感知特性
警告灯、戒备灯和提示灯	人对色彩的感受	
空速管加温指示系统	人的可视性	
仪表灯	人对亮度的要求	
着陆灯	人对亮度的要求	
机内广播系统	人的听觉特性	
标记和标牌总则	人的视觉特性	
空速限制信息	人的可视性	
动力装置和辅助动力装置仪表	人对色彩的感受	
操纵器件标记	人的可视性、人对色彩的感受	
安全设备	人的可视性	
空速标牌	人的可视性	
操纵性和机动性总则	人的力量范围	
高速特性	人的力量范围	
操纵系统载荷	人的力量范围	人的运动特性
次操纵系统	人的力量范围	

续表

条款名称	涉及的人因	
可达性措施	人的可达性	
座椅、卧铺、安全带和肩带	人的可达性	
混合比操纵器件	人的可达性	
增压器操纵器件	人的可达性	
其他设备	人的可达性	人的运动特性
设备、系统及安装	人的可达性	
安全设备总则	人的可达性	
水上迫降设备	人的可达性	
最小飞行机组	人的可达性	
振动和抖振	人的生理负荷特性	
操纵系统总则	人的生理负荷特性	人的负荷特性
增稳系统及自动和带动力的操纵系统	人的生理负荷特性	
最小飞行机组	人的生理负荷特性	

资料来源：王黎静.飞机人因设计［M］.北京：北京航空航天大学出版社，2015：197-198.

四、适航取证中的人因设计

（一）适航三证简介

适航证书包括型号证书、生产许可证和单项适航证书。型号证书的取得从飞机研发的立项论证阶段开始，在工程发展阶段最终获得，而且飞机生产工业化阶段的持续适航工作贯穿了飞机的整个生命周期。在获得型号证书后，可以申请生产许可证。单项适航证书是获得型号证书和生产许可证后的最后一次安全批准。上述三份证书由适航当局颁发给飞机制造商，表明飞机的设计和制造符合适航要求。

（二）适航人因认证计划

三证的认证过程中将人的因素融合起来体现了人因认证项目的重要性。王黎静（2015）在《飞机人因设计》一书中提到，适航当局的人因认证小组主要审查包括操纵器件、驾驶舱仪表、设备、显示器、工作环境等人因相关的设计，同时评估机组的工作量。

第八章
空中交通管制系统中的人工智能

在空中交通管理领域，人工智能正成为提升效率、降低成本和增强安全性的核心技术。从早期的专家系统到当前的机器学习和神经网络技术，人工智能技术不断推动着空中交通管制系统向更高级别的自动化和智能化发展。这一进步对于应对日益增长的航空流量和复杂的操作需求至关重要。现代空中交通管制系统是一个复杂的自适应社会技术系统，它依赖于飞行员与自动化飞行系统的协同，以及管制员与自动化空管系统的合作。随着不断的技术创新和人机交互的优化，空中交通管制系统正在向更高效、更安全、更可靠的方向发展，为全球航空业的持续繁荣提供坚实的技术支撑。

第一节　空中交通管制系统概述

一、空中交通管制与空中交通管理

最早，飞行员参考地面交通与海洋航行规则自发形成了空中飞行规则。例如，与地面行车靠右规则一样，当两架飞机相遇时，各自均靠右飞行。由于早期的飞机总体数量较少且速度较慢，飞行员在看到前方的飞机之后再进行及时避让操作也来得及，因此在此基础上加上这个自发形成的靠右飞行规则就可以在很大程度上避免出现两机相撞的情况。

欧洲国家由于国土面积较小，是最早对空中交通管制有所关注的地区，他们提出：应该为不同国家的飞机跨越国界的现实情况设立一种统一的飞行规则。因此，1910年，几个欧洲国家就试图达成统一的空中航行法规，但是由于当时的飞机数量少，空域大，并没有引起人们的广泛重视。后来，随着航空业的不断发展，飞机从最早的军事作战领域逐渐扩展到民用领域，缺乏统一规范的混乱的空中航行状况已经逐渐无法适应日趋繁荣的空中运输行业的发展。因此，在第一次世界大战后，空中航行国际委员会（International Committee on Air Navigation，ICAN）于1919年在凡尔赛和平大会上应运而生，并且会上还制定了最早的"空中守则"。随后，美国也在1926年左右出现了空中交通管制的雏形，并逐渐发展形成目视飞行规则。

随着空中飞行活动日渐频繁，目视飞行规则已经难以满足行业需求。因此，在当时较为成熟的无线电通信技术的基础之上，各个国家制定了新的仪表飞行规则，成立了空中交通管理机构，并且在全国范围内建立了航站、塔台、管制中心和航路网络。其中，管制中心的主要任务是接收各个航站发来的飞行计划，结合飞行员报告的位置填写飞行进程单，以此来确定飞机与飞机之间的相互位置关系，以便发布相应指令。这个时期就形成了以程序管制为核心的空中交通管制（ATC）。

到了20世纪末期，航行保障系统在技术方面已经取得了突破性进展。具体来说，在区域导航方面，陆空通信从落后的高频电报发展到甚高频话音与卫星通信，导航从无方向信标的人工/自动定向到甚高频全向信标和测距设备，还有惯性导航以及卫星导航；而在进近着陆方面，已有仪表着陆系统和微波着陆系统；监视技术则从一次雷达、二次雷达发展到单脉冲S模式雷达、平行跑道进近监视雷达、场面活动监视雷达等；气象资料和飞行情报服务也日趋丰富，管制员席位从模拟式发展到数字式工作站，管制手段从程序管制发展到雷达管制。至此，着眼于整个航路网络的空中交通安全和有效运行的空中交通管理（ATM）的概念随之诞生，它取代了仅关注单次航班从机场起飞，途经航路，到达目的地的过程中飞机的间隔与安全的传统空中交通管制概念。

空中交通管理的任务是有效地维护和促进空中交通安全，维持空中交通秩序，保障空中交通畅通，主要包括以下三大部分：空中交通服务、空中交通流量管理和空域管理。

空中交通服务分为飞行情报服务、空中交通管制服务和告警服务。飞行情报服务的任务是向飞行中的航空器提供有益安全、能有效地实施飞行的建议与情报服务，其内容包括重要的气象情报、使用的导航设施变化情况、机场有关设备的变动情况和可能影响飞行安全的其他情报。通常，飞行情报服务是与空中交通管制服务紧密相连的。空中交通管制服务负责管理多架飞机的起降和航行以保障飞行秩序和安全，空中交通管制的主要任务是防止飞机在空中相撞，防止飞机在跑道滑行时与障碍物或其他行驶中的飞机、车辆相撞，保证飞机按计划、有秩序地飞行，以及提高飞行空间的利用率。为了完成上述任务，就必须制定一整套规则，即确定若干空中航路，使飞机能按一定顺序从各自机场起飞，随后进入航路并保持飞机与飞机之间有一定的间隔距离，最后在到达终点前脱离航路，并按一定顺序依次降落。在这个过程中，接受管制的飞机主要依靠目视、无线电通信和导航手段来执行相应的管制规则。按照管制方法的不同，空中交通管制可以划分为程序管制和雷达管制；按照管制范围的不同，空中交通管制也可以分为塔台管制、进近管制和区域管制。而告警服务的目的是向有关组织发出需要搜寻援救航空器的通知，并根据需要协助该组织或者协调该项工作的进行。

空中交通流量管理的概念最初诞生于 20 世纪 80 年代，由美国麻省理工学院的奥多尼(Odoni)教授提出，并且他还随之提出了空中交通流量管理的两种模式，即战术管理模式和战略管理模式。空中交通流量管理的任务是：当空中交通流量接近或达到空中交通管制的可用能力时，适时地进行调整以保证空中交通量最佳地流入或通过相应的区域，并且尽可能地提高机场、空域可用容量的利用率。随着国际民航运输业的快速发展，空中交通流量飞速增长，世界范围内的机场、空域和航线网出现了拥挤情况，这种拥挤情况不仅导致了飞行冲突的频繁发生，而且还形成了空中交通网络的发展瓶颈。为此，各国纷纷研究起先进的、科学的流量管理方法，并陆续建立了各自的流量管理中心。这不仅对空中流量的协调、控制和管理起到了重要作用，而且还大大提高了空域利用率，减轻了管制员负担，增加了空中交通流量，提高了飞行安全水平。

空域管理是指为维护国家安全，兼顾民用、军用航空的需要及公众利益，对空域进行统一规划，并且合理、充分、有效地利用空域的相关管理工作。空域的划设应考虑的因素有国家安全，飞行需要，飞行管制能力，通信、导航、雷达设施建设，机场分布，环境保护，等等。其任务是依据国家的有关政策，逐步改善空域环境，优化空域结构，尽可能满足空域用户对空域的使用需求。

二、空中交通管制系统

空中交通管制系统的发展大致经历了三代。第一代空中交通管制系统是在第二次世界大战以前形成的，主要由沿航路布置的一些低频导航站组成。飞行员通过导航掌握航向，靠保持沿航路飞行的时间或飞越固定点的时间间隔来避免相撞。这种系统是人工的，地面无法监视空中飞行。第二代空中交通管制系统是在第二次世界大战期间及以后，随着雷达、伏尔导航系统（VOR）、地美依导航系统（DME）和仪表着陆系统的出现而发展起来的。它采用对飞机询问识别的二次监视雷达，因而能有效地监视飞行，使管制作用大为提高。第三代空中交通管制系统出现于20世纪60年代，是一种由雷达、通信和计算机三者相结合组成的半自动系统。

结合前文关于"空中交通管理"概念替代"空中交通管制"概念的历史发展过程可知，实际上，现代空中交通管制系统的涵盖范围早已超出了早期的狭义的空中交通管制概念，成为实质上的空中交通管理系统。也就是说，这两个术语在现代空中交通体系的研究中所表达的意思是一样的，也有许多研究者将它们互换使用。但是为了保持叙述的一致性，本书仍旧统一使用"空中交通管制系统"（ATC system）这一术语。

虽然各国的空中交通管制系统各有不同，但是任何一个空中交通管制系统都必须具备三个相同的一般要素，即通信系统、导航系统和监视系统。空中交通管制员通过监视系统观察 ATC 交通情况并通过通信系统向飞机发出指令（"放行许可"），飞机则利用导航系统沿着放行的航路飞行。除此之外，其他的重要技术要素还包括飞行和天气信息系统，它们能够向飞行员和管制员提供持续更新的信息。

（一）通信系统

当前的大多数空中交通管制通信都发生在为航空用途而保留的甚高频（VHF）波段内语音无线电频道上。由于语音无线电通信的特殊性质，一次只能进行一个无线电传输，多个传输会造成频道的"阻塞"。因此，对于空中交通管制的放行许可，要求通过"复诵"予以确认，并且这些通信频道限制了在一个频率上能够管理的飞机数量。在大多数地方，甚高频频道都间隔 25 kHz，但是频率拥挤正在迫使某些地区（如欧洲的部分地区）将频道间隔改为 8.33 kHz。

虽然甚高频通信极其可靠，但是只能沿着"视线"发射，因此通信距离受限（一般不到 100 海里，约合 185 千米），需要有地面台网络配合以便实现广大地区的通信覆盖。在海洋区域，高频（HF）"短波"无线电是必需的，它能通过电离层的反射进行"地平线上"的通信。然而高频无线电的通信质量很差，除非空中交通管制系统通过高频选择呼叫（HF SELCAL）消息（通过驾驶舱内的信号灯和音响警告显示）提醒飞行机组进行高频信号监听，大多数飞行机组都不会持续地监听高频信号。虽然有些飞机装备了用于海洋区域上空的基于卫星的语音通信（SATCOM）系统，但是出于成本方面的考虑，在大多数空中交通管制设施内，尚未实施该系统。

由于在开发共同的通信标准方面存在困难，空中交通管制系统的飞机与地面之间的数据交换能力仍然非常有限。目前最广泛使用的系统是飞机通信寻址和报告系统（ACARS），它最初是航空公司为了通信而开发的，限于字母数字文本的一种低带宽、甚高频系统。已有研究人员开发了用于管制员－驾驶员数据链通信（CPDLC）的性能较高的语音数据链系统，但它的实施仍因成本高和缺乏技术标准协议而受阻。即使某些飞机装配了基于卫星的CPDLC，但这些系统的设备和消息成本仍然相当高，通常只限于在海洋区域或偏僻地区上空飞行时使用。另外，也使用一般的广播卫星服务，向空中的飞机发送并不具有针对性的飞机数据，如天气信息。

（二）导航系统

导航系统是空中交通管制的关键，因为它定义了管制员用来组织交通和发布指令的航路基础架构。在"航路上"使用的导航系统往往与"进入"机场时使用的导航系统不同。航路上的系统必须能覆盖较远的距离，而进场系统必须具有较高的精密度，以避开低空的地形障碍物。

1. 航路上的导航系统

早期，全世界使用的基本的航路助航系统一直是甚高频全向信标系统。甚高频全向信标系统由地面上的一些发射机组成，它们使飞机航行在往来于这些甚高频全向信标台的一些具体"半径"上。有些地面台和飞机还装备了测距器（DME），可以测量该甚高频全向信标台的距离。与甚高频无线电通信一样，甚高频全向信标系统也局限于"视线"，因此在范围广大的地区，需要有一个甚高频全向信标台网络。这些地面台经常位于或靠近机场或在高地上，并具有一定的间隔，这样就能沿着关键航路给出良好的导航覆盖范围。甚高频全向信标网络提供了在导航图上能看见的低空和高空航路结构的框架。

近些年来，出现了许多其他导航系统以补充甚高频全向信标导航。它们包括基于卫星的导航系统，如全球定位系统（GPS）和惯性导航系统（INS）。这些系统不限于支持几对地面台之间的径向导航，能在地球上任何一对地点之间进行直接导航。此外，它们不受地面台的距离限制，因此，在甚高频全向信标网络范围之外的大洋地区非常有用。

2. 进场导航系统

跑道分为仪表类和非仪表类。非仪表类（或目视类）跑道旨在提供仅采用目视进场程序的飞机使用。仪表类跑道允许在低能见度条件下采用仪表进场程序。仪表类跑道又进一步细分为精密进场跑道和非精密进场跑道。

关于精密进场，仪表着陆系统（ILS）是全世界都在使用的基本系统。仪表着陆系统由"航向信标"，即对准跑道中心线的横向导航波束和"下滑道信标"，即与跑道接地区成标准下降角（一般为3°）的垂直导航波束组成。除了要求在距离跑道的某一固定距离上有一组无线电指点信标，还要求有进场灯光以引导驾驶员到达跑道口。按照精密度划分，仪表着陆系统可分为三类。除非地形障碍物要求更高的最低气象条件，基本的Ⅰ类仪表着陆系统要求最低能见度为1/4英里（约402米），云底高度为200英尺（约60.96米）。Ⅱ类和Ⅲ类允许较低的最低气象条件，但要求有另外的地面和飞机设备（如雷达高度表），机组也需要进行额外的训练。

非精密进场利用诸如甚高频全向信标或非定向信标之类的不太准确的导航设备，提供机动飞行和对准直线进入进场的方向导引。非精密进场的云底高度和能见度最低气象条件较高，在进场期间，它们不提供具体的垂直导引，而是依赖一系列梯次下降的机动飞行。与仪表着陆系统进场相比，"俯冲和驱动"的非精密进场的事故发生率要高得多。

GPS也可以用于进场导航。基本的民用GPS对于非精密进场来说具备足够的准确度，并且在许多情况下，能用GPS取代现有非精密进场程序的甚高频全向信标或非定向信标。GPS还能进行低所需导航性能进场（如RNP 0.3或以下），对非精密进场给出垂直导引，并能在地形困难的地区使用。

（三）监视系统

监视系统是管制员用于监控空中交通状况的一种工具。除了在能见度良好的情况下，管制员能在塔台直接观察到空中交通情况，监视系统是所有空中交通管制运行不可或缺的关键工具。

飞机监视的最基本的形式是位置报告，其中机组通过无线电通信，向空中交通管制通报其位置、高度和意图信息。传统做法中，管制员对位置报告的跟踪是通过移动地图上代表飞机位置的船形标识物，或根据空中交通情况编写飞行进程单。在现代系统里，这些报告能显示在电子地图或着陆场显示器上。当没有其他监视系统可供使用时，位置报告是主要的监视手段。它包括大多数大洋空域，阿拉斯加、加拿大北部和中国西部这样的边远地区，以及航班密度低的发展中地区，如非洲和南美洲的部分地区。一旦其他监视系统失效，位置报告还起到"备份"的作用。

雷达是国内大多数空中交通管制系统当前使用的基本的飞机监视系统。空中交通管制监视雷达有主雷达和辅助雷达两种。主雷达利用从飞机的金属表面反射回来的询问脉冲的往返时间测量距离（"蒙皮显像"）。辅助雷达（空中交通管制雷达信标系统，ATCRBS）要求飞机装备应答机，它接收和重新发送有这架回答飞机识别代码的询问脉冲和飞机的其他数据。每架飞机都有一个指定的四位数应答机代码，用它在雷达显示器上标识具体的飞机。

自动相关监视（ADS）是一种新兴的监视方法，利用这种方法，飞机自动发送位置报告和意图数据。它实质上是前面描述过的人工位置报告方法自动化版本。有大量不同的自动相关监视系统。寻址式自动相关监视（Automatic Dependent Surveillance-Addressed，ADS-A）接收到空中交通管制的请求时，向地面发送位置报告。协议式自动相关监视（Automatic Dependent Surveillance-Contract，ADS-C）按规定的时间间隔，在定时地或发生了一些具体情况（如穿越报告点）时向空中交通管制发送位置报告。通过卫星或其他可用通信链路，ADS-A 和 ADS-C 在部分大洋（南太平洋、北大西洋）或边远空域均有使用。

(四)飞行和天气信息系统

空中交通管制系统得到一些类型的信息系统的重要支持。中央飞行数据处理系统("主机")管理飞机的飞行计划,它接收飞机的飞行计划,并将其分发给预计航路上各个空中交通管制设施。广泛的天气信息系统产生和分发一般的和具体机场的天气预报和观测、高空风的预报、危险天气警示和驾驶员报告(PIREPs)。

第二节　空中交通管制系统中人工智能的潜在应用路径

一、在空中交通管制系统中发展人工智能的必要性

近年来,面对现代航空业的持续迅猛发展和空中流量的飞速增长,以人脑计算为主来制定管制指挥方案的运行方式已在运行中暴露出一些短板与弊端。

首先,管制员无意识的"错忘漏"导致飞机发生小于规定安全间隔的管制不安全事件,已成为制约空中交通管制系统安全运行非常重要的原因之一。由于管制员的情绪和技术特有的不稳定性与不确定性,加之与各类外部因素的交织叠加,进一步放大诱因,增加了不安全事件发生的概率。

其次,当面临某一个扇区内航班密度不断增加的情况,管制员会更多地将精力集中在管制运行的个别关键环节上,而不可避免地减弱或是忽略了对于其他运行环节的关注度,导致基于管制员自身判断与调配能力所提供的管制服务质量逐步呈现下行趋势。这恰与流量的增长形成反比。

最后,在目前的人员结构中,管制员与管制员之间确实存在着技能与素质的个体差异,同时伴随着每个个体的生理因素的周期波动,使得管制服务无法长时间维持在相对固定的尺度与标准之内,所提供的管制服务水准的波动也会进一步加大空地协同配合的难度,造成整体管制运行效率降低。放眼当今世界,

随着计算机技术的快速发展，大数据和云计算以其优越性和先进性在多个工业领域得到广泛的应用并取得了巨大的成效。这为人工智能及其相关技术在空中交通管制领域应用的可行性创造了条件。

人工智能系统与标准软件系统的区别在于其学习、改进和预测的能力。通过训练，人工智能系统能够产生知识，并将其应用于以前没有遇到过的新情况。面对不断增长的流量、资源需求、不断增加的不确定性和操作复杂性的挑战，空中交通管制系统可以利用人工智能的力量，通过在不确定性下做出决策的能力和提供程序或简单算法无法提供的优化情景策略，来增强当前管制员的工作能力并提高系统运行效率，这将有助于高效、安全地管理各种空中交通情况。

二、空中交通管制系统中人工智能的潜在应用路径

总的来说，空中交通管制系统提供了许多完全不同的功能区域，其中以下七个领域是可能应用人工智能技术的潜在路径，如表 8-1 所示。

表 8-1　空中交通管制系统中应用人工智能技术的潜在路径

应用领域	具体描述
（1）飞机运动的战术控制	潜在决策警报 扩展和协调探测 带有建议的可选操作菜单 自动执行常规功能 自动决策 灵活的控制规则
（2）交通流量的战略管理	流量路由 改进的界面与战术管控 作为控制决策的一部分的燃料分析 消除冲突的四维飞行计划生成 需求响应调度 飞机延误分配 机场容量预测 改进的信息呈现
（3）改进的显示和信息管理	间隙自动调整 语音合成与识别
（4）系统配置管理	系统配置规划 跑道和空域配置管理 系统监控和危机预测 应急计划

续表

应用领域	具体描述
（5）故障管理和异常处理	故障恢复支持 系统配置选择 系统恢复 重大中断响应
（6）人员培训	改进的模拟技术 自动化人工模拟飞行员
（7）飞机机载设备	碰撞避让方向 智能清单 程序监视器 计算机视觉

资料来源：GOSLING G D. Identification of artificial intelligence applications in air traffic control［J］. Transportation research Part A：General，1987，21（1）：27-38.

虽然飞机运动的战术控制领域作为一种直接向受控飞机发出数字编码指令的自动化系统，往往是大多数人在考虑将人工智能技术应用于空中交通管制的方式时首先想到的领域，但实际上在可预见的未来，在其他领域应用人工智能技术反而可能更快收到成效。虽然在原则上可以假定一个全自动或部分自动的控制系统，正如欧洲空中航行安全组织（Eurocontrol）在他们的 ARC2000 建议中所描述的那样，或者美国联邦航空管理局在自动化航路空中交通管制（Automated En Route Air Traffic，AERA）系统建议中所描述的那样，但是在实际实施时却是困难重重；而在那些与保持飞机之间安全间隔没有直接关系的领域，人工智能技术的实施可能会相对容易得多。

所有在飞机战术控制中可能在短期内产生显著效益的一个潜在应用技术路径，是对管制员实施智能辅助。这可能包含一个利用专家系统技术的软件功能包，它将与现有的雷达显示和飞行数据处理软件一起工作，通过改善信息的显示、发出所需行动的警报、产生建议和为管制员提供自动执行例行功能的能力来协助管制员。这种功能包可以通过减少控制器执行常规任务所需的时间来显著减少控制器的工作负荷，并通过补充控制器的监视功能来增强系统安全性。众所周知，监控复杂系统的潜在问题是一项人类并不总能做好的任务。例如，在不活动期间，注意力水平会下降，管制员很容易被系统某个部分的问题分散注意力，而没有注意到另一个可能更严重的问题在其他地方出现。另外，还存在认知的问题，即人类倾向于根据他们对当前情况的感知和期望观察到的东西来解释他们接收到的信息，这可能会导致理解错误的问题。

总的来说，可以肯定的是人工智能技术在不同的 ATC 功能中具有大量的潜在应用路径，而这些领域中的每一个应用路径可能都将在未来逐一实现。

（一）飞机运动的战术控制

用来帮助人类进行飞行运动的战术控制的人工智能技术，既需要增强支持功能，也需要增强执行日常任务的自动化。这些技术可以结合在一个"管制员助理"中，这是一个专家系统，可以通过与人工监控和决策并行操作来帮助减少管制员的工作量并提高安全性。该专家系统可以跟踪飞机位置，并基于管制员和机组人员的规划过程的标识，警告管制员可能必须做出的潜在决定。随着先进的飞行管理系统在飞机上的使用越来越多，这些系统能够以省油的四维航迹飞行，这将增加战术管制员任务的复杂性，并可能导致飞机要求或飞行的航迹发生更大的变化。作为这一功能的延伸，需要开发冲突探测器，使其能够观察下游的下一个扇区与更远的区域，以便管制员能够有效地组织交通并发布适当的许可。这些探测器需与其他扇区的决策进行协同，并要预估其他管制员和飞行机组可能做出的未来决策，还要综合考虑天气变化和扇区工作负荷要求。鉴于可能出现的情况呈组合爆炸式增长，穷尽式搜索技术并不适用，而启发式搜索或基于规则的系统则更具潜力。减少工作负荷的智能辅助的其他应用可以包括生成具有建议性的替代动作菜单，评估控制器生成的替代动作，以及自动执行诸如移交之类的例行功能。

从长远来看，随着使用人工智能技术在战术控制问题的解决方案上的经验积累，某些决策可以完全自动化，人类控制减少到管理功能或处理异常（如飞机遇险）的干预。在应用的发展过程中，这种技术最初可能首先应用于轻负荷的扇区，允许管制员将他们的注意力转向更复杂的问题。一个稍微不同的应用是灵活控制规则的概念，其响应于规则的范围，可以在雷达中采用彩色显示飞机周围受保护的空域。因此，管制员可能会根据一组元规则来操作，例如"让飞机远离彼此的保护空域"，而不是"让飞机保持 X 千米的间隔"。

（二）交通流量的战略管理

空管机构正日益展现出对通过更好地管理交通流量和路线来解决容量问题的浓厚兴趣，而不是仅仅关注简单地提高处理任何出现的问题的能力。由于战略控制决策通常比战术控制更早做出，并且在压力较小的条件下进行，而所要解决的问题一般更复杂且不太明确，因此专家系统在这方面的应用似乎具有相当大的潜力。

具体而言，其中包括考虑空域容量和扇区工作负荷限制以及天气条件的交通流量路由。改进与战术控制位置的接口将能够预测发展中的问题，并安排交通流量或延迟航班，以缓解容量或工作负荷限制。对于长期流量控制，可以根据对现有容量限制的更好理解，评估和修改时间表和飞行计划，并且可以开发一套不冲突的四维飞行计划来对战术控制的需求最小化。在必须对飞机施加延迟的情况下，这些可以以智能的方式完成，该方式认识到飞机的下游后果，例如进行预定转机的能力或到达第二个容量受限机场的时间。改进的跑道容量预测可以开发该系统，使得该系统能更好地识别机场细节以及刹车动作、天气和其他因素的不确定性，进而建立一种学习能力，允许对历史数据进行评估，并不断改进预测逻辑。

（三）改进的显示和信息管理

向管制员提供信息的改进是近期内可能取得实质性进展的一个领域，也是作为 FAA 部门套件采购计划一部分的大量研究和开发活动的主题。人工智能技术的应用可以包括显示器的自动配置以响应当前情况，突出关键决策和显示可选择的（或推荐的）行动过程。虽然显示技术的改进不一定要求"智能"是有效的，但信息过载或显示过于精细则会产生问题——一些飞机座舱中的电子飞行显示器会产生这种效应，飞行员称之为"Atari 效应"，即显示信息纷乱庞杂得仿佛在玩雅达利电子游戏。

通过允许按下按钮来发布飞行指令，语音合成可以减少管制员的工作量间隙。控制器可以以同样的方式记录许可的确认。如果在设定的时间间隔后未得到确认，许可会自动重新发布。系统将需要监控语音信道并识别通信中的中断以开始传输。数字数据链的引入为显著改善飞机和控制人员之间的通信提供了机会。特别是，信息可以"张贴"在文本显示器上供以后参考，减少了解释或回忆的错误。然而，管制员和飞行员都有许多其他信息要看，重复关键信息的语音补充可能是一个有价值的补充。还有一个"共用线路"问题，飞行员依靠旁听其他飞机的信息来构建周围交通的心理图像。为了避免 ATC 和其他飞机之间的通信干扰信息显示，可以对这些信息进行提炼和语音合成。在未来，更复杂的系统可能能够选择来自其他飞机的哪些信息是关键的，并且只重复这些信息。

（四）系统配置管理

ATC 系统配置需根据短期和长期的需求进行调整与优化。从短期来看，风向、交通组合和设施可用性的变化会影响使用哪条跑道，以及为区段或交通路线配备人员的决策。从长远来看，空域可以被重新划分，航路可以被改变，导航设备可以被安装或移动，控制责任可以被重新分配给不同的设施。这些决策需要大量的专业知识，并且通常是在反复试验的基础上做出的，也有些是对系统故障的即时响应。鉴于其复杂性和专业性，可以开发专家系统来帮助值班监督员、塔台主管或空域规划者进行决策。

（五）故障管理和异常处理

ATC 系统的设计必须提供备用能力，以确保系统在部件发生故障或出错的情况下继续运行。然而，正是在这些条件下，系统可能处于最紧张的状态，控制器和系统管理器的工作负荷很重，因为它们试图用有限的资源或异常的过程来执行。一旦故障或错误的危机过去，系统管理者必须建立一个稳定的操作环境，直到正常环境恢复。在这些条件下，考虑到系统管理人员在一些给定故障条件下的经验有限，以及他们当时可能承受的其他压力，专家系统可以提供有价值的支持。在故障恢复管理领域有许多潜在的应用，可以利用下面的支持。

1. 监控系统的正常运行

通过监控系统的运行状态，能够迅速识别由组件运行故障或操作失误引发的危机情况，并及时向系统管理员发出警报，提示潜在的危机及其性质。这使得管理员能够制定有效的应急计划，增强监控力度以降低错误发生的概率，或者卸载部分系统来减轻安全威胁。FAA 的研究表明，通过监测特定系统功能的表现，可以预测某些硬件故障的发生。

2. 制订应急计划

在发生特定故障时向系统管理者及时提供应急计划，能够使他们快速启动恢复流程。鉴于可能采取的应对方案数量众多，专家系统需具备与用户对话的能力，解释建议背后的逻辑，让系统管理员确信某些因素已经被考虑，又可以告知他们可能没有意识到或被忽略的事实。

3. 实时支持资源重新部署

在系统管理员尝试重新部署资源以应对故障时，专家系统可以提供两个层面的实时支持。一是自动化支持特定功能，帮助系统管理员应对超出常规负荷的流量，尽管这可能以牺牲效率或延长响应时间为代价。二是在评估现有系统能力的基础上，协助构建故障恢复过程。在任何复杂的系统中，不可能保证所有组件始终无障碍运行，例如一些组件可能发生故障，或者在维护期间暂时离线。此外，系统各部分功能重新分配的能力取决于其当下的业务负载水平。因此，故障恢复是一个复杂且与时间紧密相关的过程，专家系统在这个过程中可以为系统管理员提供指导，并帮助他们建立系统配置。

4. 支持故障后系统恢复

修复或更换故障组件后，关键在于如何将系统从故障模式恢复到正常运行状态，这涉及精准把握重新分配控制权的时机以及对故障期间丢失的计算机数据库进行恢复或更新。这些恢复操作必须在实时控制流量的同时进行，以确保系统的连续性和数据的完整性。除处理系统自身的故障之外，空管系统还必须迅速应对恶劣天气等突发事件，这些事件可能导致机场关闭，对航空运输系统造成严重干扰。由于这些突发事件在发生后的一两个小时内对空中交通流量的影响与空管系统故障相似，系统管理员在此时期同样需要类似的辅助决策支持。

（六）人员培训

培训和认证能够熟练操作及维护复杂控制系统的专业人才是一项耗时且昂贵的工程。用于运营的专家系统与模拟训练结合或在计算机辅助教学中应用，能够显著提高训练效率，并且其揭示决策背后的推理过程的能力对于教学培训也具有重要价值。此外，专家系统和语音处理技术结合，能够在实时系统模拟中替代人工模拟驾驶员，从而降低培训成本。

（七）飞机机载设备

驾驶舱主要由三个功能：一是飞机系统操作，涉及对飞机各个系统的控制与监控；二是导航、避碰和空中交通管制（ATC）合规性，专注于确保飞机按照预定航线飞行，避免与其他飞行器发生冲突，并遵守空中交通管制指令，例如通过交通警报防撞系统（TCAS）等技术实现避碰；三是飞行任务执行，涵盖飞行任务的规划与执行。

在这些领域中，人工智能技术的应用日益广泛。以交通警报防撞系统（TCAS）为例，早期的交通警报防撞系统基于一系列明确的"if–then–else"规则语句，通过指示飞机爬升或下降来预防潜在的空中碰撞，而 FAA 目前正在研究的下一代机载防撞系统（ACAS Xa）则是基于深度神经网络（DNN），通过数百万场景的训练（包括 180 000 次潜在的真实世界碰撞），以期进一步提高 40% 的避碰准确率。ACAS Xa 能够处理多飞机冲突、更长的时间范围和更广泛的替代行动方案，通过响应当前情况的智能清单和基于脚本的程序监视器能够警示机组人员偏离标准程序的情况，从而减轻机组人员的工作负担，提升飞行安全。

长远来看，在飞机机载设备方面，人工智能技术通过结合计算机视觉传感器和模式识别技术，有望在观察和避碰方面辅助人类视觉。利用可见光谱之外的波长和传感器，可能会将目视飞行能力扩展到某些仪器气象条件下，从而提高飞行效率和安全性。

三、在空中交通管制系统中应用人工智能

（一）空中交通管制技术的发展

在全球经济发展和科技进步的基础上，空中交通管制技术取得了长足的发展，与此同时，空中交通管理的相关研究也在逐步深入。空中交通管制技术的发展可以追溯到1991年的国际民航组织第十次航行大会，会上提出了新航行系统概念，即通信、导航、监视/空中交通管理（Communication Navigation Surveillance/Air Traffic Management，CNS/ATM）系统。为了更好地实施CNS/ATM系统，国际民航组织还发布了《全球空中航行计划》。在这个过程中，各国渐渐发现只有技术是不够的，实践中还需要一个能够指导CNS/ATM实施的运行概念。因此，国际民航组织在2003年举行的第十一次航行大会上通过了《全球空中交通管理运行概念》与《空中交通系统全球效能手册》，形成了空中交通管理的基本框架。并且这次大会还明确了全球空管一体化运行概念，将空中交通管理分为七个部分：机场运行（Aerodrome Operations，AO）、空域组织与管理（Airspace Organization and Management，AOM）、空域用户运行（Airspace

User Operations，AUO）、需求和容量平衡（Demand Capacity Balancing，DCB）、交通同步（Traffic Synchronization，TS）、冲突管理（Conflict Management，CM）和服务交付管理（Service Delivery Management，SDM）。

随后，欧洲于2004年启动了欧洲单一天空空中交通管理研究（Single European Sky Air Traffic Management Research，SESAR）。该研究的关键技术涵盖了四个领域：可靠的空管基础设施、高效的机场运行、优化的空中交通网络服务和高级空中交通服务，目的是通过重新规划空域来满足航空需求和提高空中交通管制系统的效能。紧接着，美国于2005年提出下一代航空运输系统（Next Generation Air Transportation System，NextGen），其核心技术包含了NAS语音系统（NAS Voice System，NVS）、终端自动化系统现代化更新（Terminal Automation Modernization Replacement，TAMR）、航路自动化系统现代化（En Route Automation Modernization，ERAM）、广播式自动相关监视（Automatic Dependent Surveillance-Broadcast，ADS-B）、系统广域信息管理（System Wide Information Management，SWIM）和数据通信（Data Communications，Data）等。中国民航也在2007年制定了新一代空中交通管理系统发展的总体框架。

为了推动新一代空管系统在全球的全面实施，国际民航组织于2020年更新了第四版《全球空中航行计划》，其中最主要的内容是航空系统组块升级（Aviation System Block Upgrade，ASBU）计划，目的是更好地指导各国在新一代空管系统建设中合理应用新兴技术。该计划的核心是对空管系统的运行加以改进，结合现有的空管技术与新技术，推出了四个需要提升性能的领域，包括机场运行、灵活飞行与最佳容量、高效的飞行轨迹、全球互用系统和数据等。每个领域下设多个提升路径，共52个模块。截至目前，中国民航已经完成了部分内容，正在推动ASBU全面实施的过程中，开展了多项技术研究，如连续爬升运行和连续下降进近、陆基增强系统、SWIM、ADS-B等。

回顾空中交通管制系统中的技术发展历程，全球经济的迅猛发展及通信和信息技术的飞速进步，一方面带来了日益增长的航空需求，另一方面也为空管技术的革新注入了强大动力，促使空管系统不断向自动化和智能化的方向迈进。空管是一个复杂的自适应社会技术系统，在这整个复杂的人在回路系统中，飞行员通过自动化飞行系统执行飞行操作，管制员通过自动化空管系统完成指挥工作，空地相互协同配合，共同助力安全高效的航空运行。空管系统可以根据自动化程度分为三个等级：初级、中级和高级。（见表8-2）

表 8-2　空中交通管制技术的自动化程度

自动化等级	核心理念	具体实施内容	管制员负荷	现状
初级	以人为主，机器为辅，信息处理与融合	自动处理并融合雷达数据，自动生成空中态势，自动处理飞行情报，短期冲突自动告警等	繁忙时高度紧张，容易出错	已实现
中级	增加决策支持的相关手段	空域管理，空中交通流量管理，进离港排序等	负荷减轻，提升效能	发展中
高级	机器为主，管制员监控，高级智能化	有人机和无人机的管理，多元化空域，管制员和机长的一体化自动监视，机场、空管、航空公司的整体运行协调等	负荷轻	探索规划中

资料来源：杨红雨，杨波，武喜萍，等. 智能化空管技术研究与展望[J]. 工程科学与技术，2018，50（4）：14.

现有空中交通管制技术的自动化程度存在发展不平衡现象，例如雷达数据自动处理与融合尚处在自动化初级阶段，而空中交通流量管理已经发展到了自动化中级阶段。

处于自动化初级阶段的空中交通管制技术，其核心理念是以人为主，机器为辅，主要解决信息获取、处理和融合的问题。空管部门在飞机上装载了二次雷达应答机，在地面配置了一次与二次监视雷达，通过发展高性能的雷达数据处理系统，实现了从程序管制向雷达管制的转变。单雷达系统由于存在固有局限性，很大程度上限制了雷达管制效能的提升，而多雷达联网技术能够把来源于多部雷达的目标位置的测量数据进行融合，最终形成精度更高的新目标位置信息。在数据融合的过程中，需要解决一系列关键技术问题，包括航迹关联、航迹校正、航迹数据融合计算等。多雷达航迹融合算法主要采用加权平均法、马赛克算法、卡尔曼滤波算法等。在此基础上，应用自动相关监视技术，通过加权平均法、优选法等方法，将系统航迹与 ADS 航迹融合，更好地实现空中交通的高效管理。除监视信息之外，空管系统需要处理的另一类重要信息是飞行计划，将雷达航迹与飞行计划相互关联有利于空管系统的实时监控和管制员的指挥工作。在决策支持方面，中期冲突探测与解脱是空中交通管制的重要工具，它主要通过概率型/非概率型中期冲突探测算法来减轻地面上管制员的工作负荷并提高空中交通飞行安全，但是这类方法目前在实际应用中还不成熟。

随着空中交通流量的飞速增长，空中交通管理的实施过程中一个新的课题——空中交通流量管理应运而生。空中交通流量管理是指在空中交通流量接近或达到空中交通管制处理能力极限时，预先或适时采取适当措施，保障空中交通最佳地流入或通过相应区域，缓解交通拥挤，提升整体空中交通的运行效率。空中交通流量管理的基础是空中交通流量预测，根据预测时间长短可以分为短期流量预测、中期流量预测和长期流量预测。短期流量预测有利于保障空中交通网络的畅通、有序和高效，而科学的、准确的中长期流量预测则是各级航空决策部门制定发展规划和战略的重要依据。目前，国内外主要通过四维航迹预测对空域飞行流量进行预测和统计来实现短期飞行流量预测，而在中长期流量预测方面通常运用回归模型预测法、趋势预测法、时间序列法、聚类法、神经网络预测法、灰色预测法等算法。在空中交通流量管理过程中，为了实现空中交通运行的供需平衡，需要对流量和容量进行匹配。在飞行流量调配方面，国内外研究者们开发了排序、改航、尾随间隔、地面延误程序等技术。其中，关于排序算法的理论研究，部分学者提出了使用鱼群算法、蚁群算法、遗传算法、粒子群算法等来优化排序调度。在系统研发方面，欧洲使用了离场管理（Departure Management，DMAN）和进场管理（Arrival Management，AMAN），美国则主要采用交通管理咨询工具（Traffic Management Advisor，TMA）进行跑道分配和航班排序管理。

空中交通流量的迅速增长使得空域容量使用紧张的问题日益突显，对空域管理水平的要求也随之不断提高。20世纪80年代以来，在空域管理方面，研究者们深入开发并广泛应用了众多关键技术，如空域容量评估、空域运行管理、空域规划等。科学准确的空域容量评估是充分利用空域资源、实施高效空中交通管理的基础，评估方法主要有四种：基于管制员的工作负荷的容量评估、基于历史统计数据的评估、基于数学模型的评估和基于计算机仿真模型的评估。空域运行管理主要是在空域分类和运行性能等方面进行研究，空域规划则是对终端区、管制扇区、航线网络等空域进行规划设计。

（二）人工智能在空中交通管制系统中的应用维度

根据人工智能模型的作用方式，人工智能在空中交通管制系统中的应用大致可以分为四种维度：预测、优化和自动化、分析和建模/模拟。

1. 空中交通管制系统中的 AI 预测

空中交通管制系统中使用多种人工智能算法模型，其中最常用的是：（1）多代理系统（Multi-Agent System，MAS）；（2）神经网络（Neural Network，NN）；（3）随机森林（Random Forest，RF）；（4）梯度提升机（Gradient Boosting Machine，GBM）；（5）支持向量机（Support Vector Machine，SVM）；（6）线性回归。其中，后五个模型——神经网络、随机森林、梯度提升机、支持向量机和线性回归主要用于以下预测：（1）飞机轨迹指标或状态描述，如训练神经网络对飞机爬升阶段进行质量估计，通过机器学习（ML）预测飞机下降长度（Alligier et al., 2016），采用机器学习和统计方法对飞行阶段进行预测；（2）机场的地面交通指标或状态描述，如通过机器学习提高起飞时间的可预测性（Dalmau et al., 2019），通过随机森林算法预测基于时空图轨迹表征的滑行速度。使用上述模型的研究者们经常以线性回归作为基线进行多模型的联合比较。除此之外，神经网络、随机森林、梯度提升机、支持向量机和线性回归还被用于其他类型的预测，例如：空域环境状况；路径选择——曾有研究比较逻辑回归、支持向量机、随机森林和梯度提升这四种模型在预测飞机轨迹选择方面的性能表现；扇区配置——通过自动编码器算法对扇区配置转换进行异常检测预测；空中交通管制员行为——采用监督学习算法基于ADS-B数据进行管制员行为预测；短期轨迹——使用生成机器学习算法进行短期轨迹预测，采用社会长短期记忆神经网络进行多机轨迹协同预测。然而，多代理系统算法常用于建模和预测更复杂的任务，例如：航空网络中的延误传播——采用多代理系统算法预测航空延误；四维轨迹；某种程度上的五维交通——采用自适应多代理系统算法进行大规模的虚拟仿真；交通管制区流量。实际上，由于存在大量的约束条件，对交通管制区流量进行预测的难度并不大。

2. 空中交通管制系统中的AI优化和自动化

空中交通管制系统中主要使用特定范围的人工智能模型，例如：（1）多代理系统；（2）进化算法（Evolutionary Algorithm，EA），主要是遗传算法；（3）模拟退火（Simulated Annealing，SA）；（4）强化学习（Reinforcement Learning，RL），包括强化学习、多代理系统强化学习、深度强化学习和深度Q网络等。使用这些模型的研究者们在工作中大多数都侧重于进行基于轨迹的空中交通优化和航空防撞方面的研究。五维交通优化方面的研究通常集中在一个飞行阶段，包括优化以下五个方面：（1）航路交通，可使用集中式算法，例如采用基于模拟退火和局部搜索算法的混合元启发式优化算法进行四维轨迹规划，基于遗传算法解决途中冲突解决和机场平台中的交通管理问题，或者使用分散式算法，例如采用分布式多代理系统解决空中交通管制中的动态防撞管理问题，通过本地速度调节解决空中交通冲突的多代理系统。（2）进场交通，例如使用滑动窗口时间分解方法和自适应模拟退火启发式算法解决机场起飞着陆区的飞机合并和排序方面的问题。（3）离场交通，例如结合快速行进算法和模拟退火算法优化机场起飞着陆区的进场和离场航路。（4）地面交通（五维交通）。（5）整个交通管制区流量，例如采用基于宏、微观两级模型结合时间分解方法的自适应模拟退火启发式算法对进场、离场和地面交通运行进行综合优化。除此之外，空中交通管制系统中 AI 优化应用的另一个值得注意的重点是优化空域结构，包括以下方面：优化航线网络，例如帮助管理空中交通结构的多代理系统；优化扇区，例如采用多目标进化算法进行动态空域重新分区；优化四维轨迹，例如将功能主成分分析法应用于航路优化；优化需求或容量平衡；优化某个特定飞行器的航线。

3. 空中交通管制系统中的 AI 分析

空中交通管制系统中的AI分析主要有聚类技术，包括基于密度的噪声应用聚类、利用层次方法的平衡迭代规约和聚类、自编码神经网络等。例如：对四维轨迹进行分析，以便探究其影响因素；将可视化分析和机器学习方法用于缺乏可用飞行计划情境下在战术前规划阶段分析预测航空公司的航路选择；探索基于自动编码器的深度轨迹聚类在空中交通流量识别问题中的应用；将相似性感知轨迹聚类的运动数据分析工作流程应用到空中交通领域；在采用多代理系统算法预测航空延误研究中，分析延误这个交通指标，以便理解其影响因素和作为后续预测模型的初步分析基础。此外，还有一些更加精确的分析技术，例如：采用自动编码器算法基于S模式数据分析飞行轨迹、检测异常飞行行为和识别管制员行为；用于空中交通管制领域的情境感知的语音识别和理解系统。

4. 空中交通管制系统中的 AI 建模/模拟

空中交通管制系统中的AI建模/模拟主要使用多代理系统算法。其实在许多不同领域的建模研究中该方法都起到了重要作用，在汽车交通仿真中的应用就是一个例子。在空中交通管理领域中，人工智能建模和模拟主要是使用记录和数学模型，如采用自适应多代理系统算法解决多目标空中交通仿真的实时结构化问题，该算法建模的应用非常广泛。例如：管制区域（尤其是进场管制）交通建模；使用基于代理的建模来确定复杂机场起飞着陆区环境中的碰撞风险；采用多代理系统算法模拟预测航班反应延误，结合多代理学习算法和大数据进行空中交通建模；基于多代理系统算法的机场协同决策仿真模型。除多代理系统算法之外，在空中交通管制领域的其他AI建模算法通常专注于简单任务，例如：使用神经网络对特定的飞行员决策进行建模。在未来的建模算法中，图神经网络模型可能会成为重要的算法工具，例如开发基于深度图神经网络算法的自动化空中交通管制模型。

（三）未来空中交通管制一体化智能系统

虽然空中交通管制、空中交通流量管理、空域管理理念与方法，以及中期冲突探测与解脱、进离港排序、协同决策等技术为空管人员提供了一定的辅助决策支持手段，但是目前空中交通管制工作对管制员的依赖程度仍然较高，由于人为的"错、忘、漏、低效"影响航空安全运行的情况不能完全避免。因此，飞行规模不断增大带来的运行和管理问题既不能完全依靠人工经验和技巧进行管制指挥、流量调控和空域管理，也不能仅靠管理系统规模的不断扩大来解决，亟须将人工智能技术充分应用到空中交通管制系统中，以机器为主，管制员监控为辅，实现高级智能化，达到空管自动化高级程度，适应日益复杂庞大的飞行任务。

智能化和一体化是空中交通管制系统发展的最新方向。空中交通管制一体化智能系统是一个统一的大系统,它集成了人工智能技术,整合监视、通信、导航、气象分析、信息处理、网络互联和物联网等各个子系统,形成一体化共享的空中交通管理运行感知平台,具有智能化的空中交通管理全过程分析、预测、管控和服务能力,能充分适应现在和未来的航空运输情况,扩展管理范围,有序容纳各种有人和无人、高空和低空的飞行器,促进航空业持续健康发展。

未来空中交通管制一体化智能系统可以分为五个层级,即感知层、网络层、平台层、应用层和可视层。空中交通管制一体化智能系统通过分层实现基础平台和空管应用的灵活运用。

1. 感知层

感知层为空中交通管制的安全高效发展提供基础保障,这一层主要包括各类通信、导航、监视、气象、无线、图像采集、射频识别等设施设备。

根据传输信息对象的不同,空管通信分为语音通信和数据通信。语音通信包括甚高频语音通信、高频语音通信、卫星语音通信等。随着飞行量的激增,语音信息交换频率增加且受到人员语言表达能力等方面的限制,语音通信不易实现航空数据的采集、传输、处理、共享和管理,阻碍了空中交通管理系统自动化的进一步发展。为完善语音通信的覆盖,可采用数据链通信和地面互联网协议(Internet Protocol,IP)网络技术,推进航空移动通信的发展,从而增强空管通信保障能力。

导航系统为航空器在远洋/荒漠区域、航路/终端区域和进近着陆区域飞行提供导航信息,确保航空器安全有序地飞行。远洋/荒漠区域飞行主要依靠星基导航系统和自主导航系统提供导航服务保障。航路/终端区域导航由陆基导航系统、星基导航系统和自主导航系统提供空天地立体的导航服务保障。进近着陆导航使用仪表着陆系统、微波着陆系统、卫星导航等保障安全着陆。为提高空管导航保障能力，应完善陆基导航设施布局，推进星基导航和无线等新技术的应用。

空管监视设备主要有雷达、自动相关监视系统、多点定位监视系统等。雷达包括一次雷达、二次雷达、场面监视雷达、低空监视雷达等。自动相关监视主要包括ADS-C和ADS-B。其中，ADS-C是点对点监视，多用于海洋区域和荒漠地区的远程监视；ADS-B为广播式监视，能使飞机主动广播自身位置，具有更加广泛的应用前景。多点定位监视系统可实时监视机场场面和周围地区的活动目标。各类监视手段都有各自的适用范围，我们应优化监视基础设施布局，提高新技术的应用水平，最大化地利用各类监视技术保证航空器飞行安全。

同时，利用各类气象传感器、气象卫星、气象雷达等设备采集地面和空中气象信息，进行航空危险天气监测，为空管气象保障提供信息源。空管基础设施还利用卫星、数据链、计算机联网、无线、探头、射频识别等新技术，助力空中交通管理实现高度自动化、智能化，保证空中交通安全有序，减轻空管人员工作负荷。

2. 网络层

网络层是传输、融合各类空管信息的基础。空管运行信息的传输途径有传统的空管基础通信网、空管业务数据传输网和地空通信网等，也有新兴的互联网、移动网络等，通过新兴途径可以更广泛地向公众发布相关信息。

3. 平台层

一个面向智能空管的信息服务平台，主要包括信息存储、信息处理、信息交换、服务调度、应用集成、空管大数据挖掘等功能。它能应用系统广域信息管理（SWIM）创建基于标准数据模型和基于IP的航空网，最大限度地提高互用性，同时研究云计算、智能化大数据挖掘等技术在空管信息服务中的应用，为智能化空管应用层提供支撑。

4. 应用层

应用层包括管制指挥、空域管理、空中交通流量管理、飞行服务、低空/通航、无人机空中交通管理及其保障等。为了提高应用层智能化水平，应积极研究聚类、强化学习、深度学习等机器学习技术在空管运行中的应用。

5. 可视化层

可视化层能对空管自动化系统用户界面的智能化进行提升，通过空管门户、虚拟可视化、空管智能化用户界面（user interface，UI）、移动空管应用等新方式为空管、机场、航空公司、旅客等各类用户提供高效快捷的智能化交互。

第三节　空中交通管制系统中的可解释人工智能

一、可解释人工智能概述

可解释人工智能（Explainable Artificial Intelligence，XAI）主要是为了帮助人类理解人工智能是如何做出决策的。可解释性是模型和终端用户之间的接口，终端用户通过它获得对 AI 模型决策的理解。可解释性的范畴界定了通过一系列可解释手段所生成的解释的深度与广度，这一范畴既可以是全局的，也可以是局部的。全局性解释如同一棵完整的决策树，帮助用户全面理解模型的决策。局部性解释则聚焦于单个分支的推理实例。

可解释人工智能首先使用 AI/ML 模型学习可用数据的基本特征，然后尝试对新数据进行分类、预测或聚类。可解释性阶段是指上述过程中模型为其提供的决策生成解释的时期。这些阶段包括事前和事后两种。事前方法通常考虑从数据训练的一开始就为决策生成解释，同时旨在实现最佳性能。大多数情况下，使用这些方法为透明模型生成解释，例如模糊模型、基于树的模型等。事后方法包括基础模型和外部或代理模型。基础模型保持不变，外部模型模仿基础模型的行为为用户生成解释。通常，这些方法与用户不知道推理机制的模型相关联，例如支持向量机、神经网络等。此外，事后方法还可以进一步分为两类：与模型无关的方法和特定模型的方法。与模型无关的方法适用于任何 AI/ML 模型，而特定模型的方法仅限于特定模型。

给 AI 模型添加解释的主要原因是可以增加人类对 AI/ML 模型决策过程的信任并基于模型改进人类决策或预测。此外，人类决策通常受到偏见和启发式方法的驱动，这些偏见和启发式方法可能在某些工作条件下存在一些局限。然而，丰富的相关信息不一定能帮助人们做出正确的决定。在规定维度的人类决策中，偏见和启发式主要受到统计规律的影响。无论在专业领域内的知识水平如何，人们通常都无法做出绝对最优的决策。相反，XAI 可以通过增加用户对自动化系统的信任来促进人类做出决策。为了研究这一作用机制，我们可以通过人类实验来测试人工智能系统，并与传统的人工智能系统相比，针对人工智能模型的不同类型进行解释。

大多数 XAI 采用四种不同形式的解释来向人类"解释"AI/ML 模型的决策，并从不同维度推断任务决策的过程。这四种解释形式包括数字解释、规则解释、文本解释和视觉解释。并且，不同解释形式的组合使用会使解释更易于理解，用户友好度高。一方面，在四种不同维度的应用任务中，通常预测任务会使用较多可解释方法，而建模/模拟任务使用的解释方法最少。另一方面，对于特定方法，自适应神经模糊推理系统（ANFIS）可用于在包含优化/自动化和分析的任务中生成的所有四种类型的解释，而顺序规则挖掘（SRM）算法可应用于优化/自动化、分析和建模/模拟三类任务，并生成相应的解释。

二、空中交通管制系统中的可解释人工智能现状

在全球范围内，目前大多数 AI 算法模型的可解释性几乎没有得到解决。属于预测类别的算法是唯一的一个清楚地接近可解释性的算法，尽管它是许多论文主要目标中的次要目标，并且主要限于预测轨迹的指标，即着陆时间和起飞时间。

第八章　空中交通管制系统中的人工智能

虽然其他 AI 算法模型已经对空中交通管理起到一定作用，但是可解释性人工智能对充分了解拥堵、轨迹路线和延误的根本原因，即回答"为什么"和"为什么不"的问题，对更好地增加空中交通容量来说是非常有必要的。预测交通及其延误是改善一般交通及其拥堵，更好地平衡需求和资源的关键，因此，更多的研究应该集中在这个课题上。此外，这些算法需要可解释性人工智能的另一个例子是：预测这些算法在其他特征或新环境中的未来行为。例如，将着陆时间预测模型从一个机场转移到另一个机场。而且，事实证明，可解释人工智能能够有效地提醒空中交通管制系统用户预测结果并解释警报背后的原因，例如，警告用户预测结果可能是错误的（因为类别不平衡数据集）或警告可能缺乏提供用于执行分析的特征（如轨迹的过度简化），这不仅是建立用户对系统信任的关键，也是所有需要在一定时间内以某种方式传达给最终人工操作员的"解释"。

用于优化和自动化的 AI 算法，目前来说不是一般 XAI 研究的主要目标，在空中交通管理领域也没有进一步的研究。尽管如此，优化和自动化空中交通情况并避免碰撞是提高空中交通安全性及效率的一个关键。由于空中交通管理中安全是重中之重，因此充分理解冲突避免程序（例如，解释为什么是某一架飞机而不是另一架离开其计划的轨迹）、排序或任何其他优化结果的重要原因对于管制员等人工操作员的接受和使用来说是非常必要的。更进一步，预测 AI 算法也可以在一些特殊环境中使用。例如，当部分空域（如军事区空域）发生变化并且变得不可用的时候，它将有助于空中交通的组织。此外，它能对可能的错误解决方案发出警报，例如对训练中可能存在的偏差发出警报。这些都可以证明算法至关重要。

用于分析的 AI 算法基本没有得到任何可解释结果或算法的努力，尽管某一些算法得到了一般 XAI 研究的关注。添加可解释性可以帮助最终用户理解算法执行的分类（例如，影响分析的不同因素），并帮助人们了解目标分析模型是

303

如何随着新参数或数据而变化的。此外，如果添加新特征，还能够预测类别的变化，或者通过修改问题结构来预测类别的变化。例如，用新的路线结构预测轨迹流的变化。

同样，用于建模和仿真的 AI 算法也缺乏充分的解释。从某种意义上说，AI 建模大部分都是从激发参与模拟世界的不同参与者的行为的内在动机开始的。在该类别中占主导地位的多代理系统尤其如此，其中多代理系统的设计者力图模拟系统中的不同实体及其行为和推理，从而呈现代理交互出现的全局状态。尽管如此，可解释性可以添加到 AI 模型中，以解释一些新兴行为，而不仅仅是局部行为（例如延迟传播），这对全局理解具有重要价值。

在当前状态下，空中交通管制系统中 AI 算法的有效性和可接受性将受限于机器无法在这些危急情况下向人类用户解释其思想和行动，而且它们无法充分了解最终用户的需求和愿望。下文将使用概念框架进一步详细说明解决空中交通管制系统中的可解释性问题的必要性和方向。

三、空中交通管制系统中的可解释性人工智能概念框架

由于机器无法在一些关键情况下向人类用户解释其思想和行动，并充分了解终端用户的需求和愿望，这将导致AI在空中交通管制系统中的应用有效性受到限制。事实上，开发的 XAI 系统更针对开发人员或调试人员，而不是最终用户。尽管一些 XAI 专注于可能呈现给非开发人员的解释，但是几乎没有为选择不同的解释类型或呈现形式提供理由。了解人类的思维方式以及能够适应不同的思维方式对于未来转向以人为中心的人工智能空中交通管制系统来说是至关重要的。

人工智能解释既是产品也是过程，尤其是社会过程。XAI 系统需要完全理解用户，这意味着要适应接受解释的系统。这对于确定给定问题的解释要求以及理解用户行为背后的"原因"至关重要。此外，由于 AI 用户除了与智

能系统进行一对一人机交互，还将与其他人进行交互，理解以适应其社会技术环境的人工智能有助于 AI 用户将信任传递给其他人。并且，系统还需要理解用户，这意味着它必须能够与用户交互，在人类理解机器和机器理解人类这两个方面都是有益的。为了在使用 XAI 系统时进行调整，而不仅仅是在开发过程中增强可解释性，XAI 系统还必须能够适应用户并提供远超 AI 系统内部状态的更多信息。总的来说，以用户为中心的空中交通管制系统的可解释人工智能需求的概念框架由以下三种组成：描述性 XAI，任何描述 AI 算法或其输出的 XAI；预测性 XAI，任何预测 AI 算法对特定输入或系统修改的行为的 XAI；规范性 XAI，任何检测错误或 AI 算法的不良行为并规定克服它的方法的 XAI。（见图 8-1）

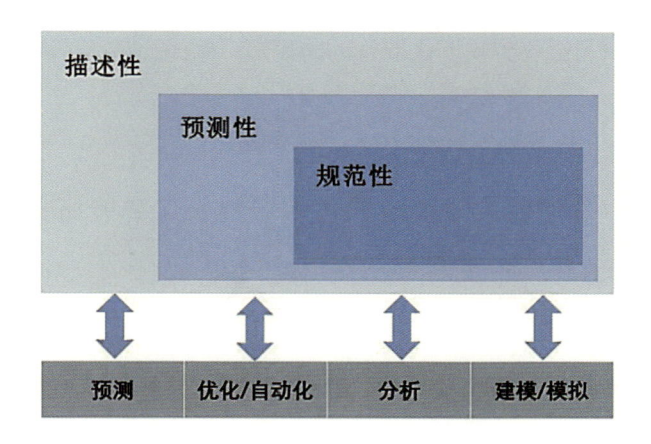

图 8-1 可解释人工智能的综合概念框架

资料来源：DEGAS, et al. A survey on artificial intelligence（AI）and explainable AI in air traffic management: current trends and development with future research trajectory［J］. Applied sciences，2022，12（3）：1295.

描述性 XAI 特指在现有技术的实际通用 XAI 状态中，最终用户需要了解机器。最终用户需要与预测性 XAI 进行交互，并向 AI 系统提出反事实的"假设"或"为什么不"的问题——它必须是关于其内部行为还是它的输出——在语义上更易于访问的级别。描述级别需要最终用户可以理解。最后，最终用户需要向机器表达规范的XAI，允许提出"如何做"的问题，并克服错误和不需要的行为。规范性XAI需要预测级别来分析不同的结果，并对AI系统进行适当的修改，而描述级别需要最终用户可以理解。在关于避免冲突的选定场景中，下文将说明这些不同类型的XAI。

四、空中交通管制系统中的可解释人工智能示例

我们可以在空中交通管制范围下的具体示例中了解可解释人工智能框架的场景和优势。假设在下面的情景演示过程中，民航背景下的安全被默认为高度重视，功能齐全的XAI将在航空领域部署，并被包括空中交通管制员和管理人员在内的所有利益相关者使用。紧接着，进一步假设如果飞行员不采取任何行动，飞机A1和A2之间的距离将在X分钟内低于最小安全距离（见图8-2），管制员会收到需要采取行动的通知。例如，雷达屏幕上会有闪烁通知的安全警告。

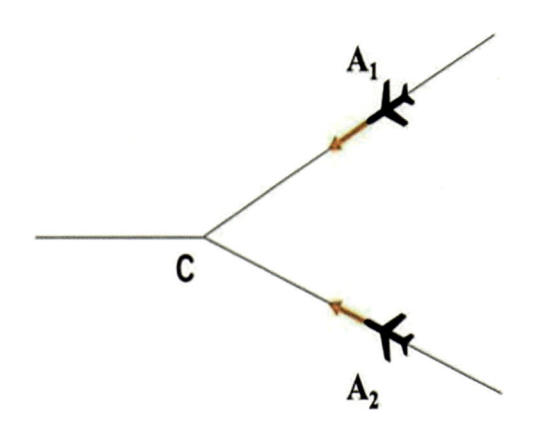

图8-2 涉及两架飞机（A1和A2）的冲突场景

资料来源：DEGAS, et al. A survey on artificial intelligence（AI）and explainable AI in air traffic management：current trends and development with future research trajectory［J］. Applied sciences，2022，12（3）：1295.

再进一步假设负责的管制员改变了飞机的飞行高度，从而避免了这种危险情况。但是，由于飞行高度层或飞行路径发生变化，飞机 A1 将在着陆高峰期到达最终目的地，增加了多架飞机的拥堵和等待时间，将极大地影响起飞/着陆顺序。

这种情况会导致空域拥挤，而拥挤的空域会导致压力和一些利益相关者（如管制员、飞行员、航空公司的地勤人员或其他利益相关者）的工作量加大，从而降低一些飞机的着陆和起飞性能，例如延误、增加成本。

在上述场景中，根据来自所有相互连接的复杂系统的输入，任何安全事件都可以被提前识别（安全预测），以便所有参与者（包括管制员/飞行员）都可以采取适当的行动。

当在复杂的空中交通管理系统中引入 AI 模块时，算法透明度和解释应该能够适当地为包括空中交通管制员在内的所有利益相关者提供以下三大信息。

（一）描述性 XAI

系统应该能够向所有用户提供要采取的行动的详细描述和合理性解释。在上面的例子中，XAI 应该能够提供为什么由于可能的碰撞风险而需要更改飞行计划的信息。或者它应该能够在起飞或着陆期间提供有关空域潜在拥堵的信息，这将有助于优化整个系统和利益相关者的效率，以及避免灾难的发生。

（二）预测性 XAI

在上面的示例中，XAI 应该能够确定"假设"条件，或者换句话说，向所有的利益相关者提供信息，说明将采取的行动的后果是什么。上述示例中的 XAI 应该能够向管制员提供信息，如果管制员采取某些行动避免碰撞，那么由于他们的行动会导致机场拥堵，这将帮助和支持包括管制员在内的其他利益相关者了解某些行动的后果，即"如果我执行此行动会怎样"。

（三）规范性 XAI

除上述信息外，诱导性 AI 功能将能够建议/提出适当的行动和选项以及适当的解释，以便利益相关者可以决定下一步行动。下一步行动将以安全标准作为主要影响因素，但还将考虑其他适当的相关因素，例如拥堵、天气信息、管制员的诱导工作量、飞行员的人为因素、成本效益和环境效益等。在上述示例场景中，用户可以使用 XAI 预测来评估潜在行动的效率——"假设"。XAI 将提供足够的信息，使用户无须测试即可立即采取行动。

第九章 航空事故大数据分析与航空安全管理

航空事故大数据分析对航空安全管理非常重要。首先，大数据分析能够揭示事故的模式和趋势，帮助管理者识别飞行安全的关键风险因素，如飞行员操作失误、机械故障、天气条件等。其次，通过对历史事故数据的深入挖掘，大数据分析可以预测潜在的安全风险，从而采取针对性的预防措施，减少事故发生的概率。再次，大数据分析还支持制定更加科学合理的安全政策和操作规程，提高航空安全管理的效率和效果。最后，大数据技术的应用促进了航空安全文化的建立和发展，增强了从业人员的安全意识，为航空业的可持续发展提供了坚实的安全保障。因此，对航空事故进行大数据分析能够促进航空安全管理、保证航空安全。

第一节　航空安全管理

中国民航在"十三五"期间取得了显著的安全成绩。通过长期的努力和全面的安全管理，中国民航运输航空在这一时期的百万小时重大事故率和亿客千米死亡人数均为0，连续18年成功确保了空防安全。这不仅是中国民航业的巨大成就，也是全球航空安全的典范。在过去的10多年中，中国民航全行业致力于提高航空安全水平，保障旅客的安全和航空运输的可靠性。持续的安全管理和监督机制，以及对人员培训和技术创新的重视，为中国民航在"十三五"期间取得卓越的安全表现奠定了基础。

首先，中国民航注重完善安全管理体系。自2008年起，引入了先进的安全管理体系（SMS）。该系统以系统安全为基础，全面考虑安全政策、管理制度、组织机构、内部监督和安全文化等，通过风险控制管理，预防和降低安全事故的发生。这一系统的应用推动了中国民航安全管理的现代化和规范化。其次，中国民航持续加强监管和审查。中国民航局作为民航业的监管机构，不断加强对航空公司和相关组织的监管和审查。民航局对运营许可证、飞行员资质、航空器维修等方面进行定期的审查,确保航空公司严格遵守航空安全标准和要求。同时,通过开展安全检查和评估,及时发现和解决潜在的安全隐患,提高整体安全水平。此外,中国民航注重人员培训和教育。通过培训和教育提高航空从业人员的安全意识和技能水平。飞行员、机务人员、空管员等关键岗位的培训程序得到了全面优化和不断完善。民航局和航空公司联合开展各类培训项目,包括模拟飞行训练、紧急情况处理、天气形势分析等方面的实践课程,以提高从业人员应对各种安全风险的能力。

总的来说,中国民航在"十三五"期间取得了显著的安全成绩。通过完善安全管理体系、加强监管和审查、推进人员培训和教育以及国际合作,中国民航不断提高航空运输的安全性和可靠性。这一系列努力为中国航空安全树立了标杆,同时也为全球航空业的安全发展做出了重要贡献。

一、安全管理系统的发展

(一)国外航空安全管理体系的发展

航空安全体系的思想最早起源于美国。美国航空安全体系的发展经历了多个阶段,创立了重要的里程碑。在航空业刚刚兴起的早期,政府主要关注的是促进航空的发展,对航空安全监管相对较少。然而,随着航空事故的增加,航空安全问题逐渐引起关注,美国政府通过联邦航空法案成立了联邦航空管理局(CAA),CAA负责监管民用航空。这一法案标志着联邦政府开始对航空安全采取行动。后来,美国成立美国联邦航空局(FAA),标志着现代航空安全监管体系的形成。FAA负责航空安全监管和制定规范,制定了一系列航空安全标准和规章制度。同时,FAA还推动了航空器技术和运营的改进,如引入飞行数据记录器和机载防撞系统等。911恐怖袭击事件之后,美国成立了国土安全部,其中的运输安全管理局(TSA)负责监管航空安全,加强机场安全措施、旅客和货物筛查等。此后,美国航空安全标准、检查和监管措施得到了显著提升。2008

年，FAA 出台 Flight Plan 2009-2013，要求美国所有民航组织自 2012 年起实施安全管理体系（SMS）。近年来，美国航空安全体系积极应用新技术，如无人机、人工智能、先进的飞行安全管理系统等。这些创新技术和方法有助于提高航空安全性和效率。

1998 年，加拿大运输部（Transport Canada）提出《飞行 2005：加拿大民航安全工作框架》，首次指出在航空组织中实施 SMS。经过研究人员的深入探讨，并根据其他国家民航安全局的经验和资料，最终为加拿大开发了适用的 SMS 方案。自 2000 年起，加拿大运输部开始制定政策法规方面的建议修订公告，并对本国民航规章制度进行修订和改进。2001 年编写了指导文件《SMS 介绍》，详细阐述了 SMS 的概念、内容、特点和必要性。次年，编写了《飞行运行和航空器维修组织的 SMS》，介绍了航空公司和维修单位的 SMS 实施。2003 年，编写了《通用航空运营人的 SMS 实践指南》，制定了运输部督察员 SMS 培训教材，并开始进行人员培训。到了 2004 年，加拿大运输部在新版民航安全规章中明确提出了 SMS 的六个基本元素：安全文件、安全政策、应急处置、安全培训、安全监察和安全质量。在此基础上，加拿大航空公司又制定了适用于内部所有运营业务部门的综合安全管理体系（ISMS）。该体系由安全计划、质量监督、安保管理、风险管理、职业健康与环境管理等六个部分组成。通过引入 SMS，加拿大航空安全管理体系得到了极大的提升和改进。监管部门、航空公司和维修单位等航空组织积极采取措施，确保贯彻落实 SMS 的要求。这种系统化的安全管理方法有助于预防事故和提高航空安全的水平，使加拿大航空业保持了良好的安全纪录，并树立了良好的行业声誉。

澳大利亚在航空领域推广和实施 SMS 的早期工作始于 20 世纪 90 年代。1996 年，澳大利亚民航局开始鼓励航空运营商自愿采用 SMS 原则，并提供指导和支持。2000 年，澳大利亚制定了澳大利亚民航安全规则，将 SMS 框架纳入法定要求。这意味着航空运营商必须根据规定实施适当的 SMS，确保安全管理体系的有效运行。澳大利亚航空安全管理体系的发展得到了国际航空界的认可。通过引入 SMS 原则、制定规章制度、提供指导和培训资源以及持续改进的努力，澳大利亚航空业保持了良好的安全纪录，并在航空安全管理方面取得了显著的进展。这种系统化的安全管理体系为澳大利亚航空业的可持续发展和安全运营提供了坚实的基础。

以上是发达国家在航空安全管理体系方面的研究和实施经验，为我国民航业的发展提供了宝贵的经验。然而，我国民航业自 20 世纪 90 年代改组以来呈现出了一些明显特点，如国内市场运输量大、机队规模和航线网络发展快等。因此，引进这些先进的模式和理念时，需要结合我国的国情做出相应调整，既要符合国际民航组织的运行标准，又要能够准确地应用于我国民航业的实际情况。

（二）国内航空安全管理体系的发展

进入 21 世纪以来，我国民航业迅速发展。为降低民航事故率，中国民用航空在积极学习国外先进管理经验的基础上，也开始探索安全管理体系及其运行机制，在对发达国家的民航局与航空企业进行了大量的调研后，委托中国民航大学安全学院的研究者对 SMS 开展预研。研究者经过广泛调研和深入研究之后，就"中国民航安全管理面临的挑战与现代安全管理理论的发展""国外 SMS 对比研究、SMS 的背景及意义""SMS 的原理与理念与中国现有民航安全管理体系的关系""中国民航 SMS 实施的总体框架"等内容，向民航总局进行了汇报。经过反复论证，2005 年民航总局成立了 SMS 领导小组，并且在"十一五"民航安全规划中明确提出需要建立既适合本国国情又符合国际民航组织要求的中国民航 SMS，将航空安全管理体系建设工程列为规划实施的重大项目中的第一项开始建设。民航局于 2005 年在海南航空进行了 SMS 试点，要求海南航空从规章制度、监督、自我审核、风险评估等方面，建立符合企业特点的 SMS 体系。

2006年，国际民航组织明确要求世界各国必须在规定时间内建立和实施安全管理体系。紧接着，2007年3月，中国民航管理局发布了《关于中国民航实施安全管理体系建设的通知》，并在民航各单位组织相关理论培训。同年10月，民航局发布了《中国民用航空安全管理体系建设总体实施方案》，明确了航空安全体系建设的相关理论基础及运行制度。2010年，民航局发布了《大型飞机公共航空运输承运人运行合格审定规则》的第四次修订版，此次修订从法律层面上明确规定了各航空公司必须建立安全管理体系，国内各航企也在民航局的要求下，在2011年1月份之前完成了安全管理体系的建设，并最终通过了中国民用航空局的审定。

二、航空安全管理相关理论

（一）航空安全

航空安全是指在航空运输和航空领域中，通过预防、识别和应对风险和威胁，确保飞行和相关活动的安全性和可靠性。它关注的是保护乘客、机组人员、地面人员和财产免受航空事故、意外事件和恶意行为的伤害。航空安全的概念涵盖了许多方面，包括但不限于以下内容。

（1）事故和故障预防：航空安全致力于通过系统性的风险管理和控制措施，预防飞机事故和故障的发生。这包括对飞行操作、飞行器维护、空中交通管理和地面设施的安全性进行全面的监控和管理。

（2）安全管理体系：航空安全要求航空组织建立和实施安全管理体系，该体系包括政策、流程、程序和实践，旨在持续评估和减少风险，并确保合规性和持续改进。

（3）风险管理：航空安全需要进行风险评估和风险管理，包括识别潜在的风险因素，制定相应的风险控制策略，并采取适当的措施来减少风险和提高安全性。

（4）安全培训和安全意识：航空安全强调对工作人员进行全面的安全培训，增强他们的安全意识，以使他们能够识别和应对潜在的风险，正确使用设备和采取适当的行为。

（5）维护安全标准：航空安全要求制定和遵守严格的安全标准和规范，包括对飞机及相关设备的设计、制造、维护和操作进行严格监管，确保其安全性和可靠性。

总而言之，航空安全是一个综合性的概念，涵盖了从飞行操作到维护、管理和监管等多个层面，目的是确保航空业的安全、可靠和持续发展。航空安全通过持续提升安全标准、强化风险管理和采取相应措施，不断改进和适应，以应对不断变化的环境和挑战。

（二）航空安全管理理念发展

航空安全管理理念的发展经历了不断的演变和改进，以下是其发展的几个主要阶段概述。

（1）事故调查和飞行操作改进：早期的航空安全管理理念主要关注事故调查和飞行操作的改进。通过对事故和事故原因的深入研究和分析，飞行规章制度和操作流程得以不断改进，从而降低事故发生的可能性。

（2）事故防范和人为因素研究：随着对航空事故的深入研究，人为因素在事故中的作用日益凸显。航空安全管理理念开始注重对人为因素进行研究和预防，包括人员培训、人机界面设计、疲劳管理等方面的改进，以提高飞行操作的安全性。

（3）系统安全管理：以系统安全管理为核心的航空安全管理理念逐渐形成。这个理念将航空运输视为一个复杂的系统，强调整个系统的各个环节都对安全起着重要作用。它引入了系统分析、风险评估和持续改进的概念，鼓励航空组织建立安全管理体系（SMS）来管理和控制风险，以确保航空安全得到有效管理。

（4）主动安全管理：在系统安全管理的基础上，航空安全管理理念逐渐从被动的事后的安全管理转向主动的预防和改进。主动安全管理注重预防措施的应用，通过风险管理和持续监测，预测和预防潜在的问题和风险，从而降低飞行操作中不确定性因素的影响。

（5）数据驱动和绩效监控：近年来，航空安全管理理念越来越注重数据驱动和绩效监控。通过收集和分析大量的安全数据，能够更准确地识别安全风险和趋势，并及时采取相应的措施进行干预和改进。

综上所述，航空安全管理理念的发展经历了从事故调查和飞行操作改进，到事故防范和人为因素研究，再到系统安全管理、主动安全管理和数据驱动的安全管理的发展过程。这些发展不断推动航空安全管理的进步，确保了航空运输的持续安全和可靠。

三、航空安全管理体系相关理论

（一）航空安全管理体系相关概念

国际民航组织在2017年发布的《安全管理手册》（*Safety Management Manual*）中提出，安全管理体系是指由组织来管理安全的一种工具，是一种系统管理安全的方法，包括必要的组织结构、职责、方针政策与程序等各方面的内容。安全管理体系的核心是风险管理。安全管理体系旨在建立一套系统性、可持续性的方法，来识别、评估和控制飞行运营及相关活动中的各种风险，以确保航空运输的安全性和可靠性。系统的风险管理包括风险识别、风险评估和风险控制三部分。对于风险识别，安全管理体系强调对潜在风险进行识别和评估，包括飞行操作中的各种风险因素，如飞行员技能、设备可靠性、气象条件、人为因素等。通过运用系统性的方法，识别可能对安全产生不利影响的风险。风险评估是对已识别的风险进行评估，确定其对航空运营的影响程度和可能性，包括对风险的数量化和定性评估，以便对风险进行排序和优先级确定。风险控制是在风险识别和评估的基础上，采取适当的控制措施来降低或消除风险。这可能涉及制定和执行安全规则、制度和程序，培训员工，改进设备或系统设计等。总之，风险管理是安全管理体系的核心要素。通过识别、评估和控制风险，安全管理体系确保航空运输的各个环节都得到有效的安全管理，从而提高航空运输的安全性和可靠性。

（二）航空安全管理体系的主要内容

航空安全管理体系是一套系统、综合的管理方法，用于提高航空运输的安全性和可靠性。它涵盖了一系列重要内容，旨在让安全成为航空组织的核心价值和文化。以下是航空安全管理体系的主要内容。

1. 政策和目标

航空安全管理体系的成功实施需要明确的政策和目标。其政策应明确负责安全管理的组织的承诺，并确保安全是运营活动中的首要考虑因素。确立安全目标，用于指导各级管理人员和员工在工作中的行为和决策，以实现安全文化的培育和维护。在航空安全管理体系中，制定有效的政策和目标是确保组织在安全管理方面取得长期成功的关键因素。政策的制定需要全面了解航空运输行业的特点和相关的法规要求，涉及国际民航组织和国家民航管理机构等部门的准则和要求。安全政策应明确强调组织对安全的承诺，并将其视为最重要的价值观和原则。这意味着在制定政策时要考虑安全因素，并将其作为决策和行为的首要因素。此外，政策还应明确安全管理的责任与义务，包括为安全提供必要的资源和支持，确保员工接受必要的培训和教育，以及建立有效的安全沟通机制。安全目标的确立是政策执行的具体目标和指导原则。这些目标应与组织的战略目标一致，并可量化、可衡量，以便监测和评估安全绩效。例如，可以制定减少事故率、提高报告率、执行安全规程的符合率等目标指标，以衡量安全管理绩效和改进的成效。安全政策和目标的有效传达至关重要，组织应确保政策和目标能够被全体员工理解和接受,并在日常工作中得到应用。

2. 法律法规和指导手册

航空行业有严格的法律法规和指导手册,以确保航空运输的安全。航空安全管理体系需要遵守国际和国内的法律法规,以及国际民航组织和其他航空机构所制定的指导手册和标准。

在航空行业中,安全一直是首要考虑因素。为了确保航空运输的安全,各国制定了一系列的法律法规,例如我国的民航法规定了航空运输业的安全管理要求,包括航空器的注册和审定、驾驶员的许可和培训、航空器运营的规范等。此外,航空公司和航空机场也必须遵守相关的行业标准和规定,以确保其运营符合国际安全标准。国际民航组织制定了《国际民航公约》和一系列的合作协定,为全球航空运输提供了基本框架。国际民航组织还制定了一系列的安全标准和推荐做法(SARPs),旨在确保国际民航的安全和顺畅运行。这些标准和推荐做法覆盖了各个方面,包括航空器和设备的设计标准、运营和管理的要求、飞行员和空中交通管制员的资质和培训等。

此外,各国还遵循国际民航组织和其他航空机构所制定的指导手册和标准。这些指导手册提供了细化和具体化的安全管理实践,为航空公司、航空机场和其他相关方提供了具体的指导。例如,国际民航组织的《安全管理手册》提供了关于安全管理体系的实施和运行的详细指导,包括风险管理、安全培训、事件报告和分析、内部审核等。

航空安全管理体系实施的核心是符合法律法规和国际标准,通过合规性验证和审核来确保其有效性和符合性。为了达到这一目的,组织需要建立内部的安全管理体系并开展自我评估。这包括制定适当的安全政策、确定安全目标和指标、设立安全职责和责任、建立安全风险评估和管理机制等。同时,组织还应建立监控和改进机制,定期进行安全文化评估和安全绩效评估,以持续改进和提升安全管理的效果。

总之，在航空行业中，严格遵守法律法规和指导手册是确保航空运输安全的重要保障。通过遵守国内外的安全标准和规定，建立健全的安全管理体系和运行机制，航空组织能够有效地预防和管理风险，确保航空运输的安全性和可持续发展。

3. 风险管理

风险管理是航空安全管理体系的核心内容，涉及风险识别、评估和控制。通过分析和评估潜在风险，可以系统性地采取控制措施以降低风险发生的可能性和对运营的影响。这包括对飞行操作、工程维修、培训、设备性能、气象条件等方面的风险的全面分析和管理。

风险管理的过程包括以下几个关键步骤：风险识别、风险评估、风险控制和风险监控。这些步骤共同构成了一个动态和循环的过程，以确保航空运营的安全性和可持续性。

首先是风险识别，这是风险管理过程的起点。通过系统性的方法，航空组织需要识别可能对安全产生不利影响的潜在风险因素。这可以通过多种手段来实现，包括风险研究、事故调查、安全数据分析、现场观察和沟通交流等。通过对潜在风险的全面分析和洞察，航空组织能够了解可能存在的威胁和危险。

接下来是风险评估，其目的是对已识别的风险进行评估，确定其对航空运营的影响程度和可能性。评估风险的过程中，航空组织需要考虑多个因素，包括风险的严重程度、潜在的后果、风险的发生概率以及对运营安全和可靠性的影响。这可以通过量化和定性的方法来实现，例如使用风险矩阵、统计数据分析和专家判断等。

风险控制是风险管理过程中至关重要的一步。在风险评估的基础上，航空组织需要采取适当的控制措施来降低或消除风险，以保障航空运营的安全。控制措施的选择应根据风险的性质和程度进行,并综合考虑可行性、成本效益和资源限制等因素。这些措施可以包括以下几个方面:(1)风险消除措施:针对已识别的高风险因素,采取措施进行消除或完全避免。这可能涉及制定更严格的操作规定、重新设计设备和系统、更换不安全的元件等。(2)风险减轻措施:对于难以完全消除的风险因素,航空组织则采取措施来减轻其影响。具体措施包括实施工程技术改进、引入先进的监测和警示系统、加强训练和培训等。(3)风险传递措施:在某些情况下,航空组织通过购买保险、签订合同或委托外部专业机构来转移部分风险。这可以帮助航空组织分散和减少其承担的风险。(4)风险管理指导和程序:建立明确的风险管理指导和程序,确保风险管理措施一致、有效。这可能包括编制风险管理手册、制定操作规程和流程、建立风险评估和分析的标准等。(5)培训和增强安全意识:提供全面的培训和教育,帮助员工充分了解和认识潜在的风险,并掌握应对风险的技能和知识。同时,通过增强安全意识的活动,进一步提高员工对风险管理的重视和参与度。

在实施控制措施后,航空组织必须进行持续的风险监控,以评估措施的有效性和效果。风险监控包括定期进行风险评估,收集安全事件和报告,监测关键指标和趋势,跟踪风险管理计划的执行情况,并根据需要进行必要的调整。此过程有助于监测控制措施的实际效果,并确保其继续适应不断变化的环境和风险。风险监控还包括与相关方定期沟通和合作,以共享信息和经验,并制定改进措施。总之,持续的风险监控是确保航空组织维持高水平安全性的关键步骤。

4. 安全目标和绩效指标

用明确的安全目标和绩效指标来衡量安全管理体系的有效性和绩效,是航空组织确保安全运营的重要手段。这些目标和指标与组织的战略目标相一致,并可量化和可衡量。通过监测和评估这些指标,航空组织可以及时发现问题并采取相应的措施来提高安全性。

首先，设立明确的安全目标对于航空组织来说至关重要。安全目标应该与组织的战略目标相一致，既要关注安全性的提升，又要兼顾其他方面的发展需求。例如，安全目标包括减少事故发生率、提高员工参与安全培训的比例、加强安全文化建设等，这些目标应该具有明确的时间框架和量化指标，以便于监测和评估。

其次，为了衡量安全管理体系的有效性和绩效，航空组织需要选择适当的绩效指标。这些指标应该能够定量衡量和评估安全绩效，并与过去的数据进行比较以进行长期趋势分析。一些常用的绩效指标包括事故率、报告率、安全培训参与率等。通过监测这些指标，航空组织可以及时了解安全绩效的状况，发现潜在的问题和风险，并采取相应的措施加以改进。

同时，航空组织还可以使用其他衡量指标来评估安全管理的状态和效果。例如，可以通过安全合规性审核、内部审核和外部审查等方式，对安全管理体系进行全面的评估。此外，航空组织还可以采用用户满意度调查、员工安全文化调查等手段，收集用户和员工对安全管理的评价和反馈，进一步改进和优化安全管理体系。

为了确保安全目标的实现和绩效指标的有效监控，航空组织需要采取一系列措施和策略，以保持持续的安全改进和学习。首先，航空组织应确保安全目标与组织的战略目标相一致，并能够被全体员工理解和接受。安全目标应该有效地传达给各个层级的员工，并与其日常工作紧密结合。管理层应该为员工提供足够的资源和支持，以便他们能够积极参与安全实践和实现安全目标。其次，航空组织应建立有效的数据收集和分析系统，以获取关于安全绩效的准确可靠的信息。主要应收集和分析与安全相关的数据，如事故报告、事件报告、安全监测数据等。同时，定期对这些数据进行统计和分析，以确定是否存在偏差，并采取相应的纠正和改进措施。此外，航空组织还应建立一个有效的报告和反馈机制，鼓励员工积极报告潜在的安全问题和风险。这可以通过建立匿名报告渠道、创造安全文化和信任氛围来实现。报告的信息应得到及时和适当的处理，相关措施应在合理的时间内实施。同时，航空组织应定期向员工和利益相关方通报安全绩效和改进情况，确保透明度和信任度。另外，航空组织还应加强培训和教育，增强员工安全管理的意识。定期的安全培训可以帮助员工了解安全标准和程序，提高风险识别和应对能力。安全意识的提升应贯穿于组织的各个层级和职能部门，确保每个员工都积极参与到安全管理中。最后，航空组织应建立一套有效的持续改进机制，对安全管理体系进行定期回顾和评估，具体方式包括内部审核、外部审查、安全管理体系的认证等。通过这些评估活动，航空组织可以及时发现潜在的不足和缺陷，并制定相应的改进计划和措施。持续的改进和学习是确保实现安全目标和有效监控绩效指标的关键。

5. 安全培训和教育

航空安全管理体系要求为所有参与运营活动的人员，包括飞行员、机组人员、地面人员等，提供全面且适当的安全培训和教育。通过培训和教育，确保每位员工具备必要的知识和技能来识别和应对安全风险，进而保障航空运输的安全。除基本的安全规章制度外，安全培训和教育包括但不限于以下内容。

安全意识：提高员工的安全意识，使其能够时刻关注安全，并主动参与安全管理活动。安全意识培训可以帮助员工辨识潜在的危险和风险，在面临挑战时做出正确的决策。

操纵技能和应对能力：提供培训以帮助员工掌握必要的技能和应对能力，在应急情况下采取适当的行动，包括紧急撤离程序、火警逃生、救生设备使用等方面的培训。

人因工程：教育员工了解人因工程的基本原理和应用。人因工程是研究人类与工作环境相互作用的学科，旨在优化工作环境和工作过程，减少人为错误和事故的发生。

疲劳管理：教育员工了解疲劳对工作表现和决策的影响，以及如何管理和减轻疲劳，包括合理的工作时间安排、休息和睡眠的重要性，以及提高疲劳警觉性的方法。

安全沟通与协作：培养员工良好的沟通和协作能力，以促进团队成员密切合作，及时共享安全信息，并建立有效的安全沟通渠道。这有助于快速响应和解决潜在的安全问题。

个人责任：强调个人的安全责任和义务，使每个员工意识到自己在安全管理中的重要性，并建立终身学习和专业发展的理念。

安全文化：培养积极的安全文化，使安全成为每个人行为的准则和组织文化的一部分，包括奖励和认可安全表现，鼓励员工提出改进意见，并定期回顾和评估安全管理体系的效果。

第二节　大数据分析

一、大数据的基本概念

Nature 和 Science 分别在 2008 年和 2011 年推出大数据专刊，主要围绕科学研究中大数据的问题展开讨论，反映了大数据对于科学研究的重要性。随着 Nature 和 Science 两大学术期刊相继推出专刊讨论大数据的价值，大数据分析已经成为一种新的科学方法和技术手段，被广泛应用于社会生产和科学研究中。

目前，不管是学界还是业界，对"大数据"并没有一个明确的定义。随着大数据研究的深入，企业、机构和数据科学家对大数据的理解与阐述虽各有不同，但都存在一个普遍共识，即大数据的关键是在种类繁多、数量庞大的数据中，快速获取信息。维基百科认为大数据指的是"所涉及的资料量规模巨大到无法通过目前主流软件工具，在合理时间内达到撷取、管理、处理并整理成为帮助企业经营决策更积极目的的资讯"。涂子沛（2012）在其著作《大数据》中提出："大数据"之"大"，并不仅仅指"容量大"，更大的意义在于通过对海量数据的交换、整合和分析，发现新的知识，创造新的价值，带来"大知识""大科技""大利润"和"大发展"。大数据的4V定义是指大数据的四个重要特征，即容量（volume）、速度（velocity）、多样性（variety）和价值（value）。容量（volume）指的是大数据的规模和数量。大数据包括传感器数据、社交媒体数据、日志文件等各种类型的数据，随着技术的进步和数据的快速增长，大数据的容量呈指数级增长。速度（velocity）指的是大数据的生成和处理速度。现在的数据来源如传感器、实时交易和社交媒体等都以极快的速度不断产生数据。因此，大数据必须能迅速获取、处理和分析，以获取及时的信息。多样性（variety）指的是大数据的多样性和多样的数据来源。大数据涵盖了结构化数据（如数据库）、半结构化数据（如XML、JSON）和非结构化数据（如文本、图像、音频、视频等）等多种类型的数据，具有极大的多样性。价值（value）指的是从大数据中获取的洞察力和价值。通过分析大数据，可以揭示隐藏的模式、趋势和关联，进而做出更明智的决策、提供更个性化的服务和改进业务流程，从而创造更大的价值。综上所述，大数据的4V定义提供了大数据关键特征的描述，有助于人们理解和应对大数据时代面临的挑战和机遇。

二、大数据的产生

大数据是由各种来源产生的大量数据集合，其产生方式多种多样。下面简要介绍几个主要的大数据产生源。第一，互联网和社交媒体为大数据的产生提供了巨大的推动力。随着全球互联网用户数量的快速增长，人们在日常生活中产生了大量的数字足迹。通过浏览网页、发送电子邮件、观看视频、使用社交媒体等活动，人们产生了海量的结构化和非结构化数据。（刘智慧，张泉灵，2014）第二，物联网（IoT）技术的普及也导致了大数据的产生。物联网设备包括传感器、智能家居设备、汽车和工业设备等，可以收集各种环境数据和用户行为数据。这些数据通过传感器和无线网络传输到云服务器，形成了大量的实时数据。第三，企业和组织内部的业务活动也是大数据产生的重要来源。企业的销售数据、客户关系管理数据、供应链数据等都有可能产生大数据。此外，人员管理、财务和操作日志等企业的内部数据也会产生大量的非结构化数据。第四，科学研究和实验也产生了大规模的数据集。例如，基因组学研究需要处理大量的基因组数据，天文学家通过望远镜收集到的天体数据也非常庞大。这些科学数据对于理解自然界和推动科学进步至关重要。第五，政府部门和公共服务组织也是大数据的重要来源。政府在多个领域收集和管理大量数据，例如人口统计数据、交通数据、卫生数据等。这些数据可以用于政府决策、公共管理以及提供更好的公共服务。

总体而言，大数据的产生源头广泛而多样。随着技术的不断进步，数据的产生速度和容量呈现爆炸式增长，给管理、存储、分析和应用数据带来了新的挑战和机遇。通过充分利用大数据，人们可以获得更深入的洞察、更准确的预测和更高效的决策，从而推动社会、经济和科学的发展。

三、大数据分析特征

大数据是一种基于大量信息解决问题的新方法，其特点主要表现在五个方面。第一，多样性。大数据分析涉及不同类型、不同来源和不同格式的数据。这些数据可以是结构化的数据，如传统数据库中的表格数据，也可以是半结构化的数据，如 XML 和 JSON 格式的数据，还可以是非结构化的数据，如文本、图像、音频和视频等。利用大数据分析技术，可以从这些多样性的数据中获取更全面和准确的洞察。第二，时效性。大数据分析需要具备快速的处理速度，以及对实时数据的实时分析能力。随着数据的持续生成和传输速度的提升，大数据分析需要能够在短时间内处理大量数据，以及及时获取数据背后的价值。第三，超大规模。大数据分析需要处理大规模的数据，这涉及数据的容量和数量。随着科技的发展和数据生成速度的加快，数据的容量呈现爆炸式增长。因此，大数据分析需要具备处理和存储海量数据的能力，以及高效的分布式计算和存储架构。第四，复杂性。大数据分析面临着复杂的数据结构和数据关系。不同数据源之间可能存在复杂的关联和交互，需要利用适当的数据模型和算法进行深入分析。此外，大数据分析还需要处理缺失值、异常值和噪声等数据质量问题。第五，高价值。大数据分析的目标是从数据中挖掘价值。通过分析大数据，可以揭示隐藏的模式、趋势和关联，提供对业务和市场的深入理解，并做出更准确和科学的决策。大数据分析还可以帮助发现新的商业机会，改进产品和服务，从而创造更大的价值。

综上所述，大数据分析具有多样性、时效性、超大规模、复杂性和高价值等特征。这些特征对于支持有关部门的决策具有重要意义，同时也对技术和工具提出了更高的要求。通过充分利用大数据分析的特征，人们可以抓住机遇，解决问题，并推动社会和经济的发展。

四、大数据分析方法简介

（一）人工神经网络简介

人工神经网络（Artificial Neural Network，ANN）是一种模拟人类大脑神经元网络结构和功能的计算模型。它由大量的人工神经元（也称为节点或单元）组成，这些神经元通过权重连接在一起，并模拟信息的传递和处理过程。

人工神经网络的基本组成单位是神经元，它接收来自其他神经元的输入信号，并通过一个激活函数对这些输入进行加权和处理，然后输出一个结果。这个输出结果通常作为下一个神经元的输入信号，同时也可以用于最终的预测或决策。神经元之间的连接权重决定了信息在网络中的传递和处理方式。这些权重可以在训练过程中进行调整，以便网络能够学习和适应不同的输入模式。常见的训练方法包括监督学习、无监督学习和强化学习等。

人工神经网络可以应用于各种任务，如模式识别、分类、回归、聚类、预测和优化等。它在图像和语音识别、自然语言处理、金融预测、医学诊断、智能驾驶、推荐系统等领域都有广泛的应用。人工神经网络的优点之一是适应能力强，能够从大量的样本中自动学习和发现特征。此外，神经网络的并行计算能力和容错性也使其成为处理大规模、复杂数据的有效工具。然而，人工神经网络也存在一些问题，如训练时间较长、对大规模数据的处理能力有限以及需要大量的计算资源等，但随着计算能力的提升和神经网络模型的改进，这些问题正在逐渐得到解决。

总之，人工神经网络是一种模拟生物神经系统结构和功能的计算模型，具有学习能力和适应能力，广泛应用于各种领域的决策任务。

（二）决策树分析简介

决策树分析（Decision Tree Analysis，DTA）是一种基于树状图结构表示决策过程的数据分析方法。它通过将决策问题分解为一系列简单的判断和条件分支，最终得出决策或预测结果。决策树分析是以树的形式表示决策过程。在决策树中，每个节点代表一个判断条件，每个分支代表条件的不同取值，而每个叶节点代表决策或预测结果。决策树的构建过程是通过分析数据集中的属性和目标变量之间的关系，选择最优的判断条件和分支方式来逐步完成的。

决策树的构建主要有三个步骤。（1）特征选择。根据数据集中的各个属性（特征）与目标变量之间的关系，选择合适的特征作为判断条件。常用的特征选择标准包括信息增益、基尼系数和方差等。（2）树的构建。使用选择的特征将数据集划分成不同的子集，每个子集对应一个分支。对每个子集分别重复步骤（1）和步骤（2），递归地构建子树，直到满足终止条件，即所有数据属于同一类别或达到一定深度。（3）树的剪枝。根据预测准确性和模型复杂度的平衡原则，对已构建的决策树进行剪枝。剪枝过程可以通过预剪枝（在构建过程中进行剪枝）和后剪枝（构建完成后再进行剪枝）两种方式实现。

决策树分析的优点之一是易于理解和解释。决策树能够以直观的方式呈现决策过程和结果，使决策者能够清楚地了解判断条件和决策路径。它还可以处理混合数据、缺失数据和异常数据，对于处理复杂的实际问题有较好的适应性。另外，决策树还可以应用于分类问题和回归问题。在分类问题中，决策树可以根据输入数据的特征值预测其所属的类别。在回归问题中，决策树可以预测输出变量的数值。

然而，决策树也存在一定的局限性。它对输入数据中的噪声和不相关的特征很敏感，容易出现过拟合或欠拟合的现象。此外，决策树的结果可能会受到数据集中特征选择和属性排序的影响，不同的决策树可能得出不同的决策。

决策树分析是一种常用的数据分析方法，通过树状结构表示决策过程，能够对数据进行分类和回归预测，具有直观、易于理解的优点，并在实际问题中得到广泛应用。

（三）聚类分析简介

聚类分析是一种无监督学习方法数据分析方法，旨在将相似的样本分组在一起，并将不相似的样本分开。聚类分析作为数据分析的一种工具，可以发现隐含在数据集合中的特征和规律，其重要性在多数领域都得到了认可。该方法的目的是寻找数据集合中的自然分组，即多个互不重叠的群组，每个群组称为一个簇（cluster）。通常来讲，簇是指多个相似元素的集合，聚类分析就是一个在数据集中寻找相似元素集合的无监督学习过程。不同领域的数据集合通常具有不同的特点，因此人们对数据进行聚类分析的目的也并不相同。更进一步，聚类分析的方法因数据集合而异，也因使用目的的不同而有所不同。目前，聚类分析已经作为一种有效的数据分析方法被广泛应用于数据挖掘、模式识别、机器学习、图像分割、语音识别、生物信息处理等领域。

目前，学术界提出了多种实施聚类分析的新方法，虽然各个方法使用的技术不同，但是其理论背景却基本一致。基于前人的研究，聚类分析的方法可以大致分为基于层次的聚类方法、基于密度和网格的聚类方法、基于图论的聚类方法、基于划分的聚类方法。

基于层次的聚类方法是指使用数据的连接规则，通过层次式架构方式反复将数据进行分裂或聚合，以此形成一个层次序列的聚类问题的解。层次聚类方法的优点是不需要用户提前指定聚类数目，能够灵活控制不同层次的聚类粒度，还能够较为清晰地表达簇与簇之间的层次关系。然而，在层次聚类中不能够回溯处理已经形成的簇结构，上层的簇形成后就不能在后续的执行过程中进行调整。基于密度和网格的聚类方法是基于密度的聚类方法和基于网格的聚类方法的综合。基于密度的聚类方法通常适用于只包含数值属性的数据集，而基于网格的聚类方法适用于任何属性的数据集。由于这两类方法在处理数据时都侧重于使用样本点的空间分布信息，并且经常结合在一起使用，因此可将它们归为一类。基于图论的聚类方法将待聚类的数据集转化为一个赋权的无向完全图，其顶点集为特征空间中的数据点，边集及其权重是任意两个数据点之间的连接关系和相似程度。这样便可将聚类问题转化为图划分问题来解决，所产生的若干个子图对应于数据集包含的簇。

聚类分析主要有五个步骤。（1）相似度度量：选择适当的相似度度量方式，用于评估样本之间的相似程度。常用的度量方法包括欧氏距离、曼哈顿距离、余弦相似度等。（2）簇中心初始化：选择合适的初始簇中心（代表样本的点）或簇个数，并将其作为起始点。常用的初始化方法包括随机选择、均匀分布或基于某种先验知识。（3）样本分配：将每个样本分配给与其最相似的簇，通常是根据相似度度量的结果进行判断。可以使用不同的算法进行分配，如最近邻法、K均值法等。（4）簇中心更新：根据已分配的样本，重新计算每个簇的中心点或特征表示。常用的更新方法包括计算簇中所有样本的平均值、中位数、质心等。（5）重复迭代：重复进行样本分配和簇中心更新的迭代过程，直到满足收敛条件。

收敛条件可以是簇内误差平方和不再显著减小或达到预定的迭代次数。

聚类分析可以基于不同的算法进行，其中最常用的是 K 均值聚类、层次聚类和 DBSCAN（Density-Based Spatial Clustering of Applications with Noise）等。K 均值聚类是一种迭代算法，先随机选择 K 个簇中心，然后通过迭代的方式进行样本分配和中心更新，直到达到稳定状态。它假设数据符合球状分布，适用于处理大规模数据集。层次聚类将数据集逐渐合并或划分为不同的簇，形成一个层次结构。这种方法可以生成树状图或树状划分，便于从层次上理解数据的组织。它可以是自底向上（凝聚）或自顶向下（分裂）的。DBSCAN 是一种基于密度的聚类算法。该算法通过寻找高密度区域和将低密度区域划分为噪声点，能够有效地处理任意维度的数据，并能够识别任意形状的簇。

聚类分析的应用非常广泛。在数据挖掘领域，聚类分析用于探索数据中的内在分布和相似性，辅助决策和问题解决。在市场营销中，聚类分析可以用于客户分群和市场细分，帮助企业更好地定位和满足不同群体的需求。在图像分析和计算机视觉中，聚类分析可用于图像分割和物体识别。在生物学和遥感领域，聚类分析可以帮助解析基因表达模式、发现地物特征和监测资源分布等。

综上所述，聚类分析是一种无监督学习的数据分析方法。它能够通过将相似的样本分组在一起，将不相似的样本分开，并选择合适的相似度度量和聚类算法，发现数据中的隐藏结构和模式，为数据分析和决策提供支持。聚类分析在多个领域有广泛的应用，但也面临着一些挑战，需要结合实际问题和数据特点进行选择和调优。

第三节　航空事故大数据分析

航空业历来被视为高风险行业，有效预防航空事故一直以来都是民航工作的重中之重。随着国家安全掌控力度的不断增强、安全管理体系的不断改进，以及相关领域技术的不断进步，我国的航空安全水平也在不断提高。尽管如此，航空安全领域内的研究者依然很重视对航空事故的调查，因为事故原因调查是预防和预测航空事故的基础。

一、航空事故的定义

航空事故是指飞行器在地面或空中发生的与航空运输和航空活动相关的不幸事件，涉及飞行器的碰撞、坠毁、失控、火灾、爆炸以及其他事故原因导致的人员伤亡、设备损坏或财产损失。航空事故通常包括商业航空、私人航空、军用航空与其他航空活动中发生的不幸事件。这些事故可能涉及各种类型的飞行器，如飞机、直升机、无人机等。航空事故的严重程度差别很大，有轻微的事故，也有造成严重人员伤亡和大规模财产损失的灾难性事故。

航空事故可以由多种因素引起，包括但不限于机械故障、操作失误、天气条件恶劣、空中交通管制错误、恶劣的飞行环境、安全措施不当、人为破坏等。为了提高航空安全性，防止事故的发生，航空业积极采取了一系列措施和标准，包括严格的飞行员培训、飞机维护和检查的规范、航空器设计的安全标准、空中交通管制的规定、航空事故的报告和调查以及国际间的安全合作等。

航空事故对飞行器的安全性和航空业的信誉都具有重大影响，因此，航空公司、制造商、监管机构、机组人员和其他相关方都需要共同努力，不断改进技术、加强培训、提高监管，以确保航空运输的安全性和可靠性，保护乘客和工作人员的生命和财产安全。

二、航空事故致因理论与模型

航空事故调查是航空安全管理的重要组成部分。航空事故调查的目的是全面深入了解事故的发生原因，最大可能吸取教训，避免今后发生类似事故。事故模型可以帮助人们了解事故的发生机制，从而制定相应的预防措施来避免潜在的风险，例如海因里希法则、墨菲定律、事故链理论、SHEL模型和Reason模型。

1. 海因里希法则

海因里希法则又称海因里希安全法则、海因法则或 300∶29∶1 法则，是美国著名安全工程师海因里希提出的理论。这个理论认为，在一个由 330 件类似事故组成的组中，有 300 件未造成人员伤害，29 件造成人员轻伤，1 件导致重伤或死亡。简单来说，这个法则的意思是：在一件重大的事故背后必有 29 件轻度的事故，还有 300 件潜在的隐患。任何重大事故的发生看似偶然，其实都是各种潜在风险积累到一定程度的必然结果。根据人因失误概念和民航安全事件的划分原则，可以把事故征候的苗头进一步细化为：严重失误、一般失误、不安全事件。想要避免严重事故，必须要预防事故发生的潜在风险。在民航安全管理中，要预防一起安全事故，必须预防其背后的 29 起事故征候。预防这 29 起事故征候，必须预防其背后的 300 起严重失误。预防这 300 起严重失误，必须预防其背后的 1000 起一般失误。要预防这 1000 起一般失误，则必须从系统管理和预先管理入手，消除日常的、轻微的不安全行为。

2. 墨菲定律

1949 年，美国空军工程师墨菲（Edward A. Murphy）在进行一项火箭减速超重实验时，发现了一个现象，即如果做某项工作有多种方法，且其中某种方法可能导致事故，那么最终必然会有人选择这种方法。墨菲定律在数学上也得到了相应的证明，贝努里（Bernouli）的实验验证了这项定理。墨菲定律的主要内容有以下四个方面：（1）任何事都没有表面看起来的那样简单；（2）所有的事都会比你预计的时间要长；（3）会出错的事总会出错；（4）如果你担心某种情况发生，那么它就很有可能发生。

墨菲定律指出在做任何事情之前，都应竭尽所能思考每一处可能产生差错的地方，不能掉以轻心，要预先制定防范对策并切实执行，才能有效地预防事故。

3. 事故链理论

国际民航组织在防止事故过程中最早提出了事故链理论，认为安全事故的发生并非单一的原因造成的，而是由一连串的失误造成的，即一些大事故极少是由一个原因引起的，而是由许多因素像链一样，把各个环节连接在一起时发生的。因此，要有效防止事故，必须在事故发生之前，将某一失误链打断或者移走。换言之，只要切断这个链条上的任一关键环节就能避免事故的发生。

4. SHEL 模型

SHEL 模型最初是由英国学者爱德华（Elwyn Edwards）于 1972 年提出的。该模型是一种人因失误的概念模型（见图 9-1），由软件（software）、硬件（hardware）、环境（environment）和人（liveware）所构成，认为失误/差错容易产生在以人为中心的与软件、硬件、环境及其他方面的联结点上，而人是这些联结上的中心，如果与其他界面不相匹配则会直接导致人因失误的发生。因此，系统的有效运转不仅仅取决于个人因素，还取决于人与其他因素的和谐互动。根据 SHEL 模型理论，人因失误的来源主要有四个方面。

图 9-1　Edwards 提出的 SHEL 模型

资料来源：International Civil Aviation Organization（ICAO）. Safety management manua［Z］.New York: The UN Secretariat，2006.

（1）人-软件（L-S）界面：指系统中人与非结构物体之间的界面，例如程序、手册、检查单等。存在的问题并不像人-硬件界面那样有形可见，因而这种危险较难查出并解决。

（2）人-硬件（L-H）界面：指系统中人与设备之间的界面。如果开发者对设备的设计不符合人的生理和心理特点，或者缺乏对意外情况的考虑，就会导致潜在危险并最终导致事故发生。

（3）人-环境（L-E）界面：指人与工作空间、设施配置之间的关系。航空系统被严格管理且在一定政治、经济制度下运行，各种自然、非自然的环境因素通过人-环境界面与人相互作用。

（4）人-人（L-L）界面：指企业内个人与个人之间的相互影响。企业文化、工作压力以及人和人之间的关系会对人的绩效产生很大的影响。在民用航空活动中，人-人界面是最微妙的一个界面。主要指飞行员与其他机组成员之间，机组与 ATC 之间构成的界面。当不同团体之间交流不畅时，很容易产生与人为因素相关的灾难性后果。

5. Reason 模型

Reason 模型（见图 9-2）又称"瑞士奶酪模型"，是英国曼彻斯特大学教授詹姆士·里森（James Reason）于 1990 年在其著名的心理学专著 *Human Error* 中提出的。该模型认为，事故的发生与组织因素、不安全的监督、不安全行为的前提、不安全行为四个层面的因素有关，每个层面代表一重防御体系，层面上所存在的空洞代表防御体系中存在的漏洞。这些空洞的位置、大小不是固定不变的，不安全因素就像一个不间断的光源，每个层面上的空洞同时处于一条直线上时，危险就会像光源一样瞬间穿过所有漏洞，导致事故发生。这四个层面的因素叠在一起，犹如有孔的奶酪叠放在一起，所以被称为"瑞士奶酪模型"。系统要增加各安全防线的抗风险能力，应从两方面入手：一是减少各环节中的组织缺陷；二是避免各个环节组织缺陷具有联动性（即产生连锁反应）。

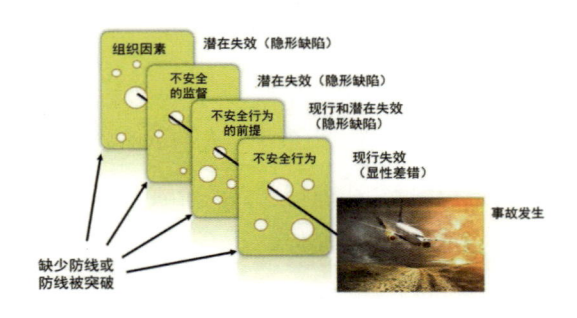

图 9-2 Reason 模型图

资料来源：REASON J. Human error［M］. Cambridge：Cambridge University Press，1990.

Reason 模型揭示了航空事故发生的根源。它指出，组织管理层级的漏洞会导致生产监督层和行为层出现漏洞，最终导致事故的发生。事故通常是因某个诱发因素穿透了多个组织层面的缺陷所引起的。

同时，Reason 模型还揭示了事故偶然性和必然性之间的辩证关系。虽然事故是偶发事件，但这类偶然因素是随时存在、客观存在的。因此，即使没有发生事故，也并不意味着系统处于无危险、无缺陷的状态，因为长时间的安全记录可能掩盖了系统各层面的"隐形失效"的发生。

基于这一模型，系统安全的理念认为，持续关注和改进安全性，而不仅仅是依赖于事故的避免，是非常重要的。系统安全需要不断识别和修复潜在的漏洞和缺陷，而不仅是应对和纠正已知的问题。对于系统的安全性而言，事故的缺失并不意味着系统的完美，它需要综合性的管理和不断的监测与调整。

三、航空事故的特征

一般来说，航空事故具有以下特征。

（1）严重性：航空事故往往带来严重的后果，包括人员伤亡、财产损失和环境破坏。由于涉及航空器的高速运行和大量乘客或货物的搭载，事故往往具有高风险和严重破坏性。

（2）复杂性：航空事故往往涉及多种因素和层面，包括技术、人员、环境等多个方面的因素。这些因素之间的相互作用和复杂性使得事故的调查和分析变得复杂而困难。

（3）少见性：航空运输在交通运输中是相对安全的，航空事故在整体交通事故中相对少见。但每一起航空事故仍需要备受关注和调查，以吸取经验教训并改进安全措施。

（4）因果关系：航空事故往往涉及多个因素的相互作用，包括人为错误、技术故障、不当的操作、维护不当等。事故调查的目的之一是确定事故的根本原因，以便采取相应的措施来预防类似事故再次发生。

（5）波及范围：航空事故不仅仅对事故当事人有影响，还会对航空公司、相关机构、乘客、家属、航空业的信心等有所波及。因此，航空事故的处理和调查通常需要广泛合作和协调。

（6）全球性：航空事故通常跨越国界，涉及多个国家的利益。国际民航组织和国际航空运输协会等国际组织不断推动信息共享、标准制定和安全合作，以减少航空事故的发生。

上述特征共同构成了航空事故的独特性和重要性，也推动着航空行业对安全性的高度关注和持续改进。

四、航空事故大数据的分析方法

大数据分析的方法已经渗透到了各个研究领域，国内和国外的很多研究者都在大数据分析方面开展了不同程度的研究。航空事故调查报告也是大数据的一种，基于航空事故的上述特征，使用大数据的方法对航空事故进行分析，有利于从整体上把握航空事故的发生和发展规律，从而更好地维护和保证航空安全。

目前，很多研究者提出了不同的航空事故调查模型，例如人因分析与分类系统、词频分析法和文本聚类法。其中人因分析与分类系统属于传统的航空事故分析方法，而词频分析法和文本聚类法是将大数据分析技术应用于航空事故分析的新方法。

1. 人因分析与分类系统

人因分析与分类系统（Human Factors Analysis and Classification System，HFACS）是在进行系统安全分析时广泛使用的分析工具之一。在"瑞士奶酪模型"的基础上，通过对大量航空事故的分析与总结，沙佩尔（Shappell）和维格曼（Wiegmann）于 2000 年提出该模型。该方法在航空、航海、铁路、煤矿和医疗等领域均得到了广泛使用。

HFACS 基于 Reason 模型提出了导致事故发生的四个层级，并将这些层级具体化。在组织因素层面，主要包括资源管理、组织氛围和组织过程三个具体模块；在不安全的监管层面，主要包括不合适的监管、计划不适当的操作、未能纠正已知问题、违规监管四个部分。在不安全动作的前提层面，包括环境因素、操作者的状态和人员因素三个部分，其中环境因素包括物理环境和技术环境，操作者的状态包括不利的心理状态、不利的生理状态和心理／生理状态的限制，人员因素包括机组资源管理和个人准备情况。在不安全动作层面包括差错和违规，其中差错包括决策差错、技术差错和感知差错，违规包括习惯性违规和偶然违规。

HFACS 方法的具体流程如下：第一，通过多渠道收集事故资料，并对资料进行充分的分析。收集资料的数据库包括美国国家运输安全委员会（NTSB）、美国联邦航空管理局（FAA）和中国民用航空局等机构公布的事故调查报告。第二，使用主观判断法提取事故报告中的事故原因部分对应的人为因素。第三，对人为因素造成的事故数进行卡方检验与让步比分析。第四，根据数据分析的结果提出针对性的预防建议和策略。

HFACS 将组织管理因素分为三个独立模块，包括资源管理、组织氛围和组织过程。然而，这三个模块已经不足以全面概括当前航空工业的安全管理状况。例如，风险分析和变更管理等活动并没有在模型中得到很好的考虑。此外，尽管 HFACS

指出了导致事故发生的明确模块，但是它并没有针对这些模块提出具体可操作的定义，这给研究人员的应用带来了一定的困难。因此，在操作 HFACS 模型时可能存在主观性较大的结果，使得分析结果可能受研究人员行业经验的影响。

为了提高 HFACS 模型的应用性和可操作性，使它更好地适应航空工业的安全管理需求，需要进一步发展与完善。这包括对模型中的各个模块进行明确的定义和操作指引，以及结合更全面的安全管理活动和要素来完善模型。这将有助于提高航空事故分析的客观性和准确性，并为改进安全性提供更具针对性的建议。

2. 词频分析法

词频分析法（Term Frequency Analysis，TFA）是一种文本分析方法，用于计算文本中每个词出现的频率。它可以帮助研究人员更深入地了解文本的内容、主题和重点。该方法的基本原理是通过统计文本中每个词出现的次数来计算词频。常见的做法是对文本进行分词，将每个词作为单位进行计数。然后根据词频的高低对词进行排序，以确定哪些词在文本中的重要程度较高。词频分析法常用于文本挖掘、信息检索、自然语言处理等领域。它可以作为文本预处理的一部分，用于去除常见的停用词（如"的""是""在"等），从而提取出文本中的关键词或主题词。词频分析法的优点在于简单易用，适用于大规模文本的分析。然而，它也存在一定的局限性。例如，它无法考虑词的上下文关系，无法理解词的多义性，也无法判断词在文本中的重要程度。为了解决这些问题，还可以结合其他的文本分析方法，如 TF-IDF（词频-逆文档频率）权重、主题模型等。总的来说，词频分析法是一种简单有效的文本分析手段，可以帮助研究者提取文本中的关键信息和主题，为后续的文本挖掘和分析提供基础。

词频分析法的步骤如下：（1）数据准备，获取需要进行词频分析的文本数据。可以是一段对话、一篇文章、一本书，或者是大规模的语料库。（2）分词处理，对文本数据进行分词处理，将连续的文本划分成不同的词或词组。可以使用现有的中文分词工具或者自定义规则。（3）停用词过滤，根据需要，去除常见的停用词。停用词是在分析中没有实际含义或者影响较小的词，可以使用事先定义的停用词列表进行过滤。（4）统计词频，统计每个词在文本中出现的频率，即词频。使用计数函数（如Python的Counter）对词进行统计，可以得到每个词及其对应的词频。（5）排序和选择，按照词频的高低对词进行排序。可以选择按照词频降序排序，以便查看出现频率最高的词，也可以设置阈值，只选择词频超过一定阈值的词。（6）结果展示：根据需要，将词频分析结果进行展示。可以将结果以表格、图表等形式展示出来，以便更直观地观察词频的分布情况。需要注意的是，词频分析法只能反映词在文本中的出现频率，并不能直接反映词的重要程度或意义。因此，在进行词频分析的同时，需要结合领域知识和具体应用需求来解读和利用词频分析的结果。

孙文龙采用词频分析方法比较了中美航空事故调查中的安全建议，总结了两国安全建议的相似与差异。在相似性方面，中美两国都比较重视人员、机器/设备、程序、规章、训练/培训等方面。例如在人员方面，"机组""飞行员""pilot"和"管制员"作为关键词在安全建议中出现的频率较高，尤其是"pilot"作为关键词出现的频次特别高。这说明在整个飞行系统中，与人相关的安全建议较多，进而表明上述人员出的问题较多。所以相关部门应该在上述人员的培养与训练方面投入更多的精力。在机器/设备方面，"航空器""设备""发动机""飞机""helicopters""battery""engine"和"equipment"这些关键词出现的频率较高，说明航空器硬件设施上出现的安全问题较多。因此相关部门在飞行器设备以及发动机的维护与保养方面会投入较多的人力和物力。在差异性方面，孙文龙通过对涉及程序或规章的安全建议信息进行提取，指出美国的航空安全建议更多地强调规章不合理或者有缺陷，因此对规章修订方面的建议比较多，而我国更多的是强调负荷规章制度，对修订规章的建议较少。因此，根据两者的对比，建议事故调查部门在对事故进行调查时，如果涉及规章方面的安全建议，不仅要考虑规章的符合性，也要考虑规章制度是否合理。

总结而言，词频分析方法可以深入分析不同国家航空事故调查中所提出的安全建议。通过对比这些安全建议中的特定关键词，能够在一定程度上了解不同国家安全建议的整体内容特点。这样做可以借鉴其他国家在航空事故调查中安全建议提出和管理方面的经验，从而提升我国民航的安全水平。另外，通过词频分析，可以识别并关注在不同国家的安全建议中频繁出现的关键词，这有助于有关部门更好地理解和运用相关的安全措施，并在民航安全领域做出更具针对性的改进和提升。

3. 文本聚类分析法

文本聚类分析法（Text Clustering Analysis，TCA）是一种将文本数据根据其相似性自动分类为不同类别的方法。它使用机器学习和自然语言处理技术来发现文本数据中的隐藏模式和结构，并将相似的文本归为同一类别。文本聚类分析法的步骤如下：（1）数据准备，获取需要进行聚类分析的文本数据。可以是一系列文档、新闻文章、社交媒体帖子等。（2）文本预处理，对文本数据进行预处理，包括去除停用词，进行分词、词形还原等。这样可以减少噪音和冗余信息。（3）特征提取，将文本数据转换成机器可理解的特征表示。常用的方法包括词袋模型、TF-IDF（词频－逆文档频率）、词嵌入（如 Word2Vec 或 GloVe）等。特征提取的目的是将文本向量化，用于计算文本之间的相似性。（4）相似度计算，使用合适的相似度度量方法（如余弦相似度、欧氏距离等）计算每两个文本之间的相似度值。（5）聚类算法，应用聚类算法对相似度矩阵进行聚类。常用的聚类算法包括层次聚类、K 均值聚类、DBSCAN 等。聚类算法会将相似的文本分配到同一个类别，使得同一类别内的文本更相似，而不同类别之间的文本更不相似。（6）结果解释和评估，根据聚类的结果，对每个聚类进行解释和理解。可以通过查看每个聚类的关键词或代表性文本来确定聚类的主题。同时，可以使用内部评估指标（如轮廓系数）或外部评估指标（如外部索引）来评估聚类结果的质量。文本聚类分析法有助于发现文本数据中的潜在结构和主题，提供对大规模文本数据的组织和摘要，通过将相似的文本聚集在一起，可以实现更高效的信息管理和数据挖掘。因此，它被广泛应用在信息检索、文本分类、舆情分析等方面。孟春艳在其研究中指出，随着文本信息的不断增多，文本分类和文本聚类技术的作用将越来越大。

研究者采用文本聚类分析的方法对中美航空事故调查中的安全建议进行分析。通过聚类结果可以得出安全建议主要包括"设计制造""地勤运务""空管运行""飞行操作""机务品保"和"客舱服务"六个类别，其中每个类别又可以细分为"应急救援""医疗保障""文化作风""机载装备""技术开发""监管审查""训练培训""程序规章""合作交流""人力资源""CRM"和"其他项目"这十二个小项。然后，基于上述分类对安全建议进行分类统计。对上述的六个类别进行统计，结果发现中美两国在"飞行操纵"这个类别下的安全建议都是最多的，这说明飞行员的安全操作是影响航空事故的一个最主要的因素。在"飞行操作"中，进一步发现"训练培训"和"程序规章"这两个方面的建议显著多于其他方面，这表明在飞行过程中，飞行员可能没有遵守安全操作程序，还有可能是因为其操作不规范进而导致不安全事件或者是航空事故的发生。另外，有关单位可能在飞行员的训练考核方面没有严格按照规定进行飞行训练，或是飞行训练时间较短，这也是导致不安全事件或事故发生的一个重要因素。另外十二个小项的统计结果发现，安全建议最多的前五项分别是"训练培训""程序规章""监管审查""技术开发""机载装备"，这五项总共占安全建议总和的80%左右。因此，根据上述结果，航空事故大部分集中在程序规章的不完善和违规违章事件的频繁发生以及缺少训练方面。另外，监管审查的力度不够和相关政策没有真正落实也是航空企业应当重视的一个问题。相关部门也应当重视对飞行员操作方面的训练培训，以减少事故发生的频率。在数据分析中，研究者也发现了中美航空安全建议之间的差异，例如"文化作风"问题只在中国的安全建议中被发现，这反映出中国的飞行员在文化作风上出现了一些问题，有关部门需要在这一方面加强引导、教育并及时整顿，而"合作交流"问题只在美国的安全建议中被提到，合作交流在飞行器正常运行时非常重要，然而这一问题并没有被相关部门重视。

第四节　大数据分析与航空安全

航空工业拥有与生俱来的大数据基因。每架航空飞行器都由上百万个零件和数十种系统构成，通过传感器获得超过千兆字节的数据。有研究表明，在以往的很多年，航空业的数据利用率只有10%左右。随着航空安全管理体系不断完善，航空工业对安全数据重要性的认识与日俱增。

一、航空安全管理体系中存在的问题

（一）风险管理流程不完善

从风险管理流程的角度来看，航空安全管理体系中存在以下问题。

（1）风险识别和评估不充分：航空安全管理体系中的风险识别和评估环节存在缺陷，可能导致部分潜在风险未能被及时识别和准确评估，进而影响风险控制措施的全面性和精准性。

（2）风险信息收集和分析不足：航空安全管理需要依靠全面、准确的风险信息来进行决策和规划。然而，部分航空公司和机构在风险信息的收集和分析方面存在不足，导致对潜在风险的理解和应对措施的制定不够精准。

（3）风险控制措施不完善：在航空安全管理中，对已经识别的风险需要采取相应的措施进行管理和控制。然而，当前的风险控制措施往往未能覆盖所有潜在风

险，或者措施的实施效果未能及时监控和评估，导致风险控制不够全面和有效。

（4）风险应对和应急响应不足：航空安全管理体系需要具备应对和应急响应能力，及时处理突发事件和紧急情况。然而，部分航空公司和机构在应对和应急响应方面的准备不足，缺乏完善的预案和培训，可能导致事态扩大和影响恶化。

（5）风险监控和评估有待持续改进：航空安全管理体系应该具备持续改进和监控的机制，对风险管理流程本身进行评估和优化。然而，相关机构在持续改进方面可能还存在不足，对风险管理流程缺乏定期的审查和改进。

针对上述风险管理流程不完善的相关问题，航空安全管理体系需要加强风险管理流程的规范和完善，提升风险识别和评估的准确性和全面性，完善风险控制措施，建立健全的应急响应机制，并持续改进和监控整个风险管理流程。

（二）安全管理信息化建设滞后

从安全管理信息化建设的角度来看，航空安全管理体系中存在以下问题。

（1）数据孤岛和信息共享不畅：航空安全管理涉及多个相关方，包括航空公司、机场、航空监管机构等，但它们之间的数据往往存在孤岛效应，难以实现有效的数据共享和信息流通，导致信息传递和协作困难，影响对安全风险的全面把控和决策的准确性。

（2）系统集成和互联互通不完善：航空安全管理涉及多个子系统，如安全事件报告系统、风险管理系统、安全培训系统等。然而，这些系统的集成和互联互通程度较低，难以实现数据的无缝流转和系统间的协同工作，限制了安全管理体系整体的效率和效果。

（3）数据质量和准确性不可靠：安全管理的决策依赖于准确和可靠的数据。然而，数据收集存在偏差、数据录入错误、数据更新滞后等问题，使得数据质量和准确性受到影响，导致分析和决策错误，进而影响航空安全的管理效果。

（4）安全数据分析和挖掘能力不足：航空安全管理需要对大量的数据进行分析和挖掘，以发现潜在的安全隐患和趋势。然而，部分航空公司和机构在数据分析和挖掘方面的技术和能力有限，无法充分利用数据，限制了对安全风险的全面认知和及时应对。

（5）信息安全和数据保护不足：随着信息化建设的发展，航空安全管理涉及的数据和信息面临着安全和保护的风险。然而，一些机构在信息安全和数据保护方面的措施和意识仍然不足，容易导致数据泄露、信息被篡改或滥用。

针对上述安全管理信息化建设滞后的相关问题，航空安全管理体系需要加强信息共享和系统集成、提升数据质量和准确性、加强安全数据分析和挖掘能力，并加强信息安全和数据保护措施的建设和监管。

（三）安全管理对人为因素重视不够

大多数航空事故的发生都与人的因素有关。自从有航空史以来，飞行员的人因失误一直是困扰飞行活动的重大问题。绝大多数的人因失误都是由飞行员自身因素造成的，如信息接收失误、决策或操作失误、机组失能与机组资源管理不当等。除飞行员的人因失误外，地面维修人员对航空安全的影响也不容忽视。假如地面维修人员的整体素质较好，安全意识较高，能够及时发现问题并能给予高质量的维修，就能给飞行员提供安全可靠的飞机。另外，空中交通管制员的安全意识不足也是威胁航空安全的一个重要因素。有章不循是导致空管员人因失误的关键因素，身心状况不佳也在一定程度上影响航空安全。空管员的沟通协调能力在保证航空安全中很重要，但更为重要的是加强班组资源管理，因为空管员的工作负荷过大会严重威胁航空安全，而工作负荷过小又会导致疲倦、注意力不集中与在面对突发情况时技能丧失等问题。

二、大数据分析能够促进航空工业的风险管理水平

风险管理是航空安全管理体系的核心内容，然而当前我国民航业存在风险管理水平不足的问题。运用数据科学的方法对航空事故数据进行分析能够为安全管理体系提供相应的建议。大数据分析在航空工业中起着至关重要的作用，尤其是

在风险管理方面。以下是大数据分析如何促进航空工业风险管理的简要论述。

（1）飞行数据分析：航空工业通过收集和分析飞行数据，可以识别和监测航空器的性能和健康状态。大数据分析技术可以帮助航空公司检测和预测飞机组件的故障，从而及时采取维修措施，降低飞行事故的风险。

（2）风险评估和监测：通过收集和分析大量的航空安全数据，航空公司可以识别潜在的安全风险和趋势。大数据分析技术可以帮助航空公司发现隐藏的操作风险、技术风险和市场风险，从而采取相应的风险管理措施。

（3）预测和预警系统：大数据分析可以建立预测模型，根据历史数据和实时数据，预测航空事故的概率和趋势。航空公司可以利用这些预测结果来实施更有效的风险管理策略，提前预警可能的风险，并采取相应的措施来避免事故的发生。

（4）客户行为分析：大数据分析技术可以帮助航空公司了解客户的行为和偏好。通过分析客户的数据，航空公司可以更好地满足客户的需求，提升客户满意度，并减少客户投诉和争议，从而降低风险。

总的来说，大数据分析在航空工业中可以帮助航空公司更好地了解和管理各种潜在风险，从而提高飞行安全性和整体运营效率。通过及时识别和应对风险，航空公司可以降低事故发生的概率，保障乘客和机组人员的安全，并提升行业的可持续发展。大数据技术对航空安全管理能力的提升具有非常重要的意义，但它无法解决航空安全面临的所有问题，更不能替代风险管理专家的作用。因为数据本身具有局限性，风险管理也不能仅依赖于数据信息或模型输出，更需要大量有经验的风险管理专家来研判和决策。因此，努力培育出一支数量充足、经验丰富、年龄结构合理、对风险有专业的研判能力的人才队伍，才能从根本上提高航空安全管理水平。

第十章 人工智能在航空出行服务全阶段的应用方案

随着中国经济的飞速增长，民航运输量显著增加，航空出行需求也日益多样化。无人航空器商业化迅速，智慧民航前景广阔。随着生活水平的不断提升，旅客对服务品质的要求越来越高，这使得机场基础设施运行难度增加。移动互联网的发展有力地支持了航空出行服务，智能化服务提升了旅行体验，增强了旅客的幸福感。国际、国内民航主管机构积极推进智能化转型，对全球经济发展具有深远的战略意义。人工智能使航空出行各阶段服务更加人性化。在智慧民航领域，人工智能与机器人得到了广泛应用，提升了行业安全水平。数字化、智能化建设已成为公司服务、运营、保障的核心。大数据、人工智能等技术与民航融合，为旅客提供了多元化、高品质的航空服务。虽然机场运营取得了进展，但服务水平仍存在问题。民航行业转型升级，注重安全、节能、提质。智能航空追求安全高效，关键在于提供智能且人性化的决策。人工智能广泛应用于航空服务，如图形识别、无感式安检、机器人服务等创新应用正在不断改变着航空出行的面貌。

第一节　航空出行面临的问题和挑战

人民群众对高质量出行、高安全性支付体验的要求日益提高。预计到 2035 年，航空旅行的客流量将达到 72 亿人次。据预测，到 2025 年，国内值机人数、前往中国和离开中国的旅客人数将从 2015 年的 4.87 亿人次增长至 9.27 亿人次。2021 年 2 月 24 日发布的国家综合立体交通网络规划草案，旨在加速发掘道路交通技术的创新发展潜力，推动交通基础设施建设数字化、智能化、智能网联建设技术，只有这样，才能做到智能旅行。与预期相反，就目前国际机场公司服务经济发展的趋势来看，国际机场在服务覆盖范围、水平和潜力方面尚无法完全满足广大公众多样化的出行需求。在当今社会，如何解决国际机场公司服务中的诸多问题，已成为人们关注的焦点。国际机场作为航空公司服务空间的重要组成部分，其服务不仅覆盖范围广、场景丰富，而且业务流程相当复杂，管理难度大。

随着高铁时代的到来，高铁与民航的票价差距逐渐缩小。同时，公共配套设施的不断完善也为出行者提供了更多选择。鉴于高铁运能大、受天气变化影响小，在中短途运输上优势明显，给民航业带来了相当大的挑战。为了在市场竞争中保持自身优势，机场必须提高旅客的满意度，并推出更具创新性的服务产品。当前，机场服务仍面临许多难题，例如航班准点率不高、机场消费水平偏高、退改签手续繁复、设备设施滞后等。这些难题若不能得到有效解决，将对机场未来的发展产生不利影响。因此，如何提升旅客满意度，满足日益增长的出行需求，是一个有待探讨的课题。

一、通信受限

在航空飞行中，受限于安全要求，乘客感到非常不便。乘客被禁止在飞机上使用手机，从而无法及时获取时间、航班状态等相关信息。由于技术体制和航空应用壁垒的限制，传统航空通信系统通信效率低、传输速率有限，无法满足日益增长的航空多样化通信业务对通信宽带、可靠性和覆盖范围的要求。航空移动通信系统作为确保航空器安全高效运行的核心手段，与其他领域的通信系统相比，在技术需求、业务场景、政策环境等方面自有其特点。目前，航空宽带移动通信系统的发展面临着自身的技术挑战，主要表现在以下三个方面。

（一）受限的带宽资源

航空业务持续蓬勃发展，对通信容量的需求也随之增加。例如，智慧机场的各种设备需要进行大规模的智能互联，实现实时的视频监控，对航班数据进行实时采集与监控，同时满足机上旅客的上网需求。这些应用场景都需要大量的数据交互，然而，由于机场设施的规划设计或流量增长，原有的带宽可能无法满足迅速变大的通信需求，给智慧机场的建设带来了挑战。为了应对这一挑战，我们需要重新审视和优化机场的通信设施。这可能涉及升级硬件设备、扩容带宽、采用先进的通信技术等措施，以确保机场的通信容量能够满足日益增长的需求。同时，还需要加强数据安全保护，确保数据传输和存储的安全性，防止数据泄露和受到攻击。通过解决通信容量问题，我们可以进一步推动智慧机场的建设，提升机场的运行效率和服务质量，为旅客提供更好的出行体验。同时，这也将有助于提高航空业务的安全性和可靠性，促进航空业的持续发展。

（二）多干扰环境下提供安全可靠的通信

航空飞行作为关乎生命安全的出行方式，对通信系统的安全性和可靠性有着极其严格的要求。然而，在航空器的起降阶段，由于飞行姿态的不断变化，地空无线通信过程中可能会出现多普勒效应，给通信的稳定性和可靠性带来挑战。此外，航空器内部安装了众多的通信、导航和监视设备。这些设备大多数都依赖于无线电技术，导致机载电磁环境异常复杂。这种复杂性不仅增加了各种潜在的干扰风险，还可能对设备的正常运行造成影响。

因此，为了确保航空飞行的安全和可靠，需要采取一系列措施来优化和改进航空器的通信系统，包括加强设备的抗干扰能力、优化通信协议、提高信号处理技术等。

（三）多场景的服务融合

不同类型的航空器，包括有人驾驶和无人驾驶，都在进行各种不同性质的飞行活动，例如运输航空和通用航空等，这些给航空通信系统带来了多场景融合服务的挑战。同时，ATC、AOC和APC等不同的业务也对航空移动通信系统的性能有各自独特的要求。如何为不同类型和不同业务场景的航空器提供有效的地空通信服务，以满足其通信性能需求，是航空宽带通信系统发展面临的重要课题。

二、机场候机流程复杂

旅客在机场乘坐航班，一般都需要经过值机、安检、检疫和登机口检票等流程。在这个过程中需要出示身份证和登机牌，对于行李较多的旅客来说很不方便。目前，乘坐国内航班的流程比较简单，乘坐国际航班则相对复杂。旅客需要找到全球航空公司对应的值机柜台办理登机手续并托运行李，然后排队接受安检。然而，在这个看似简单的具体过程中，却始终存在着一些需要解决的问题。例如，各个全球航空公司的值机柜台位置并不是很明显，而且因为很多全球航空公司和国际机场的标志容易混淆，经常会出现旅客在进入登机口时找不到相应柜台的情况。此外，航空公司办理登机手续需要比较详细的信息，这导致在规模较大的国际机场，办理登机手续是一个非常耗时的环节。

另外，乘客对全球航空公司的值机次数和地点了解有限，所以会时不时地出现排队错误。特别是对于出境航班上的旅客来说，他们在办理边防检查站、出入境检验检疫局等手续上要花费很多时间。如果时间紧张，这样的烦琐过程很容易造成误机。进入机场大厅后，乘客又需要寻找各个软件设施、机场免税店和休闲餐厅等。同时，在等待办理登机手续的时段内，航班动态在大多数情况下会发生变化。目前，通知航班动态的方式只有两种，即借助广播电台和少量 LED 电子屏提醒乘客。通过这两种方式可以为乘客提供相关信息，减少他们的焦虑，也提高了民航飞行员和服务人员的工作质量。

三、安检与安保能力

当前机场安检仍主要依赖人工操作，但在大中型国际机场中，机场工作人员的比例一直是最低的。无论采用何种用工模式，机场人力成本在机场运营总成本中的占比始终居高不下。同时，随着生活水平的提高，人们对旅游度假的需求不断增长，服务需求变大，进而带动了对机场工作人员的需求持续稳定增长。

但是，国际机场均衡发展与安全保障之间存在人力资源成本高的问题。事实上，大多数国际机场都缺乏最低限度的机场工作人员，而这种人手不足会对离港航班的常规航线审批造成巨大的负面影响，进而阻碍国际机场的发展。解决人力资源成本高，保障机场工作稳定有序，成为当前相关研究的重要目标之一。

在安检环节，传统的人工检查速度较慢，肉眼验证容易误判，存在"换牌登机"的风险。哪怕是部分采用人脸识别进行人证比对的自助通道，通过效率和安全性都有很大的提升空间。由于政策宣传和普及不到位，旅客在接受安检时因随身携带超量液态物品被告知需要托运等情况，导致人身检查和开箱检查岗位的安检员工作量加倍。因此，有效地减少一些人工检查的工作，释放安检员的体力和脑力以应对更有危险性的情况，也是应当重点考虑的优化目标。这可以通过引入更多自动化技术和智能化设备，如基于机器学习的行李扫描系统和自动识别技术来实现。同时，加深旅客对安检规定的了解和遵守程度，以及加强人脸识别等新技术的推广应用，也是提高安检效率和减轻安检员工作负担的重要途径。

四、行李托运复杂

提升民航服务质量是实现航空业高质量发展的必然要求。中国民航的最新数据显示，行李延误和丢失是旅客投诉的主要问题，占据总投诉量的 23.73%。这些投诉对航空公司和机场的声誉及经济效益造成了负面影响。国际航协（IATA）的全球旅客调查报告显示，56% 的旅客希望在旅行过程中能够及时了解行李的实时跟踪信息。解决行李跟踪问题需要准确确定行李的位置，并及时传输和发布可靠的信息。

现有的航空旅客行李处理系统采用传统方式进行数据处理，将航班、旅客和行李的数据集中存储。然而，这种集中式数据平台存在效率低下、管理运营成本高和易受外部攻击等问题。一旦中心服务器发生故障，整个系统将面临崩溃的风险。此外，数据安全性和完整性也值得关注，中心化存储容易成为黑客攻击的目标，有行李信息泄露或被篡改的风险。数据传输中的错误也可能导致信息被篡改。另外，行李运输各部门之间的数据共享机制不完善，容易导致"数据孤岛"现象。

航空旅客的行李跟踪问题备受国内外业界关注，国际航空协会也在不断加强监管力度。可靠、可溯源、可以随时感知的技术体系是解决行李跟踪问题的关键所在。为此，推动行李处理系统向更先进的分布式架构转型势在必行。我们应建立完善的记录和数据共享机制、信息的即时更新和发布机制，以实现对行李的跟踪和溯源。

五、机场数据资源不完善

实现数字孪生需要的数据、算法和算力这三大核心要素，除数据一项分散掌握在各机场手中外，算法和算力的技术关口均由技术服务商把控，这导致机场容易对供应商产生依赖。从成本的角度来看，绑定服务商意味着缺少市场化竞争，削弱了机场的议价能力，容易增加后续升级及维护的成本压力。从功能实现的角度来看，服务商建立的非标化技术壁垒，使得机场多样化的应用需求无法通过通用性合作实现，制约了机场的数据资源开发空间。从安全的角度来看，数据应用服务的黑盒特性使机场难以对数据应用情况进行审查，甚至存在被供应商控制的风险。从价值的角度来看，如不能在行业层面统一规划和协作，任由各机场各自为政地推进数字孪生建设，将浪费由机场组网的数据流动所蕴含的巨大价值。

六、航空体验感差

航空客舱服务通常涵盖了阅读资料提供、餐饮服务以及指导客舱设备使用等方面。然而，在实际飞行中，旅客往往有着更为丰富的娱乐服务需求，以充实乏味的飞行时间。这些需求可能包括更多的电影选择、互动游戏或是即时的互联网接入服务。遗憾的是，当前航空公司的客舱服务在娱乐服务的多样化与个性化方面考虑不足，导致部分乘客需求得不到满足，从而产生不满情绪。在某些情况下，这种不满甚至可能演变成与乘务人员之间的言语或肢体冲突，给整个航班带来不必要的困扰。

随着时代的发展，机上便携式电子设备不断改善，娱乐服务在航空行业的地位日益凸显。现如今，玩游戏、观看电影、欣赏音乐等多样化的娱乐方式逐渐成为航空服务的关键组成部分。为了满足乘客的需求，航空机载系统中也开始引入局域网娱乐系统。然而，当前大多数航空公司的机载娱乐系统的功能有限，娱乐内容陈旧过时。此外，仍然有不少国内航班并不为每位乘客提供独立的机载显示屏，导致乘客无法主动选择并操作，从而大大降低了他们在飞行过程中的体验。因此，为了提高乘客的满意度和舒适度，航空公司需要进一步改善和升级机载娱乐系统，并确保每位乘客都能享受到丰富多彩的娱乐体验。

第二节　人工智能在航空平台建设中的应用

目前，人工智能在航空平台建设方面已经得到了广泛应用和探索。相比于传统的辅助计算机技术，以机器学习和数据发掘、知识的智能化处理及典型的人机交互为代表的智能技术在航空平台建设中表现出非凡的能力。空中交通管理的主要任务是确保空中交通安全有序，以及保障空中交通的畅通，避免民用航空器与其他航空器或障碍物碰撞。为了避免空中交通的拥堵，可以利用人工智能技术来收集气象信息、航空公司飞行计划和航路动态等各种信息，并将其汇总、共享。只有这样，空中交通管制员才可以更加方便和清晰地了解整个航线与附近空域的交通情况，进而为空中交通管制员提供基础信息以供后续分析和决策。在机场建设中，智能化技术的融入提升了多方面的管理效能与决策效率。

这包括机场跑道异物探测系统、地面活动导引和控制系统的应用，机场协同决策平台的建设与研发，以及空天地一体化的航空移动通信、智能化数字孪生系统的实施等。

一、防跑道侵入技术

在航空业迅速发展的今天，随着航班数量和机场运营活动的增加，跑道入侵问题变得更加严峻。仅依靠管制员对跑道安全区进行目视监控已经不能完全满足机场安全有效运行的要求。为了有效防止跑道侵入事件的发生，提升跑道运行的安全性至关重要。为此，可以采取一系列综合防控措施，包括但不限于优化机场飞行区布局结构、改善机场设施配置及其标识、提升运行管理水平和应用新技术等。近年来，国际上出现了多种防止跑道侵入的技术和系统，如地面雷达系统、运动传感器、热成像技术等。这些技术的应用有助于及时发现并预防跑道侵入事件，进一步提升机场的安全性和运行效率。

（一）机场监控技术

机场监控技术是利用一系列先进设备和系统，包括机场场面监视雷达（Surface Movement Radar，SMR）、多点定位（Multilateration，MLAT）技术、广播式自动相关监视（Automatic Dependent Surveillance-Broadcast，ADS-B）、电子进程单及机场全景增强监视系统（Airport Panoramic Enhanced Surveillance，APES）等，对航空器和场面车辆进行高精度定位和实时跟踪。这些技术提供了丰富的数据源，为防跑道侵入系统提供数据源，实现跑道侵入告警。尽管防跑道侵入技术不断发展，但仍存在一些挑战。其中，昂贵的系统价格、对机场运行环境的一定要求，以及可能存在监视盲区等不利因素值得关注。目前，相关研究中存在以下问题：（1）检测和跟踪目标单一；（2）图像处理速度和跟踪实时性不高；（3）缺乏准确映射目标视频图像位置到实际三维世界坐标的方法，导致定位精度不高；（4）难以准确判断跑道侵入时的具体位置，限制了对事件的及时响应和处理能力。

针对机场监控视频图像容易受到天气和环境影响的问题，特别是在雾天低能见度和夜晚低亮度情况下，研究人员提出了一些解决方案。例如，采用高效的暗通道图像去雾算法和自适应的图像亮度增强方法，可以成功提升低能见度和低亮度情景下的机场跑道监控视频图像质量，同时又不增加算法的时间复杂度，为系统提供更可靠的监控和保障。

（二）跑道 FOD 探测系统

实验案例表明，机场跑道异物（Foreign Object Debris，FOD）可能会被飞机引擎吸入，导致发动机故障。异物碎片还可能积聚在机械装置中，影响起落架、襟翼等设备的正常运行。FOD 对飞机起降造成了严重的安全威胁，可能导致数十万甚至数百万元的经济损失，甚至造成重大安全事故，后果不堪设想。

2000 年 7 月 25 日，一架法航协和飞机在发生 FOD 事故后坠毁，共导致 113 人死亡，其中包括 109 名机上人员和 4 名地面人员。事故起因是一块长达 43 厘米的金属片刺破了飞机的轮胎，导致轮胎爆破，碎片击中油箱，最终导致飞机左翼起火并迅速坠毁。整个过程不到 1 分 30 秒。2007 年，国内某航空公司的一架 B747 飞机在美国洛杉矶机场滑行过程中，由于地面上的异物与轮胎接触，导致轮胎损坏。接下来的起飞滑跑中，右机身起落架后面的两个轮胎发生爆破事故。这一事故导致飞机右机身下部严重损坏，同时右机身起落架和起落架舱内也受到了损坏，液力系统管路也遭到了严重破坏。据统计，2015 至 2016 年度，跑道异物损伤轮胎增加到了 6000 多次，地面异物已成为威胁航空安全的主要因素之一，且呈现出上升趋势。

过去机场主要依靠人工筛查来检测跑道上的 FOD。在引入 FOD 自动检测系统之前，机场必须雇用大量受过专业训练的 FOD 检测人员进行筛查。然而，这种方式效率低下、成本高昂、可靠性不高，并且难以满足日益增长的飞机起降安全保障需求。随着FOD检测技术的发展，研究机构通过雷达传感器、光学图像识别和多传感器混合探测等技术实现了FOD检测。英国奎奈蒂克公司（QinetiQ）研发的Tarsier FOD探测系统、以色列公司Xsight Systems Ltd. 开发的FODetect系统和新加坡策技系统股份有限公司（Stratech Systems Limited）开发的iFerret"智慧机场/跑道监视和异物碎片探测系统"，都是其中的代表。

与基于雷达的方法相比，基于光学图像的方法具有部署简单、成本低等特点，但是缺乏高性能的图像处理算法。融合多源传感器的混合算法可以通过雷达传感器和图像传感器等多种传感器信息的互补，实现对FOD的检测与处理。这种算法的应用有多重好处：一方面，通过减少雷达的部署数量，可以降低成本；另一方面，借助图像处理算法，可以对FOD进行确认，并提供直观的图像显示，从而提高处理效率。不论是使用光学图像还是利用多种传感器的混合方法，应用计算机视觉领域的知识来实现FOD检测都是不可或缺的。（付健，2021）

利用目标检测技术、通过光学相机进行FOD检测在降低成本和提高检测效率方面具有巨大优势，但其智能水平仍有较大提升空间。例如，在智能探测、智能确认、智能控制和智能FOD清除等方面，仍需要大量的人工参与。随着计算机视觉领域技术的发展，基于深度学习的目标检测技术成为FOD自动检测的新工具。近年来，基于深度学习的目标检测算法在大规模数据驱动下取得了出色的性能。目标检测技术主要适用于人脸、行人和车辆等较大目标。然而，由于FOD目标的尺寸小、种类和形态不确定，因此与通用目标检测存在一定的差异。另外，由于机场的特殊性，采集大规模的FOD检测数据很困难。为了满足机场跑道FOD检测的需求，未来需要构建更小规模的FOD检测数据集，并利用迁移学习和属性增强的方法开展研究，设计更适用于机场跑道应用场景的FOD检测算法。

二、高级场面活动导引和控制系统

随着机场交通量的持续增长和布局复杂性的提升，传统的场面运动引导和控制系统（SMGCS）已无法满足日益严苛的安全和效率的需求，这导致了事故率的上升趋势。为了解决这一挑战，高级场面活动引导和控制系统（A-SMGCS）应运而生。A-SMGCS 系统具备许多优势，能够为所有航空器和场面车辆提供更精准的导引和控制，确保即使在恶劣的气象条件下，如低能见度和高交通流量的情况下，机场场面运动也能得到高效管理，提升整体效率。

与传统系统相比，A-SMGCS 不仅与现有的空中交通管理和机场子系统兼容，而且能够连接外部信息系统，处理各类传感器数据。这使得 A-SMGCS 能够在各种情况下为飞行器和场面车辆提供可靠的管理、控制和引导服务。为了确保场面飞行器和车辆的安全高效运行，A-SMGCS 必须具备辅助航空器和车辆在活动区域机动的功能。这项功能也为机场运营提供了额外的安全保障，使得机场能够应对不断增长的运输需求，同时提供更高水平的服务。

此外，A-SMGCS 系统的人机界面设计直观友好、操作便捷，便于管制员实时监控、规划路由和引导灯光。监视界面能直观展示告警画面，并通过声音向管制员传递警报信息。该系统还能即时生成进出航班的路径，并自动解决由滑行引起的冲突。管制员可以通过人机界面控制航空器滑行路径上的助航灯光开关，并根据接收到的航班滑行路径、航迹等参数控制灯光。

总之，A-SMGCS 系统的应用能够显著提高机场的运行效率和安全性，降低事故风险，为航空交通的顺畅运行提供有力保障。

三、机场协同决策平台

随着机场规模和业务量的不断扩大，大型枢纽机场面临着跑道、停机位和场地保障设施等资源有限的挑战，导致资源分配效率低下。这不仅影响了机场的协同决策能力，还制约了机场服务的优化。为了应对这一挑战，研发了机场协同决策平台 A-CDM（Airport-Collaborative Decision Making）。该平台的核心思想是通过大数据和信息共享机制，结合人工智能技术，促使航空服务各方（如机场、地服、管制部门、航空公司等）能够共同参与。这种全方位参与有助于减少飞行延误，提高预测能力，更有效地利用机场资源。

随着信息共享的加强和人工智能技术的广泛应用，机场协同决策信息平台经历了三个核心发展阶段：协同决策平台 CDM、机场协同决策平台 A-CDM 和复杂事件处理的系统决策平台 CEP-CDM。这三个阶段标志着技术的不断进步和应用不断深化的演变过程，为提高机场运行效率和提升服务质量提供了有力支持。（王博，2021）这些发展阶段的演进反映了行业对于提升决策质量和实现全方位资源优化的不懈追求，为航空运输业的可持续发展奠定了坚实基础。

随着机场业务量的增长，主动预测成为提高机场运行效率和容量的关键。通过引入 CDM、A-CDM 和 CEP-CDM 等平台，机场能够提前感知并应对机场事件，优化资源分配，进而提升整体运行效率。例如，通过使用学习预测模型，可以合理安排飞机的预起飞队列，进而提高航班放行速度，减少等待时间，提高飞行效率。目前，国内各地区空管部门正在积极建设 CDM 系统。同时，国内领先的航空数据服务提供商"飞常准"也在这一领域发挥着重要作用。他们与 81 家国内外机场合作，共同开发具有自主知识产权的机场运行信息共享和统一协同决策平台。这些平台的建设将进一步促进机场各方之间的信息共享和协作，为机场运营提供更加科学、高效的决策支持。

面对业务规模的增长和大量数据的积累，机场需要建立高效的数据管理和处理体系。"飞常准"将与机场合作，建设统一的数据平台，实现数据的集中管理和深度挖掘，为机场提供全面的数据分析和决策支持。同时，利用人工智能和大数据技术，"飞常准"将打造智能化的机场运营管理系统，提升运营效率和安全水平，为旅客提供更好的出行服务，带来更好的出行体验。未来，协同决策的关键在于如何从众多异构数据源中获取知识，并利用前沿技术如深度学习、人脸识别、视频全景等提升旅客服务体验和机场运营效率。

四、空天地一体化的航空移动通信

2021 年 5 月 14 日，中国民航局发布了《中国民航新一代航空宽带通信技术路线图》，提出了加快推进新一代航空宽带通信应用、建设集共用和专用于一体的民航 5G 网络、积极构建先进的现代化民航通信基础设施体系并支持智慧民航运输系统建设和运营的目标。

航空移动通信系统是确保航空运输系统安全高效运行的关键基础设施。随着全球航空运输行业的迅速发展，对地空通信系统在空中交通管制、航空公司运行控制及空中旅客通信等领域的通信能力提出了越来越高的要求。近年来，新一代宽带通信技术如 5G/B5G 通信和卫星互联网，以及人工智能技术的不断进步，为航空移动通信系统的发展带来了崭新的可能性。为了促进新一代航空宽带通信系统的研究和应用，加强国家空域系统的建设，可以整合云计算、物联网、大数据和人工智能等前沿技术，实现信息数据的互联、互通和共享。这些举措是推动智慧民航建设和发展的重要一步。

未来的航空宽带通信系统将充分利用空天地一体化信息网络技术，实现天基、空基和地基网络的深度融合。这一方案将确保航空宽带通信网络具备全球广域覆盖和无缝连接的能力。具体而言，天基系统将依托高、中、低轨卫星网络，空基系统将由机载航电系统和航空器自组网系统共同组成，而地基系统将涵盖地面通信台站和机场场面通信系统等设施。

新一代航空宽带移动通信系统将满足飞行各个阶段的服务需求，为航空管制、航空公司、机场、旅客以及无人驾驶航空等领域的航空活动提供稳定可靠的宽带数据通信和增值服务。这不仅将提升航空通信的效率和安全性，还将为未来智慧民航系统在各种运行场景下的应用提供强有力的技术支持。

此外，空天地一体化的航空宽带移动通信系统还特别注重通信安全性的保障。通过采用先进的加密技术和安全协议，确保数据在传输过程中的完整性和机密性。同时，该系统还具备强大的抗干扰能力，能够有效抵御各种恶意攻击和干扰，确保航空通信的可靠性和稳定性。这些安全措施的实施，将为航空宽带通信系统的正常运行提供坚实的保障。

五、智能化数字孪生系统

数字孪生技术是将现实世界的物体、系统或过程以数字化方式映射到计算机和机器中，形成一个与真实世界一一对应的虚拟世界。这种技术的发展日益融合了人工智能等新兴技术，包括基于模式识别和学习的人机交互、大规模图像识别以及智能化三维建模融合技术等。相较于以往的技术，这些新兴技术能够更准确地模拟真实环境。

2020年12月，美国航空航天学会（AIAA）和美国航空航天工业协会（AIA）发布了《数字孪生：定义与价值》报告。该报告聚焦于航空航天领域，提供了有关数字孪生及其作用与价值的见解，旨在推动第四次工业革命（即数字化转型）的发展。数字孪生作为一个技术体系，其实现需要依赖多种关键技术，包括复杂系统建模、传感与检测、大数据处理、动态数据驱动分析与决策等，同时也需要建立数字孪生软件平台等。目前，数字孪生技术已广泛应用于航空航天产品的设计、生产、实验、维修和使用等全过程，并在提高效率、降低成本和提高产品质量等方面发挥着重要作用。尽管如此，数字孪生技术在航空领域的研究仍处于探索阶段。在航空领域，数字孪生技术的潜在应用尚存在于许多未知领域，包括应用范围、场景、成果形式以及可靠性、可用性、可维护性和安全性预测等方面的盲区。未来，需要不断深化和拓展数字孪生技术在航空领域的应用范围。

目前常见的各类新技术的主张，都可以视为数字孪生三要素中的某个方向的技术支撑，而不是最终的解决方案。技术间的融合与拓展应用已成为全球数字化浪潮下的发展趋势。对机场来说，数字孪生应该被视为一种重要的基础设施建设，亟待在国家层面、民航行业层面建立统一标准的数据应用规范，同时，也需要软硬件厂商在应用生态共融方向发力，机场管理当局努力拓展应用场景，全行业、多机场数据共融、共通，协力推动智慧机场的数字化转型之路。有了这个技术之后，机场、空管、航空公司就可以从中提取所需要的内容进行分析，促使各方面运行更加顺利、高效。数字孪生虚实交互的动态同步特性，对机场的意义在于，可以通过在数字孪生机场中对现实中无法创建的各种条件进行模拟，帮助发现问题、优化流程，发掘价值增长点并提前规避安全风险。同时，数字孪生的可见性、预测能力和假设分析能力能够在设备未来状态诊断、建设冲突分析、运营评价等诸多应用层面进行赋能，推动智慧机场的建设。

（一）数字孪生在航站区的应用

数字孪生可优化流程及分配服务资源，基于视频抓取及大数据分析平台，模拟客流峰谷对交通节点、服务通道、设施使用的压力影响，制定科学的客流削峰填谷预案，有效减少排队时间，提升旅客体验，为特殊人群提供潮汐专用通道，基于物联网（IoT）设施分区调节空调温度、照明亮度，增加人文关怀的同时降低能耗，减少浪费。同时，数字孪生可开发流量价值，如可以基于UWB超宽带定位技术，通过旅客动线及停留分析为候机楼商铺业态规划和定价策略提供帮助，辅以视频融合+VR技术提供个性化的用户路线引导及沿途消费品推送，结合航旅信息，为旅客合理规划时间，减少等候焦虑，提升停留消费意愿，增加非航业务的流量价值。同时，多机场组网使得旅客的出行轨迹在其沿途航站间共享，为跨站旅客资源开发提供协同支持。

（二）数字孪生在飞行区的应用

数字孪生可进行动态风险管理，通过 GIS+UWB+ 视频分析技术的结合可以实现精准到亚米级的人员及车辆定位，通过对重要的机坪区域画设电子围栏，进行员工权限管理、禁区入侵警报、无动力设备（小到扳手、大到航空器）定位等，实现机场运行指挥中心（Airport Operation Center，AOC）的全景动态数字呈现。同时在保障车辆、航空器路线冲突等重大安全影响事件上，基于数字孪生平台应用实现提前分析和预判，并给予规避建议以供决策。基于场道数字孪生模型和人工智能的深度图像识别技术，可以对 FOD、跑道入侵等适航性影响大的危险源进行实时扫描监测与规律预测。

从全生命周期管理的角度，为机场运行系统和设备建立数字孪生库，可以在线分析设备物理损耗、疲劳极限、系统稳定性并进行风险评估，指导养护维保、迭代升级、备品储备与技改更新工作，降低设备和系统突发风险。数字孪生机场具有模拟现实情况中无法创造的条件的能力。该特性可为机场应急管理提供很好的实战条件，而且数字孪生结合 VR/AR 可提供更广泛的训练场景，指导应急预案的完善，优化应急信息通联机制，进而有效提升机场的应急反应能力。

第三节　人工智能在智慧出行服务中的应用

一、机场服务提供

在机场服务领域，2016 年年底广东省人民政府和阿里巴巴集团联合主办了"广东航空大数据创新大赛"，旨在提升机场服务质量。其中，"机场客流时空分布预测"竞赛吸引了众多参赛者利用真实业务场景中的各种客流数据，运用人工智能机器学习技术进行预测，以精准判断每天黎明前的交通情况。这项技术使得每个时刻、每个节点的平均误差降低至仅有 2 人，从而显著提高了预测精度。

除了客流预测，通过收集机场不同区域摄像头的数据，人工智能技术还能监控人群密度和客流，并通过计算机视觉技术实现人脸识别，从而迅速定位特定个体。智能机器人已经应用于机场的值机、安检、地勤、托运和登机等基础服务中，为旅客带来了更加便捷的体验。在国内，一些机场已开始尝试这种智能化服务模式。例如，银川机场新建的T3航站楼配备了先进的自助行李托运系统，旅客可以自行完成行李托运，并可以在人工和自助模式之间自由切换。在安检方面，银川机场通过在验证系统中加入人脸识别技术，将旅客识别率提升至99%以上，显著提高了安检效率和准确性。这些创新的智能化技术为机场服务带来了前所未有的便利，为旅客提供了更加顺畅、高效和安全的出行体验。

2017年3月，广州白云机场引入了首款名为"云朵"的服务机器人，在航站楼内提供相关服务。同时，白云机场还试运行了无人车，成为国内首个实施该试点项目的机场。展望未来，人工智能将以更快速、更全面的方式为旅客提供各类相关服务，进一步优化机场的运营效率和旅客体验。

二、航空出行指数的预测

目前，主要的机场旅客吞吐量预测技术多源自发达国家成熟的航空业经验。然而，仅凭机场旅客吞吐量来评价一个机场的服务能力并不十分理想，因为公众在选择航空出行方式时需要考虑更多因素。这些因素包括但不限于消费者物价指数（CPI）、机票价格、天气情况以及高铁网络的发展等综合因素。因此，航空旅客出行指数的预测准确率仍有待提高。随着人工智能基本理论的诞生，人工智能技术与应用取得了巨大进展，其中机器学习作为人工智能的重要体现方式起到了关键作用。机器学习经历了两次浪潮，从浅层机器学习逐渐演进至深度学习。在这个不断发展的过程中，机器学习被广泛应用于语言处理、计算机视觉、自然语言处理等多个领域。同时，利用人工智能神经网络等模型，对机场旅客吞吐量进行回归预测，显示出了较强的容错能力，在机场旅客吞吐量预测方面取得了良好的成果。

将机场旅客吞吐量转化为对应的旅客出行指数，并提供科学的评级，不仅可以为公众在选择出行时机和交通方式方面提供参考，还可以在大型机场的运营管理服务能力方面提供辅助决策。例如，可以优化地面服务和机位分配。通过对出行指数进行评级，为广大公众选择出行时机和交通方式提供一定的决策参考。在当前的经济环境下，提供舒适的用户体验成为航空公司盈利的关键因素。

三、智能化客户端服务

随着技术的发展，航空领域的信息服务已从内部人员专用，逐步发展为向旅客提供智能化、个性化的服务体验。如今，众多机场纷纷引入自助值机系统，这不仅极大提升了旅客的值机效率，也有效减轻了柜台工作人员的负担。

在智能化技术的推动下，航空公司越来越重视改善旅客的乘机体验，进一步促使各种移动航空管理应用应运而生，为旅客提供了传统机场无法及时提供的信息服务。一些航空公司也相继推出了自己的手机应用程序，涵盖机票预订、办理登机手续和航班状态查询等核心功能。通过这些应用程序的动态航班查询、显示功能，旅客能轻松了解出发和到达机场的天气状况、计划和实际出发时间、航站楼、登机口以及行李转盘等信息。

四、可穿戴设备提升出行体验

当前的航空信息服务系统主要依赖于手机，但在飞行期间严禁使用手机，这极大地限制了旅客使用信息服务系统并影响了整体服务质量。为了解决这一问题，航班信息服务系统考虑利用可穿戴设备来克服手机的限制，为旅客提供高效、便捷、人性化、智能化的航空旅行服务。通过利用可穿戴设备的便携性和封闭性，航空公司和机场工作人员的负担得以减轻，管理效率也得到了进一步提升。

尽管航班延误或取消等紧急情况难以避免，但旅客最关心的是获取准确信息。因此，为旅客提供全面、准确、及时的信息服务是提升航空业服务质量的关键。随着航空公司对多数据源的重视和消费者对可穿戴技术接受度的提升，智能眼镜、智能手表等设备在航空旅行中的重要性将不断增加。据 SITA 发布的全球航空运输调查显示，航空公司和机场员工提供的可穿戴设备，如智能手表和智能眼镜已经供旅客使用。在接受调查的 6277 名旅客中，近 77% 表示愿意使用可穿戴设备来提升出行体验。

由于几乎所有受访旅客都携带移动设备，他们对机上服务的需求也发生了变化。目前，超过半数（56%）的旅客希望能够连接机上的无线网络，使用智能手机、平板电脑或笔记本电脑享受娱乐内容。54% 的旅客希望在飞行中能够发送和接收电子邮件和短信，甚至进行语音通话；45% 的旅客愿意使用移动设备购买餐饮或浏览虚拟免税店；72% 的旅客愿意与机上服务提供商共享个人信息和位置信息，以期望获得更个性化的服务体验；然而，只有不到三分之一的旅客对接收商业优惠推送感兴趣，而且他们仍不太愿意共享个人信息。在改善旅行体验方面，例如，为减少机场排队时间，约 40% 的旅客愿意提供位置信息，以便更有效地获取实时信息并优化行程安排。

在当前的航空设计中，由于受到飞机安全因素的制约，旅客在享受飞行服务时需做出一定妥协。然而，随着科技的进步和经济的发展，仅仅满足安全、快速等基本条件已无法满足旅客日益多样化的需求。因此，在保证安全的基础上，提升飞行过程中的用户体验变得至关重要。信息操作一体化已经在部分国际航班头等舱和公务机中得到了一定程度的应用。航空公司可以将智能可穿戴设备融入航空服务，利用其便携性、机上使用的安全性、智能化和信息一体化等特点，为现有飞行体验中的一些问题提供解决方案。这不仅可以为旅客提供更高效、人性化的服务，还能有效提升机组人员的工作效率和服务质量。

五、飞行安全

借助智能硬件，人工智能系统能够实时监测飞行员的生理和心理状态，从而提升飞行安全。头戴式耳机配备微电极传感器，可以收集脑电波、心率和血压等数据。一旦发现异常，系统会立即发出警报并提供解决方案，以提升飞行安全性。此外，通过分析大量历史和实时飞行数据、气象信息，人工智能系统能构建大数据模型，为飞行员提供航行建议和提示。在飞机检修方面，人工智能系统也有广泛应用。难以接近的区域可借助机器人节约时间和人力成本。智能识别硬件缺陷的摄像头能提高缺陷鉴别准确度和维修效率。先进的语音分析装备能快速无损检查发动机及相关设备。智能学习系统将检修经验数字化，将飞机损耗转化为逻辑推理，并建立飞机损耗推断规则数据库。通过这种人工智能系统，可大幅减少对人类经验的依赖，提高检修效率，降低人力成本。

六、行李跟踪

国际航空运输协会（IATA）在第 75 届年会上通过了一项决议，旨在在全球推广使用射频识别（RFID）技术跟踪航空托运行李。这一决议标志着乘客行李箱标签的推广迈出了新的一步。会议上，各方达成一致，通过了这个决议，并开始推行行李信息传输标准，以方便在整个旅行过程中通过读卡器在关键节点精确地跟踪行李信息。机场也可以实现行李跟踪并与航空公司合作，建立路径获取信息并为乘客提出服务方案。

国内许多机场尚未完成全程跟踪和实时监控的建设，尽管一些大型机场在行李处理系统（Baggage Handling System，BHS）中已经采用了 RFID 技术，但目前仅用于自动分拣过程，而没有将 RFID 行李数据与运输传送系统进行有效关联，从而限制了该系统的应用范围。

目前，行李处理系统正通过整合机器视觉、物联网等先进技术，努力解决行李运输中的误运问题。然而，该领域尚未充分利用人工智能和区块链技术的潜力来解决行李跟踪问题。虽然现有方案已经能够记录行李的运输过程并及时更新信息，但尚未实现行李数据的共享、即时信息发布以及行李溯源功能的完整性。

在国家信息化规划强调区块链技术研发的背景下，学术界对区块链技术进行了深入研究，同时在能源、金融、交通、物联网和医疗等领域也开始探索区块链的应用场景，并取得了显著进展。区块链的分布式结构和去中心化特性有助于降低集中调度的风险。同时，其时序结构确保数据不可篡改，非对称加密技术则保障了信息安全，实现了无差错的数据传输。此外，区块链的去信任性通过 P2P 网络在互不信任的节点间建立价值传递，实现数据库的集体维护，打破了"数据孤岛"的困境。更为重要的是，区块链的可溯源链式结构为行李跟踪和找回提供了便捷途径。为了提升旅行体验、解决行李丢失问题，可以利用区块链技术对行李运输进行全程跟踪。这不仅能够避免中心化调度的风险，还有助于提高行李找回率。

第四节　应用案例

交通运输的核心任务是安全、高效地运送人员和货物。航空服务的远景目标是让旅客的旅行更加顺畅，减少不必要的麻烦。例如，未来我们可能不再需要亲自将行李带到机场，在家中就能完成行李托运，到达目的地后直接领取。在机场，乘坐空中出租车而不是传统的出租车或大巴成为可能。安检过程将更为人性化，甚至有机器人提供服务。空中飞行将变得更加舒适，并能提供高速网络连接。此外，如果飞机出现延误，乘客将提前得知确切的延误时间，以便灵活安排行程。尽管民航航空在货运方面仍面临一些挑战，但无人驾驶航空器的货运被认为是航空物流的未来趋势。以北京大兴机场为例，这座现代化机场充分展现了航空出行的智能化特点。

一、大数据与人工智能的有机融合

北京大兴机场完美地结合了现代科技与建筑艺术,充分展现了卓越的工艺水平,尤其在智能化方面,它堪称行业的领军者。该机场已实现 5G 网络全覆盖,不仅显著提升了旅客的服务体验,减少了等待时间,还极大地提高了机场工作人员的工作效率。通过运用云计算、大数据和人工智能等尖端技术,机场建立了先进的信息系统,实现了机场内部和各部门间的数据共享。这不仅优化了地面运营效率,还进一步完善了机场协同决策平台 A-CDM,有效提高了航班运行质量和准点率。此外,大兴机场持续强化航班正常管理体系,特别关注提升机场保障、流量管理和考核机制。利用无线站坪调度系统和协同决策平台 A-CDM,机场实现了对航班保障全流程的精确控制。在提升机场管理水平方面,大兴机场致力于为旅客提供人性化、智能化的服务体验。机场全面实行"无感通关",通过结合多种智能设备和全面覆盖的 5G 技术,旅客可以轻松、快速地完成安检、自助值机和登机等程序,实现免排队、免搬运行李、免过机、零等待的效果。

二、贯穿全场景的人脸识别

实现旅客刷脸登机的关键是在每个环节都应用可靠、高效的人脸识别技术。以往,在值机、安检、登机核验、座位引导等环节,以及贵宾接待、广播寻人、摆渡车核验、远机位核查等场景,旅客均需使用身份证或身份证+登机牌完成身份验证。这个流程过于烦琐,并导致资源浪费。然而,每个人都有独一无二的个人特征,即面部信息。那么,在这些环节中,只要面部验证数据正确,是否就能够取代身份证和登机牌呢?在大兴机场,答案是肯定的,只要信息准确无误,旅客在整个旅程中无须出示身份证即可通过核验。

旅客人脸识别系统可以分为三个主要部分。首先,在底层的数据层,系统会接入机场的旅客安检信息和机场来往的航班信息,同时还会将航空公司的数据储存到数据库中,包括旅客的身份和票务信息,以及每个航班上的旅客记录。

第十章　人工智能在航空出行服务全阶段的应用方案

其次，在数据储存层，这些数据会被储存和整合，以供人脸识别引擎使用。人脸识别引擎是人脸识别系统的核心处理模块。旅客在值机时，有可能注册东航会员并将人脸和身份证肖像数据录入系统。对于非直营渠道购票的旅客（如从代理商处购票），可以使用一次性的人脸识别服务，而这些数据在航班结束后会被销毁。

从值机环节开始，这一系统的核心算法通过读取保存在身份证芯片中的肖像数据，与使用者的脸部进行对照，用于核实旅客身份。东航等航空公司在大兴机场首次推出了"刷脸"值机。在自助值机设备上，旅客可以直接通过"刷脸"进行选座、值机等操作。在登机口，旅客可以不用出示纸质登机牌，采用"刷脸"直接登机，享受到一种全新体验。

在安检环节，引入了智能新技术，如人脸识别等，以实现快速且安全的检查。通过应用人脸识别技术和毫米波安检技术，安检流程能够迅速进行。旅客在安检口通过摄像头与身份证肖像进行核验，而所有需要身份识别的环节均使用安检记录的人脸数据进行旅客身份验证。这个技术的验证准确度非常高，机器人的人脸识别准确率达到 99.9%，远远超过人眼识别率的 75% 左右。此外，这项技术还能够在 1 秒以内完成识别，可实现每分钟 60 人的通过率。据报道，大兴机场计划建立旅客面部特征数据库，一旦完成，旅客仅需一张脸就可顺利进入大兴机场。

在廊桥入口、远机位登机梯和飞机机舱入口处灵活部署、使用人脸识别终端机，就可以替代地面服务人员。通过 5G 和云端的识别系统相连，终端机可以依靠蓄电池工作并实现灵活部署。在廊桥入口和登机梯前部署终端机，可以进行旅客身份核验与人数统计，旅客只需站在机器前进行识别即可。而在舱门处的终端设备将在验证旅客身份后即刻显示其座位号，无须旅客进入机舱后再次出示登机牌。即使乘客众多，该终端设备仍能准确识别旅客身份，即便背景中有其他人也能正常运行。

在机场摆渡车上安装人脸识别设备，当某位不属于摆渡车运输的旅客上车时，后台会通过摄像头识别这位旅客，并通知地面工作人员引导旅客前往正确的航班。

三、可靠的行李监管系统

人工智能识别技术在解决行李运输问题方面也发挥着重要作用。为了确保行李安全送达并及时协助旅客找回行李，行李运输环节利用 5G 摄像头拍摄行李照片，并利用系统跟踪行李运输。为了提高工作效率，系统后台会部署相关的算法和识别规则，用以实时识别视频中出现的问题，例如行李状态超过规则限制（如掉落、抛掷、扔出、砸坏等）。当行李进入客舱后，工作人员可佩戴 AR 眼镜，该眼镜能够识别与行李箱外形和颜色相似的行李，而无须逐一检查每个行李上的编号，从而大大提高了工作效率。

旅客可以在托运行李之前申领一种永久电子墨水牌。该牌可以通过手机 NFC 或蓝牙将航程信息同步至牌子上，从而替代传统的纸质一次性行李托运条。此外，云从科技还在行李运输和搬运方面采用了算法进行部署。这个算法可以在传送带等位置设置 5G 摄像头，用于监控行李运输。如果发现搬运人员暴力分拣或行李掉落等问题，算法可以进行识别，并及时在后台向管理人员反馈，以便进行干预。行李传送装置被设计为双带，使用 RFID 定位摄屏跟踪系统，可以精确地定位旅客行李的位置，保证旅客提取行李的便利性。

四、机场灯光智慧化精准引导

为实现飞行区引导灯光智慧化控制，节能减排，提升运行效率，大兴机场坚持创新引领发展，正在深入打造基于高级场面活动引导和控制系统（A-SMGCS）全场景应用平台。A-SMGCS 全场景应用平台还可收集航空器监视数据及飞行数据，为后续计算提供依据，并有为工作人员提供数据管理、显示界面增强等辅助功能。大兴机场是国内首家实现A-SMGCS Ⅳ级灯光引导全天候使用的机场。A-SMGCS Ⅳ级系统可为机场范围内运行的航空器、车辆等目标提供自动监视、控制、路径规划及滑行引导服务。在此基础上，大兴机场联合厂家自主开发集高杆灯智能控制、道口交通灯控制、泊位精确引导三大功能于一身的智慧化管理平台，成功运行后，这种智慧化管理平台将有效降低飞行区运行能耗，确保运行安全，并提升运行、管理效率。

高杆灯智能控制系统能根据飞机的实时位置、停机位信息和临时保护需求，精确调控场内209根高杆灯的2200多个灯具的开关。这一系统结合了定时与手动控制，相较于旧模式有了显著优化。它能实时自动打开个别灯具，确保充足的照明并保证工作人员视线清晰。这既避免了过度的光污染和能源浪费，又确保了必要的照明效果。据估计，该系统每年可节约用电量516.9万度。

大兴机场还创新性地提出交叉道口信号灯的自动控制方案。目前，航空区内尚未设置交通信号灯，导致车辆在通过航空器活动区域时需停车，司机需通过肉眼判断是否对航空器造成影响。这种做法不仅效率低下，还存在安全隐患。大兴机场正利用A-SMGCS监测航空器和车辆的实时位置信息数据，设计作业车辆交通引导信号灯。未来，通过A-SMGCS的科学控制，有望提升航空器运行安全性和作业车辆通行效率。泊位精确引导系统的采用则彻底改变了原有的手动泊位引导模式，它能实时判断进港飞机的准确位置，更精确地控制入位引导灯光，从而提高机场的运行效率。

五、安全可靠的数字孪生机场

通过地理信息系统和建筑信息模型技术，我们能够构建一个智慧型的数字孪生机场。这个数字孪生机场以实体机场为蓝本，结合传感器数据和其他相关数据，在数字世界中完美地复刻出与现实世界完全一致的机场模型。目前，北京大兴国际机场正在进行数字孪生系统的建设，其核心内容包括机场地理信息系统、高精度综合定位系统、空侧运行管理系统、机坪车辆管理系统、设施设备维护维修管理系统、工程建设及运营筹备系统等。数字孪生机场的出现，使得用户和设计者只需戴上 VR 眼镜实地走一走，便能真实地感受到现场情况，从而做出更科学、更准确的决策。

第五节 人工智能在航空出行服务中的安全风险

毫无疑问，未来人工智能在航空领域的发展空间将十分广阔，其应用场景将覆盖机场全平台建设、航空客户精准营销、客舱服务、机场服务以及特种车辆调度等多个方面。人工智能的爆发式发展从根本上得益于大数据可用性改善、计算机处理能力提高、机器学习方法改进等要素的融合汇聚，人工智能虽然为民航机场业务带来了诸多显著改变，但是人工智能赋能航空是一个渐进发展的过程，而非一蹴而就的技术应用。大数据、人工智能、物联网等新技术的应用有力地提高了民航网络安全的防护能力，也提高了民航网络安全管理水平，但是这些新技术的应用不可避免地同样也存在一些安全、技术、数据、法律层面的潜在问题。

一、安全问题

人工智能的安全风险不仅与技术发展程度有关，还与安全可控性的实现程度密切相关。短期内，这些风险是可以预见的，但长期的风险则难以预测和评估。这是由于我们对于人工智能的认知能力仍然十分有限，很难准确预测未来可能出现的问题。

随着人工智能在航空领域的迅速应用和普及，我们面临着前所未有的挑战。人工智能技术正在改变航空领域的运行方式和安全保障体系，但同时也带来了一些潜在的安全隐患和风险。例如，自动化系统可能无法应对突发情况，导致飞机失控或出现其他安全问题。此外，人工智能的决策过程往往不透明，使得飞行员难以理解机器的决策依据，增加了飞行中的不确定性。

为了应对这些挑战，全球科技力量需要紧密合作，加强对人工智能安全问题的研究。我们需要深入研究人工智能的伦理、法律和社会影响，探讨如何确保人工智能的安全可控性。同时，我们也需要加强国际合作，共同制定人工智能的安全标准和规范，推动人工智能技术的健康发展。

此外，飞行员的角色也需要重新定位。在自动化设备的帮助下，飞行员要从操作者转变为观察者、监督者和决策者。这意味着飞行员需要具备更高的素质和能力，以应对复杂多变的飞行情况。我们需要加强对飞行员的培训，促使他们提升技能，帮助他们更好地适应新的角色和飞行控制要求。

总的来说，人工智能的安全风险是一个复杂而重要的问题，需要全球范围内的合作和努力来解决。我们需要加强对人工智能安全问题的研究，制定相应的安全标准和规范，并加强飞行员的角色转变和培训工作。只有这样，我们才能确保人工智能技术在航空领域的安全可控应用，为人类的航空事业发展提供更加可靠的保障。

二、技术问题

人工智能算法提升了决策系统的精确性，尤其在民航领域，这种提升不仅增强了信息系统的安全防护能力，还提高了安全管理水平。

以自然语言处理（NLP）技术为例，它确实在语言识别精度方面超越了传统方法，为民航领域的客户服务、信息检索等方面提供了强大的支持。但在实际应用中，我们不能完全依赖于这一技术。一个最典型的例子就是人脸识别技术。尽管这项技术已经取得了显著的进步，但其算法的比对精度仍无法确保达到100%。这意味着在实际应用中，存在一定的误识率和拒识率。

如果误识率过高，可能会导致机场运营出现问题，如乘客无法正常登机、行李托运出错等。而拒识率过高则可能导致机场安全事故，如未能准确识别潜在的危险人物或物品。为了解决人工智能算法的误识率和拒识率问题，我们可以采取一系列措施来提高其准确性和可靠性。首先，持续优化算法是关键。通过不断改进算法的模型和参数，可以降低误识率和拒识率，提高算法的识别精度。这需要科研人员不断进行研究和实验，以探索更好的算法模型和优化方法。其次，结合多种技术手段可以降低单一技术的局限性。例如，将人工智能算法与传统的生物识别技术（如指纹识别、虹膜识别等）相结合，可以提供更加可靠的身份验证方式，提高机场安检的准确性和安全性。

此外，建立健全的人工智能监管机制也是必要的。这包括对算法的审查和验证、对数据的质量和完整性的监控以及对算法应用的持续监测和评估。通过这样的机制，可以确保人工智能算法的可靠性和公平性，防范其被滥用或产生不公正的结果。

因此，在利用人工智能算法提升决策系统精确性的同时，我们也需要认识到其局限性，并采取相应的措施来降低潜在风险。例如，结合其他安全措施，如人工检查、生物识别等，来提高整个系统的安全性和可靠性。虽然人工智能算法在民航领域的应用带来了诸多便利和提升，但我们也应保持警惕，谨慎应对其局限性，确保机场运营和生产的安全和稳定。

三、数据问题

由于人工智能通常依赖于大规模数据，并伴随着大量隐私保护需求，大数据安全和隐私保护标准在人工智能安全标准中扮演着重要的角色。大数据是指规模巨大以至于传统数据库软件工具无法满足其获取、存储、管理和加工等方面需求的数据集合。它具有四个主要特征，即数据规模大、数据流速快、数据类型多样和价值密度较低。数据的高度集中为数据挖掘及人工智能算法的应用提供了基础，但是也给网络安全防护带来了挑战。一旦数据泄露或丢失，可能带来灾难性后果。此外，随着人工智能技术在民航领域的广泛应用，信息安全问题也日益突出。黑客能够利用人工智能的漏洞进行攻击，如通过深度伪造技术对人脸识别门禁系统进行渗透，伪造身份进入机场内部。这些攻击行为可能导致敏感信息的泄露和破坏，对民航安全构成严重威胁。

因此，我们需要加强人工智能系统的安全防护，建立完善的安全管理制度和标准，提高民航信息系统的安全性和可靠性，确保人工智能技术在民航领域的应用能够为飞行安全提供更好的保障。

四、法律问题

人工智能的理论、方法、技术及其应用不仅改变了社会关系和社会结构，而且影响了人类的行为方式，这引发了一系列难以预测的安全风险和法律问题。因此，制定一套与人工智能安全、伦理和隐私保护相关的标准规范至关重要。加强人工智能法律法规和行业监管的国际交流与合作，促进人工智能技术标准和安全标准全球统一，是确保人工智能健康发展的关键，也是使其更好地为人类社会服务的必经之路。

以逐渐成为一项重要议题的人像数据保护为例，旅客隐私权正受到日益广泛的关注。目前，欧盟的《通用数据保护条例》（GDPR）对旅客隐私数据的保护要求极为严格。而在国内，随着法律法规的不断完善，对用户隐私的保护也日趋加强。在未来，任何数据的采集和使用都必须获得用户的明确授权，而且应当确保数据只被采集一次，航班结束后即从数据库中删除，以确保旅客的隐私权益得到充分尊重和保护。除了人像数据的保护，人工智能在民航领域的应用还涉及其他敏感信息的处理和保护。例如，旅客的行程信息、支付记录、生物识别信息等，这些信息都需要得到严格的安全保护。

为了确保人工智能在民航领域的安全可靠应用，国际社会需要加强协作，共同制定和推广人工智能的安全标准、伦理准则和隐私保护规范。这不仅有助于减少安全风险和法律问题，还能促进人工智能技术的健康发展，使其更好地服务于人类社会。

第十一章
人工智能带来的航空安全文化转变

人工智能为航空产业带来重大发展机遇的同时，也带来了全新挑战。在人工智能技术蓬勃发展的背景下，航空安全文化正在经历深刻变革。传统模式下的航空安全依赖于严格的操作规程与人为监控，而现在，智能化技术如自主驾驶、大数据分析、机器学习预测等，已成为支撑航空安全的关键力量。这一转变推动航空安全管理向精细化、前瞻性方向发展：通过实时监测飞行数据、智能预测潜在风险并自主采取应对措施，大幅提升了事故预防效能。同时，人工智能的应用对航空从业人员的数字素养与跨学科知识提出了更高的要求，这促使安全培训的内容与方式必须进行相应的革新。此外，随着人机协作模式的不断深化，人在复杂决策中的不可替代性愈发凸显，安全文化因此更加注重人机协同的互补性与相互信任的建立。这些因素共同作用，塑造了一个更加智能、主动且具备强大韧性的航空安全生态系统。

第一节　航空安全文化

航空安全文化是安全文化在航空领域的独特应用和体现。最初，1991年发生在美国国内的一起民航空难引发了航空业对安全文化的关注。随后，安全文化作为航空业最显眼的主题被正式提出来则是在1997年美国国家运输安全委员会（National Transportation Safety Board，NTSB）召开的国家运输安全会议上。此外，哥伦比亚号宇宙飞船失事也提示人们安全文化在航天事业中的重要性。所以，航空安全文化对于航空航天事业的安全稳定发展具有不可忽视的重大意义。本节将从航空安全文化的概念、评估方法，以及航空安全与飞行安全的联系三个方面对航空安全文化进行简要的介绍。

一、航空安全文化的概念

（一）航空安全文化的定义

安全文化的实质是组织对安全问题重视程度的体现。从哲学角度来看，安全文化与安全价值观有关。当提到组织时，人们可能会问这个组织的优先事项是什么，员工在工作期间如何应对紧急情况，以及组织在开展业务时是否将安全置于最高级别。在航空情境中，当一家航空公司声称安全是其第一要务时，这意味着高层管理人员承诺他们不会在安全事务上妥协和冒险。因此，安全文化是安全价值观与组织的工作计划和日常实践相结合的产物。

从实践角度来看，领导者策略也塑造了安全文化。航空公司何时制定安全政策和程序（也可称为"安全规则"），以及它们是否生效，都取决于其员工的态度和对这些规则的遵守情况。管理者在将组织的安全概念传达给下属的过程中扮演着至关重要的角色。如何说服员工认可公司的安全政策，以及如何培训或教育他们改变态度和行为，是管理者的主要任务之一。并且，组织的安全结果也是员工对组织安全文化认可和接受情况的反馈。

1991年，美国国内发生了一起重大民航空难，这次空难事件引发了整个航空业对安全文化的空前关注和讨论。为了更好地预防和减少空难事件，在1997年，NTSB召开了国家运输安全会议，"安全文化"成为此次会议最独特、最显眼的主题。艾夫（Eiff）认为："安全文化存在于组织内部。在安全文化水平较高的组织里，无论员工担任何种职位，只要实施了预防事故发生的行动，组织就应该支持和提倡这种行动。"美国著名航空心理学家赫尔姆里奇（Helmreich）教授于1996年提出："文化是个体和自身所处团体里的成员们共同感知的特定的价值观、信仰、礼仪、符号和行为。在一般状况下，这些共同感知并不明显，而在和另外一个群体进行比较时，这些共有特征就会凸显出来。"在此基础上，他进一步对航空文化进行了阐述，即个体认可组织提倡的"安全优先"观念，不断内化为自身的安全信仰，并在工作行为中表现出来，并且，也接纳"组织内的每个成员都愿意支持组织的安全规范"以及"为了共同的安全目的，也愿意支持组织内别的成员"的安全观念。

航空公司的核心通常是由许多高水平的专业人员和具备超高水平专业知识和技

能的飞行员组成的，所以它并不像一般意义上的公司，而更像是大学和医院这样的组织。此外，飞行员的工作环境也非常特殊，他们通常需要在空间隔离的状态下完成工作任务，工作强度大且责任重大，这些都造成了飞行员是具有诸多与众不同独特文化特征的职业群体。尽管研究者们对航空安全文化的理解存在差异，但主体思想是基本一致的，都是"安全文化"的概念在航空业的独特应用和体现，即航空安全文化是航空组织及其全体成员所特有的关于航空安全的共同特征的集合，可以通过内在的信仰、价值标准、意会以及外在的规范、仪式、标志和行为体现出来。

（二）航空安全文化的基本维度

因开展每项研究时的具体情况不同，关于航空安全文化的内涵界定也存在差异。但归根结底，航空安全文化的内涵是由其基本维度界定的。哈德森（Hudson）对航空产业的安全文化进行调查后总结出了航空安全文化的四个基本维度：（1）广而告之，即组织的每个层面都应熟知安全文化；（2）信任性，即安全文化应得到组织所有部门的一致信任；（3）灵活性，即安全文化在一定条件下可以被适当调整；（4）警惕性，即安全文化能够预测组织的不安全现象。类似地，弗兰纳里（Flannery）指出航空安全文化包括广而告之的文化、报告文化、灵活性文化和学习型文化四个维度。国际民航组织则倡导，在航空业建立良好的安全文化至少离不开以下几个因素：（1）高级管理层对安全问题有足够的重视；（2）组织内的全体员工能够清楚了解工作场所内的潜在危险；（3）高级管理层持开放态度，愿意接受批评，允许对立意见存在；（4）高级管理层愿意在组织内鼓励、培养和营造及时反馈的氛围；（5）强调在组织内进行畅通的安全信息沟通；（6）在组织内积极推广切实可行、可利用性高的安全规则；（7）组织应给员工提供充分的安全教育和培训方面的支持，确保员工充分了解不安全行为的后果。

目前，维格曼（Wiegmann）等人于2004年提出的五维度模型是最为主流的航空安全文化基本维度模型。该模型涵盖了以下五个关键维度：

（1）组织承诺（organizational commitment）——一个组织的高层管理者在推进组织安全文化建设和发展方面起着不可替代的关键作用。

（2）管理卷入（management involvement）——在日常接触中建立畅通无阻的高层管理者、中层管理者、员工之间关于安全问题的看法交流机制，以最大程度促使员工在实践中按照安全规范操作。

（3）员工授权（employee empowerment）——尽管失误可能发生在组织的任何层面，但一线员工（如飞行员）通常是阻止失误发生的最后一道防线，对避免事故发生亦是如此。因此，一线员工应被授权能够及时应对紧急安全事故。

（4）奖励机制（reward systems）——对安全和不安全行为的评价系统是组织安全文化的一个关键环节，在这种系统里，采取一致的标准对员工行为进行奖赏或惩罚。

（5）报告系统（reporting systems）——"报告文化"是形成组织安全文化的基石，有效和全面的报告系统能够反映安全管理的弱点和不足，对于预防事故发生至关重要。此外，组织还应培养员工前瞻性学习的自主性和能力，按照安全规定及时调整行为对于提升安全水平也至关重要。

（三）航空安全文化的理论模型参考

当谈论安全文化时，实质上就是在讨论与安全相关的术语、因素和维度，如安全氛围、安全态度、安全行为、安全技术、安全程序、安全培训、安全感知等。为了确定如何描述、分析和改进一个组织的安全，不同学科领域的研究者们（如工程学家、社会学家、心理学家、安全科学家等）进行了大量的研究。但是，还缺少一个综合和全面的模型来阐述安全文化不同元素之间是如何相互关联的。在回顾有关安全的可观测方面（有时也称为安全的工程或技术层面）和不可观测方面（有时也称为安全的心理社会层面）的文献时，可以发现，所有这些方面或因素并不是彼此孤立的，相反，它们是密切相关的。它们相互影响，形成了一个循环框架。

第十一章 人工智能带来的航空安全文化转变

有学者基于具有三层不同可见性的鸡蛋的隐喻，提出了"安全文化的鸡蛋聚合模型"（The Egg Aggregated Model of Safety Culture）。（Vierendeels et al., 2018）在该模型中，可观测的因素用蛋黄表示，因为蛋黄是鸡蛋中最引人注目的部分。蛋清是一种半透明的物质，比蛋黄更难以捕捉，代表了感知因素和个体心理因素，有时也被归类为"安全的心理社会因素"。使用鸡蛋作为三层安全文化模型的隐喻具有一定的优势，它不仅可以解释每一层的可见性，还可以解释三层之间的关系。以往研究已经指出：基本假定和价值观会影响个体的外显行为和其他人工制品（如政策和程序）。反过来，这些人工制品作为"形成氛围感知的基础"，也会影响个体的态度和行为。这一关系在鸡蛋聚合模型中（见图 11-1）由从空气媒质到鸡蛋的其余部分的箭头表示。该模型的第二个核心观点用曲线箭头表示：从蛋黄到第一个蛋清区域，再到第二个蛋清区域，再回到蛋黄，这意味着安全氛围是安全文化模型的一个组成部分。以往的科学文献对安全氛围和安全文化之间的区分存在一些混淆，在实践中，很多组织也未能明确区分这两个概念。而现在，在安全文化的鸡蛋聚合模型中，这三层文化之间的位置和关系被清晰地可视化了。

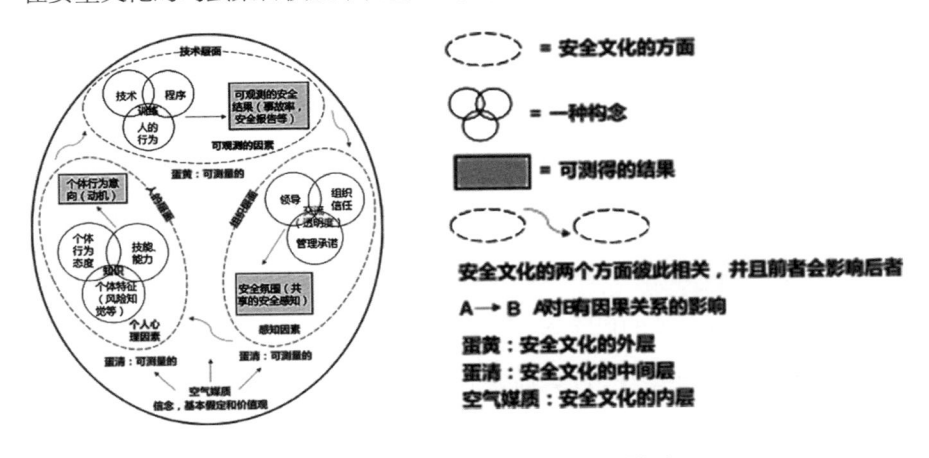

图 11-1　安全文化的鸡蛋聚合模型

资料来源：VIERENDEELS G, et al., An integrative conceptual framework for safety culture: the egg aggregated model（TEAM）of safety culture [J]. Safety science, 2018, 103: 323-339.

鸡蛋聚合模型非常适合解释众所周知的基于行为的安全计划背后的人类动态行为。大多数安全方案都基于 ABC 框架（前因—行为—后果），可以促使员工采取更安全的行为。其中，前因指的是培训、指令和管理层的期望，而后果则代表行为反馈和激励。这种动机激励机制是基于期望－效价理论（Expectancy-Valence Theory）的，在期望－效价理论中，员工会执行他认为的会导致有价值结果的行为。该理论引入了一些情境相关因素（如奖励和服从参照群体的动机），这些因素提供了外在激励因素。例如，组织对个人福利的关注将在组织内部形成积极的氛围，有利于唤起个体履行预期行为的隐含义务。同时，个体心理因素（如信念和需求）也被纳入进来，以提供内在动机。例如，风险感知是导致个人更安全行为的一个重要前因，诸如此类的个体心理因素将导致更多的安全参与行为。

此外，ABC 框架中的后果对个体未来行为有更大的影响。如前所述，行为过程是个体调整行为态度的重要信息来源，个体将利用这些信息资源来了解什么行为将提供最优后果。行为态度的重要作用之一是引导个体寻求奖励和避免惩罚，它建立在行为主义原则的基础上，来自确保生物体生存的功利功能。具有积极影响的行为在未来将会被不断重复，而具有消极影响的行为则会被极力避免。而这也恰恰是不安全行为持续存在的原因。换句话说，个体会把通过走捷径在更短的时间内完成任务视为直接的积极结果，即使这种行为是有风险的。如果这种行为被执行了几次而没有任何伤害，个体就会相信他有技巧和能力避免负面结果，这将降低他的风险感知水平，进而造成潜在危害。直接、即时的积极后果被认为是肯定性的，这将加强个体的行为动机，也就是产生了"自然强化"（Natural Reinforcement）。这种机制也被称为 PIC-NIC 效用（Positive or Negative Immediate Consequences），即积极或消极直接后果比"未来"和"不确定性"结果对未来行为的影响更大。

鸡蛋聚合模型可以作为航空安全文化的理论模型参考。在航空产业中，"安全至上"是行业的核心信念、基本假定和价值观，影响航空安全文化的各个方面，包括人、技术和组织层面。在个体层面，个体的行为态度、技能、能力以及风险知觉等个体特征共同体现了个体的安全知识水平，对个体的行为意向具有显著预测作用。在技术层面，航空安全培训是重要的内容，涵盖对安全技术、程序和人的行为的培训，这些内容能够共同预测安全相关结果。在组织层面，安全信息的交流至关重要，需要领导者参与、组织信任和管理承诺的共同支持，这些内容也共同体现了组织的安全氛围。并且，人、技术和组织层面紧密联系，相互影响，形成了一个闭合的循环框架。

二、航空安全文化的评估

（一）航空安全文化评估的模型

学者们已经提出了各种方法和手段评估航空公司的安全文化，如访谈法、观察法、调查法和案例研究法。每一种方法都有其优点和缺点，为了更好地评估航空安全文化，还需要一些更具创新性的手段。里森（Reason）和霍布斯（Hobbs）指出，安全文化是一个能够有效应对高风险状况的健康组织的核心价值体现，包括组织的信念、态度和价值观。他们还指出了安全文化的三个重要元素：公正文化、报告文化和学习文化。这三种元素涉及安全价值观、安全氛围、领导策略和安全结果，是一个具有多重视角的评估模型，因而与单一模型相比，它能够更真实地评估安全文化。

1. 公正文化

公正文化的形成源于"平衡从失败中学习经验与问责制度的冲突，从而促进安全至上的行业和组织制定关于'公正文化'的指南"的过程。公正文化的精神是建立在所有员工对什么行为是可以接受的，什么行为是不可接受的理解之上的。在可接受和不可接受之间建立界限至关重要。如果个人故意违反安全程序或政策，那么他们要对自己的行为负责。公平、公正的文化是一种通过公开识别和审视自身弱点，勇于直视和改正它们，从而提升自身的文化。拥有良好公正文化的组织敢于暴露薄弱环节，也乐于展示卓越成就。

对组织实施监控并判断员工的行为是可接受还是不可接受很重要。公正文化在不断地从错误中学习和纪律处分之间取得平衡的过程中得以形成和发展。安全管理中的公正文化原则已在西方国家的医疗保健服务中得到了广泛应用，以确保整个医疗系统的安全和质量。在中国民航业中，公正文化原则也得到了应用，但是仍然需要继续发展和提升。

2. 报告文化

报告文化也是风险管理中的一个重要因素。事故不仅是事故，也是风险管理的失败。组织的安全文化和安全承诺在很大程度上决定了员工主动报告安全信息的可能性。如果组织没有公开重视安全的承诺，员工将不愿意报告安全问题，因为他们可能担心自己被称作"告密者"，或者被他们的同行视为"害群之马"。安全报告可分为两大类：强制的和自愿的。这两种类别报告的比率可被当作组织报告文化的"健康检查"标准。因此，员工对他们向管理层报告安全信息的可行性的信任程度，是反映组织是否拥有良好报告文化的重要因素。

3. 学习文化

学习文化的核心是从错误中学习，以加深对应用这种文化的系统了解。共享安全信息可以为航空产业带来更安全的行业环境。因此，学习文化强调反思和学习，人们可以认识到事故和事故征候的出现并不是可耻的，也不是由特定的个人造成的，而是由不共享安全信息的团体造成的。

综上，里森（Reason）和霍布斯（Hobbs）提出的安全文化模型可以从不同角度评估安全文化，并提供全面的安全文化内容。公正文化、报告文化和学习文化都是体现航空公司如何重视安全文化的关键因素，并且能够引导和推动航空公司制定安全发展战略。同时，这些内容也可以成为考察航空公司员工安全知觉、安全态度和安全行为的手段。

（二）航空安全文化评估的工具

在飞行人员执行飞行任务的过程中，团队协作被认为是保障安全的关键因素。1986年，美国联邦航空局强调驾驶舱资源管理应以团队协作为基础。然而，驾驶舱资源管理主要关注驾驶舱团队，缺乏对更多航空相关人员的关注，机组资源管理则纳入了对包括飞行服务人员、调度员和维修人员在内的全面关注。机组资源管理强调通过开展多种培训提高机组人员对抗人因失误的能力水平，这些培训内容包括情境判断、飞行决策、情景意识、安全服从、安全参与、及时沟通、团队协作、领导关系等。至此，航空安全维护从过去对个人技能的强调迈入了以安全文化为着力点的管理阶段，这一取向认为操作者在完成工作任务时并不是完全孤立的仅与技术产生互动的个体，而是作为一个根植于特定组织文化中的员工，通过与团队成员互动协作共同完成工作。

美国著名航空心理学家赫尔姆里奇（Helmreich）（1999）指出，航空安全文化主要通过三种最具代表性的文化因素影响飞行员的人因失误率，即飞行职业文化、飞行安全的组织文化与飞行安全的民族文化，它们通常是由航空组织中飞行员的安全态度和核心价值观念来表征的。并且，这些因素会对飞行安全水平产生积极和消极的双刃剑效应。因此，航空安全文化评估的主要目的就在于如何更好地测量和考察飞行人员的安全态度和价值观念，从而能在强化积极影响的同时，最大限度地降低或消除各种文化因素产生的消极效应。

此外，对航空安全文化的测量和评估依赖于对航空安全文化的定义，而后者又取决于采取的观点。由于航空安全文化概念本身具有整体性和多侧面特征，采用问卷调查法极有可能掩盖安全文化的真实面目。在航空安全文化的评估上，存在两种不同的观点：一些人认为文化的本质是基本意会，对文化的评估重点在于挖掘各种文化现象背后的基本意会，应该关注的是文化产生、发展和稳定的一系列动态过程；还有一些人则认为应该从现象学的角度探讨文化，采取观察、访谈等手段，在不断试误和相互比较的过程中揭示特殊工作情境中的个体是如何解释、理解情景特征并实施工作行为的。所以，在实践中要加强数据分析中的综合性，采用人类学研究范式，用定性研究方法测量安全文化。

1. 飞行管理态度调查问卷

根据现代航线飞行驾驶员的工作特性，美国航空航天安全人因项目首席科学家赫尔姆里奇等人开发了飞行管理态度调查问卷 2.0 国际版（Flight Management Attitude Questionnaire，FMAQ 2.0，international version），用来评价航空公司的飞行安全文化特征。FMAQ 2.0 国际版应用广泛，已被全球 46 家国际知名航空公司用来诊断安全文化，国际民航组织也指定它为衡量各国航空企业飞行管理水平的一个重要工具。FMAQ 2.0 国际版主要测量的内容是航线飞行员对各种组织工作状态的评价结果，包括三个分量表：基本态度评价量表、飞行管理态度评价量表和自动化驾驶态度评价量表。具体而言，基本态度评价量表包括两个部分：一是航线飞行员对训练、管理和团队协作方面的基本评价，包括 20 项评价内容，旨在考察飞行员对组织内部运行状况的直接评价；二是飞行员对组织氛围、工作及训练情况的满意度评价，由 25 个项目构成，主要涉及对工作状况与个人主观感受方面的评价。所有评价结果都分为五个评定等级，分别是极低、低、中、高、极高。飞行管理态度评价量表由 34 个项目构成，重点考察和评价航线飞行员在日常飞行安全管理和飞行驾驶工作中彼此间的交流协作情况、权力梯度大小与风险决策特性。自动化驾驶态度评价量表由 17 个项目构成，主要用来考察现代航线飞行员是否因驾驶作业方式的改变而对自动驾驶产生过分依赖、骄傲及自满等消极态度。这两个分量表均采用李克特（Likert）

态度量表五级评分模式,分别是坚决反对、稍微反对、中立、略表赞同和绝对赞同。为了避免被试的反应定式,部分题目采用反向计分。

2. 航空安全态度量表

为了进一步明晰飞行员风险态度的构成成分,亨特(Hunter)在美国飞行员样本的基础上编制了航空安全态度量表(Aviation Safety Attitude Scale,ASAS)。该量表的早期版本包括十种情景,主要描述了飞行员的及时决策情况和飞行期间的操作行为,共27个项目,采用李克特量表五级评定形式。实践表明,该量表的内部一致性和结构效度都较好。后来,亨特对该量表进行修订,建立了新的风险态度量表(Hazardous Attitude Scale),包括情景判断、刺激和冒险、安全形势控制、风险意识、风险容忍度和风险事件六个维度,共88个项目。

(三)目前航空安全文化评估中的不足

20世纪80年代以来,航空安全文化研究得到了不断完善和发展,在机组资源管理、维修资源管理和空中管制等研究领域都建立了相应的安全文化评估工具,这些评估工具的信度和效度在许多国家都得到了不同程度的验证。从影响飞行安全的角度来看,目前研究已从早期的个体因素转向组织层面。无论是对安全氛围、安全管理系统的研究成果,还是对安全行为的研究成果,都对现代航空系统的安全运行起到了重要的促进作用,安全文化研究因此也越来越受到人们的关注。尽管如此,目前航空安全文化评估还存在诸多不足,亟须在未来研究中予以深化。

1. 评估工具

心理层面的安全氛围维度是目前航空安全文化评估研究主要的关注点,研究者们大多采用心理评估学的研究方法建立相应的评估工具。尽管这种方法极大地推动了安全文化评估的进展,但评估工具本身仍具有一定的局限性。以往研究通常以态度作为行为反映的指标,在测验内部和测验之间寻找证据来衡量测验的有效性，很少从独立于测验之外的实践中寻找衡量测验效度的有效行为，由此建立的测验效标将会在很大程度上影响测验的准确性。此外，目前着重考查心理因素的评估工具在评估航空安全文化其他维度（如行为和安全管理系统）上所发挥的作用也是极其有限的。因此，在未来的安全文化评估工具的开发上，应使工具的维度更具针对性和全面性，并且寻找测验之外的行为效标，以此来验证工具的有效性。

2. 评估内容

近年来，对于航空安全问题的关注已经从个体层面的人因失误转移到了组织层面的文化因素，这为航空公司提高安全管理水平和预防飞行事故提供了一个新视角。然而，目前还缺少一个完备的航空安全文化概念体系，研究者们大多从自身立场出发，围绕组织的安全管理承诺、组织成员的安全态度、关于安全的核心价值观等来描述航空安全文化。事实上，航空安全文化作为组织和个体的态度、情感、价值观及行为方式的混合体，是职业文化、组织文化和民族文化相互作用的产物，它不仅包括意识层面的安全氛围，而且还包括行为层面的安全操作技能与组织层面的安全管理系统，单纯的态度和价值观念很难对其进行系统、准确的反映。因此，要全面地评估航空安全文化，必须基于一个文化的完备模型，考虑它的多侧面本质，不能仅限于态度与价值观层面，还要把对安全管理系统和安全行为的评估放在同样重要的位置。这意味着，未来在设计评估工具的内容时，要更加全面，建立从意识到行为再到组织层面的完整的评估体系。

3. 评估方法

在航空安全保健和航空事故预防研究领域的一个重大进步就是把安全文化作为独立的变量进行考查。然而，在航空安全文化的评估方法上还存在不足，主要体现在两个方面：（1）目前大多采用问卷调查法，以横向研究手段评估航空安全文化，这样得到的研究结果很容易受到个体认知一致性或社会期望的影响；（2）安全文化概念本身具有整体性和多维性，采用问卷调查这种分析取向的研究方法极有可能掩盖安全文化的本来面目，而且横向研究也不利于研究者对变量间的因果关系进行推论。因而，在未来研究中，还需要加强实验研究或准实验研究，以及长期的追踪研究。需要注意的是，安全文化是一个完备的文化模型，包括内层的核心价值观、中间层的态度和信念、外层的可观察行为及相关行为规范。因此，对安全文化的评估也应该采用多种方法。例如，游旭群等（2008）提出将"三角方法"（triangulation methods）应用于航空安全文化的评估。该方法强调三角数据来源、三角研究方法、三角指导理论等，把定性研究与定量研究结合起来，并采用干预研究的方法在实践中验证安全文化的理论，从而进一步揭示安全文化的影响因素及其作用机制。

三、航空安全文化与飞行安全

在航空领域，职业文化、组织文化和民族文化都能对飞行安全产生积极和消极的影响。只有及时识别风险，有效处理失误，才能实现飞行安全。飞行安全是人们普遍期望的结果，组织的责任是消除文化类型消极成分的影响，增强文化类型积极成分的效果。

（一）职业文化与飞行安全

职业文化是在长期实践活动中逐渐形成的带有职业特色的价值取向、行为方式、奉献精神和道德规范的总和，其核心内容是成员的群体价值观，被大家认可和遵循。系统论视角下的职业文化是包括职业行为、职业规范与职业精神在内的多层次复合体，这些多层次要素具备动态活力，不断影响着个体的心理和行为。梅里特（Merritt）和赫尔姆里奇（Helmreich）（1996）对来自20多个国家的15 000多名飞行员进行调查，主要关注的是飞行员的工作态度和能力。结果表明，优秀飞行员都具有强烈的职业自豪感，不仅热爱飞行职业，而且能以极大的热情投入到飞行工作中；不论在正常飞行还是危险飞行情景下，优秀飞行员都认为他们能做出正确的决策。职业文化中的积极因素使飞行员具备了良好的操作意识和娴熟的操作技能，然而，鲁莽和过分骄傲等消极因素则容易使飞行员表现出反抗权威和在飞行中不服从管理的冲动，导致对飞行安全措施、操作程序与团队工作的漠视。（见图11-2）因此，组织安全管理的中心任务，就是要在积极领导方式的支持下，发挥飞行职业中积极因素的作用，克服消极因素的影响，使飞行员相信并承认人是会犯错误的，要从根本上预防和克服人因失误，机组人员必须在执行任务时进行及时有效的沟通和交流，这样将会因为职业文化的加强而形成一种良好的工作氛围和职业精神。

图 11-2 职业文化、组织文化和民族文化对飞行安全的影响

资料来源：HELMREICH R L. Error management as organisational strategy [C] // Proceedings of the IATA Human Factors Seminar. Bangkok, Thailand: International Air Transport Association, 1998: 1-7.

航空领域存在众多职业群体，如飞行员、乘务员、机务维修保养工程师、地勤人员、空中交通控制人员等。这些职业的从业者具有不同社会经济和民族背景的特征，通常具有不同的文化标准，而且其亚文化有相当大的差别。比如，飞行员和乘务员是同一班机的共同成员，但在他们身上有不同的稳定的特征。丘特（Chute）等人（1995）使用同样的问题分别调查了飞行员和乘务员，总结出了两个工种的工作角色的不同。（见表11-1）

表 11-1　有互相联系的职员间的区别项目

项目	驾驶舱	乘务舱
性别	大多是男性	大多是女性
年龄	30~50 岁	20~40 岁
工作空间	封闭	宽敞的
身体行动	固定不变	活动、活跃的
噪音水平	相对安静	相对嘈杂
最终工作负担	高	低
来回走动的负担	低	高
认识力方向	技术的	社会的

资料来源：CHUTE R D, WIENER E L, Dunbar M G, et al. Cockpit /Cabin crew performance: recent research [C] // Proceedings of the 48th International Air Safety Seminar. Seattle, WA, 1995.

一个大型组织通常有很多分布在不同区域的分公司，在各个分公司工作的人，也会存在很多由文化性因素导致的差异。例如，一个在大型飞行基地工作的地勤人员和一个在地方小站工作的地勤人员，虽然他们在同一领域工作，为同样的飞行器服务，工种也一样，但在亚文化影响下所表现出的行为和态度标准可能不一样。

（二）组织文化与飞行安全

随着科学技术水平的不断提高和发展，对发生在高科技领域中的事故及事故征候成因的调查正日益转向组织文化因素方面。最早开始关注组织文化对飞行安全影响作用的学者是美国国家交通安全委员会的心理学博士和人因专家约翰（John），他率先在航空领域检验并确认了组织文化在因机组和机务人员失误所导致的飞行事故中的作用。组织文化指的是组织内全体员工所共同信奉并遵从的价值观，以及因此而形成的行为规范、道德准则、群体意识、风俗习惯等，在员工的做事风格、人际关系导向、团队精神、对风险的态度以及进取心和责任感等诸多方面均有所体现。一方面，组织需要主动搜集必要的飞行资料，采取积极的预防措施，以达到降低失误发生率和减轻失误发生后果严重程度的目标。达成目标不仅需要有效的训练并在飞行实践中不断强化，还需要在操作人员和管理部门之间建立起一条对事故隐患进行交流的畅通渠道。另一方面，组织行为决定着员工为组织工作的自豪感和满意度。尽管态度对安全水平的影响是间接的，但对维护和提高安全飞行的作用却不容置疑。当组织文化积极而富有影响力时，机组成员就会更加容易接受科学有效的管理理念和相关训练，增强组织的安全意识和防范能力。因此，良好的组织文化对于提高CRM技能、提升人因训练质量、维护航空安全水平具有不可忽视的重要意义。

虽然所有的组织都重视安全问题，但是它们的文化支持安全的策略却有所不同。安全的文化是各种组织因素努力的结果。是否服从标准化操作程序（Standard Operating Procedures，SOPs）的标准、如何维护可利用的训练资源、管理层与机组飞行员之间的关系等都会影响机组的行为和飞行安全。如果在角色模式中，如机长、教官和评估员，不能证明和强调飞行安全的重要性，那么飞行员在操作中就不会有深刻的安全意识；如果高层管理人员只是讲述安全知识，而没有演示行为，飞行人员犯错误和产生意外事故的可能性就会增加。图11-2即反映了组织文化在驾驶舱中即组织中最顶端位置的表现形式。

此外，韦斯特鲁姆（Westrum）认为可以从组织管理模式上了解组织文化。他首先提出假设："航空组织需要信息交流就如同一架飞机需要燃料一样"，继而验证了航空组织处理问题的三种基本模式：病态的管理模式、官僚的管理模式、建设性的管理模式（见表11-2）。第一种模式是病态的管理模式，是具有相当冲突和矛盾的组织所特有的，在这类组织里信息被当作一个政治武器。第二种模式是一种照本宣科的模式。一个组织如果非常官僚，那么就能中规中矩地照章办事，但是不善于处理变化和紧急事件。第三种模式是建设性的管理模式，是典型的"高度可靠性"组织所采取的模式，有高度的创造性，在这样的组织中，人们有思考和交流的自由。

表 11-2　组织交流基本模式

病态的管理模式	官僚的管理模式	建设性的管理模式
个人权力就是信息	信息就是规章制度	信息被视为重要的资源
不负责	责任被分成小块	责任分担
信息员被否决	有人听信息员的信息	信息员被训练
解决困难被劝阻	解决困难被默认	解决困难有奖励
失败受到惩罚或掩盖	组织是公平和公正的	失败促使学习与探讨
新观念被完全粉碎	新观念存在问题	新观念受到欢迎和鼓励

资料来源：MeDonald W R, Jolmston N, Fuller R. Organisational dynamies and safety [M]. Aldershot: Avebury Aviation. 1995：75-80.

（三）民族文化与飞行安全

因为全世界的飞行员在驾驶舱内所执行的任务都是从一地安全地飞行到另外一地，所以一直存在一个非常普遍的观点，即驾驶舱内没有文化差异。然而，现有资料表明，飞行员的工作方式会因民族文化差异而显著不同，而这种差异对飞行安全影响重大。民族文化是凝聚在一个民族身上和全部财富中的价值取向、思维方式和意识形态，是形成民族心理的重要原因，对整个民族的生活习惯和行为方式产生着深远的影响。荷兰心理学家霍夫斯泰德（Hofstede）从权力梯度、个人主义与集体主义、规则性-灵活性和男性化-女性化四个维度界定了民族文化。赫尔姆里奇（Helmreich）将这一研究结果拓展到航空领域，发现民族文化中的权力梯度、个人主义与集体主义、规则性-灵活性三个维度显著影响驾驶舱内机组成员的行为方式。高权力梯度文化强调领导的绝对权威（如中国和许多拉丁美洲国家），这些文化中的下级很少质疑上级的决策和行动，因为他们不想得罪上级。而在高个人主义文化的国家（如美国），则会更多强调独立于群体和个人目标的优先性，这使得飞行员形成了一种坚持独立作战的勇敢元素，但并不善于把握飞行中的团队管理。在高规则性文化的国家，比如希腊、韩国和一些拉丁美洲国家，飞行员可能更容易接受 CRM 中的团队协作与交流；在美国这种低规则性文化的国家，飞行员在操作行为中则可能较少遵从那些标准的操作程序，表现出更强的灵活性。

综上可见，民族文化中的有些方面可以提升飞行安全，而有些方面则会增加危险，这表明民族文化会通过积极或消极的方式影响飞行安全（见图11-2）。传统专制式的领导作风、极端的个人主义以及过分依赖自动化操作会导致错误。例如，有研究已经指出对待如何使用自动化系统的态度存在着很大的民族差异，过分依赖自动化系统会增加犯错误的可能性。另一方面，服从SOPs、组织定向、合理怀疑自动化操作则会降低危险。梅里特（Merritt）和赫尔姆里奇（Helmreich）（1996）通过研究发现了一些对飞行员而言普遍适用的态度特征，其中一些特征因文化不同而呈现出较大的差别，如表11-3所示。

表11-3　飞行管理态度问卷（FMAQ）中飞行员共性特质和重要文化差异的项目

飞行管理态度问卷项目——交流、协调、指挥、压力	19个组织同意的百分数
共性特质	
机组成员良好的交流与协作技能与纯熟的飞行技术对于维护飞行安全来讲同样重要	85%~100%
机长的责任包括协调飞行舱和驾驶室之间的关系	85%~100%
我喜欢我的工作	85%~100%
重要文化差异	
机组成员不应对机长行动产生质疑，除非当这些行为危及到飞行安全时	15%~93%
如果我感到了飞行有问题，我就会说而不管谁会受影响	36%~98%
个人问题能够对我的飞行作业水平产生负性的影响	38%~78%
我在紧急状态下更容易出现判断上的失误	17%~70%

资料来源：MERRITT A C, HELMREICH R L. Creating and sustaining a safety culture: some practical strategies (in aviation) [J]. Applied aviation psychology: achievement, change and challenge, 1996 (1): 20-26.

梅里特（Merritt）等人（1996）发现跨文化的最大差异体现在领导指挥（也就是霍夫斯泰德的权力梯度）和执行规则路线的灵活性方面。英语国家（如美国、澳大利亚、新西兰、爱尔兰）的飞行员们持相同的观点，而在非英语国家，不同级的指挥形式因相关侧重点不同而不同，如在巴西是等级观念，在菲律宾是家族关系。这一发现说明民族文化对个体的工作有很大影响，飞行员的培训和飞行的安全管理应该遵循这一特点。

第二节　人工智能背景下航空安全文化新变化

世界正在迈入一个新的工业革命时代——智能化时代。这是一个物理世界与数字世界深度融合的新时代，智能机器和智能软件的集成极大地增强了人机交互，并推动了自动化进程。植根于哲学、数学、计算机科学、心理学和神经科学的人工智能，逐渐成为制造业和服务业的"新常态"。人工智能旨在让机器像人类一样思考，并超越人类的工作方式，使机器能够自主收集和处理来自环境的信息，以做出决策、解决问题并在需要人类推理的情况下采取恰当行动。人工智能技术正快速走进各类企业之中，得到越来越广泛的应用。

一、航空安全文化发展阶段的转变

（一）中国安全文化发展的几个阶段

中国安全文化是在研究和实践中不断完善、发展的。根据以往的研究，中国安全文化的发展可以分为两个具有显著不同性质的阶段，当然，这两个阶段可能也有重叠的部分。

第一阶段是从1991年到2000年，"安全文化"作为一个国外的概念传入中国。与世界其他国家不同的是，中国安全文化的早期研究和实践是由劳动部（现人力资源和社会保障部）、国家核事故应急指挥部等政府部门，以及中国劳动保护科学技术学会（现中国职业安全健康协会）、中国煤炭工业协会等半官方机构推动的。这种早期的研究和实践主要集中在采矿业而非核工业，因为采矿业特别是煤矿开采中的事故和死亡人数的比例较高。因此，越来越多的采矿业研究人员和从业人员开始关注安全文化，将其作为提高安全绩效的一种潜在手段。

第二阶段是从 2000 年直到现在。在这一阶段，安全文化研究人员所属单位逐渐从政府部门和半官方机构转向高等院校（如西南交通大学、中国矿业大学、中国地质大学、首都经济贸易大学、中南大学等）和其他研究机构（如中国安全生产科学研究院）。此外，研究和实践内容也从采矿业和核能源领域稳步扩展到航空、化工、建筑、制造和医疗保健等领域，安全文化学被提出并逐渐成为我国安全科学技术的一个分支学科。我国开始大力发展安全文化的研究与实践，越来越多的高等院校和其他研究机构对安全文化开展了研究。

1. 第一阶段（1991—2000）

"安全文化"一词最早出现在国际核安全咨询组关于1986年切尔诺贝利事故的调查报告中。该报告指出："可以说，切尔诺贝利事故源于安全文化不足。"20世纪90年代初期，随着中国核工业的发展，安全文化的概念在中国出现，并被许多政府部门、半官方机构、研究所和大中型企业所强调。例如，1991年秋，铁道部眉山车辆有限公司在四川省组织开展了安全文化研究，这被研究者们视为在中国企业中最早开展的、自发建设安全文化的实践活动。同年，全国安全生产委员会将5月的某一周定为全国"安全生产周"，这是当时中国最具影响力的安全文化活动。1992年，中国原子能出版社出版了中文版的《安全文化》，该书由国际原子能机构（International Atomic Energy Agency, IAEA）编写，于1991年出版。此后，特别是20世纪90年代中期，安全文化作为重要的安全科学术语开始在中国广泛传播和使用。1993年10月，"亚太地区职业安全卫生研讨会暨全国安全科学技术交流会"在中国成都召开，此次会议上有关企业安全文化的论文后结集出版。

自20世纪90年代中期以来，在政府、半官方机构，以及一些大型企业的支持和鼓励下，中国安全文化的研究和实践有了长足发展。《中国安全生产》《劳动保护》《中国安全科学学报》等数十种报刊开始刊发有关安全文化的文章，为我国安全文化的研究和实践做出了积极贡献。此外，形式多样的安全文化座谈会、报告会、国际交流会、工作坊等也纷纷举办，掀起了安全文化研究的热潮。至此，安全文化的价值逐渐被各行各业广泛认可，极大地推动了安全文化的发展。

2. 第二阶段（2000年至今）

进入21世纪，中国安全文化迎来了全面、系统、快速发展的时期，具有良好的发展前景。

第一，中国政府积极推进安全文化研究与实践。例如，2001年成立的国家安全生产监督管理局于当年在山东青岛主办了首届全国安全文化座谈会。这次会议汇集了来自政府各部门、企业、高等院校等科研机构的60余位专家学者，被认为是中国政府部门组织的最早的全国安全文化大会。同年，国家安全监督管理局组织专家编写出版了《安全文化新论》一书。2002年6月，中共中央宣传部、国家安全生产监督管理局等政府部门联合开展了全国安全生产月活动。同时还决定，从2002年起，将6月定为全国"安全生产月"，代替1991年确定的全国"安全生产周"。同时，还要求自2002年起，在每年的全国"安全生产月"期间开展"安全生产万里行"活动。

第二，相关学者提出将安全文化学确立为安全科学技术基础学科的重要分支，安全文化逐步纳入安全科普教育。中国高校的安全科学教育始于20世纪50年代后期。2000年以来，越来越多的高等学校开设了安全工程专业，开设了安全科学教育的学士、硕士、博士学位课程。根据教育部2016年公布的数据，在2015年，154所高等学校开设了本科生安全工程专业，比2000年增加了6倍多。在我国，安全文化逐渐被列为安全科普教育的重要组成部分。例如，安全科学教育的许多教材都包括"安全文化"一章。一些设有安全工程专业的高等教育机构还专门开设了与安全文化相关的课程。例如，中国石油大学（北京）开设了一门名为"安全法与安全文化"的课程。

第三，自 2000 年以来，越来越多的高等院校和研究机构的学者开始专注于安全文化研究，安全文化研究日益成为人类学、社会学、心理学、管理和工程学科的研究热点。总之，在过去的 20 年里，安全文化一直是中国学者和相关从业者共同关注的研究重点。

自1991年至今，经过30多年的发展，中国在安全文化的研究方面取得了很多有重要理论和实践意义的成果。在当前人工智能的大背景下，在航空领域这一特殊行业中，安全文化的革新、发展、建设和应用也发生了诸多转变。如何利用人工智能的高科技、高计算力等独特优势，为航空安全文化的建设提供新的手段和方式应该成为当前研究者和实践者们重点关注的实际问题。事实上，无论是航空安全文化的研究者，还是航空产业的管理者和实践者，都在思考在人工智能融入航空领域的现实背景下如何开展创新性的、符合新的时代特点的安全文化建设工作，而这也将成为中国航空安全文化发展的一个全新的方向。

（二）安全悖论与弹性安全文化

何为安全？从安全概念本身出发，正如詹姆士·里森（James Reason）所言："对安全概念的描述和衡量更多关注的是它的缺席而不是它的存在。"这是因为，人们很难完全确定事情的状态是安全的，面对事故或事故征候，识别不安全和危险因素要容易得多。也就是说，当无法直接判定事物是否安全时，只要出现了事故或事故征候，人们就可以说事物是不安全的。这也可以被称作"安全悖论"。

安全概念的另一个混淆来源是它与风险的关系。安全是风险的对立面吗？事实上，并非如此。有国际航空安全监管机构指出："安全不仅仅是没有风险；它还要求组织始终保持特定的系统性安全促成因素，以应对已知风险，并为应对未知风险做好充分准备。"风险与可能的损失有关,而安全与确定性有关。安全在很大程度上是一种感知属性,而风险具有经过计算的属性。在风险估计中基于概率的假设有效的情况下,可能会发生许多故障或事故,但单个故障可能会否定安全假设。

这些围绕安全的概念性问题也可能成为实际问题。组织如何为在某种意义上不会发生的事情分配管理资源和设定优先级呢?也就是说,如果组织及其成员认为组织实际上是安全的,又如何在安全事务上持续关注与投入呢?因此,相对于那些能够产生确定的、积极的、可衡量的结果的支出(例如增加生产力、提高产能或购置新的物理设施),许多组织在安全方面的投资不足也就不足为奇了。与这些支出相比,付诸安全事务上的防止事故发生的投资的回报又是多少呢?如果没有安全投资,事故是否会发生?进行了安全投资,事故就一定不会发生吗?如果事故确实发生了,一个组织能否因为由安全投资而带来的事故发生的可能性降低或延迟了事故的发生,而获得一些宝贵的经验呢?诸如此类的问题都可能会削弱组织及其领导者将安全作为优先事务或对安全做出优先承诺的动力。

此外,心理学家卡尔·威克(Karl Weick)将安全定义为持续的"动态无事故的产生"。这一概念强调,安全并不是指没有事故,而是组织积极促进安全的行为过程,比如:做出一系列前瞻性努力,以预判未来事故的潜在原因和后果;从突发状况、事故征候与先前事故的根本原因分析中不断学习;识别并持续监测可能导致事故发生的先兆条件,并采取行动防止事故发生;培训和计划,以遏制事故发生的后果。简而言之,这一概念强调的就是要对安全进行前瞻性的、积极的管理,也就是安全管理。从这个角度来看,安全可以在操作上定义为安全管理系统的有效实施和运行,并通过安全文化得以加强,而不是简单地将事故和事故征候作为衡量组织是否安全的指标,因为这种指标在一定程度上是滞后的。

飞行操作环境是一种充满高科技的工作空间，相应的安全设备都应处在可接受的安全水平内，而这一切内容的实现都需要建立在具有弹性的积极航空安全文化基础上。组织安全文化可分为三个不同方面：（1）心理方面，与固有的安全氛围和人们的感受有关；（2）行为方面，涉及人们在组织中的行为方式；（3）情境方面，涉及组织的结构组成部分和固有的安全管理系统。安全文化的情境方面与组织内的政策、程序和管理系统有关；行为方面可以通过同行观察、自我报告来对结果进行评估；心理方面非常关键，通常使用安全氛围问卷来衡量，以了解员工对安全的知觉。组织中弹性安全文化的特征包括情境适应性、持续改进性和运营成本效益。有弹性的安全文化离不开三个关键因素，即心理/认知能力、行为能力和管理/情境能力。在组织安全管理实践中，通过识别、建模和量化安全文化的弹性来预测、监控、响应和学习管理弹性组织中的安全风险是十分重要的手段，能够帮助安全管理人员准确识别组织安全文化框架中的漏洞并提供持续改进的建议。在安全科学领域，当积极的安全政策、程序和实践使组织能够对事故产生更大的抵抗力，并且能够在事故发生时更好应对，弹性安全文化在促进组织安全方面的作用就发挥得更加明显。

航空组织中弹性安全文化的益处还体现在可以通过使用被动和主动安全管理措施来最大限度抵抗运行漏洞的不利影响上。安全管理体系（SMS）的有效实施也可以维持有弹性的安全文化，这是一种正式的、自上而下的、全组织范围的安全风险管理方法，并能够确保安全风险控制的有效性。SMS 包括用于管理安全风险的系统程序、实践和政策。众所周知，在 SMS 的框架内，积极的安全文化反映在组织中人员的积极主动和有弹性的行为中，同时，这些行为也可以作为良好组织管理因素的间接指标。在有效的 SMS 环境中，衡量弹性安全文化的文化属性（如承诺、认知和能力），可以提供对组织安全的持续监控和改进。设定目标、确定实现这些目标的活动与提高绩效都是 SMS 测量过程中的子组件。

SMS 要求根据预先确定的绩效水平预期来衡量绩效，并对组织中可接受的安全水平实施变更。作为 SMS 测量过程的一部分，在一个具有弹性安全文化的操作环境下，创建持续的学习和安全程序提升的循环是被期望的结果。

二、航空安全文化模式的转变

航空业的首要任务是确保安全，以往通常采取改善飞机性能、确保操作员安全操作行为等手段提高航空安全水平，却忽视了人的安全管理态度在确保飞行安全中的重要作用。高科技、高风险是航空运行系统的典型特征，随着科技的进步，由飞机设备故障导致的事故已急剧减少，航空安全文化则成为当今航空安全管理系统中最核心的要素。随着人们对航空安全认知的不断深入，航空安全文化模式的演进过程可以分为四个阶段：从早期更多强调规则和制度的惩罚安全文化模式到法规安全文化模式，再到更加体现人的主观能动性的自我管理安全文化模式，然后到公正安全文化模式。

（一）惩罚安全文化模式

惩罚文化的一个本质特征是责任明确裁决，并且责任通常归咎于事故链中的最后一个人。在传统观念里，民航业一直被认为是对任何失误零容忍的行业，这要求所有民航从业人员都应具备超人的技能，不能在职业生涯里出现任何失误，出现失误的后果是必须受到严厉处罚。惩罚文化的基本观点是"人是不可靠因素"，而对系统错误或偏差却关注较少。事实上，追究个人过失在本质上是组织推卸自身责任的一种方式。因此，惩罚安全文化模式的一个明显而严重的问题是：惩罚往往掩盖了组织的潜在缺陷，使得人们无法及时发现、纠正和改进一些系统错误。

（二）法规安全文化模式

在法规安全文化模式下，完善安全管理文件、加强安全监控等手段是建设航空安全文化的核心手段。在实行法规安全文化模式的组织中，管理者的主要工作任务是编制安全规章，控制安全指标，以及搜集、整理和保存安全信息。组织往往会采取各种措施，以获取尽可能多的与安全相关的真实数据，并通过安全审查和其他方式监督和检查组织安全的日常运营。民航安全文化建设的重要成果之一就是法规文化的建立，完善的安全法规体系极大地推进了航空安全规范化管理的进展，在一定时期内帮助降低了航空事故率。然而，仅靠建设法规文化来保障安全是远远不够的，安全规章与制度的有效贯彻离不开人的主观能动性。这就要求员工在对工作任务进行具体分析的基础上，充分了解各项设备的工作原理，优化设备使用，使规章制度得到最有效的执行。

（三）自我管理安全文化模式

随着对安全文化模式研究的不断深入，越来越多的学者开始关注安全运行系统的前端因素，其中，态度被认为是体现安全文化特征的关键因素。据此，学者们开始将态度评价作为安全文化诊断和行为预测的有效指标。无论是惩罚文化还是法规文化，都属于被动反应型、强制性管理模式，而自我管理文化与它们的最大区别就在于它更加强调主动预防型、自愿性管理模式。在这种模式下，员工会出于自身需要而非受外部压力驱使，主动预防和控制不安全因素。这是一个巨大的转变，这一转变彻底改变了以往认为人是一切问题和事故的主要原因的观点，提升了人的高度，相信和肯定了人在航空安全管理中的积极能动作用。

（四）公正安全文化模式

公正安全文化认为，构建航空安全文化应该从"处罚"中解放出来，转向查找容易发生失误的环境，这就需要完整而系统的安全事件报告制度。关注事物环境有两个方面的含义：一方面是失误预防，对发生失误的环境进行充分调查有助于在未来采取针对性措施，减少再次发生类似失误的可能性；另一方面是失误补救，查明失误环境有助于做出计划部署，减轻失误造成的负面影响。

公正安全文化的根基在于员工和管理者之间的高度信任和尊重。在公正安全文化模式中，员工必须对所有可能影响安全的行为负责；这就要求员工在做出任何决策之前，都要考虑其对安全的影响。

通过对上述航空安全文化管理模式的回顾可以看出，航空安全管理从早期对人的严厉惩罚到完善的安全法规的制定，再到人员的自我管理，直到目前的员工和管理者之间的交互影响，都体现了越来越理性的航空安全管理实践。当前，人工智能技术正日益融入航空领域，与航空业的很多方面紧密融合，形成了诸多创新结合点。在这种背景下，航空安全管理也从以员工和管理者相互影响为显著特点的模式向员工、管理者、环境以及人工智能技术共同作用的模式转变。在这一模式下，员工需学习并掌握新技术，在工作中更好地应用这些技术，以便高效安全地完成任务。管理者亦需转变管理观念，不仅要关注人对安全的影响，还要关注 AI 技术对安全的影响，认识到安全是人和 AI 技术共同作用的结果。当然，随着 AI 技术的不断融入，航空工作的环境也发生了明显变化，AI 技术的成熟应用有效减轻了人的工作负担，提升了工作效率，但这并不意味着人的作用可以被削弱或忽视，因为 AI 技术的应用是为了使人的工作更加简便和高效，人在整个工作系统中仍然是不可或缺的。总之，人工智能背景下的航空安全管理模式是应该将员工、管理者、环境与人工智能技术当作一个整体看待的新模式。

三、人工智能在企业发展中的应用

（一）人工智能在优化工作成果和员工工作行为中的作用

人工智能与机器学习技术被誉为提高生产力和助力公司招聘、培训、留住员工的强大工具。这些前沿科技显著影响着企业的生产力和业务成果，帮助一些企业在竞争中脱颖而出，这主要是因为人工智能和机器学习算法有效地利用了大量的大数据，从而提高了绩效。人工智能能为管理人员提供关键数据，使他们能够做出更好的业务决策。同时，人工智能不仅能够帮助企业识别并吸引合适的人才，还能通过个性化培训提升员工技能，增强其归属感，进而提高员工留职率。机器自动化作为人工智能技术的重要组成部分，能够更快、更有效地创造更高质量的商品，同时还能提供关键数据以帮助管理人员做出更好的商业决策。因此，许多组织都开始意识到采用人工智能和机器学习等技术是值得的，因为它们能够有效提高员工绩效，促进企业发展。（见图11-3、图11-4、表11-4）

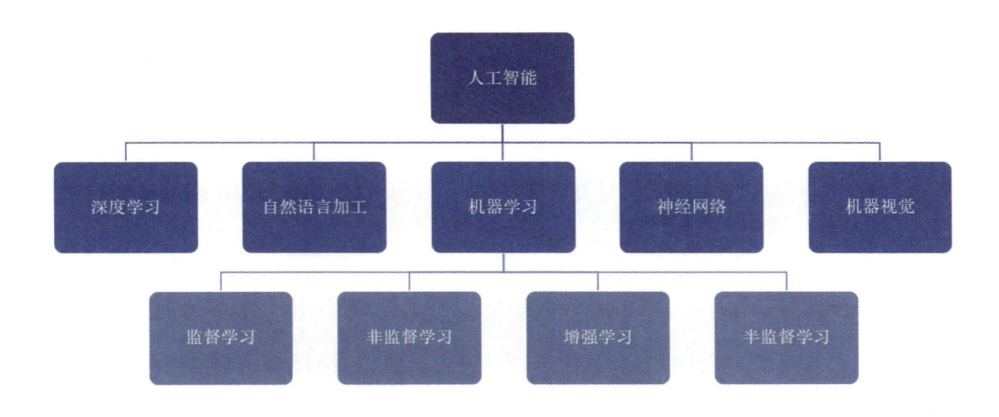

图 11-3　人工智能优化工作成果

资料来源：Ramachandran K K, Mary A A S, Hawladar S, et al. Machine learning and role of artificial intelligence in optimizing work performance and employee behavior［J］. Materials today: proceedings，2022，51：2327-2331.

人工智能技术最显著的优势之一是自动化，它对通信、交通运输、消费品和服务行业都产生了重大影响。自动化不仅大幅提升了各领域的生产效率和生产力，还促进了原材料的更高效利用、产品质量的显著提升和安全性的增强。并且，人工智能长期以来一直被用于帮助企业做出更好的决策。通过整合并协调数据供应、评估数据变化趋势，人工智能技术能够建立数据一致性，为企业提供可靠的预测。此外，人工智能和机器学习技术还有助于开发用于处理数据和预测各种趋势与后果的预测模型和算法。

表 11-4 人工智能和机器学习的领域及其应用

领域	描述	人工智能和机器学习应用
机器视觉	该领域的研究专注于开发能够分析和处理单一或序列图片的机器	人脸识别、影像复原、产品缺陷检测
文本分析	该领域的研究旨在从文本数据中提取高质量的信息	搜索引擎、查询处理、个性化推荐、文档总结、风险检测、需求预测、产品搜索排名
语音识别	该领域的研究旨在创建可以响应语音命令的机器	语音到文本处理、语音搜索和拨号

资料来源：Ramachandran K K, Mary A A S, Hawladar S, et al. Machine learning and role of artificial intelligence in optimizing work performance and employee behavior[J]. Materials today: proceedings, 2022, 51: 2327-2331.

人工智能正在帮助各个领域的组织找到正确的解决方案，以更高效地解决问题，而解决复杂问题的高效率意味着提高了商业生产力。人工智能技术不仅可以帮助公司做出关键抉择，还可以为任何可能发生的情况做好准备，确保业务的可持续性。重复性的工作内容不仅耗时，而且可能很乏味，随着时间的推移会降低员工的生产力。以人工智能为核心的"机器人过程自动化"（Robotic Process Automation，RPA）技术，可以将多个业务系统之间的内容联系起来，实现交互自动化，从而使烦琐的工作变得更容易处理。自动化技术可以使任何形式的商业过程变得更加迅速，而不需要太多的人力参与。此外，利用人工智能技术实现企业日常运营自动化的另一个重要作用是减少人为错误。机器人处理自动化技术在数据输入和处理方面具有巨大优势，其高度的精确性极大地降低了数据分析错误的风险。这一特性不仅有助于提升企业的生产效率，还有效减轻了员工的工作负担和压力。因此，借助人工智能技术，企业可以实现更快速的发展，并全面提高员工个人及团队的绩效。

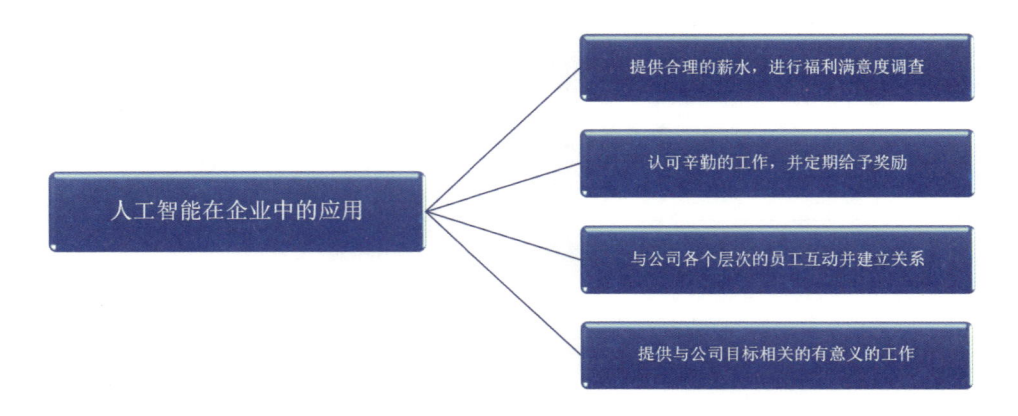

```
                                    ┌─────────────────────────────────────┐
                                    │  提供合理的薪水，进行福利满意度调查   │
                                    └─────────────────────────────────────┘
                                    ┌─────────────────────────────────────┐
                                    │  认可辛勤的工作，并定期给予奖励      │
  ┌──────────────────┐              └─────────────────────────────────────┘
  │ 人工智能在企业中的应用 ├──────────
  └──────────────────┘              ┌─────────────────────────────────────┐
                                    │  与公司各个层次的员工互动并建立关系  │
                                    └─────────────────────────────────────┘
                                    ┌─────────────────────────────────────┐
                                    │  提供与公司目标相关的有意义的工作    │
                                    └─────────────────────────────────────┘
```

图 11-4　人工智能可优化工作成果和员工行为

资料来源：Ramachandran K K, Mary A A S, Hawladar S, et al. Machine learning and role of artificial intelligence in optimizing work performance and employee behavior［J］. Materials today: proceedings，2022，51：2327-2331.

（二）人工智能背景下航空安全文化的干预

虽然目前关于人工智能背景下航空安全文化的研究较少，但对该主题的研究可以在较为成熟的安全文化研究的基础上进行。在现有研究的基础上，对航空业的安全文化进行干预，至少可以归纳出三种手段。首先，管理者可以通过对安全事务的日常管理来影响安全文化。沙因（Schein）提出了管理者可以用来塑造安全文化的六种主要嵌入机制：（1）管理者定期关注、评估和控制安全内容；（2）管理者如何应对重大事件和组织危机；（3）管理者如何分配资源；（4）刻意的角色塑造、培训和指导；（5）管理者如何按照职位分配奖励；（6）管理者如何招聘、选择、晋升和开除员工。

在影响安全文化的方式中，这些方式或许是最重要的方式，因为它们具有较强的规律性和全面性，并且在理想状态下，可适用于组织生活的各个方面。因此，这些机制在一定程度上已经在运输业中得到了极大关注。但是，由管理者施加的影响模式又是不确定的、难以描述和定义的。尽管如此，需要指出的是，这些措施依然重要，它们体现了管理层对安全的承诺，也是组织安全氛围研究中最重要的方面。因此,这些手段所规定和实施的管理方式或许能够体现对安全的承诺。领导是组织内发展安全文化的必要因素,重要领导的决策可以提升并代表对安全的承诺,如果安全不是最高优先事项的话,领导应将其作为组织中的最高优先事项。这可以通过预算分配和投资、雇用或解雇人员、制定新的安全规则和程序以及商定安全官员的责任和权限来实现。高层管理人员还可以为管理者和员工制定积极或消极的激励措施与纠正措施计划。然而,也有一些学者对此提出了批评,他们认为领导者在组织中对于发展和塑造整体安全文化的作用是有限的。他们认为文化是自下而上产生的,通过群体成员的互动而被建立,通过对重要议题的协商而被再建立。这意味着组织内可能包含多种亚文化,这些亚文化可能会对管理者建立安全文化的方式做出负面反应。由此可见,改变和管理安全文化是一项非常艰巨的任务。

其次,组织内还可以实施一些干预措施来影响和促进安全文化。一般说来,干预措施对安全的关注点非常广泛,这意味着安全文化并不是这些干预措施的主要影响目标。对安全文化的影响仅作为更广泛的组织安全措施的附属物而产生,换言之,这种影响是在干预措施对广泛的安全问题产生作用的大背景下发生的。干预措施在资源密集度方面也有很大差异。尽管如此,安全文化干预依然可被认为是有效的,因为最可靠的审查研究(包括前后测量、测试和对照组)表明安全文化干预可以改善安全文化和安全行为,并且减少事故的发生。安全文化变革的基本要求是将由经理承诺和员工参与促进的、对工作场所危害因素的共同讨论制度化。虽然在各项研究中采取的干预措施并不相同,但在所有的安全文化干预措施中都有很常见的四个关键要素:(1)任命一名关键人物(通常是经理)负责实施干预;(2)将对工作场所危害因素的联合讨论和风险评估制度化,涉及经理和员工;(3)根据讨论和联合风险评估实施和监测措施,例如建立报告系统和开展培训;(4)根据里森(Reason)对知情安全文化的描述,就组织中的安全问题保持有效沟通。

此外，影响组织安全文化的方法是安全管理体系（SMS），这是运输部门广泛采用的一种策略。SMS 的实施有助于培养积极的安全文化。安全的正式（结构）和非正式（文化）方面紧密地交织在一起，因此，航空安全文化的各个方面与航空安全管理系统的各个方面也是不可分割、密切相关的。事实上，人们很难确定航空安全文化和航空安全管理系统哪个先出现，又是如何分别影响航空运输部门的安全水平的。有研究者对 SMS 相关的安全成果进行回顾，指出 SMS 通常包括管理政策、关键安全人员的任命、报告系统、危害识别和风险缓解、安全绩效监控等。这些方面与安全文化干预的四个关键要素没有太大区别。因此，在实践中可能很难区分安全文化干预和 SMS。但是，不可忽略的是，两者都或多或少包括为了在实践中更好地保证安全而实施的正式措施，并且都旨在处理员工共享的安全知觉（非正式的安全措施）和员工行为与组织安全之间的关系。

但是，有些安全文化干预的内容并不足以使安全文化发生改变，安全文化的转变还取决于安全文化干预过程的质量。纳维斯塔德（Naevestad）等人通过对航空、铁路、海运和道路运输部门的安全文化干预方案的回顾，归纳出了影响安全文化变革的八个因素，并且认为这些因素在相互影响的同时有部分重叠。

（1）最高管理者在整个干预期间对安全的承诺。这一因素在几乎所有的干预研究和航空、铁路、海运和道路运输部门都得到了极大关注。强有力的领导对航空安全文化干预计划的实施至关重要。如果缺乏管理者对安全的承诺，或者组织内角色混淆，那么航空安全文化的干预计划将受到极大阻碍，效果也会大打折扣。

（2）员工支持和参与。影响安全文化变革的一个关键因素是员工参与变革过程和干预措施。在组织内会存在很多由员工组成的非正式团体，如果他们积极参与风险分析以及后续行动计划的创建和执行，那么这些团体的讨论通常会对提高组织安全具有明显作用。此外，由工会所倡导的员工间的合作也是关键因素之一，它可能会鼓励员工参与安全文化变革计划。

（3）管理者与员工之间的关系。经验丰富的员工可能会对领导提出的安全计划有所质疑，如果领导者态度强硬，拒绝听取意见，则可能会引发员工和领导之间的不信任。管理者和员工之间的不信任会阻碍安全文化变革计划的开展。除此之外，惩罚、权力距离等与组织安全有关的因素也会阻碍安全文化的干预。

（4）干预的动机。对实施安全干预的强烈动机被认为是安全文化变革成功的重要因素。诱发强烈动机的因素可能包括已经暴露的安全问题、严重的危险事件、技术的全面变革或对不良安全文化的担忧。在道路交通部门，管理者往往为了追求更高的经济效益而放松对安全问题的监督，但安全改进的潜在好处通常可以以提高生产力的方式呈现。然而，大多数研究者认为组织成员积极参与干预的主要原因是严重事故和糟糕的安全记录。针对这种情况，管理者实施安全文化干预计划的前提是要清楚地说明实施干预的原因与干预的效果。在干预措施应用之前，要设置预期的安全目标（如事故的下降率）与奖励措施，如果缺少了这些内容，员工参与干预的动机可能会大大降低。

（5）监管机构对安全或安全文化的关注，以及对企业的支持。成功的安全文化干预措施的实施都受到监管机构对安全和安全文化的高度关注，以及监管机构对企业的支持的推动。但是，这也并非是绝对的。例如，某些道路安全文化干预措施似乎并非出于监管机构对安全文化的关注。

（6）明确一致的实施程序。如果不能保证安全文化干预计划在实践中的一致性，则可能导致计划失败。安全文化干预计划通常包含多项措施，如果不能将它们很好地整合在一起，就可能会造成角色混乱，即员工和管理者对自己的责任和工作内容都不清楚。因此，在干预实施过程中应避免不必要的复杂程序，综合干预应该是连贯的、结构化的，并与现有的组织系统相一致。

（7）组织变革和其他将注意力从干预中转移的做法。组织变革会对安全文化干预的实施产生负面影响，例如，更换对实施干预措施至关重要的管理人员。

（8）干预的内容。决定员工是否愿意参与干预计划的一个关键因素是干预的内容。这一点不容忽略，即员工的参与、支持和鼓励也可能取决于干预本身的内容，例如安全活动、安全目标。

四、航空安全文化建设的转变

近年来，人工智能作为一种最重要的数字技术，已为改善业务运营、服务流程和行业生产力做出了重大贡献。与传统方法相比，采用人工智能技术有助于增强自动化程度，并为行业提供更大的竞争优势。例如，机器学习已经被应用于健康和安全监控、成本估算、供应链和物流流程改进、风险预测等领域。在建筑行业，现场监控，绩效评估，异地组装，以及建筑材料、厂房和设备的管理过程中，都融入了很多机器人技术。在航空业中，人工智能技术的应用包括预测航班延误、自助安检、出行智能化、操作智能化等方面。人工智能技术在航空业中的应用已经给航空业的发展带来了巨大的变化，这些变化不仅包括硬件设备的更新、服务和运营效率的提高，还包括航空安全文化的转变。下面，简单介绍人工智能背景下航空安全的几点转变，并对如何在这些转变下更好地建设和发展航空安全文化进行探讨。

（一）人工智能技术带来的航空安全预测转变

利用人工智能技术及时做出灾难预测，避免惨重损失是人们将人工智能技术应用在航空领域的重大目标。比较具有代表性的是美国国家航空航天局（NASA）的艾姆斯研究中心，该中心一直致力于与航空相关的人工智能研究，其关注的重点是商业航空事故数据中预示飞机存在潜在系统性大问题的"异常运行"。NASA对该问题的研究已经取得了一些进展，初步开发了检测异常情况及识别事故先兆的智能系统,这一系统正准备接受专家们的评价和反馈。此外,NASA 还为联邦航空管理局的数据分析合作伙伴 MITRE 公司开发了一套旨在分析飞机数据安全性的系统,该系统将有助于在 NASA、FAA、国家运输委员会、飞机制造商和各大航空公司之间建立一个安全数据共享联盟,可望通过人工智能分析航班飞行数据,及时发现潜在问题。这些操作与应用体现了人工智能技术在数据分析方面的巨大优势。在人工智能技术应用于航空领域之前,识别潜在的风险是非常困难的,因为飞行数据繁多且变化迅速,所以仅凭人力计算就想准确预测未来事态的发展是极为困难的。但利用人工智能技术,人们对安全数据的获取、分析和应用的能力都得到了显著提升。飞行数据是一个极为丰富且宝贵的数据库,对其深度挖掘至少有两个方面的益处。一方面,对以往数据的分析可以总结安全飞行的经验,对未来飞行员的培训具有重要指导意义。另一方面,借助于数据库的帮助,人们可以提前对可能导致风险的问题进行识别,这将有助于飞行员在训练或实际飞行过程中规避这些风险,提高飞行的安全水平。

(二)人工智能技术带来的航空安全评价转变

人工智能技术在商用航空中的一个典型应用是自动化系统的使用,人工智能和机器学习承担了飞行员的部分职责。目前,已经有多种人工智能技术应用于航空实践中。其中,跑道超限保护软件是人工智能技术的典型应用之一,它可以快速计算飞机的进近速度和重量,然后将得到的物理模型与公布的跑道长度和当地的天气进行比较。一旦检测到不安全状况,就会触发系统广播警示信息。跑道超限保护软件还可计算最佳进近下滑道或轨迹,为飞行员的操作提供参考。此外,一些新兴系统也在不断开发,如机动特性增强系统(MCAS)可以在需要补偿飞机操纵特性时增加安全性,利用传感器数据,根据飞行条件,自动调整飞机的控制。上述的人工智能技术在航空实践中的应用正在逐渐改变航空安全评价的方式。对于飞行安全的评价不能再依赖于单独的机器或人，更应该将人和机器看作一个整体，其中任何一个部分的差错都有可能引发严重的失误。因此，在航空安全评价的模式上应该更加注重整体性和协同性，人机协同的效率应当成为评价航空安全的一个重要指标。

（三）人工智能技术带来的航空安全态度转变

机械故障一直被认为是飞行事故最大的诱因之一，在引入了人工智能系统之后，这一点在很大程度上得以避免。人工智能系统在数据搜集和处理方面具有很大优势，它可以更快、更准确地分析数据，对飞机进行健康和使用周期监测，从而准确、及时地提供预防措施。并且，随着科技的进一步发展，人工智能在航空领域的应用范围越来越广泛，甚至可以对飞机系统进行全面、精准的分析和监测。如果人工智能系统能够对飞机的多项重要参数进行检测验证、自动纠错，或者提前发出告警提示，就将会在很大程度上预防飞行事故。由此可见，人工智能系统能够在很大程度上弥补人在处理纷繁复杂的信息方面的缺陷，在这种情况下，人们对于航空安全的态度也有可能发生转变。安全态度包括对硬件的态度、对软件的态度、对人的态度和对风险的态度，人工智能系统在航空领域的应用将影响人们对飞机等硬件设备的态度、对飞机智能操作系统的态度、对操纵飞机的驾驶员的态度与对可能出现的风险的态度。人们在应用人工智能技术上获得了很大的操作便利，减轻了人的负担，提高了工作效率。但是，也有可能因为对人工智能过分相信和依赖而引发飞行员的情景意识下降，这将会对飞行安全产生严重的影响并造成潜在的危害。所以，在人工智能技术逐步应用于航空领域的过程中，人们应该持客观、谨慎的态度，既不可完全依赖机器，又不能否认机器在实际应用中的价值。

（四）人工智能技术带来的航空安全管理转变

商业航空的主要作用是运输和提供服务，人工智能在航空领域的应用除了上述的风险识别、数据挖掘、危险预测等方面，还体现在航空服务系统的运营和服务效率上。比如在机场安检系统上，人工智能得到了广泛的应用，主要包括视频监控信息快速检索、人脸识别核验、异常车辆排除等技术。在空中管制方面，人工智能算法能够整合关键业务在不同平台上的数据，并共享数据，实现以机场为中心，合理调配各个运营方资源，帮助管制员监控飞机的飞行状态和气象信息。此外，在机场客流引导和管理方面，机器学习和人工智能的使用可预测机场流量分布，帮助简化机场地面运营，在提高机场运行效率的同时，大大降低管制员的工作管理难度和强度。总之，航空领域的各个方面都在积极探索与人工智能技术的结合和融合，并将人工智能应用于机场智能化、保障航空安全、提高运营效率等方面。虽然目前人工智能技术与航空领域的结合还存在诸多尚未解决的潜在问题，但是可以预见，人工智能技术的发展会为航空产业带来新的活力和真正意义上的变革。在这种大背景下，航空安全管理的模式也应随之发生改变，无论是惩罚、法规、自我管理还是公正安全文化的管理模式，都不足以解释人工智能技术与航空产业结合的大背景下新的安全管理模式。以往的安全管理模式以人为核心，关注的是个体对安全文化建设的作用，而融入了人工智能技术之后，安全文化的建设不仅包括人的因素，还包括智能技术的因素。有些错误的发生可能不是人的原因，因为机器也有可能出错，这也就意味着在设计安全文化的管理模式或进行安全文化的建设时，应该将人和机器作为一个协同整体制定有针对性的建设措施。

总而言之，随着人工智能技术在航空领域越来越成熟的应用，航空安全文化的诸多方面都发生了转变，这些转变体现在航空安全预测、航空安全评价、航空安全态度和航空安全管理等诸多方面。在这些转变的基础上，开展适应时代变化、符合科技新形势的航空安全文化建设势在必行。通过在航空业开展紧扣科技、体现特色、安全运行、应急有效的航空安全文化建设，使全体航空工作人员形成安全、高效的个人安全行为规范，树立行业安全与健康的目标追求，最终促进航空产业的和谐发展。不过，需要注意的是，人工智能背景下的航空安全文化建设不能仅停留在传统的模式和手段上，更不能只是开展一些空喊口号的文化类活动或运动，而应该在具体的航空活动实践中寻找人工智能技术和航空产业的结合点，在具体的实践过程中发展符合新时代要求的航空安全文化。这种文化的建设绝不是一朝一夕就能完成的，而是在潜移默化的过程中逐渐形成的，再在和风细雨的实地实践中发挥作用。它是一个持续的系统工程，是一个长期发展的过程，需要全体航空工作人员的共同参与和努力，在已经具备的"安全优先"的安全文化基础上，寻找在人工智能技术加持下的新的建设点，并且需要人们创造新的安全管理理念，使得追求安全在新的智能时代成为全体航空人的一种精神理念、一种信仰和追求，最终成为全体成员的向心力。

参考文献

丁玉兰，2017. 人机工程学：第5版［M］. 北京：北京理工大学出版社.

杜红兵，等，2013. 基于信息加工模型的飞行员差错分析与分类［J］. 工业安全与环保（2）：90-93.

付健，2021. 基于迁移学习和属性增强的机场跑道FOD检测算法研究［D］. 西安：西安电子科技大学.

高华，陈红兵，2021. 论人工智能与人类智能之差异［J］. 东北大学学报（社会科学版）（2）：15-20.

何晓骁，姚呈康，2020. 人工智能等新技术在航空训练中的应用研究［J］. 航空科学技术，31（10）：7-11.

皇甫恩，苗丹民，2000. 航空航天心理学［M］. 西安：陕西科学技术出版社.

姬鸣，等，2011. 风险容忍对飞行员驾驶安全行为的影响：风险知觉和危险态度的作用［J］. 心理学报，43（11）：1308-1319.

姬鸣，等，2012. 航线飞行员危险态度测量及对驾驶安全行为的影响［J］. 心理科学，35（1）：202-207.

贾宏博，2012. 美国空军指令AFI 48-123:《医学检查标准》解读［J］. 空军医学杂志（1）：55.

雷宏杰，姚呈康，2020. 面向军事应用的航空人工智能技术架构研究［J］. 导航定位与授时（1）：1-11.

李姝，汪磊，2020. 飞行人为因素与机组资源管理［M］. 北京：中国民航出版社.

刘智慧，张泉灵，2014. 大数据技术研究综述［J］. 浙江大学学报：工学版（6）：16.

卢新来，等，2021. 航空人工智能概念与应用发展综述［J］. 航空学报（4）：525150-1-525150-14.

毛刚，王良辉，2021. 人机协同：理解并建构未来教育世界的方式［J］. 教育发展研究，

41（1）：16-24.

塞缪尔·格林加德，2021.虚拟现实［M］.北京：清华大学出版社.

涂子沛，2012.大数据［M］.桂林：广西师范大学出版社.

王博，2021.机场协同决策下机坪牵引车调度优化研究［D］.德阳：中国民用航空飞行学院.

王辉，等，1998.航空工效学研究进展［J］.中华航空航天医学杂志，9（3）：180-183.

王黎静，2015.飞机人因设计［M］.北京：北京航空航天大学出版社.

王新野，等，2022.影响直升机飞行员飞入IMC的心理因素：一项基于三十年间NTSB事故报告的研究［J］.心理科学，45（1）：156-163.

王梓宇，游旭群，2017.航空决策模型及其影响因素分析［J］.心理科学进展，25（11）：2002-2010.

魏麟，2004.民航运输机高度自动化飞行的利弊分析［J］.中国民航飞行学院学报（4）：9-11.

肖峰，2020.人工智能与认识主体新问题［J］.马克思主义与现实（4）：188-195.

许为，2003.自动化飞机驾驶舱中人——自动化系统交互作用的心理学研究［J］.心理科学（3）：523-524.

许为，葛列众，2020.智能时代的工程心理学［J］.心理科学进展，28（9）：1409-1425.

许为，2022.七论以用户为中心的设计：从自动化到智能化飞机驾驶舱［J］.应用心理学，28（4）：291-313.

晏碧华，等，2015.根植于航空安全文化的内隐安全态度的预测效应［J］.心理学报，47：119-128.

杨志刚，等，2021.民用飞机智能飞行技术综述［J］.航空学报，42（4）：525198-1-525198-10.

游旭群，等，2007.现代航线飞行员选拔进展：基于机组资源管理技能测验的飞行员选拔研究［J］.中华航空航天医学杂志（1）：5.

游旭群，姬鸣，2008.航线飞行能力倾向选拔测验的编制［J］.心理研究（1）：43-50.

游旭群, 2017. 航空心理学: 理论、实践与应用 [M]. 杭州: 浙江教育出版社.

赵晓妮, 游旭群, 2007. 航空安全文化的研究进展 [J]. 中国安全科学学报, 17 (11): 102-106.

朱祖祥, 1994. 人类工效学 [M]. 杭州: 浙江教育出版社.

ALLIGIER R, et al., 2016. Predictive distribution of mass and speed profile to improve aircraft climb prediction [J]. Journal of air transportation, 28 (3): 114-123.

ANCEL E, SHIH A T, 2015. Bayesian safety risk modeling of human-flightdeck automation interaction [M]. NASA/TM–2015-218791. Washington, DC: NASA.

BAHNER J E, et al., 2008. Misuse of automated decision aids: complacency, automation bias and the impact of training experience [J]. International journal of human–computer studies, 66: 688-699.

CALDWELL J A, 2012. Crew schedules, sleep deprivation, and aviation performance [J]. Current directions in psychological science, 21: 85-89.

CHUTE R D, et al., 1995. Cockpit /Cabin crew performance: recent research [C] // Proceedings of the 48th International Air Safety Seminar. Seattle, WA.

DALMAU C R, et al., 2019. Improving the predictability of take-off times with machine Learning: a case study for the maastricht upper area control centre area of responsibility [C]. In Proceedings of the 9th SESAR Innovation Days: 1-8.

DEHAIS F, et al., 2015. "Automation surprise" in aviation: real-time solutions [C]. Proceedings of the 33rd annual ACM conference on human factors in computing systems. New York, NY, USA: ACM.

DETWILER C, et al., 2008. Understanding the human factors associated with visual flight rules flight into instrument meteorological conditions (DOT/FAA/AM-08/12) [C]. Washington DC: Office of Aerospace Medicine.

EUROPEAN AVIATION SAFETY AGENCY, 2020. Artificial intelligence roadmap: a human-centric approach to AI in aviation (Version 1.0) [Z]. Cologne, Germany: European Aviation Safety Agency.

GOH J, WIEGMANN D A, 2001. Visual flight rules flight into instrument meteorological conditions: an empirical investigation of the possible causes [J]. The international journal of aviation psychology, 11: 359-379.

GOSLING G D, 1987. Identification of artificial intelligence applications in air traffic control[J]. Transportation research Part A: General, 21(1): 27-38.

HELMREICH R L, et al., 1999. The evolution of crew resource management training in commercial aviation [J]. International journal of aviation psychology, 9(1): 19-32.

HOFF K A, BASHIR M, 2015. Trust in automation: integrating empirical evidence on factors that influence trust [J]. Human factors, 57(3): 407-434.

HUNTER D R, 2005. Measurement of hazardous attitudes among pilots [J]. The international journal of aviation psychology, 15: 23-43.

HUNTER D R, et al., 2011. Situational and personal characteristics associated with adverse weather encounters by pilots [J]. Accident analysis & prevention, 43(1): 176-186.

JOHNSTON J C, et al., 2015. Visual information processing from multiple displays [J]. Human factors: the journal of the human factors and ergonomics society, 57: 276-297.

LIAO M Y, 2015. Safety culture in commercial aviation: differences in perspective between Chinese and western pilots [J]. Safety science, 79: 193-205.

LIM Y, et al., 2017. Commercial airline single-pilot operations: system design and pathways to certification [J]. IEEE Aerospace & Electronic Systems Magazine, 32(7): 4-21.

MARSH S, DIBBEN M R, 2003. The role of trust in information science and technology [J]. Annual review of information science and technology, 37: 465-498.

MCCLELLAND D C, 1973. Testing for competence rather than for "intelligence" [J]. American psychologist, 28（1）: 1-14.

MERRITT A C, HELMREICH R L, 1996. Creating and sustaining a safety culture: some practical strategies（in aviation）[J]. Applied aviation psychology: achievement, change and challenge（1）: 20-26.

MICHALSKI D J, BEARMAN C, 2014. Factors affecting the decision making of pilots who fly in outback Australia [J]. Safety science, 68: 288-293.

National Transportation Safety Board, 2019. Safety recommendation report on assumptions used in the safety assessment process and the effects of multiple alerts and indications on pilot performance [M]. Washington, DC.

O'HARE D, 1992. The "artful" decision maker: a framework model for aeronautical decision making [J]. The international journal of aviation psychology, 2（3）: 175-191.

O'HARE D, SMITHERAM T, 1995. "Pressing On" into deteriorating conditions: an application of behavioral decision theory to pilot decision making [J]. The international journal of aviation psychology, 5: 351-370.

ORASANU J, 1995. Training for aviation decision making: the naturalistic decision making perspective [C] // Proceedings of the Human Factors and Ergonomics Society annual meeting. Sage CA: Los Angeles, CA: SAGE Publications, 39: 1258-1262.

PARASURAMAN R, WICKENS C D, 2008. Humans: still vital after all these years of automation [J]. Human factors: the Journal of the human factors and ergonomics society, 50: 511-520.

PAULEY K, et al., 2008. Risk tolerance and pilot involvement in hazardous events and flight into adverse weather [J]. Journal of safety research, 39: 403-411.

Ramachandran K K, et al., 2022. Machine learning and role of artificial intelligence in optimizing work performance and employee behavior [J]. Materials today: proceedings, 51: 2327-2331.

REASON J, 1995. A systems approach to organizational error [J]. Ergonomics, 38 (8): 1708-1721.

VIERENDEELS G, et al., 2018. An integrative conceptual framework for safety culture: the egg aggregated model (TEAM) of safety culture [J]. Safety science, 103: 323-339.

WICKENS C D, FLACH J, 1988. Human information processing [M] // WIENER E, NAGEL D. Human factors in aviation. New York, NY: Academic Press: 111-155.

WIEGMANN D A, et al., 2002. The role of situation assessment and flight experience in pilots' decisions to continue visual flight rules flight into adverse weather [J]. Human factors: the Journal of the human factors and ergonomics society, 44: 189-197.

WIGGINS M W, O'HARE D, 1995. Expertise in aeronautical weather-related decision making: a cross sectional analysis of general aviation pilots [J]. Journal of experimental psychology: Applied, 1: 304-319.

WIGGINS M W, O'HARE D, 2003. Expert and novice pilot perceptions of static in-flight images of weather [J]. International journal of aviation psychology, 13: 173-187.

WINTER S R, et al., 2020. An analysis of a pilot's adherence to their personal weather minimums [J]. Safety science, 123: 1-7.

YOU X Q, et al., 2013. The effects of risk perception and flight experience on airline pilots' locus of control with regard to safety operation behaviors [J]. Accident analysis & prevention, 57: 131-139.